全国应用型高等院校土建类"十二五"规划教材

房屋建筑学

（第2版）

主　编　杜俊芳　罗秋滚
副主编　杨　沛　魏大平　孟小丽
　　　　赵冬梅　李雅文

中国水利水电出版社
www.waterpub.com.cn

内 容 提 要

  本教材属全国应用型高等院校土建类"十二五"规划教材,依据我国现行的规程规范,结合院校学生实际能力和就业特点,根据教学大纲及培养技术应用型人才的总目标来编写。本教材充分总结教学与实践经验,对基本理论的讲授以应用为目的,教学内容以必需、够用为度,突出实训、实例教学,紧跟时代和行业发展步伐,力求体现高职高专、应用型本科教育注重职业能力培养的特点。

  本教材共分 18 章,内容包括:绪论、建筑设计概论、民用建筑平面设计、民用建筑剖面设计、建筑体型与立面设计、民用建筑构造概论、基础和地下室、墙体、楼板层、楼电梯、屋顶、门窗、变形缝、建筑工业化、新型建筑、工业建筑设计概论、单层厂房设计、单层厂房构造、多层厂房设计。

  本教材图文并茂,深入浅出,简繁得当,可作为应用型本科院校、高职高专院校土建类建筑工程、工程造价、建设监理、建筑设计技术等专业教材;亦可为工程技术人员的参考借鉴,也可作为成人、函授、网络教育、自学考试等参考用书。

图书在版编目 (CIP) 数据

房屋建筑学/杜俊芳,罗秋滚主编 . —2 版 . —北
京:中国水利水电出版社,2012.9 (2017.7 重印)
 全国应用型高等院校土建类"十二五"规划教材
 ISBN 978 - 7 - 5170 - 0125 - 6

 Ⅰ.①房… Ⅱ.①杜…②罗… Ⅲ.①房屋建筑学-
高等学校-教材 Ⅳ.①TU22

 中国版本图书馆 CIP 数据核字 (2012) 第 206982 号

书 名	全国应用型高等院校土建类"十二五"规划教材 **房屋建筑学**(第 2 版)
作 者	主编 杜俊芳 罗秋滚
出版发行	中国水利水电出版社 (北京市海淀区玉渊潭南路 1 号 D 座 100038) 网址:www. waterpub. com. cn E - mail:sales@waterpub. com. cn 电话:(010) 68367658 (营销中心)
经 售	北京科水图书销售中心 (零售) 电话:(010) 88383994、63202643、68545874 全国各地新华书店和相关出版物销售网点
排 版	中国水利水电出版社微机排版中心
印 刷	北京纪元彩艺印刷有限公司
规 格	184mm×260mm 16 开本 26.5 印张 628 千字
版 次	2009 年 2 月第 1 版 2011 年 1 月第 2 次印刷 2012 年 9 月第 2 版 2017 年 7 月第 3 次印刷
印 数	7001—9000 册
定 价	**45.00 元**

凡购买我社图书,如有缺页、倒页、脱页的,本社营销中心负责调换
版权所有·侵权必究

编 写 委 员 会

主　编：杜俊芳　罗秋滚

副主编：杨　沛　魏大平　孟小丽　赵冬梅　李雅文

参　编：刘　琦　陈　茸　卫　娟　王　静

序

随着我国建设行业的快速发展，建筑行业对专业人才的需求也呈现出多层面的变化，从而对院校人才培养提出了更细致、更实效的要求。我国因此大力发展职业技术教育，大量培养高素质的技能型、应用型人才，教育部也就此提出了实施要求和教改方案。快速发展起来的高等职业教育和应用型本科教育是直接为地方或行业经济发展服务的，是我国高等教育的重要组成部分，应该以就业为导向，培养目标应突出职业性、行业性的特点，从而为社会输送生产、建设、管理、服务第一线需要的专门人才。

在上述背景下，作为院校三大基本建设之一的高等职业及应用型本科教育的教材改革和建设必须予以足够的重视。目前，技术型、应用型教育的办学主体多种多样，各种办学主体对培养目标也各有理解，使用的教材也复杂多样，但总体来讲，相关教材建设还处于探索阶段。

中国水利水电出版社在"全国应用型高等院校土建类'十一五'规划教材"的出版基础上，结合当前高职教育和应用型本科教育的发展特点，按照教育部最新相关要求，组织出版了"全国应用型高等院校土建类'十二五'规划教材"。

本套教材从培养技术应用型人才的总目标出发予以编写，具有以下特点：

（1）教材结合当前院校生源和就业特点、以培养"有大学文化水平的能工巧匠"为教学目标来编写。

（2）教材编写者均经过院校推荐、编委会资格审定筛选而来，均为院校一线骨干教师，具有丰富的教学和实践经验。

（3）教材结合新知识、新技术、新工艺、新材料、新法规、新案例，对基本理论的讲授以应用为目的，教学内容以"必需、够用"为度；在教材的编写中加强实践性教学环节，融入足够的实训内容，保证对学生实践能力的培养。

（4）教材编写力求周期短、更新快，在原有教材的基础上予以改版修订，力求延续性与时代性兼顾，从而紧跟行业发展步伐，体现高等技术应用性人才的培养要求。

本套教材图文并茂、深入浅出、简繁得当，可作为高职高专院校、应用型本科院校土建类建筑工程、工程造价、建设监理等专业教材使用，其中小部分教材根据其内容特点明确了适用的细分专业；该套教材亦可为工程技术人员的参考借鉴，也可作为成人、函授、网络教育、自学考试等参考用书使用。

　　"全国应用型高等院校土建类'十二五'规划教材"的出版是对高职高专、应用型本科教材建设的一次有益探索，限于编者的水平和经验，书中难免有不妥之处，恳请广大读者和同行专家批评指正。

编委会

2012 年 1 月

前　言

　　本教材是应用型高等院校土木工程、工程管理、建筑工程、工程造价、建筑装饰、室内设计及物业管理等专业的专业基础课教材，是研究房屋建筑的综合艺术和科学，包括建筑设计的程序和内容，通过建筑的平面、立面和剖面图介绍建筑的型体，以及通过建筑的各部分详图介绍建筑的构造。其内容是各专业构建的工作过程中必不可少的重要部分，涉及多学科知识，具有很强的综合性和实践性。

　　本教材结合了新材料、新技术和新需求，力求体现应用型人才教育特色，并执行国家现行的规范、标准以及通则，有《民用建筑设计通则》（GB 50352—2005）、《建筑设计防火规范》（GB 50016—2006）、《建筑材料及制品燃烧性能分级》（GB 8624—2006）、《高层民用建筑设计防火规范》（GB 50045—95，2005 版）、《地下工程防水技术规范》（GB 50108—2008）、《砌体结构设计规范》（GB 5003—2011）、《混凝土结构设计规范 》（GB 50010—2010）、《建筑抗震设计规范》（GB 50011—2010）、《外墙外保温技术规程》（JGJ 144—2004）、《地面辐射供暖技术规程》（JGJ 142—2004）、《屋面工程技术规范》（GB 50345—2004）、《种植屋面工程技术规程》（JGJ 155—2007）、《膜结构技术规程》（CECS158：2004）、《建筑采光设计标准》（GB/T 50033—2001）等。

　　本教材共有 18 章，其中，绪论、第 10、12、14 章由山西大学工程学院杜俊芳编写；第 1、17 章由河南职业技术学院李雅文和河套大学王静编写；第 2、3 章由江西建设职业技术学院罗秋滚编写；第 4、9 章由四川建筑职业技术学院魏大平编写；第 5、6 章由新疆农业职业技术学院孟小丽编写；第 7、11 章由四川交通职业技术学院陈茸和河套大学王静编写；第 8、13 章由安徽工业经济职业技术学院杨沛和山东建筑大学刘琦编写；第 15、16 章由漯河职业技术学院赵冬梅编写；第 18 章由河南职业技术学院卫娟编写。

　　本教材在编写过程中，得到了中国水利水电出版社的大力支持，同时，也参考了相关专业文献，在此全体编者表示诚挚的谢意。

　　由于编者的水平有限，教材中难免存在不妥之处乃至疏误，敬请同行和读者批评指正。

编者

2012 年 8 月

目　　录

序

前言

绪论 ··· 1

  0.1　建筑及构成要素 ··· 1

  0.2　建筑类别 ··· 2

  0.3　建筑工程建设的基本程序 ···························· 7

  习题与实训 ··· 9

第1章　建筑设计概论 ······································· 10

  1.1　建筑设计的内容和程序 ······························· 10

  1.2　建筑设计的依据 ·· 14

  1.3　建筑设计的要求 ·· 21

  习题与实训 ··· 22

第2章　民用建筑平面设计 ······························ 24

  2.1　概述 ··· 24

  2.2　主要使用房间的设计 ····································· 25

  2.3　辅助房间的平面设计 ····································· 31

  2.4　交通部分设计 ·· 35

  2.5　建筑平面组合设计 ··· 40

  习题与实训 ··· 49

第3章　民用建筑剖面设计 ······························ 52

  3.1　概述 ··· 52

  3.2　房间的剖面形状 ·· 53

  3.3　房屋各部分高度的确定 ································· 55

  3.4　建筑层数和建筑空间的组合和利用 ·········· 58

  习题与实训 ··· 63

第4章　建筑体型与立面设计 ·························· 65

  4.1　影响建筑体型和立面设计的因素 ·············· 65

  4.2　建筑美学的基本法则 ····································· 68

  4.3　建筑体型设计 ·· 74

  4.4　建筑立面设计 ·· 81

习题与实训 ……………………………………………… 85

第5章　民用建筑构造概论 ……………………………… 87

5.1　建筑物的构造组成及作用 ……………………………… 87

5.2　影响建筑构造的因素 …………………………………… 88

5.3　建筑构造的设计原则 …………………………………… 90

习题与实训 ……………………………………………… 90

第6章　基础和地下室 …………………………………… 92

6.1　概述 ……………………………………………………… 92

6.2　基础的埋置深度及影响因素 …………………………… 93

6.3　基础的类型及构造 ……………………………………… 94

6.4　地下室的构造 …………………………………………… 97

习题与实训 ……………………………………………… 100

第7章　墙体 ……………………………………………… 103

7.1　概述 …………………………………………………… 103

7.2　砖墙构造 ……………………………………………… 107

7.3　砌块墙构造 …………………………………………… 115

7.4　隔墙构造 ……………………………………………… 119

7.5　墙体的保温构造 ……………………………………… 122

7.6　墙面装修 ……………………………………………… 125

习题与实训 …………………………………………… 132

第8章　楼板层 …………………………………………… 136

8.1　概述 …………………………………………………… 136

8.2　钢筋混凝土楼板构造 ………………………………… 139

8.3　地坪层与地面装饰构造 ……………………………… 151

8.4　楼地层细部构造 ……………………………………… 157

8.5　阳台与雨篷构造 ……………………………………… 167

习题与实训 …………………………………………… 172

第9章　楼电梯 …………………………………………… 174

9.1　概述 …………………………………………………… 174

9.2　楼梯的尺寸 …………………………………………… 177

9.3　钢筋混凝土楼梯的构造 ……………………………… 183

9.4　楼梯的细部构造 ……………………………………… 188

9.5　室外台阶与坡道 ……………………………………… 194

9.6　电梯及自动扶梯 ……………………………………… 199

习题与实训 …………………………………………… 204

第10章　屋顶 …………………………………………… 207

10.1 概述 ……………………………………………………………………… 207

10.2 平屋顶的排水构造 …………………………………………………… 210

10.3 平屋顶的防水构造 …………………………………………………… 215

10.4 平屋顶的保温与隔热构造 …………………………………………… 228

10.5 坡屋顶的构造 ………………………………………………………… 236

10.6 顶棚的构造 …………………………………………………………… 243

习题与实训 ………………………………………………………………… 250

第11章 门窗 ……………………………………………………………… 252

11.1 概述 …………………………………………………………………… 252

11.2 门的构造 ……………………………………………………………… 258

11.3 窗的构造 ……………………………………………………………… 266

习题与实训 ………………………………………………………………… 270

第12章 变形缝 …………………………………………………………… 274

12.1 概述 …………………………………………………………………… 274

12.2 伸缩缝 ………………………………………………………………… 274

12.3 沉降缝 ………………………………………………………………… 278

12.4 防震缝 ………………………………………………………………… 280

习题与实训 ………………………………………………………………… 281

第13章 建筑工业化 ……………………………………………………… 283

13.1 概述 …………………………………………………………………… 283

13.2 建筑工业化体系及构造 ……………………………………………… 285

习题与实训 ………………………………………………………………… 305

第14章 新型建筑 ………………………………………………………… 307

14.1 概述 …………………………………………………………………… 307

14.2 膜结构建筑的构造组成 ……………………………………………… 307

14.3 膜结构构造 …………………………………………………………… 313

习题与实训 ………………………………………………………………… 321

第15章 工业建筑设计概论 ……………………………………………… 323

15.1 工业建筑的类别 ……………………………………………………… 323

15.2 工业建筑的特点及设计要求 ………………………………………… 325

习题与实训 ………………………………………………………………… 327

第16章 单层厂房设计 …………………………………………………… 328

16.1 概述 …………………………………………………………………… 328

16.2 单层厂房的平面设计 ………………………………………………… 328

16.3 单层厂房的定位轴线 ………………………………………………… 335

16.4 单层厂房的剖面设计 ………………………………………………… 339

16.5　单层厂房的立面设计 ·· 347
习题与实训 ··· 350

第17章　单层厂房构造 ·· 353
17.1　概述 ··· 353
17.2　单层厂房主要承重结构构件 ······································· 355
17.3　单层厂房外墙和门窗 ·· 360
17.4　单层厂房屋面构造 ·· 374
17.5　单层厂房天窗 ··· 383
习题与实训 ··· 397

第18章　多层厂房设计 ·· 399
18.1　概述 ··· 399
18.2　多层厂房平面 ··· 401
18.3　多层厂房剖面 ··· 408
18.4　多层厂房立面 ··· 410
习题与实训 ··· 413

参考文献 ··· 414

绪　论

本章要点

1. 掌握建筑及构成要素；
2. 熟悉建筑的类别；
3. 掌握建筑工程建设的基本程序。

0.1　建筑及构成要素

0.1.1　建筑

建筑是人工创造的相对稳定的空间环境，也是建筑物与构筑物的通称。建筑物是供人们在其中生活、生产或进行其他活动的房屋或场所，如住宅、工厂、学校和展览馆等；构筑物则是人们不在其中生产、生活的建筑，如烟囱、水塔和堤坝等。

0.1.2　建筑的基本要素

构成建筑的基本要素是建筑功能、建筑技术和建筑形象，通称为建筑的三要素。

1. 建筑功能

人们建造房屋有着明显的使用要求，它体现了建筑物的目的性。例如，住宅建设是为了居住的需要，建设工厂是为了生产的需要，影剧院则是文化生活的需要等。因此，满足人们对各类建筑的不同使用要求，即为建筑功能要求。但是各类房屋的建筑功能是不一样的，它随着人类社会的不断发展和人们物质文化生活水平的不断提高而有不同的内容和要求。

2. 建筑技术

建筑技术是建造房屋的手段，包括建筑材料、建筑结构、建筑设备和建筑施工等内容。材料是形成建筑的基本物质，结构构成了建筑的骨架，设备是保证建筑物达到某种要求的技术条件，施工是保证建筑物实施的重要手段。建筑功能的实施离不开建筑技术作为保证条件。随着生产和科学美术的发展，各种新材料、新结构、新设备的发展和新的施工工艺水平的提高，新的建筑形式不断涌现，也同时更加满足了人们对各种不同功能的需求。

3. 建筑形象

建筑形象是建筑物内外观感的具体体现，它包括内外空间的组织，建筑体形与立面的材料、装饰及色彩应用等内容。建筑形象处理得当能产生良好的艺术效果，给人感染力，如庄严雄伟、朴素大方、简洁明快、生动活泼等不同的感觉。建筑形象因社会、民族、地域的不同而不同，能反映出绚丽多彩的建筑风格和特色。

建筑功能、技术条件和建筑形象三者是辩证统一的，不可分割并相互制约。一般情况下，建筑功能是第一位的，是房屋建造的目的，是起主导作用的因素；建筑技术是通过技术达到目的的手段，但同时又有制约和促进作用；而建筑形象则是建筑功能、建筑技术与建筑艺术内容的综合表现。但有时对一些纪念性、象征性、标志性建筑，建筑形象往往也起主导作用，成为主要因素。总之，在一个优秀的建筑作品中，这三者应该是和谐统一的。

0.2 建 筑 类 别

建筑物一般根据以下 7 个方面进行分类。

0.2.1 根据建筑的使用功能分类

1. 民用建筑

民用建筑是指供人们居住和进行公共活动的建筑的总称，民用建筑按使用功能应分为居住建筑和公共建筑两大类。

（1）居住建筑：供人们居住使用的建筑，如住宅、宿舍、公寓等。

（2）公共建筑：供人们进行各种公共活动的建筑。根据使用性质不同又可分为以下几类。

1）行政办公建筑：机关、企事业单位的办公楼等。

2）文教建筑：学校、图书馆、文化宫等。

3）托幼建筑：托儿所、幼儿园等。

4）科研建筑：研究所、科学实验楼等。

5）医疗建筑：医院、门诊部、疗养院等。

6）商业建筑：商店、商场、购物中心等。

7）观览建筑：电影院、剧院、音乐厅、杂技场等。

8）体育建筑：体育馆、体育场、健身房、游泳池等。

9）旅馆建筑：旅馆、宾馆、招待所等。

10）交通建筑：航空港、水路客运站、火车站、汽车站、地铁站等。

11）通信广播建筑：电信楼、广播电视台、邮电局等。

12）园林建筑：公园、动物园、植物园、公园游廊、亭台楼榭等。

13）纪念性建筑：纪念堂、纪念碑、陵园等。

2. 工业建筑

工业建筑指为工业生产服务的生产车间及为生产服务的辅助车间、动力用房及仓储空间等。

3. 农业建筑

农业建筑指供农（牧）业生产和加工用的建筑，如种子库、温室、畜禽饲养场、农副产品加工厂及农机修理厂（站）等。

0.2.2 根据建筑的规模数量分类

1. 大量性建筑

大量性建筑指规模不大，但兴建数量多、分布面广的建筑，如住宅、学校、中小型办公楼、商店、医院等。

2. 大型性建筑

大型性建筑指建筑规模大、耗资多、影响较大的建筑，如大型火车站、航空港、大型体育馆、博物馆、大会堂等。

0.2.3 根据建筑的层数分类

1. 住宅建筑根据层数不同的类型

1～3层为低层；4～6层为多层；7～9层为中高层；10层及10层以上为高层。

2. 除住宅之外的民用建筑根据层数不同的类型

高度不大于24m为单层、低层和多层民用建筑，大于24m为高层建筑（不包括建筑高度大于24m的单层公共建筑）。

3. 民用建筑根据层数不同的类型

民用建筑高度超过100m时均为超高层建筑。

4. 高层建筑根据使用性质、火灾危险性、疏散和扑救难度等的分类

高层建筑根据使用性质、火灾危险性、疏散和扑救难度等可分为一类高层建筑和二类高层建筑，高层建筑的类别宜符合的规定，如表0-1所示。

表 0-1　　　　　　　　　高 层 建 筑 的 类 别

名　称	一 类 高 层 建 筑	二 类 高 层 建 筑
居住建筑	高级住宅； 19层及19层以上的普通住宅	10～18层的普通住宅
公共建筑	（1）医院。 （2）高级旅馆。 （3）建筑高度超过50m或每层建筑面积超过1000m²的商业楼、综合楼、电信楼、财贸金融楼。 （4）建筑高度超过50m或每层建筑面积超过1500m²的商住楼。 （5）中央级和省级（含计划单列市）广播电视楼。 （6）网局级和省级（含计划单列市）电力调度楼。 （7）省级（含计划单列市）邮政楼、防灾指挥调度楼。 （8）藏书超过400万册的图书馆、书库。 （9）重要的办公楼、科研楼、档案楼。 （10）建筑高度超过50m的教学楼和普通的旅馆、办公楼、科研楼、档案楼等	（1）除一类建筑以外的商业楼、展览楼、综合楼、电信楼、财贸金融楼、商住楼、图书馆、书库。 （2）省级以下的邮政楼、防灾指挥调度楼、广播电视楼、电力调度楼。 （3）建筑高度不超过50m的教学楼和普通的旅馆、办公楼、科研楼、档案楼等

0.2.4 根据建筑主要承重结构材料分类

1. 砖木结构建筑

砖木结构建筑指砖（石）砌墙体，木楼板、木屋顶的建筑。

2. 砖混结构建筑

砖混结构建筑指砖（石）砌墙体，钢筋混凝土楼板和屋顶的多层建筑。

3. 钢筋混凝土建筑

钢筋混凝土建筑指钢筋混凝土柱、梁、板承重的多层和高层建筑，以及用钢筋混凝土材料制造的装配式大板、大模板建筑。

4. 钢结构建筑

钢结构建筑指全部用钢柱、钢梁组成承重骨架的建筑。

5. 其他结构建筑

其他结构建筑如生土建筑、充气建筑、塑料建筑等。

0.2.5 根据建筑合理使用年限分类

《民用建筑设计通则》规定，民用建筑根据合理使用年限分为4类，分别是1、2、3、4类，如表0-2所示。

表 0-2 设 计 使 用 年 限 分 类

类别	设计使用年限（年）	示　例	类别	设计使用年限（年）	示　例
1类	5	临时性建筑	3类	50	普通建筑和构筑物
2类	25	易于替换结构构件的建筑	4类	100	纪念性建筑和特别重要的建筑

0.2.6 根据建筑耐火等级不同分类

1. 建筑的耐火等级

建筑根据耐火等级不同分为4级，分别为一、二、三、四级。根据《建筑设计防火规范》（GB50016—2006）规定，对9层及9层以下的居住建筑（包括设置商业服务网点的居住建筑）；建筑高度小于等于24.0m的公共建筑；建筑高度大于24.0m的单层公共建筑；地下、半地下建筑（包括建筑附属的地下室、半地下室）厂房；仓库；甲、乙、丙类液体储罐（区）；可燃、助燃气体储罐（区）；可燃材料堆场；以及城市交通隧道其耐火等级是由建筑构件的燃烧性能和耐火极限的两方面来决定的。不同等级的民用建筑的建筑构件的燃烧性能和耐火极限（h）不应低于表0-3的规定。

（1）建筑构件的燃烧性能，根据建筑构件在空气中遇火时的不同反应分为三类，分别是非燃烧体、难燃烧体和燃烧体。

非燃烧体是指用不燃材料做成的建筑构件，此类材料在空气中受到火烧或高温作用时，不碳化、不微燃，如砖石材料、钢筋混凝土、金属等；难燃烧体是指用难燃材料做成的建筑构件或用可燃材料做成而用不燃材料做保护层的建筑构件，此类材料在空中受到火烧或高温作用时难燃烧、难碳化，离开火源后燃烧或停止，如石膏板、水泥石棉板、板条抹灰等；燃烧体是指用可燃材料做成的建筑构件，此类材料在空气中受到火烧或高温作用时立即离开火源继续燃烧或微燃，如木材、苇箔、纤维板及胶合板等。

（2）建筑构件的耐火极限，指在标准耐火试验条件下，建筑构件、配件或结构从受到火的作用时起，到失去稳定性（如构件倒塌）、完整性（如构件破损）或隔热性（如出现孔洞、裂缝）时止的这段时间，用小时（h）表示。

不同的耐火等级建筑物构件的燃烧性能和耐火极限在不低于表0-3的规定时。并且对二级耐火等级的建筑，当房间隔墙采用难燃烧体时，其耐火极限应提高0.25h。一、二级耐火等级建筑的上人平屋顶，其屋面板的耐火极限分别不应低于1.50h和1.00h。一、二级耐火等级建筑的屋面板应采用非燃烧材料，但其屋面防水层和绝热层可采用可燃材料。二级耐火等级住宅的楼板采用预应力钢筋混凝土楼板时，该楼板的耐火极限不应低于0.75h。三级耐火等级的医院、疗养院、中小学校、老年人建筑及托儿所、幼儿园的儿童用房和儿童游乐厅等儿童活动场所和3层及3层以上建筑中的门厅、走道这些特殊建筑或部位的吊顶，应采用非燃烧体或耐火极限不低于0.25h的难燃烧体。

表 0-3　　　　　　　　建筑物构件的燃烧性能和耐火极限（h）

名　称		耐　火　等　级			
构件		一级	二级	三级	四级
墙	防火墙	非燃烧体 4.00	非燃烧体 4.00	非燃烧体 4.00	非燃烧体 4.00
	承重墙、楼梯间、电梯井的墙	非燃烧体 3.00	非燃烧体 2.50	非燃烧体 2.50	难燃烧体 0.50
	非承重墙、疏散走道两侧的隔墙	非燃烧体 4.00	非燃烧体 1.00	难燃烧体 0.50	难燃烧体 0.25
	房间隔墙	非燃烧体 0.75	非燃烧体 0.50	非燃烧体 0.50	难燃烧体 0.25
柱	支承多层的柱	非燃烧体 3.00	非燃烧体 2.50	非燃烧体 2.50	难燃烧体 0.50
	支承单层的柱	非燃烧体 2.50	非燃烧体 2.00	非燃烧体 2.00	燃烧体
梁		非燃烧体 2.00	非燃烧体 1.50	非燃烧体 1.00	难燃烧体 0.50
楼板		非燃烧体 1.50	非燃烧体 1.00	非燃烧体 0.50	难燃烧体 0.25
屋顶承重构件		非燃烧体 1.50	非燃烧体 0.50	燃烧体	燃烧体
疏散楼梯		非燃烧体 1.50	非燃烧体 1.00	非燃烧体 1.00	燃烧体
吊顶（包括吊顶格栅）		非燃烧体 0.25	难燃烧体 0.25	难燃烧体 0.15	燃烧体

注　1. 以木柱承重且以非燃烧材料作为墙体的建筑物，其耐火等级应按四级确定。
　　2. 高层工业建筑的预制钢筋混凝土装配式结构，其缝隙节点或金属承重构件节点的外露部位，应做防火保护层，其耐火极限不应低于本表相应的规定。
　　3. 二级耐火等级建筑的吊顶，如采用非燃烧体时，其耐火极限不限。
　　4. 在二级耐火等级建筑中，面积不超过100m²的房间隔墙，如执行本表的规定有困难时，可采用耐火极限不低于0.30h的非燃烧体。
　　5. 一、二级耐火等级建筑疏散走道两侧的隔墙，按本表规定执行确有困难时，可采用0.75h非燃烧体。

2. 高层建筑的耐火等级

高层建筑的耐火等级应分为一、二两级。高层建筑的建筑构件的燃烧性能和耐火极限不应低于表0-4的规定。

表0-4　　　　　　　　　　　高层建筑耐火等级

构件名称	燃烧性能和耐火极限	耐火等级（h）	
		一级	二级
墙	防火墙	非燃烧体3.00	非燃烧体3.00
	承重墙、楼梯间、电梯井和住宅单元之间的墙	非燃烧体2.00	非燃烧体2.00
	非承重外墙、疏散走道两侧的隔墙	非燃烧体1.00	非燃烧体1.00
	房间隔墙	非燃烧体0.75	非燃烧体0.50
柱		非燃烧体3.00	非燃烧体2.50
梁		非燃烧体2.00	非燃烧体1.50
楼板、疏散楼梯、屋顶承重构件		非燃烧体1.50	非燃烧体1.00
吊顶（包括吊顶格栅）		非燃烧体0.25	非燃烧体0.25

一类高层建筑的耐火等级应为一级，二类高层建筑的耐火等级不应低于二级。裙房的耐火等级不应低于二级。高层建筑地下室的耐火等级应为一级。二级耐火等级的高层建筑中，面积不超过 $100m^2$ 的房间隔墙，可采用耐火极限不低于0.50h的难燃烧体或耐火极限不低于0.30h的非燃烧体。二级耐火等级高层建筑的裙房，当屋顶不上人时，屋顶的承重构件可采用耐火极限不低于0.50h的非燃烧体。高层建筑内存放可燃物的平均重量超过 $200kg/m^2$ 的房间，当不设自动灭火系统时，其柱、梁、楼板和墙的耐火极限应根据高层民用建筑设计防火规范如表0-3的规定提高0.50h。玻璃幕墙的设置应符合下列规定：窗间墙、窗槛墙的填充材料应采用非燃烧材料。当其外墙面采用耐火极限不低于1.00h的非燃烧体时，其墙内填充材料可采用难燃烧材料。无窗间墙和窗槛墙的玻璃幕墙，应在每层楼板外沿设置耐火极限不低于1.00h，高度不低于0.80m的非燃烧实体裙墙。玻璃幕墙与每层楼板、隔墙处的缝隙，应采用非燃烧材料严密填实。

0.2.7　根据建筑气候分区分类

建筑根据气候不同分为7类，《民用建筑设计通则》对建筑的基本要求如表0-5的规定。

表0-5　　　　　　　　　　　建筑不同分区对建筑基本要求

分区名称		热工分区名称	气候主要指标	建筑基本要求
Ⅰ	ⅠA ⅠB ⅠC ⅠD	严寒地区	1月平均气温不高于−10℃ 7月平均气温不高于25℃ 7月平均相对湿度不低于50%	（1）建筑物必须满足冬季保温、防寒、防冻等要求，夏季一般可不防热。 （2）ⅠA、ⅠB区应防止冻土、积雪对建筑物的危害。 （3）ⅠB、ⅠC、ⅠD区的西部，建筑物应防冰雹、防风沙

分区名称	热工分区名称	气候主要指标	建筑基本要求
II	IIA IIB	寒冷地区	1月平均气温−10~0℃ 7月平均气温18~28℃	(1) 建筑物应满足冬季保温、防寒、防冻等要求，夏季部分地区应兼顾防热。 (2) IIA区建筑物应防热、防潮、防暴风雨，沿海地带应防盐雾侵蚀
III	IIIA IIIB IIIC	夏热冬冷地区	1月平均气温0~10℃ 7月平均气温25~30℃	(1) 建筑物必须满足夏季防热，通风降温要求，冬季兼顾防寒。 (2) 建筑物应防雨、防潮、防洪、防雷电。 (3) IIIA区应防台风、暴雨袭击及盐雾侵蚀
IV	IVA IVB	夏热冬暖地区	1月平均气温大于10℃ 7月平均气温25~29℃	(1) 建筑物必须满足夏季防热，通风、防雨要求，冬季可不防寒、保温。 (2) 建筑物应防暴雨、防潮、防洪、防雷电。 (3) IVA区应防台风、暴雨袭击及盐雾侵蚀
V	VA VB	严寒地区	7月平均气温18~25℃ 1月平均气温0~13℃	(1) 建筑物应满足防雨和通风要求，可不防热。 (2) VA区建筑物注意防寒，VB区应特别注意防雷电
VI	VIA VIB VIC	严寒地区	7月平均气温小于18℃ 1月平均气温0~−22℃	(1) 热工应符合严寒和寒冷地区相关要求。 (2) VIA、VIB应防冻土对建筑物地基及地下管道的影响，并应特别注意防风沙。 (3) VIC区东部建筑物应防雷电
VII	VIIA VIIB VIIC	严寒地区	月平均气温不低于18℃ 1月平均气温−5~−20℃ 7月平均相对湿度小于50%	(1) 热工应符合严寒和寒冷地区相关要求。 (2) 区外，应防冻土对建筑物地基及地下管道的危害。 (3) VIIB区建筑物应特别注意积雪的危害。 (4) VIIC区建筑物应特别注意防风沙，夏季兼顾防热。 (5) VIID区建筑物应注意夏季防热，吐鲁番盆地应特别注意隔热、降温
	VIID	寒冷地区		

0.3　建筑工程建设的基本程序

基本建设程序，是指基本建设全过程中各项工作必须遵循的先后顺序。它是指基本建设全过程中各环节、各步骤之间客观存在的不可破坏的先后顺序，是由基本建设项目本身的特点和客观规律决定的；进行基本建设，坚持按科学的基本建设程序办事，就是要求基本建设工作必须按照符合客观规律要求的一定顺序进行，这是关系基本建设工作全局的一个重要问题，也是按照自然规律和经济规律管理基本建设的一个根本原则。

建筑工程建设的基本程序主要包括建筑工程的计划建设到建成使用。一般要经历建设前期的建设决策、建设阶段的建设实施和交付使用后的使用阶段。其主要步骤是：建筑工程项目建议书、可行性研究报告、设计、年度投资计划、建筑工程项目招标投标、建设准备、开工建设、竣工验收交付使用和后期评价。

0.3.1 建设前期

1. 建筑工程项目建议书

一个建筑工程项目从社会发展、工业布局、市场需求和地区、行业发展规划出发，对建设项目进行初步可行性研究、调查、预测、分析，提出项目建议书，报主管部门审批。

2. 可行性研究报告

根据批准的建筑工程项目建议书，进行可行性研究、预选建设地址、编制可行性研究报告，报主管部门审批。

3. 设计

进行建筑工程设计，房屋建筑学课程将要学习其中的一部分重要内容。

4. 年度投资计划

建筑工程项目建议书、可行性研究报告、初步设计批准后向主管部门申请列入投资计划。

5. 建筑工程项目招标投标

依据批准的投资计划，办理招标投标事宜。按照国务院批准国家发展计划委员会2000年5月1日发布的《工程建设项目招标范围和规模标准规定》，项目的勘察、设计、施工、监理及与工程建设有关的重要设备、材料等的采购，达到相应标准的必须进行招标。

0.3.2 建设阶段

1. 建设准备

设计单位进行施工图设计，施工图预算；交付施工图纸；选派工地代表。施工单位持中标通知书，开工前审计决定书，到城建部门签订施工合同，办理施工许可证。建设单位进行征地，设备材料订货，签订施工安装合同，施工安装准备；生产准备工作（人员培训）。施工安装单位进行施工安装预算；施工组织设计；开工准备。

2. 开工建设

建筑工程施工是建筑工程的重要实践阶段，首先是基础施工，主要指深基础的桩基础、深井基础、沉箱基础和地下连续墙施工等；其次是主体施工的砌筑、浇注现场作业工程和结构吊装预制构件施工；最后是装饰工程的抹灰、贴面、幕墙及喷涂和裱糊等施工。

3. 竣工验收

竣工验收是建筑工程建设实施全过程的最后一个阶段，是考核建筑工程建设成果，检验设计和施工质量的重要环节，也是建筑工程建设能否由建设阶段顺利转入生产或使用阶段的一个重要阶段。建筑工程施工完成后，要及时做好交付使用前的竣工验收准备工作。建设单位组织规划、建管、设计、施工、监理、消防、环保等部门进行质量、消防等初步验收，建设行政主管部门进行竣工结算审查，财政部门进行竣工决算审查签证，审计部门进行竣工决算审计，工程档案部门进行档案审查等。以上工作完成后向计划部门提出申请，计划部门将组织有关部门进行全面的竣工验收。

0.3.3 使用阶段

后期评价阶段。在改革开放前，我国的基本建设程序中没有明确规定这一阶段，近几年建筑行业不断发展，国家开始对一些重大建设项目，在竣工验收若干年后，规定要进行后期评价工作，并正式列为基本建设的程序之一。这主要是为了总结项目建设成功和失败的经验教训，供以后项目决策借鉴。

？ 习题与实训

1. 选择题

(1) 普通建筑的设计使用年限为_____年。

    A、25   B、50   C、100

(2) _____是建筑物。

    A、商场   B、堤坝   C、住宅

(3) 建筑的构成要素中起着主导作用的是_____。

    A、建筑功能   B、建筑技术   C、建筑形象

(4) 耐火等级为一级的承重墙燃烧性能和耐火极限应满足_____。

    A、非燃烧体 3.0h   B、非燃烧体 4.0h   C、难燃烧体 5.0h

(5) 下列_____不属于高层。

    A、10 层住宅建筑   B、总高度超过 24m 的两层公共建筑

    C、总高度超过 24m 的单层主体建筑

2. 填空题

(1) 构成建筑的三要素包括_____、_____、_____。

(2) 建筑工程建设前期应做的工作包括_____、_____、_____、_____。

(3) 学校所在地区气候条件不同对建筑的基本要求是_____、_____、_____等。

(4) 建筑根据规模和数量分为_____和_____。

3. 简答题

(1) 建筑工程建设的基本程序是什么？

(2) 划分建筑物耐火等级的主要根据是什么？

(3) 建筑物的耐久等级划分为几级？各级的适用范围是什么？

(4) 建筑根据气候不同分为几类？分类的主要气候指标是什么？对建筑有什么基本要求？

第 1 章 建 筑 设 计 概 论

本章要点

    1. 掌握建筑设计的内容。
    2. 掌握建筑设计的程序。
    3. 掌握建筑设计的要求和依据。

1.1　建筑设计的内容和程序

1.1.1　建筑设计的内容

　　建筑物的设计是指设计一幢建筑物或建筑群所要做的全部工作，包括建筑设计、建筑结构设计、建筑设备设计三个方面的内容。从专业分工的角度确切地说，建筑设计是指建筑工程设计中由建筑师承担的那一部分设计工作。建筑师是龙头，常常处于龙头主导地位。

　　1. 建筑设计

　　建筑设计是在总体规划的前提下，根据设计任务书的要求，从基地环境、使用功能、结构施工、材料设备、经济及建筑艺术等方面综合考虑，着重解决建筑物内部各种使用功能和使用空间的合理安排，建筑物与周围环境等各种外部条件的协调，内外部艺术效果的结合，细部构造处理，解决如何以较少的资金和时间的投入获得最大的收益，创造出既符合可行性又具有艺术性的生产和生活环境，从而使设计的建筑物达到适用、经济、坚固和美观。

　　建筑设计的任务主要包括以下两个方面。

　　（1）建筑空间环境的组合设计，即通过建筑空间的规定、塑造和组合，综合解决建筑物的功能、技术、经济和美观等问题。主要通过建筑总平面设计、建筑平面设计、建筑剖面设计、建筑体形与立面设计来完成。

　　（2）建筑空间环境的构造设计，主要是确定建筑物各构造组成部分的材料及构造方式。包括对基础、墙体、楼地层、楼梯、屋顶、门窗等构配件进行详细的构造设计，也是建筑空间环境组合设计的继续和深入。

　　建筑设计在整个工程设计的过程中起着主导和先行的作用，一般是由建筑师来承担完成。

　　2. 建筑结构设计

　　建筑结构设计是根据建筑设计选择切实可行的结构布置方案，进行结构计算、构件计及构造设计，一般由结构工程师承担完成。

3. 建筑设备设计

建筑设备设计主要包括给水排水、电气照明、采暖通风空调、通信、动力等方面的设计，由相关专业的工程师配合建筑设计来完成。

应该注意的是，以上的几个方面的工作虽有分工，但须建筑师、结构师等各个专业工程师密切配合、各方相互合作来完成，由设计负责人将各个专业设计的图纸、计算书、说明书及概预算书等汇总，方成为一个完整的建筑工程设计文件。

1.1.2 建筑设计的程序

1. 设计前的准备工作

建筑设计是一项复杂而细致的工作，涉及学科较多，同时受到各种客观条件的制约。为了保证设计质量，设计前必须充分准备，包括熟悉设计任务书，收集相关基础资料，现场调查研究等几个方面。

（1）确认设计的依据文件。

建筑设计的依据文件主要包括以下两项。

1）主管部门有关建设任务使用要求、建筑面积、单方造价和总投资的批文，以及国家有关部、委或各省、市、地区规定的有关设计定额和指标。

2）城建部门同意设计的批文，内容包括常用红线划定用地范围，以及有关规划、环境等城镇建设对拟建房屋的要求。

（2）落实设计任务。建设单位必须具有上级主管部门对建设项目的批复文件和城市建设部门同意设计的批文，方可向设计单位办理委托设计手续。

1）工程设计任务书：由建设单位根据使用要求，提出各房间的用途、面积大小及其他的一些要求，工程设计的具体内容、面积、建筑标准等，须与主管部门的批文相符合。

2）委托工程项目设计表：建设单位根据有关批文向设计单位正式办理委托设计的手续。大型项目还要检查中标通知书的内容。

（3）熟悉设计任务书及与设计有关的文件。

具体着手设计前，首先需要熟悉设计任务书，以明确建设项目的设计要求。设计任务书的内容包括以下 6 项。

1）建设项目总的要求和建造目的的说明。

2）建筑物的具体使用要求、建筑面积及各类用途房间之间的面积分配。

3）建设项目的总投资和单方造价，土建设备及室外工程的投资分配，注重设计限额。

4）建设基地范围、大小，原有建筑、道路、地段环境的描述，并附地形测量图。

5）供电、供水和采暖、空调等设备方面的要求，并附水源、电源的接用许可文件。

6）设计期限和项目的建设进程要求。

在熟悉设计任务书的过程中，设计人员要与建设单位充分沟通交流，设计人员应仔细对照有关定额指标，校核任务书的使用面积，控制容积率，校核建筑物的单方造价控制设计概算等。在深入调查和分析设计任务书后，设计人员也可以对设计任务书不全面或不足之处提出修改意见，供建设单位参考，但不能擅自修改或删除任务书的内容。

（4）收集必要的设计原始数据。

通常建设单位提出的设计任务，主要是从使用要求、建设规模、造价和建设进度方面考虑的，建设项目的设计和建造，设计人员还需要收集下列有关原始数据和设计资料。

1）气象资料：所在地区的温度、湿度、日照、雨雪、风向、风速及冻土深度等。例如收集到的北京的最大冻土深度是 85cm，太原的最大冻土深度为 77cm，郑州的最大冻土深度为 27cm 等。

2）地形、地质、水文资料：基地地形及标高，土壤种类及承载力，地下水位及地震烈度等。例如收集到的当地的地下水位高度等。

3）水电等设备管线资料：基地地下的给水、排水、电缆等管线布置，以及基地上的架空线等供电线路情况。例如收集市政部门的道路管网的施工图纸等（竣工图）等。

4）设计项目的有关定额指标：国家或所在省、市、地区有关设计项目的定额指标。例如住宅的每户面积或每人面积定额，学校教室的面积定额，以及建筑用地、用材等指标。

（5）设计前的调查研究。

设计前调查研究的主要内容包括以下 4 项。

1）建筑物的使用要求：深入访问使用单位中有实践经验的人员，认真调查同类已建建筑的实际使用情况，通过分析和总结，对所设计房屋的使用要求，做到"胸中有数"。

以食堂设计为例：第一是要了解主副食品加工的作业流线，炊事员操作时的对建筑布置的具体要求；第二是了解餐厅的要求，有无其他兼用功能，掌握使用单位每餐实际用餐人数，使用地区的生活习惯，确定主食米、面的比例，做好房间划分；第三是确定人员流向，防止炊事人员操作和用餐人员流向的交叉；第四是确定房间的具体布置，面积的大小确定。

2）建筑材料供应和结构施工等技术条件：了解设计项目所在地区建筑材料供应的品种、规格、价格等情况，预制混凝土制品，门窗的种类规格，以及新型建筑材料的性能、价格及采用的可能性。结合建筑使用要求和建筑空间组合的特点，了解并分析不同结构方案的选型，当地施工技术和起重、运输等设备条件。

3）基地踏勘：根据城建部门所划定的建筑红线进行现场踏勘，深入了解现场的地形、地貌，以及基地周围原有的建筑、道路、绿化等，考虑拟建建筑的位置和总平面布局的可能性。

4）当地建筑传统经验和生活习惯：传统建筑中有许多结合当地地理、气候条件的设计布局和创作经验，可以借鉴。同时在建筑设计中，也要考虑当地的生活习惯，民风民俗及人们对建筑形象的偏好。

2. 初步设计阶段

（1）初步设计的任务与要求。

初步设计是供主管部门审批而提供的文件，也是技术设计和施工图设计的依据文件。它的主要任务是提出设计方案，即根据设计任务书的要求和收集到的必要基础资料，结合基地环境，综合考虑技术经济条件和建筑艺术的要求，对建筑总体布局、空间组合进行可能与合理的安排，提出两个或多个方案供建设单位选择。在已经确定的方案基础上，进一步充实完善，综合出建设单位较为理想的方案，然后编制出初步设计文件供主管部门审批。

（2）初步设计的图纸和文件。

初步设计一般包括设计说明书、设计图纸、主要设备材料表和工程概算等四个部分。初步设计的图纸和设计文件包括以下 6 项。

1）设计总说明：设计指导思想及主要依据，设计意图及方法特点，建筑结构方案及构造特点，建筑材料及装修标准，主要的技术经济指标及结构、设备等系统的说明。

2）建筑总平面图：常采用的比例是 1∶500 或 1∶1000，应表示出用地范围，建筑物位置、大小、层数、朝向、设计标高，道路及绿化布置及经济技术指标。地形复杂时，应表示粗略的竖向设计意图。

3）各层平面图及主要剖面图、立面图：常用的比例是 1∶100 或 1∶200，应标出建筑物的总尺寸、开间、进深、层高等各主要控制尺寸，同时要标出门窗位置，各层标高，部分室内家具和设备的具体布置，立面处理，结构方案及材料选用等。

4）说明书：设计方案的主要意图及优缺点，主要结构方案及构造特点，建筑材料及装修标准，主要技术经济指标等。

5）工程概算书：建筑物投资估算，主要材料用量及单位消耗量。

6）根据设计任务的需要，可能辅以鸟瞰图、透视图或建筑模型。

3. 技术设计阶段

技术设计阶段是三阶段设计的中间阶段，对于一般工程，这个阶段可以省略，把有关工作并入初步设计阶段。它的主要任务是在经建设单位和主管部门审批的初步设计的基础上，进一步确定建筑各工种之间的技术问题，是初步设计具体化的阶段，也是各种技术问题定案阶段。技术设计的内容为各工种相互提供资料、提出要求，并共同研究和协调编制拟建工程各工种的图纸和说明书，为各工种编制施工图打下基础。经批准后的技术图纸和说明书即为编制施工图、主要材料设备订货及基建拨款的依据文件。

技术设计的图纸和文件与初步设计大致相同，但更详细些。具体内容包括整个建筑物和各个局部的具体做法，各部分确切尺寸关系，内外装修的设计，结构方案的计算和具体内容，各种构造和用料的确定，各种设备系统的设计和计算，各种技术工种之间种种矛盾的合理解决，设计预算的编制等，这些工种需要各种工种设计人员相互协作完成。

4. 施工图设计阶段

（1）任务与要求。

施工图设计是建筑设计的最后阶段，是提交施工单位施工的设计文件，必须根据上级主管部门审批同意的初步设计（或技术设计）进行施工图设计。

施工图设计的主要任务是满足施工要求，即在初步设计或技术设计的基础上，综合建筑、结构、设备各个工种，相互交底，核实核对，深入了解材料供应、施工技术、设备等条件，把满足施工的各项具体要求反映在图纸中，做到整套图纸齐全统一，明确清晰。

（2）施工图设计的图纸和文件。

施工图设计的内容包括建筑、结构、设备（水、强电、暖）、通风空调、电信、消防等工种的设计图，设计说明书，建筑节能、结构和设备的计算书，以及预算书。具体图纸和文件包括以下 7 项。

1）建筑总平面图：常用比例为1：500、1：1000、1：2000，应表明建筑用地范围，建筑物及室外（道路、围墙、大门、挡土墙等）位置，尺寸、标高、建筑小品、绿化美化设施的布置，并附必要的说明及详图，技术经济指标，地形及工程复杂时应绘制竖向设计图。

2）各层建筑平面图、各个立面图及必要的剖面图：常用比例为1：100、1：200。除表达初步设计或技术设计内容以外，还应详细标出墙段、门窗洞口及一些细部尺寸、详细索引符号等。

3）建筑构造节点详图：根据需要可采用1：1、1：2、1：5、1：20等比例尺。主要包括檐口、墙身和各构件的连接点，楼梯、门窗及各部分的装饰大样等。

4）各工种相应配套的施工图纸：如基础平面图和基础详图、楼板及屋顶平面图和详图、结构构造节点详图等结构施工图；给排水、电器照明及暖气或空气调节等设备施工图。

5）建筑、结构及设备等的说明书。

6）结构及设备设计的计算书。

7）工程概预算书。

具体图纸的设计深度，请见各地关于图纸设计深度的设计相关文件规定。

1.2　建 筑 设 计 的 依 据

1.2.1　依据使用功能进行建筑设计

1. 人体尺度和人体活动所需的空间尺度

人体尺度及人体活动所需的空间尺度是确定民用建筑内部各种空间尺度的主要依据之一。例如门洞、窗台及栏杆的高度，走道、楼梯、踏步的高度和宽度，家具设备尺寸，以及建筑内部使用空间的尺度等都与人体尺度及人体所需的空间尺度直接或间接有关。以我国成年男子和成年女子的平均高度分别为1670mm和1560mm为依据，绘出的人体尺度和人体活动所需的空间尺度如图1-1和图1-2所示。

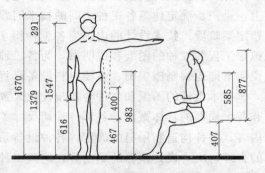

图1-1　中等身材成年男子的人体基本尺度

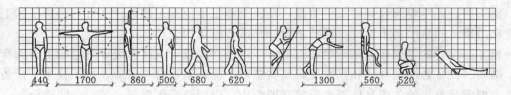

图1-2　人体基本动作尺度

2. 家具、设备尺寸和使用它们所需的必要空间

房间内家具设备的尺寸，以及人们使用它们所需的活动空间是确定房间内部使用面积的重要依据。如图1-3所示为居住建筑常用家具尺寸示例。

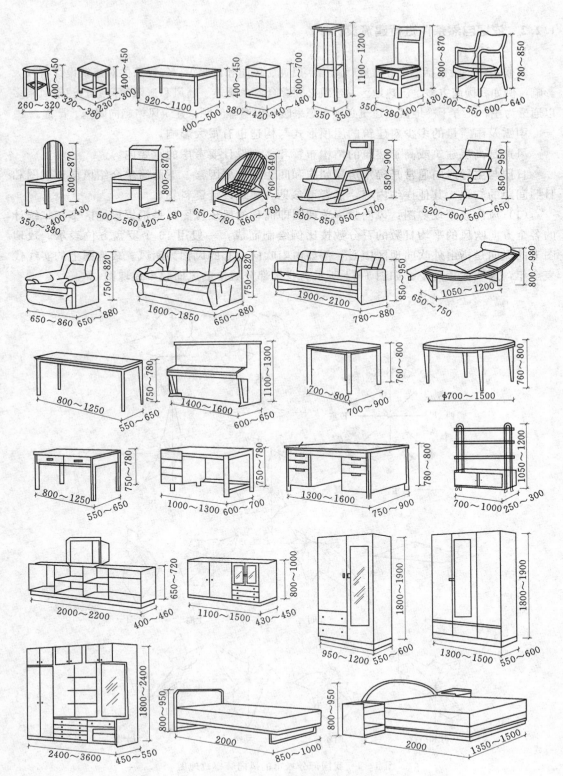

图 1-3　常用家具基本尺寸

1.2.2 依据自然条件进行建筑设计

1. 气候条件

气候条件一般包括温度、湿度、雨雪、风速、风向和日照等。气候条件对建筑设计有较大影响，例如我国南方多是湿热地区，建筑必须综合考虑隔热、通风和遮阳等问题，建筑风格多以通透为主；北方干冷地区，建筑必须考虑采暖和保温等问题，建筑风格趋向闭塞、严谨。

雨雪及雨雪量的多少对建筑的屋顶形式与构造也有很大影响。

风速是高层建筑或高耸建筑的结构布置和体型设计要考虑的重要内容。

日照与主导风向通常是确定房屋朝向和间距的主要因素。下面简单介绍风向玫瑰图和日照间距的知识，其他详细内容，读者请参见《建筑设计资料集》。

（1）风向频率玫瑰图：风向频率玫瑰图即简称的风玫瑰图，是根据该地区多年来统计的各个方向吹风的平均日数的百分数按比例绘制而成，一般用 16 个罗盘方位表示。玫瑰图上的风向是指由外吹向地区中心，例如由南吹向中心的风称为南风。玫瑰图上的实线代表全年，虚线代表夏季。如图 1-4 所示为我国部分城市的风向频率玫瑰图。

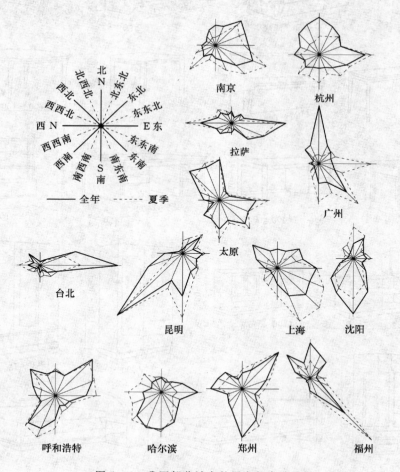

图 1-4　我国部分城市的风向频率玫瑰图

（2）日照间距：日照间距是为了保证房间有一定的日照时数，建筑物彼此互不遮挡所留出的间距。日照间距示意图如图1-5所示。

日照间距的计算公式为

$$L = \frac{H - H_1}{\tan\alpha}$$

式中　L——建筑间距；

　　　H——前幢房屋北檐口至地面的高度；

　　　H_1——后幢房屋底层阳台至地面的高度；

　　　α——太阳高度角。

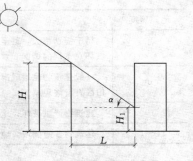

图1-5　日照间距示意图

在实际的设计工作中，通常用L/H的值确定日照间距，例如北京采用1.5左右，郑州地区采用1.22左右。

2. 地形、地质以及地震烈度

基地的平缓起伏、地质构成、土壤特性与承载力的大小，对建筑物的平面组合、结构布置与造型都有明显的影响。坡地建筑常结合地形错层建造，复杂的地质条件要求基础采用不同的结构和构造处理等。地震对建筑的破坏作用也很大，有时是毁灭性的。这就要求我们无论是从建筑的体形组合到细部构造设计必须考虑抗震措施，才能保证建筑的使用年限与坚固性。

地震是一种自然现象。震级用来度量一次地震所释放能量大小，一次地震只有一个震级，地震烈度表示地面及建筑物在地震时遭受破坏的程度。例如2008年5月12日发生在四川的汶川地震震级是8.0级，在郑州体现的最大地震烈度为3～4度左右。震级与地震烈度的对应关系如表1-1所示，不同地震烈度的破坏程度如表1-2所示。

表1-1　　　　　　　　　　　震级与地震烈度的对应关系

震　　级	1～2	3	4	5	6	7	8	8级以上
震中烈度	1～2	3	4～5	6～7	7～8	9～10	11	12

注　震源深度为10～30km。

表1-2　　　　　　　　　　　不同烈度的破坏程度

地震烈度	地面及建筑物破坏程度
1～2	人们一般感觉不到，只有地震仪才能记录到
3	室内少数人能感到轻微的震动
4～5	人们有不同程度的感觉，室内物件有些摆动和有尘土掉落现象
6	较老的建筑物多数要损坏，个别建筑物有倒塌的可能；有时在潮湿松散的地面上，有细小裂缝出现，少数山区发生土石散落
7	家具倾覆破坏，水池中产生波浪，对坚固的住宅建筑有轻微的损坏，如墙上产生轻微的裂缝，抹灰层大片脱落，瓦从屋顶掉下等；工厂的烟囱上部倒下；严重的破坏陈旧的建筑物和简易建筑物，有时有喷砂冒水现象

地震烈度	地 面 及 建 筑 物 破 坏 程 度
8	树干摇动很大，甚至折断；大部分建筑遭到破坏；坚固的建筑物墙上产生很大裂缝而遭到严重的破坏；工厂的烟囱和水塔倒塌
9	一般建筑物倒塌或部分倒塌；建筑物大部分遭到严重破坏，其中大多数不能用，地面出现裂缝，山区有滑坡现象
10	建筑物严重破坏；地面裂缝很多，湖泊水库有大浪出现；部分铁轨弯曲变形
11～12	建筑物普遍倒塌，地面变形严重，造成巨大的自然灾害

我国主要城镇（县级及县级以上城镇）中心地区的抗震设防烈度和所属的设计地震分组，可按照现行的国家标准《建筑抗震设计规范》（GB50011—2001）（2008年修订版）附录A采用。关于抗震设计的详细情况，见《建筑抗震设计规范》（GB50011—2001）（2008年修订版）或其他资料。

3. 水文条件

水文条件是指地下水位的高低及地下水的性质，直接影响到建筑物的基础和地下室，设计时应考虑是否采取相应的防水和防腐措施。设计前应仔细阅读该地区的《岩土工程勘察报告》，必要时去拟建建筑物所在地现场勘察，以求得到一手设计资料。

1.2.3 依据技术要求进行建筑设计

建筑设计应遵循国家制定的标准、规范、规程及各地或各部门颁发的标准，如：建筑设计防火规范、住宅建筑设计规范、采光设计标准等。以提高建筑科学管理水平，保证建筑工程质量，加快基本建设步伐，这体现了国家的现行政策和我国的经济技术水平。

另外，设计标准化是实现建筑工业化的前提。只有设计标准化，做到构件定型化，减少构配件规格、类型，才有利于大规模采用工厂生产及施工的工业化，从而提高工业化水平。为此，建筑设计应实行国家规定的《建筑模数协调统一标准》（GBJ2—86）。

1.2.4 依据《建筑模数协调统一标准》进行建筑设计

为了使建筑制品、建筑构配件及其组合件的生产能够实现大规模工业化生产，使得不同材料、不同形式和不同方法制造的建筑构配件、组合件具有较大的通用性和互换性，实现减少构件类型、统一构件规格的目的，我国1973年颁布了《建筑统一模数制》（GBJ2—73），1986年进行了规范的修改和补充，更其名为《建筑模数协调统一标准》，其内容包括以下3个方面。

1. 模数

建筑模数是选定的尺寸单位，作为尺度协调中的增值单位，也是建筑设计、建筑施工、建筑材料与制品、建筑设备、建筑组合件等各部门进行尺度协调的基础。

（1）基本模数。

基本模数是模数协调中选用的基本尺寸单位。其数值定为100mm，符号为M，即1M＝100mm。整个建筑物或其一部分及建筑组合件的模数化尺寸都应该是基本模数的倍数。

（2）扩大模数。

扩大模数是基本模数的整倍数。扩大模数的基数应符合下列规定。

1）水平扩大模数的基数为 3M、6M、12M、15M、30M、60M 等 6 个，其相应的尺寸分别为 300mm、600mm、1200mm、1500mm、3000mm、6000mm。

2）竖向扩大模数的基数为 3M 和 6M，其相应的尺寸为 300mm 和 600mm。

（3）分模数。

分模数是基本模数的分数值，其基数为 1/10M、1/5M、1/2M 等 3 个，其相应的尺寸为 10mm、20mm、50mm。

（4）模数数列。

模数数列是指由基本模数、扩大模数、分模数为基础扩展成的一系列尺寸，如表1-3所示。模数数列的幅度及适用范围如下。

表 1-3　　　　　　　　　　模　数　数　列　　　　　　　　　　单位：mm

基本模数	扩　大　模　数						分　模　数		
1M	3M	6M	12M	15M	30M	60M	1/10M	1/5M	1/2M
100	300	600	1200	1500	3000	6000	10	20	50
100	300						10		
200	600	600					20	20	
300	900						30		
400	1200	1200	1200				40	40	
500	1500			1500			50		50
600	1800	1800					60	60	
700	2100						70		
800	2400	2400	2400				80	80	
900	2700						90		
1000	3000	3000		3000	3000		100	100	100
1100	3300						110		
1200	3600	3600	3600				120	120	
1300	3900						130		
1400	4200	4200					140	140	
1500	4500			4500			150		150
1600	4800	4800	4800				160	160	
1700	5100						170		
1800	5400	5400					180	180	
1900	5700						190		
2000	6000	6000	6000	6000	6000	6000	200	200	200
2100	6300						220		
2200	6600	6600					240		
2300	6900								250
2400	7200	7200	7200				260		
2500	7500			7500			280		
2600		7800					300		300

基本模数	扩大模数					分模数	
2700	8400	8400				320	
2800	9000		9000	9000		340	
2900	9600	9600					350
3000			10500			360	
3100		10800				380	
3200		12000	12000	12000	12000	400	400
3300				15000			450
3400				18000	18000		500
3500				21000			550
3600				24000	24000		600
				27000			650
				30000	30000		700
				33000			750
				36000	36000		800
							850
							900
							950
							1000

1）水平基本模数的数列幅度为 1～20M。主要适用于门窗洞口和构配件断面尺寸。

2）竖向基本模数的数列幅度为 1～36M。主要适用于建筑物的层高、门窗洞口、构配件等尺寸。

3）水平扩大模数数列的幅度：3M 为 3～75M；6M 为 6～96M；12M 为 12～120M；15M 为 15～120M；30M 为 30～360M；60M 为 60～360M，必要时幅度不限。主要适用于建筑物的开间或柱距、进深或跨度、构配件尺寸和门窗洞口尺寸。

4）竖向扩大模数数列的幅度不受限制。主要适用于建筑物的高度、层高、门窗洞口尺寸。

5）分模数数列的幅度：1/10M 为（1/10～2）M；1/5M 为（1/5～4）M；1/2M 为（1/2～10）M。主要适用于缝隙、构造节点、构配件断面尺寸。

2.《建筑模数协调统一标准》

《建筑模数协调统一标准》中还规定了有关模数协调原则，包括模数化空间网络，定位轴线与定位线，模数化楼层、房间、楼板层高度，单轴线定位与双轴线定位，构配件和组合件的定位等内容。由于这些内容比较繁杂，没有列入本书。在进行建筑设计时，可查阅有关条文。

3. 几种尺寸

（1）标志尺寸。

标志尺寸应符合模数数列的规定，用以标注建筑物定位轴线之间的距离（如跨度、柱距、层高等），以及建筑制品、构配件、有关设备位置界限之间的尺寸。

（2）构造尺寸。

构造尺寸是建筑制品、构配件等生产的设计尺寸。一般情况下，构造尺寸加上缝隙尺寸等于标志尺寸。缝隙尺寸的大小，宜符合模数数列的规定。

（3）实际尺寸。

实际尺寸是建筑制品、建筑构配件等的实有尺寸。实际尺寸与构造尺寸之间的差数，应由允许偏差值加以限制。

1.3 建筑设计的要求

1.3.1 满足建筑物功能要求

满足建筑物的功能要求，为人们生产和生活活动创造良好的环境，是建筑设计的首要任务。例如设计一所小学学校，首先考虑满足教学活动的需要，教室设置应分班合理，采光通风良好，同时还要合理安排教室备课、办公、储藏和厕所等行政管理和辅助用房，并配置良好的体育场和室外活动场地等。

1.3.2 采用合理的技术措施

正确选用建筑材料，根据建筑空间组合特点，选择合理的结构、施工方案，使房屋坚固耐久、建造方便。例如近年来，我国设计建造的覆盖面积较大的体育馆、工业建筑厂房，由于屋顶采用钢网架空间结构和整体提升的施工方法，既节省了建筑物的用钢量，也缩短了施工工期。

1.3.3 具有良好的经济效果

建筑物的建造是一个复杂的物质生产活动，需要大量的人力、物力和资金，在房屋及工业厂房的设计和建造中，要因地制宜、就地取材，尽量做到节省劳动力，节约建筑材料和资金。

1.3.4 适当考虑建筑美观要求

建筑物是社会的物质和文化财富，在满足使用要求的同时，还要考虑人们对建筑物在美观方面的要求，考虑建筑物所赋予人们精神上的感受。建筑设计要努力创造具有我国时代精神的建筑空间组合与建筑形象。历史上创造的具有时代印记和特色的各种建筑形象，往往是一个国家、一个民族文化传统宝库中的重要组成部分，我国传统建筑如图 1-6 所示。

1.3.5 符合总体规划要求

单体建筑是总体规划的组成部分，单体建筑应符合总体规划的要求。建筑物的设计，还要充分考虑和周围环境的关系，例如充分考虑原有建筑物的状况，道路的走向，地形地貌，基地面积大小、绿化、容积率等的基础上再进行建筑设计，如图 1-7 所示为公园茶室与基地的协调。

1.3.6 满足可持续发展要求

建筑物建造是一个消耗大量资源的生产活动，要把建设的项目生命期延伸和拓展，建

(a)建于辽代的应县木塔   (b)江南水乡民居

图1-6 我国传统建筑的建筑形象

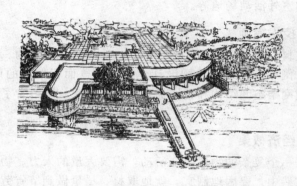

图1-7 单体建筑应与总体规划协调

筑设计要有节能意识，提倡绿色建筑设计，提倡建筑材料的再循环利用，坚持人与自然的协调发展，满足可持续发展的要求。

❓ 习题与实训

1. 选择题

(1) 建筑的构成三要素中_____是建筑的目的，起着主导作用。

    A、建筑功能   B、建筑的物质技术条件   C、建筑形象   D、建筑的经济性

(2) _____在整个工程设计中起主导和先行的作用。

    A、建筑设计   B、结构设计   C、设备设计   D、管网设计

(3) 两阶段设计是指_____和施工图设计两个阶段。

    A、方案设计   B、扩大初步设计   C、技术设计   D、效果图设计

(4) 建筑设计首先应满足使用工程的要求，采用合理的技术措施，尽量达到最优的经济效果，同时也应考虑建筑的美观和符合总体规划的要求，要求设计师具备_____设计

的意识。

  A、抗震   B、防火   C、建筑节能   D、防爆

2. 填空题

（1）建筑工程设计是指设计一幢建筑物或建筑群所要做的全部工作，包括_____、_____、_____等三个方面的内容。

（2）基本模数的数值规定为_____mm，符号为_____，即 1M＝_____。

（3）建筑两阶段设计是指_____、_____，三阶段设计是指_____、_____、_____。

（4）建筑设计是一项由程序要求的工作，设计工作要求做好_____、_____、_____、_____等几个阶段的全过程的工作。

3. 简答题

（1）简述建设工程的基本建设程序和建筑设计的内容。

（2）简述建筑工程设计的程序。

（3）建筑设计的依据有哪些？如何搜集建筑设计的相关资料？

（4）建筑设计的要求有哪些？

（5）什么是风向频率玫瑰图？并用图形说明。

4. 实例分析与实践题

（1）分析某大学音乐学院的设计任务书，编制设计方案，熟悉设计步骤。

（2）收集当地设计的有关资料，编制设计资料文库。

第2章 民用建筑平面设计

本章要点

1. 掌握民用建筑单个空间的平面设计；
2. 掌握民用建筑平面组合设计。

2.1 概　　述

2.1.1 建筑平面的组成

民用建筑的平面组成，从使用性质分析，均可归纳为使用部分和交通联系部分。

使用部分主要是指主要使用部分和辅助使用部分的面积，即各类建筑物中的主要房间和辅助房间。主要房间是我们建造建筑的目的所在，是建筑功能的集中体现。如住宅建筑中的起居室、卧室，学校建筑中的教室、实验室，商业建筑中的营业厅。辅助房间是对建筑功能进一步的完善，同时也是建筑功能必不可少的组成部分。如住宅建筑中的厨房、卫生间及各种电器、水暖等设备用房。

交通联系部分是指建筑物中各个房间之间，楼层之间和房间内外之间联系通行的面积，它包括水平交通联系部分，如走廊、连廊等；垂直交通联系部分，如楼梯、电梯、自动扶梯、台阶、坡道等；中枢交通联系部分，如门厅、过厅、中庭等。

建筑物的平面面积，除了以上两部分外，还有房屋构件所占的面积。即构成房屋承重系统，分隔平面各组成部分的墙柱、墙墩及隔断构件所占的面积。如图2-1所示是使用、交通、结构部分组成的住宅单元平面。

另外，我们可以把建筑平面各组成部分用如图2-2所示关系表示。

2.1.2 平面设计的作用和内容

平面设计的主要任务是根据设计要求和基地条件，确定建筑平面中各组成部分的大小和相互关系，通常是用平面图来表示的。平面设计是整个建筑设计中的一个重要组成部分。一般来说，它对建筑方案的确定起着决定性的作用，是建筑设计的基础。因为平面设计不仅决定了建筑各部分的平面布局、面积、形状，而且还影响到建筑空间的组合、结构型式的选择、技术设备的布置、建筑体形的处理和室内空间形态等许多方面。所以在进行建筑平面设计时，需要反复推敲。综合考虑剖面、立面、技术、经济等各方面因素，使平面设计尽量完善。

建筑平面设计包括单个房间设计及平面组合设计。单个房间设计是在整体建筑合理而

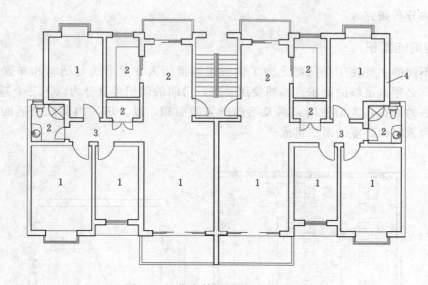

图 2-1　住宅单元平面组成示意图

1—使用部分（主要使用部分）；2—使用部分（辅助使用部分）；3—交通联系部分；4—结构部分

适用的基础上，确定房间的面积、形状、尺寸及门窗的大小和位置。平面组合设计是根据各类建筑功能要求，依据主要房间、辅助房间、交通联系部分的关系，结合基地环境及其他条件，采用不同的组合方式将各单个房间合理地组合起来，如图 2-2 所示。

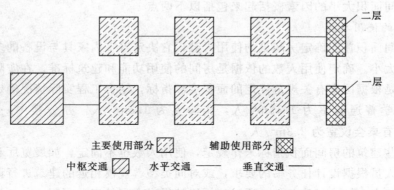

主要使用部分 ▨　　　辅助使用部分 ▩

中枢交通 ▨　　水平交通 ——　　垂直交通 ——

图 2-2　建筑平面各组成部分关系示意图

2.2　主要使用房间的设计

主要使用房间是各类建筑的主要部分，是供人们工作、学习、生活、娱乐等的必要房间。由于建筑性质的不同，对主要使用房间的要求也不同，如住宅中的卧室是满足人们的休息、睡眠之用；教学楼的教室是满足教学之用；百货大楼的营业厅是顾客购物之用。虽然如此，主要使用房间应考虑的因素是一致，即要求有适宜的尺寸，恰当的形状，良好的朝向、采光、通风条件。因此，在平面设计时，应根据主要房间的使用性质，然后从以下几个方面去分析研究。

2.2.1　房间的面积

各种不同的主要使用房间都是为了供一定数量的人在里面进行活动和布置所需的家具。因此，必须有足够的面积。按照使用要求，房间的面积可以分为以下三个部分：家具和设备所占的面积，人们使用家具及活动所需的面积，以及房间内部的交通面积。如图2-3所示为教室和卧室的面积组成。

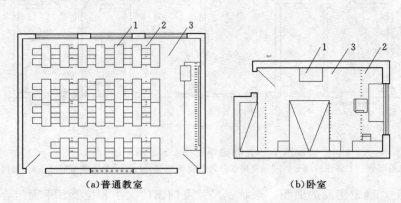

（a）普通教室　　　　　　　　　　（b）卧室

图 2-3　住宅单元平面组成示意图
1—家具占用面积；2—使用活动面积；3—交通面积

影响房间面积大小的因素概括起来包括以下两点。

1. 房间的使用人数

确定房间面积首先确定房间里的使用人数，它决定着室内家具与设备的多少，决定着交通面积的大小。确定使用人数的依据是房间的使用功能和建筑标准。在实际工作中，房间面积主要是根据国家有关规范规定的面积定额指标，结合工程实际情况确定。例如使用面积定额中学普通教室为 $1.12m^2/$人，实验室为 $1.8m^2/$人，办公楼中一般办公室为 $3.5m^2/$人，有桌会议室为 $2.3m^2/$人。

另外有些建筑的房间面积指标未作规定，使用人数也不固定，如展览厅和营业厅。这就要求设计人员根据设计任务书的要求，或对同类型、规模相近的建筑进行调查研究，充分掌握使用特点，结合经济条件，通过分析比较得出合理的房间面积。

2. 家具设备及人们使用活动面积

任何房间为满足使用要求，都需要有一定数量的家具、设备，并进行合理的布置。如教室中有课桌、椅、讲台，卧室中有床、桌椅、衣柜等。陈列室中有展板、陈列台、陈列柜等；卫生间有大便器、洗脸盆、浴盆等。家具、设备数量及布置方式，人们使用这些家具设备所需的活动面积，都直接影响到房间使用面积大小。

2.2.2　房间的形状

房间的基本面积确定后，还需合理选定房间的平面形状，这要综合考虑房间的使用功能、结构布置、室内空间观感、基地条件、建筑的空间造型等因素。民用建筑常见的房间形状有矩形、方形、多边形、扇形、圆形等，如图 2-4 所示。

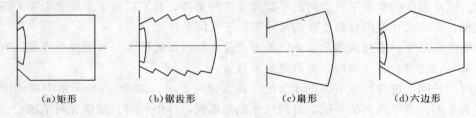

(a)矩形　　　　　(b)锯齿形　　　　　(c)扇形　　　　　(d)六边形

图 2-4　观众厅平面示意图

一般办公室、宿舍、卧室等建筑，功能单一的房间通常用矩形，其主要因为以下 3 个原因。

(1) 矩形平面体形简单，墙体平直，便于家具和设备的安排，使用上能充分使用室内有效面积，有较大的灵活性。

(2) 矩形平面结构布置简单，便于施工。

(3) 矩形平面便于统一开间、进深，有利于平面及空间的组合。

采用矩形平面的房间长、宽比例关系要根据使用情况来确定，一般以不超过 1：1.2～1：1.5 为宜，过于狭长矩形室内活动面积分散，不利于使用，且空间观感欠佳。

对于一些单层大空间如观众厅、体育馆等房间，它的形状则首先应满足这类建筑的特殊功能及视听要求，可以使用各种复杂的平面形状。观众厅的平面形状多采用矩形、钟形、扇形、六角形等。矩形平面的声场分布均匀，观众厅前部能接受侧墙一次反射的区域比其他形状都大，当跨度较大时，前部易产生回声，故常用于小型观众厅；扇形平面由于侧墙呈倾斜状，声音能均匀地分散到大小各个区域，多用于大、中型观众厅；钟形平面介于矩形和扇形之间，声场分布均匀；六边形平面的声场分布均匀，但屋盖结构复杂，适用于中、小型观众厅；圆形平面的声场分布严重不均匀，观众厅很少采用，但因为视线及疏散条件好，常用于大型体育馆。

2.2.3　房间平面尺寸的确定

房间尺寸是指房间的面宽和进深，而面宽常常是由一个或多个开间组成，如图 2-5

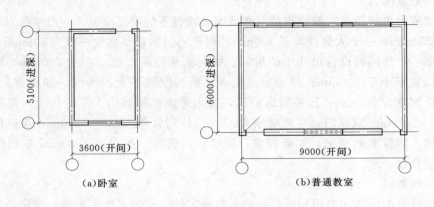

(a)卧室　　　　　　　　　　　　(b)普通教室

图 2-5　居室和教师的开间和进深

所示。房间设计在确定房间的面积和形状后，确定合适的房间尺寸是一个重要问题。在同样面积、同样形状的情况下，房间的平面尺寸多种多样，且不同的平面尺寸会带来不同的使用效果，有的尺寸使用合理，有的尺寸不利于房间的使用。

影响房间尺寸因素包括满足家具设备布置及人们活动的要求；满足视听要求；有良好的天然采光；经济合理的结构布置及建筑模数等。

房间的开间、进深尺寸应很好地满足家具布置的要求。如图2-6所示中两间面积相近的宿舍平面，由于房间的开间、进深尺寸选择不同，其中一间只能布置两个床位（如果把门开在一侧能布置三个床位），而另一间则可布置四个床位，显然后一种布置方式能提高房间利用率。

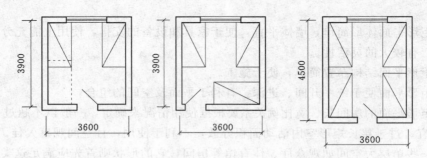

图2-6 房间尺寸和家具布置的关系

采光通风等环境要求，在确定房间尺寸时也要给予充分考虑。在大量的民用建筑中，大部分房间都需要天然采光，自然通风。房间进深大，一侧采光时，室内远离的一侧会出现局部照度不够，整个房间照度不均匀，影响使用。

2.2.4 房间的门窗设置

1. 房间门的设置

房间门是供人出入和交通联系用，有时也兼采光和通风。房间门设置时应考虑门的数量、宽度、位置及开启方式。

（1）门的宽度。

门的宽度由房间用途、安全疏散及搬运家具或设备的需要决定。一般单股人流通行最小宽度取550mm，一个人侧身需要300mm。因此，门的最小宽度一般为700mm。对于使用人数频率小，房间内设备尺寸小的房间。如厕所常用洞口宽不小于700mm，阳台、厨房常用洞口宽不小于800mm。供少数人出入，搬运家具不大的房间，如居室、办公室、客房的洞口宽度为900mm；医务病房的门，因为考虑担架和病人车的出入，常用洞口宽度为1100～1400mm双扇门；住宅建筑单元入口外门常用1500～1800mm双扇门；公共建筑中使用人数较多的房间，如会议室、展览厅、餐厅一般采用1800mm双扇门或由几组双扇门组合在一起。

（2）门的数量。

门的数量是由房间的面积和可容纳的人数确定的。按防火规范要求，当房间的面积大于60m²，房间内人数多于50人时，门的数量应不少于两个，两门之间应有适当间距，以保证安全疏散。一些人流大量集中的房间，如车站候车厅、商场营业厅等公共建筑房间，门的数量应根据疏散计算来确定。

（3）门的位置。

门的位置要考虑室内人流活动特点和家具布置的要求，尽可能缩短室内交通路线，避免人流拥挤和便于家具布置。面积小、家具人数少的房间（如住宅中的卧室），门的位置主要考虑家具布置，争取室内有较完整的空间和墙面。如图 2-7（a）所示，门的位置分散，室内墙面不完整，不宜家具的布置；如图 2-7（b）所示，适当调整门的位置，保留几个完整的内角，室内布置得到改善。对于面积大，家具布置灵活，人数多的房间，门的位置应主要考虑人流活动和疏散的方便。图 2-8 为影剧院观众厅和实验室门的位置示意图，观众厅的门均匀分布，有利于疏散，实验室两个门靠近房间两端，符合防火规范要求。

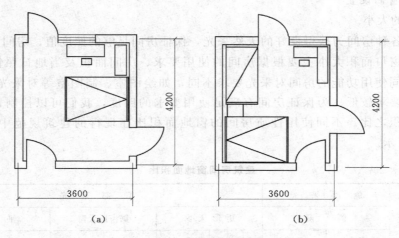

图 2-7 门的位置与家具布置的关系

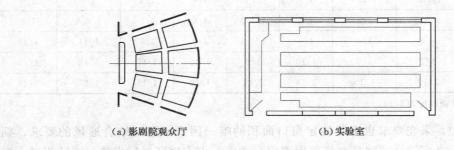

（a）影剧院观众厅 （b）实验室

图 2-8 观众厅及实验室门的位置举例

（4）门的开启方式。

门的开启方式有多种，其中以平开门使用最为广泛。教学楼建筑出入口位置多用弹簧门，卫生间、厨房等房间因为室内空间小，提高面积利用率而使用推拉门。使用人数少的小房间，当走廊宽度不大时，一般尽量使通往走廊的门向房间里开启，以免影响走廊交通。使用人数较多的房间，如会议室、餐厅等，封闭楼梯间的门考虑疏散安全，门应开向疏散方向。在平面组合时，由于使用需要，有时几个门的位置比较集中，要防止门扇开启时发让碰撞或遮挡。当然有的门不经常使用，在开启时有遮挡是允许的。如图2-9所示为门的开启方式比较方案。

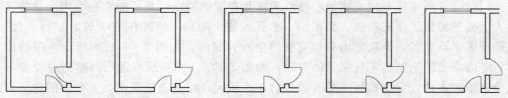

(a) 不正确的开启方式　(b) 不正确的开启方式　(c) 不正确的开启方式　(d) 正确的开启方式　(e) 正确的开启方式

图2-9　门的开启方式比较方案

2. 房间窗的设置

(1) 窗的大小。

建筑中各种房间为获得良好的天然采光，保证房间足够的照度值，房间必须开一定面积的窗，窗口面积大小主要根据房间的使用要求、房间面积及当地日照情况等因素来考虑。不同使用功能的房间对采光要求不同，如绘图室、制图室等对采光要求很高；居室、厕所要求较低；为保证房间有满足使用要求的照度，我们可以控制窗的透光面积与房间面积之比。不同使用性质房间的窗地面积比在现行的建筑规范中已有规定，如表2-1所示。

表2-1　　　　　　　　　　　　建筑房间窗地面积比

采光等级	侧面采光		顶部采光					
	侧窗		矩形天窗		锯齿形天窗		平天窗	
	民用建筑	工业建筑	民用建筑	工业建筑	民用建筑	工业建筑	民用建筑	工业建筑
I	1/2.5	1/2.5	1/3	1/3	1/4	1/4	1/6	1/6
II	1/3.5	1/3	1/4	1/3.5	1/6	1/5	1/8.5	1/8
III	1/5	1/4	1/6	1/4.5	1/8	1/7	1/11	1/10
IV	1/7	1/6	1/10	1/8	1/12	1/10	1/18	1/13
V	1/12	1/10	1/14	1/11	1/19	1/15	1/27	1/23

注　楼梯间的窗地面积比为1/12。

具体设计中，采光要求也不是确定窗口面积的唯一因素，还应结合通风的要求、朝向、建筑节能、立面设计、建筑经济等因素综合考虑。南方地区气候炎热，可适当增大窗口面积以争取通风量，寒冷地区为防冬季热量从窗口过多流失，可适当减少窗口面积。有时，为了取得一定立面效果，窗口面积可根据造型设计的要求来统一考虑。

(2) 窗的位置。

窗在平面之间的位置直接影响房间照度均匀和是否会产生眩光。为使室内照度均匀，窗宜布置在房间或开间中部。图2-10为普通教室开窗，其中如图2-10 (a) 和图2-10 (b) 所示三个窗相对集中，窗间设小柱或小段实墙，光线集中在课桌区内，暗角较小，

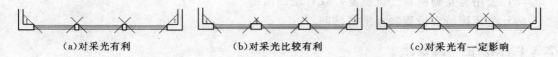

(a)对采光有利　　　　　　(b)对采光比较有利　　　　　　(c)对采光有一定影响

图 2－10　教室

对采光有利。同时左右两窗向中间靠拢,加大了黑板处窗间墙宽,可防止黑板的反射眩光。如图 2－10(c)所示,窗侧窗的均匀布置在每个相同开间的中部,当窗宽不大时,窗间墙较宽在墙后形成较大暗角区,影响该处桌面宽度。在确定窗的位置时,还要考虑有利于组织良好的室内通风,以避免室内出现空气涡流现象。对砖混结构建筑,窗的平面位置对结构也有一定的影响,为使结构受力合理,两窗间的窗间墙要有一定宽度,且窗间墙上方不宜有较大集中荷载的承重构件,如进深梁等。

窗不仅是一个物质功能构件,而且是一个装饰构件。窗的平面位置会影响到建筑立面虚实、韵律、对比等美观问题。由此看来,窗在平面位置的确定,往往要经过从平面到立面,再由立面到平面,反复推敲才能完成。

2.3　辅助房间的平面设计

民用建筑除了主要使用房间之外,还必须有一定的辅助房间来保证主要房间的正常使用,这些房间在整个建筑中虽然处于次要的地位,但却是不可缺少的部分,如果处理不当,会影响主要房间的使用。

辅助房间的设计原理和方法与主要使用房间基本相同。不同类型的建筑,辅助用房的内容、大小、形式均有所不同,而其中厕所、盥洗室、浴室、卫生间、厨房最为常见。

厕所、盥洗室、浴室的平面设计应符合下列规定。

(1)建筑物的厕所、盥洗室、浴室不应直接布置在餐厅、食品加工、食品储存、医药、医疗、变配电等有严格卫生要求或防水、防潮要求用房的上层;除本套住宅外,住宅卫生间不应直接布置在下层的卧室、起居室、厨房和餐厅的上层。

(2)卫生设备配置的数量应符合专用建筑设计规范的规定,在公用厕所男女厕位的比例中,应适当加大女厕位比例。

(3)卫生用房宜有天然采光和不向邻室对流的自然通风,无直接自然通风和严寒及寒冷地区用房宜设自然通风道;当自然通风不能满足通风换气要求时,应采用机械通风。

(4)楼地面、楼地面沟槽、管道穿楼板及楼板接墙面处应严密防水、防渗漏。

(5)楼地面、墙面或墙裙的面层应采用不吸水、不吸污、耐腐蚀、易清洗的材料。

(6)楼地面应防滑,楼地面标高宜略低于走道标高,并应有坡度坡向地漏或水沟。

(7)室内上下水管和浴室顶棚应防冷凝水下滴,浴室热水管应防止烫人。

（8）公用男女厕所宜分设前室，或有遮挡措施。

（9）公用厕所宜设置独立的清洁间。

2.3.1 厕所的平面设计

厕所的平面设计首先应了解各种设备及人体活动所需要的基本尺度，再根据人数确定所需的设备数量及房间的面积基本尺寸和布置形式。

1. 厕所卫生设备尺寸规格和数量

厕所卫生设备主要有大便器、小便器、洗手盆及污水池等，如图 2-11 所示。

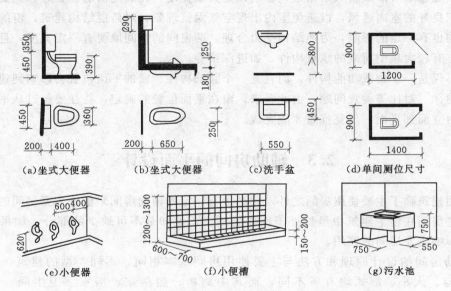

（a）坐式大便器　　（b）坐式大便器　　（c）洗手盆　　（d）单间厕位尺寸

（e）小便器　　　　（f）小便槽　　　　（g）污水池

图 2-11　厕所卫生设备尺寸

大便器有蹲式和坐式两种。可根据建筑标准和使用习惯要求选用。一般使用频繁的公共建筑，如医院、办公室、学校等多选用蹲式，同时这些建筑宜考虑适用于残疾人的坐式大便器。对于标准较高，使用人数少或老年人使用的建筑，如宾馆、公寓、老年人住宅等采用坐式便器。

小便器有独立小便器和合用小便槽两种。独立小便器有的悬挂在墙上，也有直接落地布置的；合用小便槽多靠墙布置，一般按 600mm／人计算。

厕所卫生设备数量主要取决于使用的人数、对象和特点。一般使用时间集中，使用频率大的建筑卫生器具相对多一些。一般民用建筑每一个卫生器具可供使用的人数可参考表 2-2 选用。具体设计中可按此表并结合调查研究最后确定其数量。

2. 厕所的布置方式

厕所的平面可分为两种：一种无前室，另一种有前室，如图 2-12 所示。有前室的厕所可以改善厕所的走道和过厅的卫生条件。前室设双重门，通往厕所的门可设弹簧门，便可以随时关闭。前室内一般设有洗手盆及污水池，为保证必要的使用空间，前室的深度一般不小于 1.5～2.0m。当厕所面积较小，不可能布置前室时，应注意门的开启方向，务必使厕所蹲位及小便器处于隐蔽位置。

表 2 - 2　　　　　　　　　　　部分民用建筑卫生设备个数参考指标

建筑类型	男小便器 （人/个）	男大便器 （人/个）	女大便器 （人/个）	洗手盆 （人/个）	男女比例
中小学校	40	40	25	100	1：1
宿舍楼	20	20	15	15	按实际情况
旅馆	20	20	12		按设计要求
办公楼	50	50	30	50～80	3：1～5：1
幼儿园、托儿所		5～10	5～10	2～5	1：1
门诊部	50	100	50	150	1：1

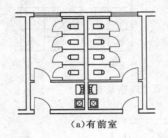
（a）有前室

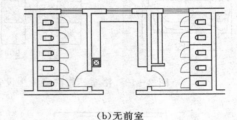
（b）无前室

图 2 - 12　厕所布置形式

3. 厕所设计的一般要求

一般要求厕所在建筑平面中应处于既隐蔽，又方便的位置，并与走廊、大厅、过厅有较方便的联系。使用人数多的厕所应有良好的天然采光与通风，以便排除污臭气。少数人使用的厕所允许间接采光，但必须有抽风设施（如气窗、抽风井）。厕所位置应有利于节能管道，减少立管并靠近室外给排水管道。同层平面中男女最好并排布置，避免管道分散。多层建筑中应尽可能把厕所布置在上下对应的位置。

2.3.2　浴室和盥洗室平面设计

浴室和盥洗室主要设备包括洗脸盆、污水池和淋浴器，有的设置浴盆等。除此之外，公共浴室还有更衣室。设计时可根据使用人数确定卫生器具的数量，如表 2 - 3 所示。浴室、盥洗室卫生设备尺寸规格及布置，如图 2 - 13 所示。

浴室、盥洗室常与厕所布置在一起，称为卫生间。按使用对象不同又可分为专用卫生间和公共卫生间。如图 2 - 14 所示是几种卫生间平面布置。

表 2 - 3　　浴室盥洗室设备个数参考指标

建筑类型	男淋浴器 （人/个）	女淋浴器 （人/个）	洗脸盆或龙头 （人/个）
旅馆	40	8	15
幼儿园、托儿所	每班2个		2～5

2.3.3　厨房设计

厨房是住宅、公寓建筑必不可少的辅助房间，它的主要功能是供烹调之用。厨房的家具、设备主要有灶台、案台、洗涤盆、碗柜及排烟装置等。厨房的布置应考虑操作方式及

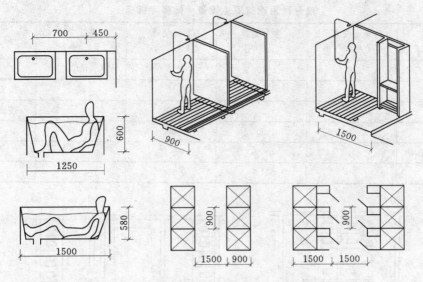

图 2-13 浴室、盥洗室卫生设备尺寸规格及布置

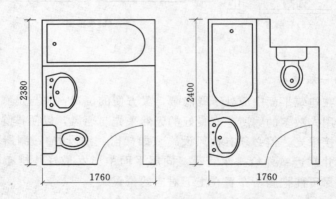

图 2-14 专用卫生间的平面布置示例

流程，布置紧凑。

厨房按平面布置方式有单排、双排、L 形、U 形几种，如图 2-15 所示。

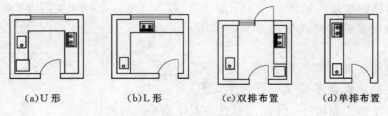

(a)U 形　　　(b)L 形　　　(c)双排布置　　　(d)单排布置

图 2-15 厨房布置的几种形式

厨房设计应满足以下 3 方面要求。

（1）应有良好的采光、通风条件。为此在平面组合中应将厨房靠外窗布置，有天然采光窗，并设有垂直通风道，以便在灶台上方设置专用排烟罩。

（2）厨房家具设备布置要紧凑，并符合操作流程和人们使用特点。厨房的墙面，地面应考虑防水，便于清洁。地面应比一般房间地面低 20～30mm。

（3）厨房应有足够的储藏空间，可以利用案台，灶台上部、下部的空间储藏物品。

2.4 交 通 部 分 设 计

建筑中主要使用房间和辅助使用房间是构成建筑的主体部分，但房间与房间之间水平垂直方向之间的联系，建筑物室内与室外之间的联系，都要通过交通联系空间来实现。交通联系部分主要包括水平交通联系空间（走道、连廊），垂直交通联系空间（楼梯、电梯、自动扶梯、坡道），中枢交通联系空间（门厅、过厅）。

交通联系部分的设计要求有：流线简洁明确，对人流起导向性作用；有良好的采光通风条件；足够的宽度，面积和数量，能够在紧急情况下疏散迅速，安全防火；在满足使用要求的前提下，应尽可能节约交通面积。

2.4.1 走道

走道也称走廊，用来联系同层各种房间。走道除了交通联系外，有时也兼有其他从属功能。走道按使用性质不同可分为以下三种：①完全为交通需要而设置的走道，如办公室楼、旅馆等建筑的走道；②主要作为交通联系，同时也兼有其他功能的走道，如教学楼走道除了作为交通联系还兼有学生课间休息、布置陈列橱窗的功能；③多种功能综合使用的走道，如展览馆的走道兼有布置展览功能，医院走道兼有候诊功能。

1. 走道的宽度

走道的宽度主要根据人流通行、安全通行、走道性质、空间感受以及走道两侧门的开启方向等综合因素来确定。

专为人行的走道宽度可根据人流数并结合门的开启方向综合考虑。一般走道均考虑双向人流，一股人流宽度为 550mm 左右，故走道最小宽度应在 1100mm，三股人流的净宽为 1700mm 左右。对于携带物品为主，有车流或兼有其他功能的走道，应结合实际使用功能和走廊内家具设备及人活动方式特点来确定适当加宽走道的尺寸。

在具体设计中，走道的宽度除满足上述要求外，还要符合安全疏散的防火规范，如表2-4 所示。

表 2-4　　　　疏散走道、安全出口、疏散楼梯和房间疏散门的宽度指标　　　单位：m/百人

层　　数	耐 火 等 级		
	一、二级	三级	四级
地上一、二层	0.65	0.75	1.00
地上三层	0.75	1.00	—
地上四层及四层以上各层	1.00	1.25	—
与地面出入口地面的高差不超过 10m 的地下建筑	0.75	—	—
与地面出入口地面的高差超过 10m 的地下建筑	1.00	—	—

2．走道的长度

走道按防火性质可分为普通走道和袋形走道。前者位于两个外部出口或楼梯之间的房间走道。后者位于只有一个出入口或楼梯的房间走道如图 2－16 所示。这两种走道的长度，根据建筑性质或耐火等级提出不同的要求。表 2－5 是房间门至外部出口或封闭楼梯间的最大距离的规定，它既是对走道长度的限制，也是确定楼梯和外部出口位置、数量的根据之一。

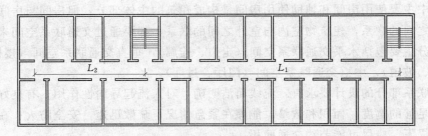

图 2－16　普通走道、袋形走道举例

L_1—普通走道；L_2—袋形走道

表 2－5　　　　　房间门至外部出口或封闭楼梯间的最大距离

名　　称	位于两个外部出口或楼梯间之间的房间 (L_1)			位于袋形走道两侧或尽端的房间 (L_2)		
	耐　火　等　级			耐　火　等　级		
	一、二级	三级	四级	一、二级	三级	四级
托儿所、幼儿园	25	20	—	20	15	—
医院、疗养院	35	30	—	20	15	—
学校	35	30	25	22	20	—
其他民用建筑	40	35	25	22	20	15

3．走道的采光和通风

走道的采光和通风主要依靠天然采光和自然通风。采光窗地比一般不低于 1/10 为宜。外走道由于只有一个布置房间，可以获得良好的采光通风效果。内走道由于两侧均布置房间，如果设计不当，就会造成光线不足，通风较差，一般可以通过走道尽端开窗，利用楼梯间、门厅或走道两侧房间设高窗来解决这一问题。

2.4.2　楼梯

楼梯是非单层建筑常用的垂直交通联系手段，在楼梯设计时应根据使用要求选择合适的形式，恰当的位置；根据使用性质，人流通行情况及防火规范综合确定楼梯的宽度及数量，并根据建筑的使用性质确定踏步合适的尺寸。

1．楼梯的形式

楼梯的形式主要有直跑楼梯、平行双跑楼梯、三跑楼梯等形式，此外还有弧形、螺旋形、剪刀式等楼梯等多种形式。

（1）直跑楼梯有明确的方向感，不转向，常给人严肃向上的感觉，除常用于层高较小的建筑外，大型公共建筑火车站、影剧院、体育馆建筑为解决人流疏散和强调大厅气氛也常采用直跑楼梯。

（2）平行双跑楼梯是民用建筑中最常用的一种形式。它占用面积小，流线简捷，使用方便。往往布置在单独的楼梯间中。

（3）三跑楼梯体态灵活，较开敞，特别适合于楼梯进深不够的建筑，但此梯一般梯井较大，浪费一些面积。

民用建筑的楼梯按使用性质又有主要楼梯、次要楼梯、消防楼梯等，如图 2-17 所示。

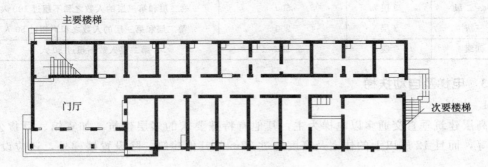

图 2-17　某医院平面图中楼梯的布置

2. 楼梯的位置

楼梯的位置要根据人流的组织、防火疏散等要求来确定。建筑的主要楼梯常常位于主要出入口附近或直接布置在门厅内，成为视觉的焦点，起到及时分散人流的作用。次要楼梯常布置在次要入口附近，与主楼梯配合共用起到人流疏散、安全防火的作用。消防楼梯常设在建筑端部，平时不使用，可采用开敞式楼梯。在确定楼梯间的位置时，应注意楼梯间有天然采光，不宜占用好的朝向。

3. 楼梯梯段的宽度和数量

楼梯梯段宽度和数量主要根据使用性质，使用人数和防火规范来确定。双人通行楼梯梯段最小宽度不小于 1100mm，三人通行宽度为 1500～1650mm 左右，如图 2-18 所示。

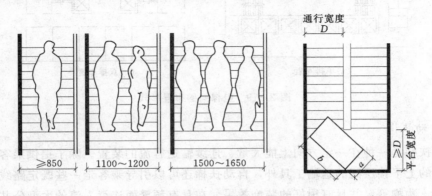

图 2-18　楼梯段宽度及平台宽度

休息平台的宽度要大于或等于梯段宽度，通向走廊的开敞式楼梯的楼层平面至少保留600mm，其他可用走廊代替。

楼梯的数量应根据使用人数及防火规范要求来确定，必须满足关于走道内房间至楼梯间的最大距离的限制。在通常情况下，公共建筑均应设两部楼梯。对使用人数少面积不大的低层建筑，在满足表2-6的条件下，也可以只设一部楼梯。

表 2-6 设置一个安全出口或疏散楼梯的条件

耐火等级	最多层数	每层最大建筑面积（m²）	人数
一、二级	3层	500	第二层和第三层的人数之和不超过100人
三级	3层	200	第二层和第三层的人数之和不超过50人
四级	2层	200	第二层人数不超过30人

2.4.3 电梯及自动扶梯

1. 电梯

高层建筑垂直交通多以电梯为主，其他有特殊要求的多层建筑，如宾馆、百货公司、医院等，而且12层以上的住宅及高度超过32m的其他建筑，除设置楼梯外，还应设消防楼梯。

电梯按使用性质可分乘客电梯，载货电梯和客货两用电梯等几类，在确定电梯间形式及布置方式时应考虑以下3点。

（1）电梯间应布置在人流集中的地方，而且电梯前应有足够的等候面积，一般不小于轿厢面积。

（2）在电梯附近应设置楼梯，以满足疏散要求。

（3）需设多部电梯时，宜集中布置。

电梯间的布置方式有单面式和双面式，如图2-19所示。

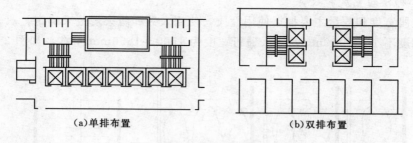

(a)单排布置　　　　　(b)双排布置

图 2-19 电梯间的布置形式

2. 自动扶梯

自动扶梯是一种在一定方向上能大量、连续输送客流的装置。除了提供乘客一种既方便又舒适的上下楼层间的运输工具外，自动扶梯还可以引导乘客走一些既定路线，以引导乘客游览、购物等，并具有很好的装饰效果。在具有频繁而连续人流的大型公共建筑功能中，如百货大楼、展览馆、游乐场、火车站等建筑将自动扶梯作为主要垂直交通工具考虑，其布置方式有单向布置、转向布置和交叉布置等几种，如图 2－20 所示。

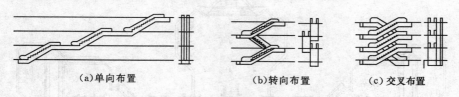

（a）单向布置　　　　　　　（b）转向布置　　　　　（c）交叉布置

图 2－20　自动扶梯的布置方式

2.4.4　门厅

门厅作为建筑的交通枢纽，其主要作用是接纳、分配、疏散人流，室内外空间过渡及各方面交通的衔接。同时，根据建筑物使用性质不同，门厅还兼有其他功能，如医院门厅常设挂号、收费、取药的房间，旅馆门厅兼有休息、接待、登记、小卖部等功能。门厅作为建筑物的主要出入口，其不同的处理又体现不同的意境和形象，如庄严、亲切、活泼等不同气氛。因此民用建筑中门厅是建筑设计重点处理的部分。

1. 门厅的面积

门厅的面积应根据各类建筑的使用性质、规模及质量标准等因素来确定。设计时可根据经验和对同类建筑调研或参考有关面积定额指标确定，如表 2－7 所示。

表 2－7　　　　　　　　　　　部分建筑门厅面积设计参考指标

建筑名称	面积定额	备　注	建筑名称	面积定额	备　注
中小学校	$0.06\sim0.08m^2$/每生		旅馆	$0.2\sim0.5m^2$/床	
食堂	$0.08\sim0.18m^2$/每座	包括洗手、小卖部	电影院	$0.13m^2$/每个观众	
城市综合医院	$11m^2$/每日百人次	包括衣帽和询问			

2. 门厅的类型

门厅的平面布置有对称式和非称式两种类型，对称式的布置方式常采用轴线的方法表示空间的方向感，将楼梯布置在主轴线上或对称布置在主轴线两侧，营造一种严肃的气氛，常用于纪念馆、办公楼等建筑中；非对称式布置没有明显的中轴线，布置灵活，室内空间富于变化，可营造一种轻松的气氛，如图 2－21 所示。

3. 门厅的设计要求

门厅的设计，第一，门厅的位置应明显、突出，一般应面向主干道，使人流出入方便；第二，门厅内部设计要有明确的导向性，交通流线要简明，避免人流交叉干扰；第三，门厅要良好的空间氛围，如良好的采光，合适的空间比例；第四，门厅作室内外过渡的空间，应在入口设门廊，以满足雨天收张雨具，突出门厅的位置；第五，按防火规范要求，门厅对外出入口的宽度不得小于通向该门的走道，楼梯等疏散通道宽度的总和。

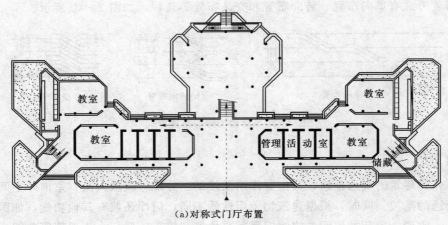

（a）对称式门厅布置

（b）非对称式门厅布置

图 2-21　门厅的平面布置类型

1—大厅；2—报刊开架阅览室；3—书库；4—会议室；5—办公室；6—接待室；

7—低压配电室；8—传达室；9—读者通道；10—书库通道

2.5　建筑平面组合设计

　　一幢建筑由若干房间和交通部分组合而成。前面已讲述了组成建筑的各种单个房间及交通部分的使用要求和平面设计。如何将这些部分组合起来，使之成为一个使用方便、结构合理、体形简洁、构图完整、造价经济及与环境协调的建筑物，是平面组合设计的任务。

2.5.1　平面组合设计的要求

1. 使用功能

　　不同建筑物由于其使用性质不同，也就有不同的使用功能。一幢建筑物功能的合理性不仅体现在单个房间上，而且很大程度上取决于各种建筑空间按功能要求的平面组合上。

在建筑平面组合设计中，一般先从分析各个房间的功能关系着手，即通常我们所说的功能分析。功能分析是在熟悉各种房间使用性质及活动特点的基础上，按照房间的性质、要求，使用顺序及相互联系的密切程度，对房间的主与次、对内与对外、闹与静、联系与分隔等方面加以分析研究，进行分类分组，并画出线框图表示各组成部分的相互关系。这种框线图称为功能分析图。在功能分析的基础上，根据建筑物中各房间的相互关系，进行合理的功能分区，再处理好各功能区之间的交通联系。在建筑设计中，对房间进行功能分区可以从以下几方面加以考虑。

（1）主次关系。

组成建筑物的各种房间，按使用性质及重要性，必然存在主次之分。在平面组合时应分清主次，合理安排。如教学楼中，教室、实验室属于主要房间，办公室、厕所等属于次要房间；住宅建筑中居室属于主要房间，卫生间、厨房、餐厅属于次要房间；商业建筑中营业厅属于主要房间，库房、卫生间属于次要房间。在平面组合中，一般是主要使用房间布置朝向好，靠近主出入口的位置，并有良好的采光、通风条件，次要房间一般布置在条件相对较差的位置。如图 2-22 所示，是居住建筑房间的主次关系。

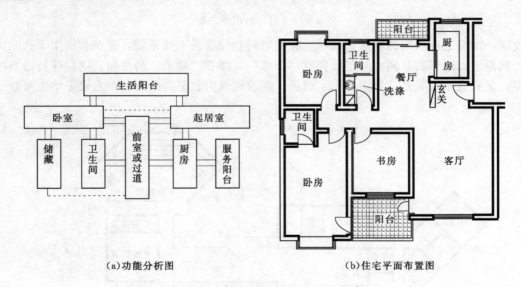

（a）功能分析图　　　　　（b）住宅平面布置图

图 2-22　居住建筑功能分析和平面组合

（2）内外关系。

在建筑的房间内，有些房间对内联系，仅供内部人员使用，这些房间宜布置在较隐蔽的位置；有些房间主要对外联系密切，直接为外来人员服务，其位置应依于出入口的附近。如食堂建筑设计中，餐厅直接对外服务，而厨房即是供内部使用的房间，在平面组合中，应把餐厅布置在地段外侧，厨房布置在内侧，如图 2-23 所示。

（3）联系与分隔。

在平面组合设计中，对于一些使用特点和使用性质比较多的房间建筑，可以按照"闹与静"，"洁与污"等方面进行功能分区。对功能联系密切的，在设计中，应将其形成一个

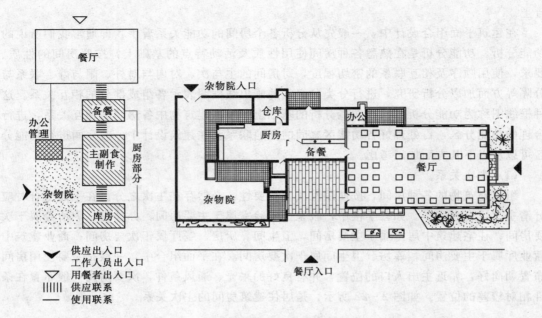

图 2-23 餐厅的内外关系

功能区，加强这些房间的联系。而对于有些房间功能联系不够密切，甚至会产生干扰，应加大间距予以适当的分隔。对于既要有"分隔"又要有"联系"的房间，则应保持适当的距离，又有直接的联系。如图 2-24 所示，学校建筑中教室与办公室，为避免学生对办公

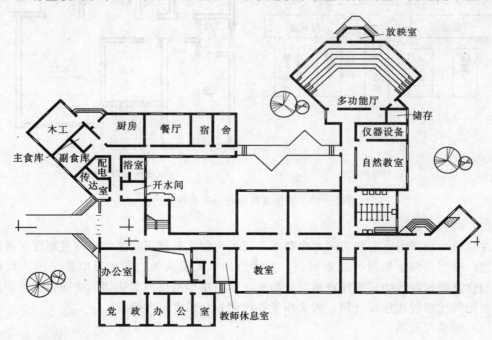

图 2-24 教学楼房间的联系与分隔

室产生的影响、干扰，需要把办公室与教室分隔，但使用上两者又要有方便联系，同时教室也存在联系与分隔，如音乐教室与普通教室。再如门诊部中儿科与其他诊室，有分隔又应有联系，以避免儿童受到交叉感染又方便使用。

通过上述分析可以看出，根据房间的功能性质进行合理的功能分区是建筑平面组合确定房间在建筑中的位置的主要依据。特别是对功能复杂，房间性质较多的建筑更是如此。

（4）顺序与流线。

各类民用建筑中使用性质、特点不同、各种空间的使用往往有一定的顺序。人或物在这些空间使用过程中流动的路线，可简称为流线。归纳起来，可分为人流及货流两类。所谓流线明确，即是要使各种流线简捷、通畅、不迂回逆行，就是避免相互交叉。在平面组合中，房间一般是按流线顺序关系有机组合起来。如图 2-25 所示，是火车站流线图和某小型火车站平面图。这里人流分进站和出站，货流也有进、出站两种，人流路线按先后顺序：到站—安检—问询—售票—候车—检票—上车，出站时经由站台验票出站。火车站平面组合设计自然要体现这种流线关系。流线组织是否合理，直接影响到平面组合是否合理。当一个建筑或一个空间中有多种流线时要特别注意使各种流线简捷、通畅、无迂回逆行，尽量避免互相交叉干扰。

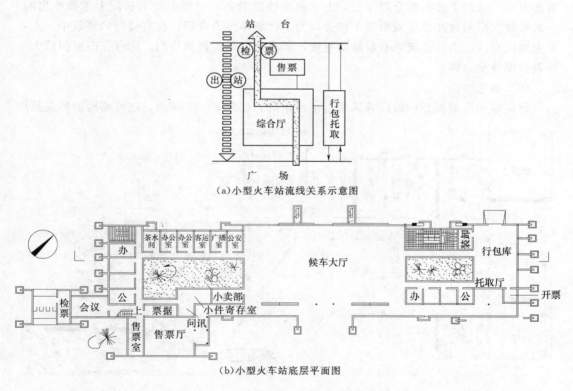

（a）小型火车站流线关系示意图

（b）小型火车站底层平面图

图 2-25　小型火车站流线关系及平面图

2. 结构类型

建筑结构和材料是建筑的物质基础，在很大程度上会影响建筑的平面组合。因此，平面组合在考虑满足使用功能的前提下，也应选择经济合理的结构方案，并使平面组合与结构布置协调一致。

目前民用建筑常用的结构类型有三种，即砖混结构、框架结构和空间结构等。

（1）砖混结构。

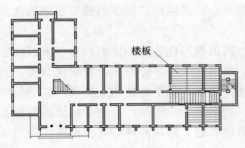

图 2-26　小型火车站流线
关系及平面图

砖混结构的建筑物主体结构由砖墙和钢筋混凝土梁板等材料构成。这种结构形式的优点是构造简单，造价较低，其缺点是房间受到钢筋混凝土梁板经济跨度的限制，室内空间小，开窗也受到限制，房间的组合也不够灵活。所以适用于房间开间和进深尺寸较小，层数不多的中小型民用建筑，如住宅、中小学校及办公室等。

砖混结构根据受力不同可采用横墙承重、纵墙承重及纵横墙承重三种方式。如图 2-26 所示为采用墙体承重的某门诊部平面图。

在砖混结构建筑物平面组合设计中应注意：各房间开间进深尺寸应尽量统一，减少楼板的类型，以利于楼板的合理布置，上下承重墙能对齐，尽量避免大房间上重叠小房间，一般可将大房间放在顶层或附建于楼旁，为了使墙体传力合理，在有楼层的建筑中，上下承重墙应对应；为保证墙体有足够的刚度，承重墙应尽量做到均匀、闭合、门窗洞口大小要符合墙体受力特点。

（2）框架结构。

框架结构由梁板、柱形成骨架承重结构系统，如图 2-27 所示，这种结构的特点是承

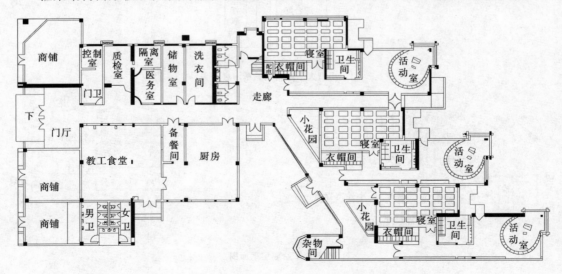

图 2-27　采用框架结构的某幼儿园建筑

重由梁、板、柱承重，只起围护和分隔作用。由于墙体不承重，房间布置比较灵活，门窗开设的大小，形状都较自由，为立面设计创造了有利条件；另外这种结构形式强度高、整

体性好、刚度大，抗震性好。但钢材用量大，造价较砖混结构高。框架结构不仅适用于开间进深较大的商场、教学楼、图书馆之类的公共建筑，也多使用于高层旅馆、住宅、办公楼等建筑，是适应性较广的一种结构形式。

（3）空间结构

当房间跨度很大时，如影剧院、体育馆建筑用砖混结构，框架是无法满足使用功能的需要的，因此宜采用的空间结构形式如图 2-28 所示。目前常用的空间结构形式主要包括：薄壳结构、折板结构、网架结构、悬拉索结构。它们的特点是受力合理，用材经济，轻质高强，能跨跃较大的空间，且造型美观。

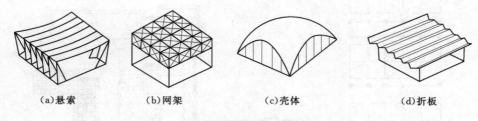

（a)悬索　　　　　（b)网架　　　　　（c)壳体　　　　　（d)折板

图 2-28　空间结构示意图

3. 设备管线布置

民用建筑中的设备管线主要包括：给排水、采暖空调、电气照明等所需的管线。这些管线都占有一定的空间。在进行平面组合时，除应考虑一定的设备位置，恰当地布置相应的房间，如厕所、盥洗、配电房、空间机房、水泵房等以外，对于设备管线比较多的房间，如住宅中的厨房、厕所；学校、办公楼中的厕所、盥洗；旅馆中的客房卫生间、公共卫生间等，在满足使用要求的同时，应尽量将设备管线集中布置，上下对齐，方便使用，有利于施工和节约管线。

如图 2-29 所示是旅馆卫生

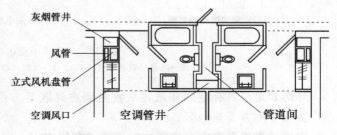

图 2-29　旅馆卫生间设备管线布置

间成组布置，利用两个卫生间中间的竖井作为管道垂直方向布置的空间，管道井上下叠合，管线集中。

4. 建筑形象

建筑造型的立面设计与平面具有互相制约、互相影响的作用。建筑造型和立面设计本身离不开功能要求，结构特点等，它一般是内部空间的反映，故平面组合设计时，要为建筑体形和立面设计打下良好的基础，创造有利的条件。

2.5.2　平面组合方式

平面组合方式就是运用一定的方式将建筑中的各部分空间有机地组合起来，形成一个功能合理，艺术形式美观的建筑整体。平面组合的方式包括：走道式、套间式、大厅式、单元式等形式。

1. 走道式组合

走道式组合是用走道把房间连接起来。它的特点是使用房间与交通部分明确分开，房间之间的干扰较广；通过走道各房间又保持着方便的联系；走道式组合适用于各个房间既要相对独立，又能保持方便交通联系的各类建筑，如办公楼、教学楼、医院、旅馆和宿舍等。

走道式组合包括外廊、内廊、双外廊、双内廊等几种组合形式，如图 2-30 所示。

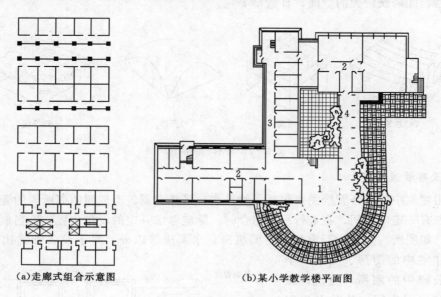

(a)走廊式组合示意图　　　　　　　　(b)某小学教学楼平面图

图 2-30　走廊式平面组合

1—门厅；2—内廊（双侧布置房间）；3—内廊（单侧布置房间）；4—外廊

外廊式走道具有空间开敞，从室内到户外联系方便，走道的采光通风条件较好等特点，多用于南方炎热地区。

内廊式走道两侧布置房间，交通面积利用率高，而且将使建筑进深加大，从而节约用地，减少建筑外围护面积，提高建筑保温隔热效果。这种走道虽然可能使走廊一侧的房间朝向较差，但在组合中如把楼梯、厕所、库房等空间布置在朝向差的一侧，也不影响建筑使用。

2. 套间式组合

套间式组合的特点是用穿套的方式按一定序列组织空间。它的特点是减少了走道，节约交通面积，平面布局紧凑，但各房间使用不够灵活，相互干扰较大。适用于展览馆、纪念馆等建筑。

套间式组合按序列的不同又可分为串联式和放射式两种。串联式是按一定的顺序关系将房间连接起来，放射式是将各房间围绕交通枢纽放射状布置，各房间各交通枢纽并联，如图 2-31 所示。

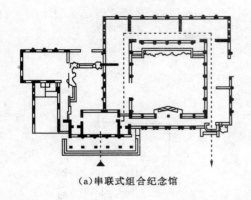

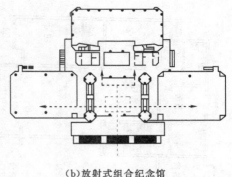

（a）串联式组合纪念馆　　　　　　　　　（b）放射式组合纪念馆

图 2-31　套间式组合纪念馆实例

3. 大厅式组合

大厅式组合是以公共活动和大厅为主穿插依附布置辅助房间，如图 2-32 所示。这种组合的特点是主体房间使用人数多、面积大、层高大，辅助用房与大厅相比，尺寸大小悬殊，依附在大厅周围并与大厅保持一定的联系。大厅式组合适用于影剧院、体育馆等建筑。

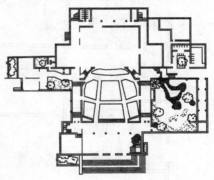

4. 单元式组合

单元式组合是将关系密切的房间组合在一起，形成一个完整的功能体，称为单元。再将几个单元按功能及环境等要求沿水平或垂直的方向重复组合而成一幢建筑便称为单元式组合。这种组合的特点是，能提高建筑标准化，简化设计，生产和施工工作；同时功能分区明确，平面布置紧凑，单元与单元之间相对独

图 2-32　大厅式组合剧院实例

立，互不干扰；布局灵活，能适应不同的地形，形成多种不同的组合形式。因此，广泛运用于大量性民用建筑，如住宅、幼儿园等。如图 2-33 所示，为单元式组合住宅。

2.5.3　基地自然条件对建筑组合的影响

任何一幢建筑都不是孤立存在的，而是存在于一定的环境中，而且这个环境是个大概念，如基地的地形、地貌、相邻建筑、道路、温度、朝向、日照等，而且还包括社会、民族、文化。任何建筑，只有与周围环境协调统一，才能体现它的价值和表现力。在建筑平面组合时，由于基地条件不同。相同类型和规模的建筑会有不同的组合形式，即使是基地条件相同时，由于周围环境不同，其组合也会不相同。因此，在进行平面组合设计时，要从整体出发，考虑总体规划的要求，结合外部因素的具体条件，因地制宜，综合考虑。

1. 地形、地貌

地形、地貌主要是指基地大小、形状、道路走向及基地的起伏情况等。基地的大小和形状直接影响到建筑平面布局，外轮廓形状和尺寸。基地内的通路布置及人流方向是确定入口和门厅位置的主要因素。因此在平面组合设计中，应密切结合基地的大小、形状和道路布置等外在条件，使建筑平面布置的形式，外轮廓形状和尺寸及出入口的位置等符合总体规

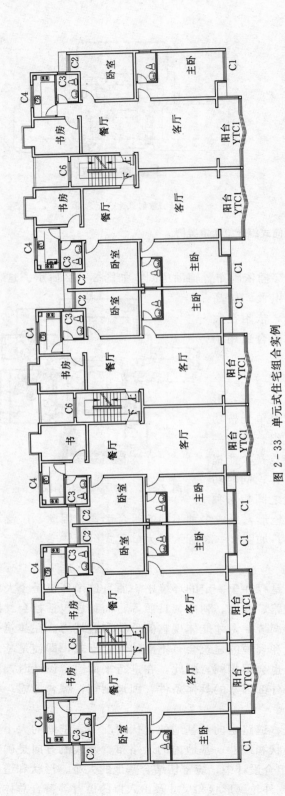

图 2-33 单元式住宅组合实例

图 2-35 建筑物日照间距

图 2-34 不同基地条件下学校总平面布置图

划的要求。如图 2-34 所示，是在不同基地条件下，教学楼的几种平面布置形式。不同的基地条件形成了平面形式截然不同的教学楼。当基地地形为坡地时，则应将建筑平面组合与地面高差结合起来，以减少土方量，而且可以形成富于变化的内部空间和外部形式。

坡地建筑的布置方式包括：地面坡度在 25% 以下时，建筑宜平行于等高线布置；地面坡度在 25% 以上时，建筑物宜垂直于等高线布置；建筑物与等高线斜交布置应结合朝向要求选用。

2. 建筑物的朝向和间距

平面组合中朝向的影响因素主要有日照、风向。建筑物朝向不同，获得的太阳辐射强度、深度及日照时间不同。我国地处北半球，大部分地区处于夏热冬冷的状态。将主要房间的朝向或南偏东、偏西少许角度，能获得良好的日照，做到冬暖夏不热，改善室内热工环境。

日照间距是保证房间有一定日照时数的建筑物之间的距离。确定建筑物间距应根据的因素包括：建筑物的日照，通风等卫生要求，建筑物的防火安全要求，建筑群体空间造型艺术效果，建筑物使用性质、规模和扩建要求，节约用地和建设投资要求，以及施工条件和室外工程管线及绿化要求等。但对于大量性民用建筑，一般无特殊要求，日照间距通常是确定建筑物间距的主要因素。日照间距的计算，一般以冬季至正午正南向房屋底层房间的窗台以上墙面，能被太阳照到的高度为依据，如图 2-35 所示。日照间距计算式为

$$L=(H-H_1)/\tan\alpha$$

式中　H——前幢房屋北檐口至地面的高度；

　　　H_1——后幢房屋底层窗台至地面的高度；

　　　α——太阳高度角。

我国大部分地区日照间距约为 $1.0\sim1.8H$，愈往南日照间距愈小，愈往北则愈大。

风向有全年主导风向和季节主导风向之分。如炎热地区建筑常垂直于主导风向展开，尽可能利用夏季主导风向，使房间有良好的通风；严寒地区则使建筑的主要入口尽可能避开冬季主导风向，以利保温。在总平面布置时，也尽可能把有气味污染的建筑放在下风向布置。

 习题与实训

1. 选择题

(1) 根据防火规范要求，当房间的面积大于 60m²，房间内人数多于 50 人时，门的数量应不少于 _____。

　　　A、1 个　　　　　　　B、2 个　　　　　　　C、3 个

(2) 厕所间门朝外开时单间厕位尺寸为 _____。

　　　A、900mm×1200mm　　B、1000mm×1000mm　C、900mm×1400mm

(3) 大跨度建筑通常使用 _____。

　　　A、砖混结构　　　　　B、框架结构　　　　　C、大空间结构

2. 填空题

(1) 建筑平面设计包括 _____ 设计及 _____ 设计。

（2）房间的面积可以分为 _____ 的面积，_____ 的面积，_____ 面积。

（3）平面组合的方式包括 _____ 、_____ 、_____ 、_____ 等形式。

3. 简答题

（1）建筑平面由哪几部分组成？

（2）建筑平面设计包含哪些内容？

（3）确定房间面积应考虑哪些因素？

（4）厕所的平面设计应满足哪些要求？

（5）交通联系部分包括哪些内容？

（6）走道宽度和长度应如何确定？

（7）楼梯的宽度、位置如何确定？

（8）影响建筑平面组合的因素有哪些？平面组合形式有哪些？

4. 实例分析题

分析你所在教学楼的功能分区，流线组织及平面组合方式，总结出该平面设计的优缺点是什么？

5. 设计题

别 墅 设 计 任 务 书

一、设计内容及使用面积分配（所有面积均以轴线计）

（1）拟建一栋总建筑面积约 300m²（±10%）的独户住宅。

（2）户内面积要求如下。

1）起居室：30～40m²。

2）主卧室：20～25m²（含独立卫生间和衣帽间）。

3）次卧室：10～15m² 若干间。

4）佣人房：10～12m²。

5）书房：10～12m²。

6）厨房：7～10m²。

7）餐厅：10～12m²。

8）厕所、浴室、洗手间等附属用房。

9）交通联系部分（过厅、走道、楼梯）。

10）其他辅助房间。例如工作间、健身房、琴房、温室、露台、阳台、游泳池、车库等由设计者自行考虑设计。

二、设计要求

（1）学习灵活多变的小型居住建筑的设计方法，掌握住宅设计的基本原理，在妥善解决功能问题的基础上，力求方案设计富于个性和时代感；体现现代居住建筑的特点，体现居住文化。

（2）初步了解建筑物与周围环境密切结合的重要性及周围环境对建筑的影响，紧密结合基地环境，处理好建筑与环境的关系。室内、室外相结合。在平面布局和体形推敲时，要充分考虑其与附近现有建筑和周围环境之间的关系及所在地区的气候特征。

（3）开阔眼界，初步了解东西方环境观的异同，借鉴其中有益的创作手法，创造出宜人的室外环境。

三、图纸要求

（1）图纸规格：A2。

（2）图纸内容。

1）总平面图，比例为 1∶200。

要求：画出准确的屋顶平面并注明层数，注明各建筑出入口的性质和位置；画出详细的室外环境布置（包括道路、广场、绿化、小品等），正确表现建筑环境与道路的交接关系；指北针。

2）各层平面图，比例为 1∶100。

要求：注明各房间名称（禁用编号表示）；各层平面均应画室内家具、卫生设备布置，并注明标高，同层中有高差变化时亦须注明。

四、参考书目

（1）建筑设计资料集（第 2 版）．北京：中国建筑工业出版社，1997

（2）朱昌廉．住宅建筑设计原理（第 2 版）．北京：中国建筑工业出版社，1999

（3）民用建筑设计通则．中国建筑工业出版社

（4）《世界建筑》、《建筑学报》、《建筑师》等相关建筑书籍。

五、地形图

别墅设计任务书所附地形图，如图 2-36 所示。

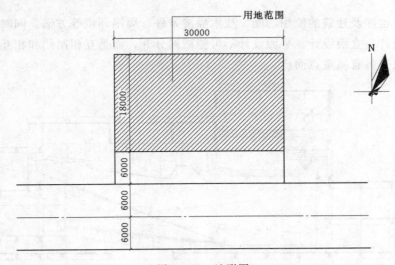

图 2-36　地形图

第3章 民用建筑剖面设计

本章要点

1. 掌握民用建筑空间剖面形状和空间各部分高度的确定;
2. 熟悉民用建筑层数的确定和民用建筑空间的组合;
3. 了解民用建筑空间的利用。

3.1 概　述

建筑物具有三维空间,因此在进行建筑方案设计时,除了要通过平面设计解决内部空间水平方向的问题,还应通过剖面设计解决房间的竖向形状和比例、建筑层数和各部分标高,房屋采光、通风方式的选择及建筑竖向空间组合与利用的问题,如图 3-1 所示。同时,剖面设计对其他工程技术问题,如结构选型、构造问题也要予以合理解决。

剖面设计也涉及建筑的使用功能、技术经济条件、周围环境等方面。同时,应充分认识到,剖面设计、立面设计、平面设计不可能截然分开,而是互相制约和相互影响的,每个方面设计只是各有侧重点而已。

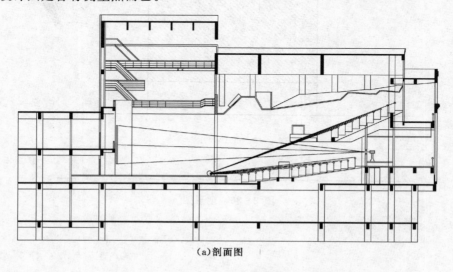

(a)剖面图

图 3-1（一）　某影剧院平面图、剖面图

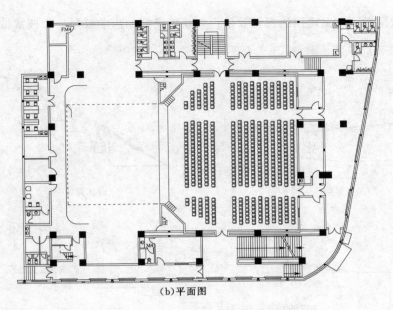

(b)平面图

图 3-1（二）　某影剧院平面图、剖面图

剖面设计的主要内容包括以下 5 项。

（1）确定房间的剖面形状、尺寸及比例关系。

（2）确定房屋的层数和各部分的标高，如层高、净高、窗台高度、室内外地面标高。

（3）解决天然采光、自然通风、保温、隔热、屋面排水及选择建筑构造方案。

（4）选择主体部分及围护结构主体。

（5）进行房屋竖向空间的组合，研究建筑空间的利用。

3.2　房间的剖面形状

房间的剖面形状主要是根据房间使用功能要求来确定。但是，也要考虑具体的物质技术、经济条件的影响和空间的艺术效果等方面的影响，做到既美观又适用。

影响房间剖面形状的因素有以下 3 个方面。

3.2.1　使用要求对剖面的影响

在民用建筑中，大多数民用建筑属于一般功能要求，如住宅的居室、教学楼的普通教室、旅馆的客厅、商业建筑的营业厅等。这类建筑房间的剖面形状多采用矩形。因为矩形剖面不仅能满足这类建筑的使用要求，而且它具有剖面简单、规整、便于竖向空间的组合，容易获得简洁而完整的体形，同时结构简单、施工方便。

而对于某些特殊功能要求（如视线、音质等）的房间，则应根据使用要求选择合适的剖面形状。如影剧院观众厅、阶梯教室、体育馆比赛厅等。这些都是有视听要求的房间，除应在平面形状、大小要满足视距、视觉要求外，地面也要有一定的坡度，如图 3-2 所示，以保证获得舒适、无遮挡的视觉效果；为获得良好的声学效果，天棚常做成声音反射的折面如图 3-3 所示。

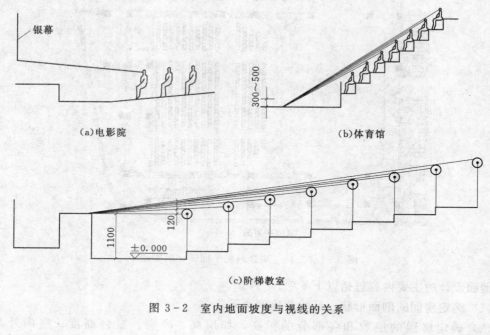

(a)电影院　　　　　　　　　　　　　(b)体育馆

(c)阶梯教室

图 3-2　室内地面坡度与视线的关系

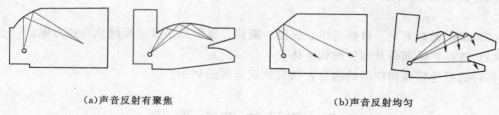

(a)声音反射有聚焦　　　　　　　　　(b)声音反射均匀

图 3-3　剖面形状与音质的关系

3.2.2　结构、材料和施工的影响

一般民用建筑房间的剖面形状有矩形和非矩形两种。矩形剖面形状规则，简单，有利于梁板布置，同时施工也较方便，常用于大量性民用建筑。但有大跨度建筑的空间剖面常受结构形式影响，形成与结构有对应的剖面形状，如图 3-4 所示。

3.2.3　采光、通风的要求

对一般进深不大的房间，通常采用侧窗采光和通风已能够满足室内卫生的要求。当房间进深加大，侧窗已不能满足上述要求时，常设置各种形式的天窗，从而形成各种不同形式的剖面形状。如图 3-5 所示是天窗形式不同对剖面形状影响举例。

对于厨房一类房间，由于在使用过程中常散发大量蒸汽、油烟等，可在顶部设置排气窗以加速排除有害气体，如图 3-6 所示。

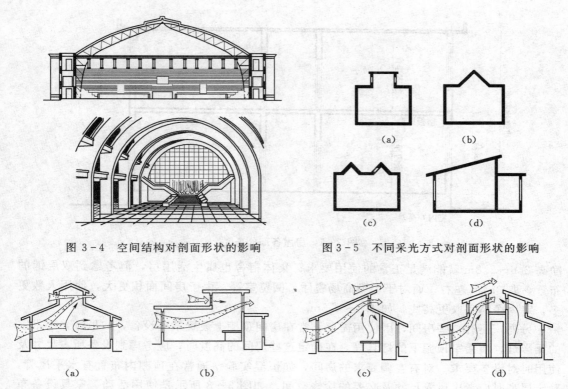

图 3-4　空间结构对剖面形状的影响　　　　图 3-5　不同采光方式对剖面形状的影响

图 3-6　不同通风方式对剖面形状的影响

3.3　房屋各部分高度的确定

房间各部分高度主要是指房间净高、房间层高、窗台高和室外高差等。

3.3.1　房间的净高和层高

进行房间剖面设计时，应首先确定房间的净高和层高。室内净高是按楼地面完成面至吊顶或楼板或梁底面之间的垂直距离计算；当楼盖、屋盖的下悬构件或管道底面影响有效使用空间时，应按楼地面完成面至下悬构件下缘或管道底面之间的垂直距离计算。层高是指该层楼面到上一层楼面之间的垂直距离，如图 3-7 所示。

房间的高度恰当与否，直接影响到房间的使用、经济性及室内空间的艺术效果，一般情况下，房间的净高是根据室内家具设备、人体活动、采光通风、照明、技术经济条件及室内空间比例等要求，综合考虑诸因素确定的。

1. 人体活动及家具设备要求

建筑物用房的室内净高应符合专用建筑设计规范的规定；地下室、局部夹层、走道等有人员正常活动的最低处的净高不应小于 2m。不同类型的房间，由于使用性质、活动特点、使用人数、房间面积大小不同，对房间的净高要求也不相同。生活用房，如住宅的起居室、卧室等，由于室内使用人数少，房间面积小，从人体活动及和家具布置方面考虑，

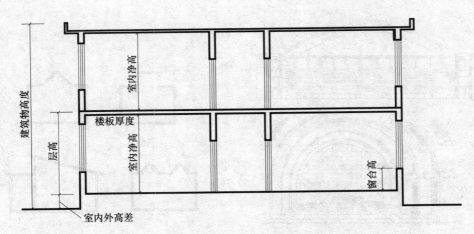

图 3-7　房屋各部分高度

净高 2.6~2.8m 就能满足正常的使用要求；集体宿舍也属生活用房，但考虑到双层铺的布置，取 3.4m 左右；而对于大型商场餐厅、阅览室等，由于房间面积更大，使用人数更多，室内净高宜取更高些，如 4.2~4.5m.

　　另外，还有一些房间，因使用需要，常在房间顶棚上设置某些设备，如吊灯，手术室的无影灯，演播室顶棚下的灯具等。在确定这些房间的高度时，应考虑到设备所占尺寸及使用时对设备要求。对有空调要求的房间，如恒温实验室通常在顶棚内布置有水平风管，确定层高时应考虑风管尺寸及必要的检修空间。如图 3-8 所示是使用活动、家具设备布置等要求房间净高影响举例。

　　2. 采光通风的要求

　　房间的高度应有利于天然采光和自然通风，以保证房间的使用和卫生要求。一般房间层高越大，窗口上沿越高，光线照射深度越深。所以房间进深大，或要求光线照射深度远的房间，层高应高些。

　　为保证房间的卫生条件，除在平面剖面设计中组织好通风外，还应考虑房间足够的空气容量。按照卫生要求，中小学教室每个学生气容量为 3~5m²/人，电影院为 4~5m²/人。根据房间的容纳人数，面积大小及容量标准，可以确定符合卫生要求的房间净高。

　　3. 结构高度及其布置方式的要求

　　结构高度主要指楼板，屋面板，梁及各种屋架所占的高度。层高一般等于净高加上结构层高度。因此，在确定房间层高时，不仅要考虑使用净高要求，还应考虑结构所占的高度。房间结构层越高，房间的层高就越高。

　　一般住宅建筑由于房间开间、进深小，多采用墙体承重，在墙上直接搁板，由于结构高度小，层高可取得小一些。随着房间面积增大，房间开间、进深尺寸相应的增大，如教室、餐厅、商店等，多采用梁板布置方式；这时结构占的高度较大，在确定层高时，应考虑梁所占的空间高度。有些大跨度建筑，采用的是屋架、薄腹梁、空间网架等结构形式，结构所占的高度更大。

　　4. 建筑经济效果的要求

　　层高是影响建筑造价的一个重要因素。因此，在满足使用要求和卫生要求的前提下，

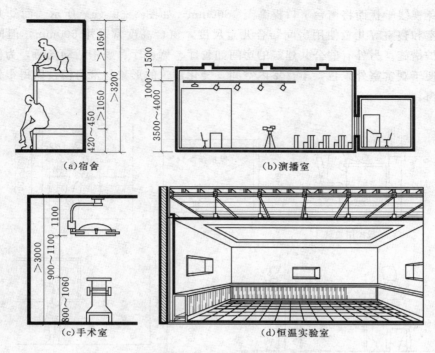

（a）宿舍　　　　（b）演播室

（c）手术室　　　　（d）恒温实验室

图 3-8　家具设备和使用活动要求对房间高度的影响

适当降低层高可相应减少房屋的日照间距，节约用地，节省材料，同时可减轻房屋自重，改善结构受力。在严寒地区及有空调要求的建筑，从减少空调费用，节约能源消耗的角度考虑，层高也宜适当降低。实践表明，普通砖混结构的建筑物，层高每降低 100mm，可节省投资 1% 左右。

5. 室内空间比例的要求

在确定房间高度时，还要考虑房间高度与宽度的合适比例，即室内的高度与宽度之间应有恰当的比例。不同比例的尺度给人不同的心理效果，高而窄的比例会使人感到局促，矮而宽的空间会使人感到压抑。而比例合适的高而窄和矮而宽的空间将分别给人以兴奋、激昂、向上和亲切、开阔、舒展的感觉。实践证明，一般民用建筑的空间比例，高宽比在 1∶1.5～1∶3 之间比较合适。

处理空间比例时，在不改变房间高度的情况下，可以借助于窗户的水平和垂直向造型，壁柱的处理，以及运用低衬高的对比手法来改变空间效果。

3.3.2　窗台高度

窗台高度使用要求与人体尺度、家具尺寸及通风要求有关。一般民用建筑中生活、学习或工作用房窗台高度与房间工作面如书桌相一致。高度常采用 900mm 左右，如图 3-9 （a）所示。窗台高度过低，从采光上看没有必要，又增加窗的造价，不利于节能。窗台高度过高，书桌将全部或大部分处在阴影区，影响使用效果。

对于某些有特殊使用要求的房间，如图 3-9（b）所示展览建筑中的陈列室，为了沿墙布置展板，消除和减少眩光，一般将窗台下口高度提高到离地 2.5m 以上。厕所、卫生间为了避免视线干扰而将窗台下口提高至 1800mm，如图 3-9（c）所示。而幼儿园建筑中的活动室和寝室等儿童使用房间结合儿童尺度，窗台高度常采用 600mm，但同时应考虑安全防护措施。另外有些公共建筑的房间如餐厅、休息厅、娱乐活动场所，为使室内阳光充足和便于观赏室外景色，丰富室内空间，美化建筑的形象，常将窗台做得很低，甚至采用落地窗。

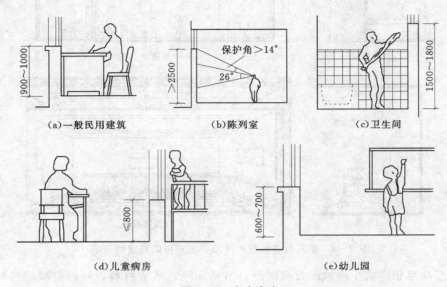

图 3-9　窗台高度

3.3.3　室内外地面高差

　　一般民用建筑为了防止室外雨水倒流，底层地面过潮，防止建筑物因沉降而使室内地面标高过低，底层室内地面应高出室外地面，至少不低于 150mm，常取 450mm。室内外高差取值要恰当，高差过小难以保证基本要求，高差过大不利于室内外关系，同进会增加建筑总高和建筑造价。

　　对于一些有特殊要求的建筑，室内外高差要根据使用要求和建筑性质来确定。如仓库，工业建筑一般要求室内联系要方便，常有车辆出入，室内外高差要小且入口外不设台阶只做坡道；有些公共建筑：如纪念性建筑，常提高底层地面标高，采用高的台基和较多的台阶处理，以增强建筑严肃、宏伟、庄重的气氛；有些山地、坡地建筑物应结合地形的起伏变化和室外道路布置等因素，确定底层地面标高，使其既方便内外联系，又有利于室外排水和减少土石方工程量。

3.4　建筑层数和建筑空间的组合和利用

3.4.1　建筑层数

　　影响建筑层数的主要因素概括起来包括以下 4 个方面。

1. 使用要求

由于建筑的类型不同，使用性质和使用对象也不相同，往往对建筑的层数有不同的要求。幼儿园、养老院，因使用者活动不便，且要户外联系紧密，因此，建筑层数不应太多，一般以1～3层为宜；体育馆、影剧院等建筑物，由于人流量非常大，考虑到人流集散方便、安全，也应以1层或低层为主；中小学校建筑，考虑到学生正处于发育成长时期，为了安全和保护青少年健康成长，小学教学楼不应超过4层，中学教学楼不应超过5层；住宅、办公楼、旅馆等建筑，由于使用人数不多，室内空间高度较低且使用无特殊要求，一般可采用多层或高层。

2. 建筑结构、材料和施工的要求

建筑结构类型和材料是建筑物质基础，它是决定房屋层数的基本因素。如一般砖混结构的建筑由于结构自身重大，整体性差，层数一般不宜超过6层。高层建筑可采用框架结构，剪力墙结构、框架剪力墙结构或筒体结构等结构体系，如图3-10所示表示高层建筑结构体系。空间结构体系：如薄壳、网架、悬索等适合于低层，单层大跨度建筑，如影剧院、体育馆等。

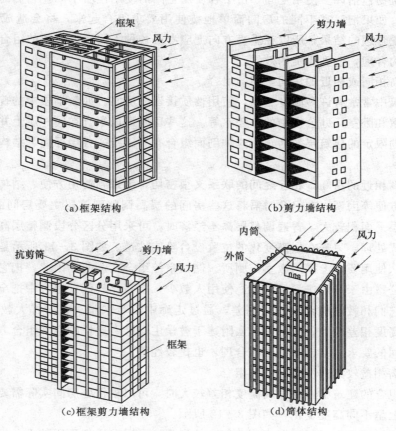

（a）框架结构 （b）剪力墙结构

（c）框架剪力墙结构 （d）筒体结构

图 3-10　高层建筑结构体系

3. 建筑基地环境与城市规划的要求

确定房屋层数不能脱离一定的环境条件限制。特别是位于城市主干道两侧，广场周围，风景区和历史建筑保护区的建筑，必须重视建筑与环境的关系，做到建筑能与环境有机融合。一般城市规划部门根据城市规划的需要，会对这类地区的建筑高度等提出明确要求，设计者应严格遵照执行。

4. 防火要求

建筑防火对房屋层数也有一定限制，按照《建筑防火设计规范》的规定，建筑物层数应根据使用性质和耐火等级来确定。当建筑物耐火等级为一、二级时，建筑防火设计，必须遵循国家的有关方针政策，从全局出发，统筹兼顾，正确处理生产和安全、重点和一般的关系，积极采用行之有效的先进防火技术，做到促进生产，保障安全，方便使用，经济合理。三级时，最多允许建五层；四级时，仅允许建2层。

3.4.2　建筑空间的组合与利用

1. 建筑空间的组合

一幢建筑物包括许多使用空间，由于各使用空间的使用性质不同，它们的面积和房间也存在不同。如果把层高不同的房间简单地按使用要求组合起来，将会造成屋面高低错落，结构布置合理的结果，所以在垂直方向上应考虑各种不同高度房间的组合，以取得使用方便，结构合理，造型优美的效果。

（1）层高相同或相近的房间之间的组合。

一幢建筑中常常有许多高度相同，使用性质接近的房间。如教学楼中的普通教室，住宅中的起居室和卧室，办公楼中的办公室等。这些房间可以组合在同一层上并逐层向上叠加，直至达到限定的建筑层数为止，这种剖面组合有利于统一各层标高、结构布置和便于施工。

对于高度相近的房间，相互之间的联系又很密切，考虑到使用方便、结构合理、构造简单和施工方便等因素，在组合时需将这些房间的层高调整到该层主要房间的层高高度。而对于标准层平面积较大，普遍调整层高不经济时，可采用分区分段调整层高，并仍按前述的组合方式处理，只需在层高变化的位置设台阶或坡道。如图3-11所示是某中学楼的空间组合。从使用要求上需用教室与厕所、储藏室等组合在一起，因此，把它们调整为同一高度。办公室由于开间进深尺寸小，使用人数少，层高比较低，组合中把全部办公室组织在一起，它们和教学楼部分的层高差，通过走廊中踏步来解决；阶梯大教室和普通教室、办公室高度相差较大，故采用单层附建于教学主楼旁。这样的空间组合方式，使用上能满足各房间的要求，结构布置也较合理，也比较经济。

（2）层高相差较大的房间之间的组合。

在单层组合的建筑中，各房间高度相差较大时，可以根据各房间实际需要的高度进行组合，剖面上呈不同高度变化，如图3-12所示。

在多层高层建筑中，对于层高相差较大的房间，可以采用把面积较大、层高较高的房间设置在底层，顶层或作为单独部分（裙房）附设于主体建筑旁，如图3-13所示。

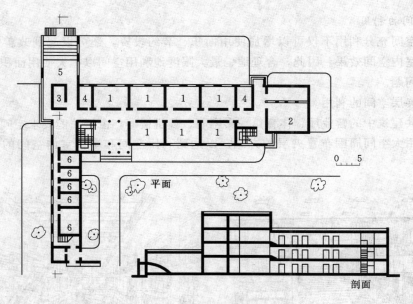

图 3-11　某中学教学楼空间组合方式（一）

1—教室；2—阅览室；3—储藏间；4—厕所；5—阶梯教室；6—办公室

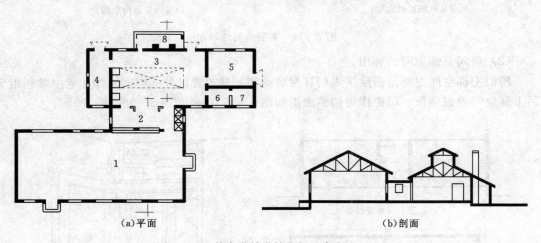

（a)平面　　　　　　　　　（b)剖面

图 3-12　某中学教学楼空间组合方式（二）

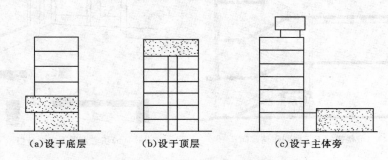

(a)设于底层　　　　(b)设于顶层　　　　(c)设于主体旁

图 3-13　某中学教学楼空间组合方式（三）

2. 空间的利用

建筑空间充分利用不仅可以增加使用面积、节约投资，还可以起到改善室内空间比例、丰富室内空间效果。因此，合理地、最大限度地利用空间以扩大使用面积，是空间组合的重要问题。

（1）夹层空间的利用。

在公共建筑中的营业厅、体育馆、影剧院、候机楼等，由于功能要求空间大小很不一致，常采用大空间周围布置夹层的方式，以达到利用空间和丰富室内空间的效果，如图3－14所示。

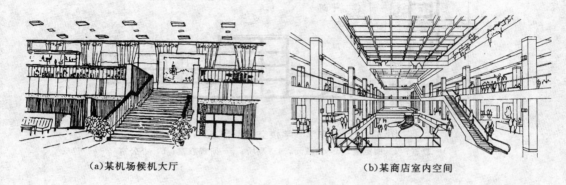

（a）某机场候机大厅　　　　　　　　　　（b）某商店室内空间

图 3－14　夹层空间的利用

（2）房间上部空间的利用。

房间上部空间主要是指除了人们日常活动和家具布置以外的空间。如住宅中常利用房间上部空间设置搁板，吊柜作为储藏之用如图3－15（a）和图3－15（b）所示。

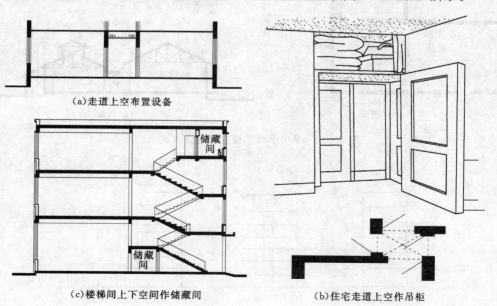

（a）走道上空布置设备

（c）楼梯间上下空间作储藏间　　　　　　（b）住宅走道上空作吊柜

图 3－15　走道及楼梯间空间的利用

（3）楼梯间及走道空间的利用。

一般民用建筑底层休息平台下至少有半层高，为了充分利用这部分空间，可采用降低平台下地面标高与增加第一跑楼梯步数相结合的方法以增加平台下的净空高度，作为布置储藏室及出入口之用。同时，楼梯间顶层有一层半空间可以利用部分空间布置一个小储藏间，如图3-15（c）所示。

民用建筑的走道一般较使用房间来说较窄，且仅做交通使用，净高要求比其他房间低，但为了简化结构，方便使用，走道只能和其他房间采用共同的层高，使走廊空间造成一定的浪费，同时空间比例关系也不够好。因此在设计中通常可以利用走道上部空间铺放设备管道，再做吊顶，使空间得以充分利用。

❓ 习题与实训

1. 选择题

（1）建筑防火对房屋层数也有一定限制，按照《建筑防火设计规范》的规定，当建筑物耐火等级为三级时，最多允许建_____。

    A、3   B、4   C、5

（2）幼儿园、养老院，因使用者活动不便，且要户外联系紧密。因此，建筑层数不应太多，一般_____为宜。

    A、1～3层   B、1～4层   C、1～5层

（3）一般砖混结构的建筑由于结构自身重大，整体性差，层数一般不宜超过_____。

    A、5层   B、6层   C、7层

2. 填空题

（1）一般情况下，房间的净高是根据_____、_____、_____、照明、技术经济条件及室内空间比例等要求，综合考虑诸因素确定的。

（2）窗台高度使用要求，人体尺度、家具尺寸及通风要求有关。一般民用建筑中生活、学习或工作用房窗台高度与房间工作面，如书桌相一致。高度常采用_____左右。

（3）高层建筑常采用的结构体系有_____、_____、_____或_____等。

3. 简答题

（1）确定房间高度应考虑哪些因素？

（2）如何确定房间剖面形状？

（3）建筑层数与哪些因素有关？

（4）建筑空间的利用有哪几种方法？

4. 实例分析题

分析你所在教学楼中的阶梯教室的剖面形状及其采用特殊形状的原因。

5. 设计题

某办公楼建筑平面如图3-16所示：层高为3.6m，层数3层，室内外高差450mm，绘制该办公楼1-1剖面图。

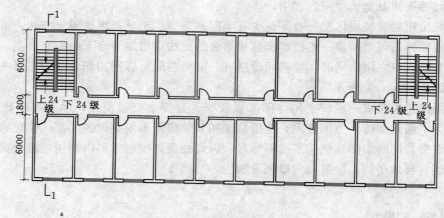

图 3-16　建筑平面示意图

第4章　建筑体型与立面设计

本章要点

1. 熟悉影响建筑体型和立面设计的因素。
2. 掌握建筑美学的基本法则。
3. 掌握建筑造型设计和立面设计的基本方法。

建筑总是以其特定的形象出现的，建筑形象是建筑内部空间特质和建筑个性的外在表现，是建筑在特定环境与特定时空中留给人们的艺术形象。建筑不仅要满足人们的生活、工作、娱乐、生产等物质功能要求，而且要满足人们精神、文化方面的需要；建筑既是技术产品，也是艺术品。建筑的美观问题，在一定程度上反映了社会的文化生活、精神面貌和经济基础。不同类型的建筑对艺术方面的要求是不同的，有些建筑（比如纪念性建筑、象征性建筑）其形象和艺术效果常常起着决定性的作用，成为建筑设计思考的主要因素。建筑物质和精神的双重属性，使建筑的体型及立面设计显得十分重要。

建筑形象设计主要包括体型设计和立面设计两个部分。建筑体型设计主要是对建筑外观总的体量、形状、比例、尺度等方面的确定，并针对不同类型建筑采用相应的体型组合方式；立面设计主要是对建筑体型的各个立面进行深入刻划和处理，使整个建筑形象趋于完善。建筑体型和立面设计是整个建筑设计的重要组成部分，应和平、剖面设计同时进行，并贯穿于整个设计的始终。

4.1　影响建筑体型和立面设计的因素

建筑体型和立面设计不是设计者凭空想象和主观臆造出来的。它既不是内部空间的被动直接反映，也不是简单地在形式上进行表面创作，更不是建筑设计完成后的外形处理；建筑体型和立面设计的实质是创造美的建筑形象，是综合考虑功能、物质技术条件、城市规划及环境条件和社会经济条件下产生出来的艺术形象。通过建筑形式反映出它的实用性、内部空间以及它的基本结构，这就是形式与内容的统一。建筑体型和立面设计必然受到诸多因素的制约。

4.1.1　建筑使用功能和个性特征

建筑首先是为满足人们生活和生产等某种需要而创造出来的物质空间环境。由于人们需要的不同，不仅派生出不同性质、规模、类型的建筑，如居住建筑、办公建筑、交通建筑、商业建筑等，而且由于建筑内部空间与外部形体又是相互制约不可分割的

图 4-1 罗马大角斗场（体育观演建筑）

两个方面，所以也自然产生出不同类型的建筑形象。形式服从功能一直是建筑设计遵循的原则。一般一个优秀的建筑外部形象必然要充分反映出室内空间的要求和建筑物的不同性格特征，达到形式与内容的辩证统一。图 4-1～图 4-3 列举了由于使用功能不同而形成不同外部体型及立面特征的建筑。

图 4-2 "包豪斯"校舍（学校建筑）

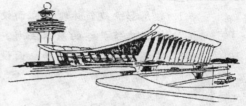

图 4-3 美国科勒斯航空港（机场建筑）

同一类型的建筑有相同的功能需求，由于其精神内涵，表达的情感角度不同，建筑的个体形象会差异很大。如图 4-4、图 4-5 所示，它们都说明了各自不同的寓意。

4.1.2 结构、材料和施工等物质技术条件

建筑是运用大量的建筑材料，通过一定的技术手段建造起来的。因此它必然在很大程度上受到物质和技术条件的制约，这种制约不仅影响到平面和剖面设计，在体型和立面上也会自然体现出结构、材料、施工的特点。

山西应县佛宫寺释迦塔　　　嵩岳寺砖塔

图 4-4 佛教建筑的塔

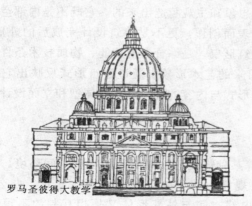

罗马圣彼得大教学　　　巴黎圣母院

图 4-5 西方教堂建筑

不同材料的空间结构，其结构自身所受到的制约，直接反映和表现在建筑体型与立面上，形成各自独特的外部形象。如混合结构，采用墙体承重，建筑立面开窗就受到限制，不够灵活。框架结构则赋予立面开窗很大自由度。空间结构不仅为大型活动提供了理想的使用空间，而且极大丰富了建筑外部形象、形成自己独特的风格和特点。图4-6、图4-7、图4-8列举了不同结构类型的建筑形象，具有物质产品和艺术创造的双重性。

图4-6　筒壳结构

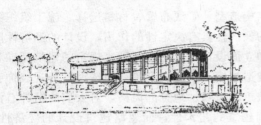

图4-7　悬索结构

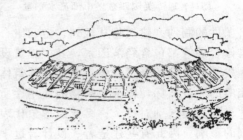

图4-8　网状结构

材料和施工技术对建筑体型和立面也有一定的影响。例如清水墙、石墙、大玻璃幕墙和薄膜墙等形成不同的外形，给人不同的感受；滑模、大板、盒子建筑等常以构件本身的形体、材料、质感和色彩对比等，使建筑体型和立面更趋简洁新颖。如图4-9、图4-10所示为不同材料的建筑形象举例。

图4-9　赵州桥（石结构建筑）

图4-10　佛光寺大殿（木结构建筑）

4.1.3　基地环境与城镇规划

建筑是空间环境和城镇规划的重要构成部分，建筑外形不可避免地受到基地环境和城镇规划的制约。建筑体型和立面应与基地大小、形状、地形条件、气候、人文以及周围建筑物和道路等环境协调一致，并符合城市总体规划的要求。位于自然环境中的建筑要因地制宜，结合地形起伏变化使建筑高低错落、层次分明，并与环境融为一体。如图4-11、图4-12所示为建筑与基地结合的实例。

4.1.4　社会经济条件

房屋建筑在国家基本建设投资中占有很大的比例，作为物质产品，必然会受到社会经

图 4-11　美国匹兹堡市郊流水别墅　　　　　图 4-12　巴黎卢浮宫玻璃金字塔

济条件的制约。建筑物从规划、空间组合、结构造型、管线布置、材料选择、施工组织到维修管理等都包含经济因素，其中建筑设计的经济性具有决定性的作用。设计的经济性问题贯穿在设计的全过程中。尤其在建筑体型和立面设计中，应掌握国家规定的建筑标准和相应的经济指标，根据建筑物的使用性质、建造规模、重要程度等，在造型、外观装饰和选材等方面区别对待。许多建筑形象代表着城市的风貌、地方的风格，对人们的精神有深刻的影响。因此有些建造者、设计者过于强调建筑的艺术性，而忽略建筑设计的经济性。坚持建筑设计的经济性，要求设计者首先从观念上要树立起经济意识，结合国情、严格执行国家有关规定的建筑标准和相应的经济指标，在所用材料、造型要素等方面区别对待大型公共建筑和大量性民用建筑。既要防止滥用高级材料造成不必要的浪费，同时也要防止片面节约，盲目追求低标准造成使用功能不合理，破坏建筑形象和增加建筑物日常维修管理费用；其次，设计者应提高自身设计修养、水平。因为建筑外形的艺术美并不是以投资的多少为决定因素，事实上只要充分发挥设计者的主观能动性，在一定的经济条件下，巧妙地运用物质技术手段和构图法则，努力创新，便可以设计出适用、安全、经济、美观的建筑来。图 4-13 为现代住宅与原始住宅的对比。

图 4-13　现代住宅与原始住宅的对比

4.2　建筑美学的基本法则

建筑体型和立面受制于内部空间，但不是其简单反映或直接表现，而是在功能、技术、经济等制约下，根据建筑艺术表现的要求和形式美的构图规律，进行艺术上的加工创造而成的。实质上建筑体型和立面设计的目的是创造美的建筑形象。建筑造型属于形式美的范畴，是有其内在规律性的。人们要创造美的建筑就必须遵循建筑美的法则：如统一、均衡、韵律、对比、稳定和尺度等等。

4.2.1 统一与变化

建筑设计并不是单纯的外观设计，必须把一个建筑物可能展示的外观和内景结合在一起，成为一个统一的艺术造型。一切优美的建筑，必须体现平面、立面和剖面的统一，必须在平面设计时，使内部空间形状、体积和外部形象协调和统一。

建筑物是由不同的空间和不同的构件组成的。由于功能使用要求和结构技术要求不同，这些空间和构件的形式、材料、色彩和质感各不相同，为多样化提供了条件。而这些空间和构件在功能使用和结构系统上的内在联系又为统一提供了客观可能性。如学校建筑的教室、办公室、健身房；旅馆建筑的客房、餐厅、休息厅等。由于功能要求不同，形成各空间大小、形状、结构等方面的差异，这种差异自然反映到建筑外观形象上，这就是建筑形式变化的一面。同时这些不同中又有某种内在的联系，如使用性质不同的房间在门窗处理、层高、开间及装修方面可采取一致的处理方式，既不影响使用，而且能使结构受力、施工组织等更加合理；平面的、空间的、平面组合上的这种一致的处理方式，反映到建筑外观形态上，就是建筑形式统一的一面。

建筑物在客观上普遍存在着统一与变化的因素。建筑如果有统一而无变化就会产生呆板、单调、不丰富的感觉；反过来有变化而无统一，又会使建筑显得杂乱、繁琐、无秩序。两者皆无美可言。要创造美的建筑，就应巧妙处理它们之间的相互关系，以取得整齐、简洁、秩序而又不至于单调、呆板、体型丰富而又不致杂乱无章的建筑形象。统一与变化是一切形式美的基本规律，具有广泛的普遍性和概括性。

1. 以简单几何形体求统一

任何简单的、容易认识的几何形体，都具有必然的统一感。如球体、正方体、圆柱体、圆锥体、长方体等都具有这种必然的统一性。从古至今，这些形体常常用在建筑上，也正是说明人们接受了它简单、明确、肯定的统一性，具有美感。如图4-14所示古埃及金字塔、图4-15所示我国古代的天坛，图4-16所示现代的上海体育馆等等。

图4-14 埃及金字塔

图4-15 天坛祈年殿

2. 主从分明，以陪衬求统一

建筑很难具有这样纯粹简单的几何形体，即使如此，建筑也必须统一。他们在外形设

图 4-16 上海体育馆

计中，应恰当地处理好主要与从属、重点与一般的关系，使建筑形成主从分明，以次衬主，以取得完整统一的效果。

运用轴线的处理突出主体，采用对称的手法创造出一个完整统一的外观形象等，如图 4-17 所示。

中国美术馆

西安钟楼

图 4-17 采用对称的手法完成统一形象

在建筑外形设计中，充分利用建筑功能要求上所形成的高低不同，采取以低衬高，以高控制整体的处理手法是取得完整统一的有效措施。图 4-18 是瑞典的斯德哥尔摩市政厅。在 20 世纪 20 年代欧洲出现摆脱传统建筑的思潮之时，瑞典斯德歌尔摩市政厅的建筑设计仍然表现出尊重和继承传统的精神。这座市政厅将多种传统建筑样式成分巧妙地结合起来，更突出北欧的地方建筑风格。市政厅内有一个装饰精美的典礼厅，每年一度诺贝尔奖颁发盛典的宴会即在此大厅中举行。这座建在水边的市政厅，体型高低错落，虚实相配，极富诗情画意，是 20 世纪建筑艺术的精品之一。

如图 4-19 所示悉尼歌剧院，利用形象变化突出主体，在建筑造型上运用圆形、折线形或比较复杂的轮廓线都可取得突出主体、控制全局的效果。

图 4-18 斯德哥尔摩市政厅

图 4-19 悉尼歌剧院

4.2.2 均衡与稳定

均衡与稳定既是力学概念也是建筑形象概念。

所谓均衡是指建筑物各体量在建筑构图中的左右、前后之间保持平衡的一种美学特征，它可以给人以安定、平衡和完整的感觉。稳定是指建筑物在建筑构图上的上下平衡关系，给人以安全可靠，坚如磐石的效果。

建筑体型与立面的材料质感、体量大小，色彩深浅、虚实变化等常给人以不同的轻重感。总的体量大的、实体的、质感粗糙及色彩暗的感觉上重一些；反之体量小、空透的、材料光洁和色彩明快的，感觉就轻一些。研究建筑的均衡与稳定，就是要利用、调整这些要素使之获得安定平稳的建筑形象。

一般来说，墙、柱等实体部分感觉上要重一些，门、窗、敞廊等空虚部分感觉要轻一些，材料粗糙的感觉要重一些，材料光洁的感觉要轻一些，色暗而深的感觉上要重一些，色明而浅的感觉要轻一些，此外经过装饰或线条分割后的实体比没有处理的实体，在轻重感上也有很大的区别。

自然界相对静止的物体都是遵循力学原则以平衡稳定的形态而存在。力学的杠杆原理表明，均衡中心在支点，根据均衡中心的位置不同，可把均衡分成为对称的均衡与不对称均衡。

建筑体型和立面有对称和非对称之分，人们用以判断均衡的支点，一般是在能形成建筑前后左右关系的入口上或对称轴轴线上。这样对称的建筑是属于绝对均衡，对称轴便是支点，左右两侧对称容易取得完整统一的效果，如图4-20所示。不对称建筑的均衡是将均衡中心偏向于建筑的一侧，利用两侧体量、虚实、材质和色彩等变化达到均衡，如图4-21所示。

图4-20　北京人民大会堂

传统的稳定是物体的上小下大，如图4-22所示。但随着现代新结构、新材料、新技术的发展，丰富了人的审美观。传统的上小下大稳定观念逐渐改变，底层架空甚至上大下小的某些悬臂结构也为人们所接受、喜爱，如图4-23所示的由赖特设计的，位于纽约的古根汉姆博物馆。

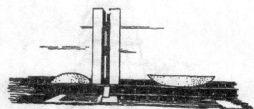

图4-21　不对称组合

4.2.3　韵律与节奏

韵律与节奏是任何物体各要素重复或渐变出现所形成的一种特性，这种有规律的变化形成韵律和有秩序的重复形成节奏，能产生具有条理性、重复性、连续性为特征的美感。

利用建筑物存在的很多重复的因素，有意识地对这些构图因素进行重复或渐变的处理，能使建筑形体以至细部给人以更加强烈而深刻的印象。韵律主要有三种：连续的韵律、渐变的韵律、起伏的韵律。

图4-22　北京人民英雄纪念碑

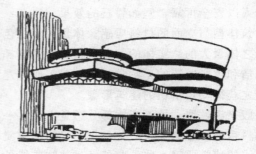

图4-23　纽约古根汉姆博物馆

连续的韵律：强调一种或几种组成部分的连续运用和重复出现的有组织排列所产生的韵律感，如图4-24所示。

图4-24　某小区住宅

渐变的韵律：将某些组成部分如体量、大小、高低、色彩的冷暖、浓淡、质感的粗细轻重等作有规律的增减，以造成统一和谐的韵律感，如图4-25所示。

图4-25　西安大雁塔

图4-26　旧金山希尔顿旅馆

交错的韵律：运用各种造型因素作有规律的纵横交错、相互穿插的处理，形成一种丰富的韵律感，如图4-26所示。

4.2.4 对比与调和

对比与调和是处理建筑形象设计的重要手段。对比的目的是强调差值，突出重点和视觉中心。调和的实质是强调共性，弱化对比，是统一的重要手法。在建筑设计中恰当地运用对比与调和是取得统一与变化的有效手段。

在建筑与建筑之间或建筑的不同部位之间，彼此会有形象、大小、曲直、高低、深浅等一系列差异，在重点部位，强调对比，其余部分强调协调，才能使建筑形象鲜明，个性统一，如图4-27所示。

纽约肯尼迪机场候机楼建筑

日本代代木体育中心（悬索）

图4-27 强调重点

4.2.5 比例与尺度

比例是指物体各部分长、宽、高三个方向之间的大小关系。无论是整体或局部以及整体与局部之间、局部与局部之间都存在着比例关系。良好的比例能给人以和谐、完美的感受，反之，比例失调就无法使人产生美感。

尺度是指建筑物整体与局部构件给人感觉上的大小与其真实大小之间的关系。在建筑设计中，常以人或与人体活动有关的一些不变因素如门、台阶、栏杆等作为比较标准，通过与它们的对比而获得一定的尺度感。

比例与尺度在造型中主要有三种手法：自然、夸大、缩小。自然是指以人体大小来度量建筑物的实际大小，从而给人的印象与建筑物真实大小一致。常用于住宅、办公楼、学校等建筑。

夸大实质是运用夸张的手法给人以超过真实大小的尺度感。常用于纪念性建筑或大型公共建筑，以表现庄严、雄伟的气氛，如图4-28和图4-29所示。

缩小是以较小的尺度获得小于真实的感觉，从而给人以亲切宜人的感觉。常用来创造小巧、亲切、舒适的气氛，如庭园建筑。

图4-28 巴黎歌剧院中
楼梯夸张的尺度

图 4-29 穹顶下楼梯间夸张的尺度

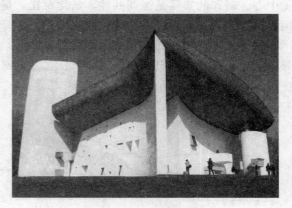

图 4-30 法国朗香教堂

4.2.6 比拟与联想

比拟是指物与人的关联关系。联想是指曾被一种对象引起过情感反映的人，在类似或相关条件刺激下，回忆起过去的经验和情感。它们是建筑造型得以扩展的重要思维方式，图 4-30 所示为法国建筑大师勒·柯布西耶设计建造的朗香教堂，其被誉为 20 世纪最为震撼、最具表现力的建筑，其形象带给人多种联想或隐喻。

4.3 建 筑 体 型 设 计

4.3.1 造型的基本要素

建筑体型设计是建立在建筑功能与基地环境共生的一种形象设计，它是空间系统、结构系统、围护系统、交通系统的综合反映，是造型基本要素的有机结合。

造型的基本要素是点、线、面、体。点是所有造型的基本起源，所有要素都是从点开始按一定秩序发展形成的。造型包含能量的集合。

1. 点

一个点占有空间中的一个位置，在概念上，没有长度、宽度及厚度，是静态的、无方向性的及向心的。点能表示：一条线的两端、两条线的交差、一个场的中心、平面或体的交角。在理论上，点可以是任何形状，只要在场景中体积和向度可以忽略。比如"鸟巢"（国家体育场）在北京的地图中，只能以点对待。点在建筑形体中的反映主要表现为积聚性的点状投影体。如纪念碑、纪念柱、发射塔、球型建筑或凉亭等柱状体建筑，如图 4-31 所示。

2. 线

一个点的运动轨迹就是一条线，它能够表示方向、运动及延长。其功能为：结合、连

图 4 - 31　法国圣米歇尔山修道院

接、围绕或贯穿其他视觉元素，显示平面的边
线或赋予平面的轮廓，结合成平面的表面，如
图 4 - 32 所示。

　　一条线可以是想象出来的，不一定是建筑
视觉要素，比如中轴线；建筑的造型也可能是
线状的，为了更好地适应基地状况。

3. 面

　　一条线沿着不同于它原有方向的运动成为
一个面。形是面最重要的特征，二者密不可

图 4 - 32　芬兰某市政厅

分。在视觉架构的秩序上，一个面有界定一个体块范围或界限的作用。一个面的表面状
态，如纹理、颜色、质地等都会影响它的视觉分量和稳定性。平面是建筑设计的一个基本
要素。

　　在建筑体型中，面可以拆分处理，分为墙面、屋顶、地面，如图 4 - 33 和图 4 - 34 所
示。建筑可以融合在地面形态中，坐落在地面上或高高耸立起来，具体取决于建筑的功能
或精神需求。墙面是建筑的身体或脸，它的开口决定建筑内外空间的关联程度，外墙与开
口的比例决定整个建筑的造型与体量。作为视觉形象设计要素，屋顶面是建筑物的"帽子"，

图 4 - 33　罗比住宅

图 4 - 34　埃皮狄亚罗斯剧场

对建筑的造型有重大的影响，它的形式取决于结构的几何学材料、跨越空间的方式和支撑上的负荷。

4. 体

一个面沿它不同于原来的方向延伸成为一个体。体有三个向度：长、宽、高。体的基本辨识特征是造型，有形态及形成体周边的平面之间的相互关联所决定。在建筑造型上，体可以是实的，也可以是虚的，如图 4-35 和图 4-36 所示。

图 4-35　埃及金字塔

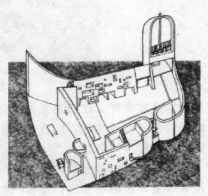

图 4-36　法国朗香教堂

4.3.2　建筑体型设计的基本方法

1. 造型的视觉特性

建筑造型是体量与空间的联系点，是建筑形象的特定状态，其视觉特征包含形状、尺寸、色彩、质感等内容，造型还包含位置、方位、视觉惯性等相关属性。这些特性，使我们能识别不同建筑。形状是一个面的外部轮廓或一个体的边线，是区分物体造型最重要的方式，如图 4-37 所示。在建筑形体中，主要研究围合建筑的表面、建筑表面上的门窗开口、建筑形象的外轮廓。

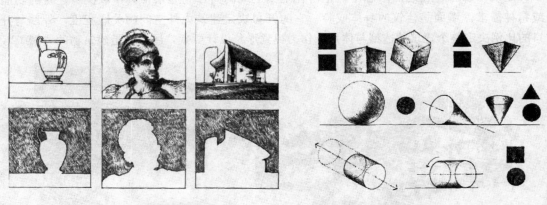

图 4-37　不同类型物体形状

图 4-38　基本形体

2. 基本形体

以基本形状（如：圆形、三角形、正方形）延展或旋转产生的体型或实体，轮廓清晰、规矩、容易识别，因而被称为基本形体或理想实体。"正方体、圆柱体、圆锥体、球体、金字塔是光线能显出效果最伟大的基本造型，他们体型清楚而没有丝毫含混不清，都是最漂亮的造型"如图4-38、图4-39所示。

圆锥形纪念塔方案　　　　小教堂，麻省理工学院　　　毛波蒂亚斯，农庄住屋方案

图4-39　理想实体建筑方案举例

3. 基本形体的转换

在建筑中，基本形体是很少的。由于形体的可拆分性，所有的其他建筑造型都可以被理解为基本实体的变形，主要有空间向度转换、基本形体切挖、附加其他形体三种方式，如图4-40、图4-41所示。

图4-40　空间向度转换

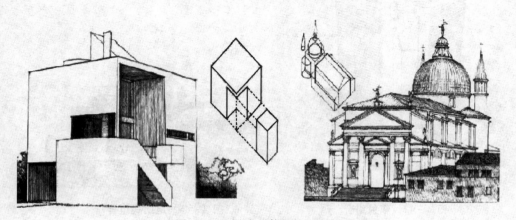

图4-41　基本形体切挖和附加

4. 体型的组合

一个形体由多个量体逐渐增加成为一个整体时，各组合体必然按照一种条理分明的方式彼此联结与包容，这就是体型组合的形式。体型组合的基本形式有：集中式组合、线形组合、辐射式组合、组团式组合和网格式组合。

集中式组合是一种稳定、集中的体型组合方式，它是由数个次要空间形体包围在一个大的优势形体上，它能够赋予场所某种精神，如图4-42所示。

线形组合是沿一条线配列的连续造型，线可以是直线，也可以是曲线，造型可以是基本型的重复或断断续续的连接，主要在于地形和视野，如图4-43所示。

图4-42　集中式组合

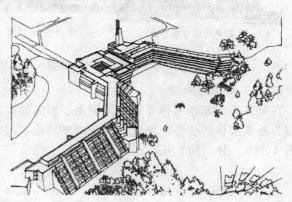
图4-43　线形组合

辐射组合是几个线形元素从一个中心核元素出发，放射状的向外伸展，是集中式与线形单纯的组合，中心核是整个集合体的象征与机能中心，如图4-44所示。

组团式组合是一组互相接近或有共同视觉性质的造型组成一个凝聚而无层次的几何体。它们具有个性和某种形似的相似形，如图4-45所示。

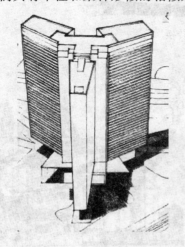
图4-44　辐射组合

图4-45　组团式组合

网格式组合是以三维空间格子关系安排的规则的造型集合体，如图4-46所示。

4.3.3 建筑体型的组合

建筑物内部空间的组合方式,是确定外部体型的主要依据。建筑体型反映建筑物总的体量大小、组合方式和比例尺度等,它对房屋外形的总体效果具有重要影响。根据建筑物规模大小、功能要求特点以及基地条件的不同,建筑物的体型有的比较简单,有的比较复杂,这些体型从组合方式来区分,大体上可以归纳为对称和不对称的二类。

对称的体型有明确的中轴线,建筑物各部分组合体的主从关系分明,形体比较完整,容易取得端正、庄严的感觉。我国古典建筑较多地采用对称的体型,有些纪念性建筑和大型会堂等,为了使建筑物显得庄严、完整,也常采用对称的体型,如图4-47所示。

不对称的体型,它的特点是布局比较灵活自由,对功能关系复杂,或不规则的基地形状较能适应。不对称的体型,容易使建筑物取得舒展、活泼的造型效果,不少剧院、疗养院、园林建筑等,常采用不对称的体型,如悉尼歌剧院。

图4-46 日本中银大厦

图4-47 毛主席纪念堂

建筑体型组合的造型要求,主要有以下几点。

1. 完整均衡、比例恰当

建筑体型的组合,首先要求完整均衡,这对较为简单的几何形体和对称的体型,通常比较容易达到。对于较为复杂的不对称体型,为了达到完整均衡的要求,需要注意各组成部分体量的大小比例关系,使各部分的组合协调一致、有机联系,如图4-48所示。

2. 主次分明、交接明确

建筑体型的组合,还需要处理好各组成部分的连接关系,尽可能做到主次分明、交接明确。建筑物有几个形体组合时,应突出主要形体,通常可以由各部分形体之间的大小、高低、宽窄,形状的对比,平面位置的前后,以及突出入口等手法来强调主体部分。

各组合体之间的连接方式主要有:几个简单形体的直接连接或咬接、以廊或连接体的

图 4-48 复杂体型组合

连接。形体之间的连接方式与房屋的结构构造布置、地区的气候条件、地震烈度以及基地环境的关系相当密切。例如寒冷地区或受基地面积限制，考虑到室内采暖和建筑占地面积等因素，希望形体间的连接紧凑一些。地震区要求房屋尽可能采用简单、整体封闭的几何形体，如使用上必须连接时，应采取相应的抗震措施，避免采取咬接等连接方式。

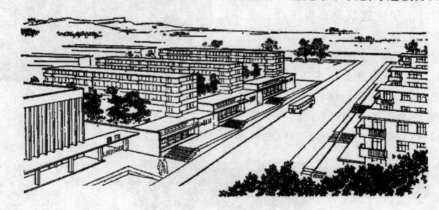

图 4-49 沿街住宅咬接体型

交接明确不仅是建筑造型的要求，同样也是房屋结构构造上的要求。如图 4-49 所示是附设商店沿街住宅咬接组合的体型，既考虑了房屋朝向和内部的功能要求，又丰富了城市街景；如图 4-50 所示是旅馆建筑客房和餐厅部分体型组合的主次和体量、形状对比，使建筑物整体的造型既简洁又活泼，给人们以明快的感觉。

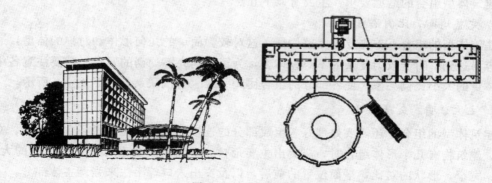

图 4-50 某旅馆体型

3. 体型简洁、环境协调

简洁的建筑体型易于取得完整统一的造型效果，同时在结构布置和构造施工方面也比较经济合理。随着工业化构件生产和施工的日益发展，建筑体型也趋向于采用完整简洁的几何形体，或由这些形体的单元所组合，使建筑物的造型简洁而富有表现力，如图4-51所示。

图4-51 某餐馆建筑

建筑物的体型还需要注意与周围建筑、道路相呼应配合，考虑和地形、绿化等基本环境的协调一致，使建筑物在基地环境中显得完整统一、配置得当，如图4-52所示的布达拉宫。

图4-52 布达拉宫

4.4 建筑立面设计

建筑立面表示建筑的外部形象。立面设计和建筑体型组合一样，也是在满足房屋使用要求和技术经济条件的前提下，运用建筑造型和立面构图的一些规律，紧密结合平面、剖面的内部空间组合下进行的。建筑立面可以看成是出许多构部件所组成：它们有墙体、梁柱、墙体等构成房屋的结构构件，有门窗、阳台、外廊等和内部使用空间直接连通的部件，以及台基、勒脚、檐口等主要起到保护外墙作用的组成部分。恰当地确定立面中这些组成部分和构部件的比例和尺度，运用节奏韵律、虚实对比等规律，设计出体型完整、形式与内容统一的建筑立面，是立面设计的主要任务。它是对建筑体型设计的进一步深化。在立面设计中，不能孤立地处理每个面，因为人们观赏建筑时，并不是只观赏某一个立面，而要求的是一种视觉效果。应考虑实际空间的效果，使每个立面之间相互协调，形成有机统一的整体。

建筑立面设计的步骤，通常先根据初步确定的房屋内部空间组合的平、剖面关系，如建筑的大小、高低、门窗位置、构部件的排列方式等，描绘出建筑各个立面的基本轮廓，作为进一步调整统一，进行立面设计的基础。设计时首先应该推敲立面各部分总的比例关系、相邻立面间的连接和协调，再着重分析各个立面上墙面的处理、门窗的调整安排，最后对入口、门廊、建筑装饰等进一步作重点及细部处理。从整体到局部，从大面到细部，反复推敲逐步深入。

完整的立面设计，并不只是美观问题，它与平、剖面设计一样，同样也有使用要求、结构构造等功能和技术方面的问题。但是从建筑的平、立、剖面来看，立面设计中涉及的造型与构图问题，通常较为突出。下面着重叙述有关建筑美观的一些问题。

4.4.1 尺度和比例

尺度正确和比例协调，是使立面完整统一的重要方面。建筑立面中的一些部分，如踏步的高低，栏杆和窗台的高度、大门拉手的位置等等，这些部位的尺度相应比较固定，如果它们的尺寸不符合要求，非但在使用上不方便，在视觉上也会感到不习惯。至于比例协调，既存在于立面各组成部分之间，也存在于构件之间，以及对构件本身的高宽等比例要求。一幢建筑物的体量、高度和出檐大小有一定比例，梁柱的高度也有相应的比例，立面中门窗的高度，柱径和柱高等构件本身也都有一定的比例关系。这些比例上的要求首先需要符合结构和构造的合理性，同时也要符合立面构图的美观要求。

如图 4-53 所示为某住宅立面比例关系，建筑开间、窗面积相同，由于不同的处理，取得了不同的比例效果。

图 4-53　住宅立面设计举例

如图 4-54（a）所示为北京火车站候车厅局部立面，层高为一般建筑的 2 倍，由于采用了拱形大窗。并加以适当划分，从而获得了应有的尺度感。如图 4-54（b）所示为人民大会堂立面，采取了夸大尺度的处理手法，使人感到建筑高大、雄伟、肃穆、庄重。

（a）正常尺度　　　　　　　　　　　　　　　（b）夸大的尺度

图 4-54　立面的比例和尺度

4.4.2　节奏感与立面划分

　　建筑立面上由于体量的交接，立面的凹凸起伏以及色彩和材料的变化，结构与构造的需要，常形成若干方向不同、大小不等的线条。如水平线、垂直线等。恰当运用这些不同类型的线条，并加以适当的艺术处理，将对建筑立面韵律的组织、比例尺度的权衡带来不同的效果。以水平线条为主的立面，常给人以轻快、舒展、宁静与亲切的感觉，如图4-55所示；以竖线条为主的立面形式，则给人以挺拔、高耸、庄重、向上的气氛，如图4-56所示。

图4-55　水平线条的立面划分

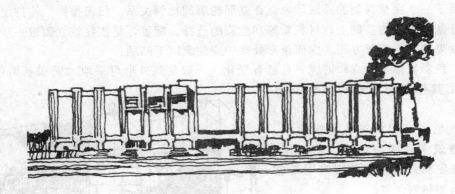

图4-56　竖线条的立面划分

4.4.3　虚实对比和凹凸处理

　　建筑立面的虚实对比，通常是指出于形体凹凸的光影效果，所形成的比较强烈的明暗对比关系。建筑立面中"虚"是指立面上的玻璃、门窗洞口、门廊、空廊、凹廊等部分，能给人以轻巧、通透的感觉；"实"是指墙面、柱面、檐口、阳台、栏板等实体部分，给人以封闭、厚重坚实的感觉。根据建筑的功能、结构特点，巧妙地处理好立面的虚实关系，可取得不同的外观形象。以虚为主的手法，可获得轻巧、开朗

图4-57　以虚为主的处理

的感觉，如图4-57所示。以实为主，则能给人以厚重、坚实的感觉，如图4-58所示。采用虚实均匀分布的处理手法，将给人以平静安全的感受，如图4-59所示。

图 4-58　以实为主的处理　　　　　　　　图 4-59　虚实均衡的处理

4.4.4　材料质感和色彩配置

一幢建筑物的体型和立面，最终是以它们的形状、材料质感和色彩等多方面的综合，给人们留下一个完整深刻的外观印象。在立面轮廓的比例关系、门窗排列、构件组合以及立面划分基本确定的基础上，材料质感和色彩的选择、配置，是使建筑立面进一步取得丰富生动效果的又一重要方面。立面色彩处理中应注意以下问题：

（1）色彩处理要注意和谐统一且富有变化。一般建筑外形可采取大面积基调色为主，局部运用其他色彩形成对比而突出重点。

（2）色彩运用应符合建筑性格。如医院建筑常采用白色或浅色基调，给人以安定感；商业建筑则常用暖色调，以增加热烈气氛。

（3）色彩运用要与环境相协调，与周围相邻建筑、环境气氛相适应。

（4）色彩处理应考虑民族文化传统和地方特色。

图 4-60　立面材质和色彩

建筑立面设计中，材料的运用、质感的处理也是极其重要的。表面的粗糙与光滑都能使人产生不同的心理感受，如粗糙的混凝土和毛石面显得厚重、坚实；光滑平整的面砖、金属及玻璃材料表面，使人感觉轻巧、细腻。立面处理应充分利用材料质感的特性，巧妙处理，有机结合，加强和丰富建筑的表现力，如图 4-60 所示。

4.4.5　重点及细部处理

突出建筑物立面中的重点，既是建筑造型的设计手法，也是房屋使用功能的需要。建筑物的主要出入口和楼梯间等部分，是人们经常经过和接触的地方，在使用上要求这些部分的地位明显，易于找到，在建筑立面设计中，相应地也应该对出入口和楼梯间的立面适当进行重点处理，如图 4-61 所示。

建筑立面上一些构件的构造搭接，勒脚、窗台、遮阳、雨篷以及檐口等的线脚处理，此外如台阶、门廊和大门等人们较多接触的部位应在设计中给予一定的注意，如图4-62所示。

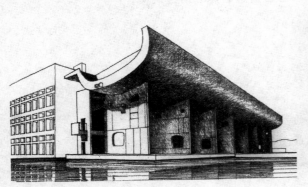
图4-61　入口处理

图4-62　某建筑大门细部

满足人们对建筑物的审美要求，除了在建筑体型和立面设计中需要深入考虑外，建筑物的内外空间组织，群体规划以及环境绿化等方面，都是重要的设计内容。体型、立面、空间组织和群体规划应该是有机联系的整体，需要综合地、通盘地考虑和设计，以创造满足人们生产和生活活动需要，具有完美形象的新型建筑。

❓ 习题与实训

1. 选择题

(1) 建筑立面的重点处理常采用_____手法。

　　A、韵律　　　　　　B、对比　　　　　　C、均衡

(2) 建筑立面中的_____可作为尺度标准，建筑整体和局部通过与它相比较，可获得一定的尺度感。

　　A、窗　　　　　　　B、雨篷　　　　　　C、窗间墙

(3) 亲切的尺度是指建筑物给人感觉上的大小_____其真实大小。

　　A、小于　　　　　　B、小于或等于　　　C、大于

(4) 根据建筑功能要求，_____的立面适合采用以虚为主的处理手法。

　　A、电影院　　　　　B、体育馆　　　　　C、纪念馆

2. 填空题

(1) 建筑外部形象包括_____和_____。

(2) 形式美的基本原则有，即_____、_____、_____、_____、_____。

(3) 形体转换的基本类型有_____、_____、_____三种。

3. 简答题

(1) 影响建筑体型和立面设计的要素有哪些？

(2) 建筑体型的美学法则有哪些？以自己熟悉的建筑绘图说明。

(3) 型的基本要素。

(4) 造型的基本手法。

(5) 建筑体型组合需注意的问题。

(6) 立面设计考虑的因素。

4. 实例分析

(1) 分析本校办公楼体形设计遵循的基本原则。

(2) 你认为本校所在城市哪座建筑最美，请用建筑美学的法制进行分析。

(3) 绘制你所住学生公寓的立面图。

5. 设计

针对平面设计和剖面设计任务完成你所设计的建筑体型和立面设计。

第5章 民用建筑构造概论

本章要点

1. 掌握建筑的基本组成和作用。
2. 熟悉影响建筑构造的因素。
3. 掌握建筑的设计原则。

建筑构造是研究建筑的构成以及各组成部分的组合原理和构造方法。建筑构造是建筑设计的继续和深入，是解决建筑设计中的技术问题。

5.1 建筑物的构造组成及作用

常见的民用建筑或工业建筑，其功能不尽相同，形体也多种多样，一般都是由基础、墙柱、楼板层、楼梯、屋顶和门窗六大部分组成，如图 5-1 所示，除此之外少数民用建筑还有通风道、设备道、烟道、壁橱、电梯间、阳台、雨篷、台阶等建筑配件及设施，可

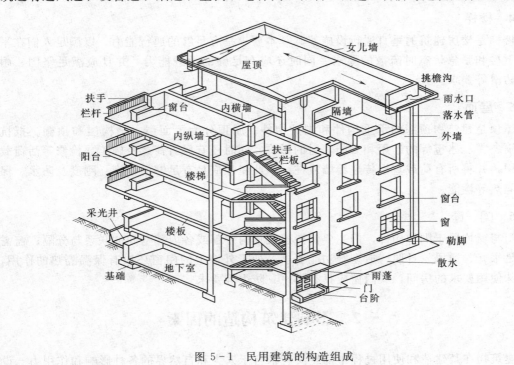

图 5-1 民用建筑的构造组成

根据建筑物的所需功能要求设置进行补充。

现就常用部分的构造要求和作用分述如下。

5.1.1 基础

基础是建筑物的最下部的承重构件，通常埋于自然地坪以下，其作用是承受上部传来的所有荷载，并把这些荷载传递给下面的土层（该土层称为地基）。基础是建筑物最下部的承重构件，因此必须有足够的强度，能抵御冰冻、地下水及其所含化学物质的侵蚀，坚固、耐久保持足够的使用年限。

5.1.2 墙、柱

墙或柱是房屋的竖向承重构件和围护构件，它承受着由屋盖和各楼层传来的各种荷载，并把这些荷载可靠地传给基础。对于这些构件的设计必须满足强度和刚度要求。作为墙体，外墙的作用是抵御风霜雪雨及寒暑等自然界各种因素对室内的影响，内墙还有分隔房间的作用，因此要求墙体具有足够的强度、稳定性、保温、隔热、防水、防火，耐久及经济等性能。框架或排架结构的建筑物中，柱子起着承重作用，墙体仅起到维护的作用。

5.1.3 楼板层和地坪

楼板层是水平方向的承重构件，它直接承受着各楼层上的家具、设备、人的重量和楼层自重及其他活荷载；同时楼板层对墙或柱有水平支撑的作用，传递着风、地震等侧向水平荷载，并把上述各种荷载传递给墙或柱。地坪层是首层房间人们使用接触的部分。无论是楼板层还是地坪层都要求具有足够的抗弯强度、刚度和良好隔声、防水、防潮、防渗漏性能，对其表面还有美观、耐磨损等其他要求，这些可根据实际需要进行补充。

5.1.4 楼梯

楼梯是楼房建筑的垂直通行设施。其基本要求是有足够的通行能力，以满足人们在平时上下楼和紧急状态时疏散的要求。同时还应有足够的承载能力，并且应满足坚固、耐磨、防滑等要求。

5.1.5 屋顶

屋顶是建筑物顶部的承重构件和围护构件。屋顶分为屋面层、结构层和顶棚。抵抗风、雨、雪、冰雹等的作用和太阳辐射的影响，同时还有风雪荷载及施工、检修等活荷载的作用，并将所有荷载直接传递给墙或柱。因此屋顶应具有足够的强度、刚度及防水、保温、隔热等性能。

5.1.6 门、窗

门与窗均属于围护构件，门主要保持建筑物内外部或各内部空间的联系与分隔；窗需要满足采光、通风、日照、造型等功能要求，处于外墙上的门窗还应有保温隔热的作用，有特殊使用要求的房间，其门窗应具有隔声、防火等要求。

5.2 影响建筑构造的因素

建筑物在其建造和使用过程中都经受着来自于人为和自然界的各种影响和作用力。设计时应充分考虑这些影响因素，以便保证建筑物的正常使用。这些影响大致可分为以下几个方面。

5.2.1 气候条件的影响

我国各地区地理位置和气候条件均有很大的差异，自然界的风霜雨雪、太阳辐射、地下水等构成了影响建筑物的多种因素，对建筑物的使用质量和使用寿命有着直接的影响。地域的不同自然环境也就不同，例如在北方地区利用太阳辐射热可提高室内温度，利用自然通风改善室内空气质量。在构造设计时针对建筑物所受影响的性质与程度，应采取相应防范措施，如：防水、防冻、保温、隔热、防风、防雨雪、防潮湿、防腐蚀、设变形缝、设隔气层等，从而提高建筑物抵御外界自然环境的能力。

5.2.2 外力作用的影响

外力对建筑物的作用形式多种多样如：家具设备、结构及其构配件的自重力、正常使用中人群自重力，风力、雪压力、地震力，温度变化、热胀冷缩产生的内应力等等。这些作用在建筑物上的各种外力统称为荷载，荷载可分为恒荷载和活荷载。荷载的大小、作用形式和作用位置是建筑结构设计的主要依据，也是结构选型及构造设计的重要基础，起着决定构件尺度、用料多少的重要作用。

风力是高层建筑水平荷载的主要影响因素之一，高度越大作用力就越大。在沿海地区，建筑设计时必须遵照有关设计规范执行。

建筑物质量越大，地震时受到的地震作用力也越大。地震时能量是以波的形式传播的，纵波使建筑物上下颤动，横波使建筑物在前后或左右的水平方向上晃动。震级是根据地震时释放能量进行划分的，释放能量愈多，震级也愈高，故震级是地震的大小指标，一次地震只有一个震级。由于震中距的不同，在一次地震中会有多个烈度，地震烈度是指在地震过程中，建筑物受到的影响和破坏程度。在进行建筑物抗震设计时，是以该地区基本设防地震烈度为依据，从而提高建筑的可靠性。

5.2.3 各种人为因素的影响

伴随着人们的生产、生活活动，常会产生一些负效应，如：火灾、爆炸、噪声、机械振动、化学腐蚀、烟尘等，对这些因素，设计时要认真分析，采取相应的防火、防爆、防振、隔声、防腐等构造措施，以防止建筑物遭受不应有的损失。

5.2.4 建筑技术条件的影响

在建筑构造具体构成及其做法上均会受到建筑材料、建筑设备、施工方法等条件的约束。同一个建筑环节可能会有不同的设计方案来实现，在选择时应充分考虑方案是否能满足功能要求，在现有技术条件下更便于实施，尽可能降低材料、能源和劳动力消耗。

随着科学技术的不断发展，建筑材料技术也开始有了日新月异的变化，节能建筑的出现，建筑施工技术的不断进步，使建筑构造技术也丰富多彩。悬索、网架、膜、壳等空间结构建筑，点式玻璃幕墙，采光天窗中庭等现代建筑设施的大量涌现，无不证明着建筑构造没有一成不变的固定模式，而是在利用原有的构造的基础上，不断发展或创造新的构造方案。

5.2.5 经济条件的影响

现而今，人们对建筑的使用要求越来越高，如采光、通风、保温、洁净、防噪音等等。对建筑构造的要求和建筑物的使用功能也将随着经济条件的改变有了新的要求，从而也提高了建筑本身的造价，如何满足人们日益增长的精神追求，在构造设计中还有待于进一步的完善。

5.3 建筑构造的设计原则

在建筑的构造设计过程中，除了应满足各项基本功能外，还应遵守以下基本的设计原则。

5.3.1 提高建筑物的使用性

建筑构造设计时必须最大限度地满足建筑物的使用功能，在此基础上提高建筑实用性能，如：生理上的基本要求、使用空间、心理活动空间等等。

5.3.2 确保结构安全耐久

在房屋设计时，除了按荷载大小及结构形式合理确定构件材料、尺寸外，还要确保构件间的可靠连接，如：栏杆、扶手、门、窗、顶棚、女儿墙等在使用时的可靠性。

5.3.3 建筑构造设计的标准化、规范化

设计时尽量采用标准化设计，采用定型通用构配件，以提高构配件间的通用性和互换性，为构配件生产工业化、施工机械化提供条件。执行行业政策和技术规范，注意环保，经济合理。从事建筑设计的人员应时常了解行业政策、法规，对强制执行的标准，不打折扣。另外，从材料选择到施工方法都必须注意保护环境、降低消耗、节约投资。在结构可靠的前提下，合理降低建筑物的成本。

5.3.4 提高建筑的综合效益

建筑构造应注重经济、环境和社会的综合效益。

5.3.5 注意美观

建筑物有时一些细部构造，如：构件的搭接、栏杆的形式、阳台的凸凹、室内外的装饰装修等直接影响着建筑物外部或内部的美观，所以构造方案应符合人们的审美观念。

？ 习题与实训

1. 选择题

（1）影响建筑构造的因素_____。

    A、气候条件   B、人为因素   C、外力作用

（2）构造设计是_____的继续和深入。

    A、建筑设计   B、结构设计   C、设备设计

（3）建筑中仅起维护作用的构件是_____。

    A、门   B、窗   C、屋顶

2. 填空题

（1）建筑是由_____、_____、_____、_____、_____、_____六大部分组成的。

（2）影响建筑构造的因素包括外界环境因素、_____、_____等。

（3）建筑物最下部的承重构件是_____，它的作用是把房屋上部的荷载传给_____。

（4）建筑构造的设计原则是：_____、_____、_____、_____、_____。

3. 简答题

（1）民用建筑的基本组成部分各有何作用？

（2）影响建筑物构造的因素有哪些？

（3）建筑构造设计原则有哪些？

第6章 基础和地下室

本章要点

1. 了解地基的类型以及与基础的关系。
2. 掌握基础的类型和埋深。
3. 掌握地下室的防潮、防水构造。

6.1 概　述

6.1.1 基础

在建筑工程中，建筑物与土层直接接触的部分称为基础，支承建筑物重量的土层称为地基。基础是建筑物的墙或柱埋在地下的扩大部分，是建筑物的主要承重构件，处在建筑物地面以下，属于隐蔽工程。基础质量的好坏，关系着建筑物的安全问题，建筑设计中合理地选择基础极为重要。

基础是建筑物的组成部分，它承受着建筑物的全部荷载，并将其传给地基。而地基则不是建筑物的组成部分，它只是承受建筑物荷载的土壤层。其中，具有一定的地耐力，直接支承基础，持有一定承载能力的土层称为持力层；持力层以下的土层称为下卧层。地基土层在荷载作用下产生的变形，随着土层深度的增加而减少，到了一定深度则可忽略不计，如图 6-1 所示。

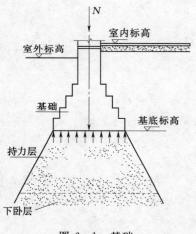

图 6-1　基础

6.1.2 地基土的分类

地基按土层性质不同，分为天然地基和人工地基两大类。凡天然土层具有足够的承载能力，无须经人工改良或加固，可直接在上面建造房屋的称天然地基。当建筑物上部的荷载较大或地基土层的承载能力较弱，缺乏足够的稳定性，须预先对土壤进行人工加固后才能在上面建造房屋的称人工地基。人工加固地基通常采用压实法、换土法、化学加固法和打桩法。桩基由桩和承接上部结构的承台（板或梁）组成。桩基的桩数不止一根，各桩在校顶通过承台连成一体，如图 6-2 所示。

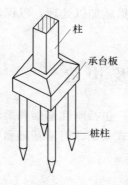

图 6-2　桩基的组成

6.2　基础的埋置深度及影响因素

6.2.1　基础的埋置深度

室外设计地面至基础底面的垂直距离称为基础的埋置深度，简称基础的埋深，如图 6-3 所示。埋深不小于 5m 的称为深基础；埋深小于 5m 的称为浅基础；当基础直接做在地表面上的称不埋基础。在保证安全使用的前提下，应优先选用浅基础，可降低工程造价。但当基础埋深过小时，有可能在地基受到压力后，会把基础四周的土挤出，使基础产生滑移而失去稳定，同时易受到自然因素的侵蚀和影响，使基础破坏，故基础的埋深在一般情况下，不小于 0.5m，如图 6-3 所示。

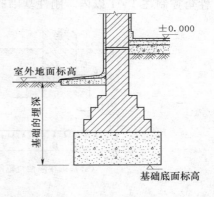

图 6-3　基础的埋深

6.2.2　影响基础埋深的因素

影响基础埋深的因素很多，主要包括以下几点。

（1）建筑物上部荷载的大小和性质：多层建筑一般根据地下水位及冻土深度等来确定埋深尺寸，一般为高层建筑物总高度的 1/10。

（2）工程地质条件：基础底面应尽量选在常年未经扰动而且坚实平坦的土层或岩石上，俗称"老土层"。因为在接近地表面的土层内，常带有大量植物根、茎的腐殖质或垃圾等，故不宜选为地基。

（3）水文地质条件：确定地下水的常年水位和最高水位，以便选择基础的埋深。一般宜将基础落在地下常年水位和最高水位之上，这样可不需进行特殊防水处理，节省造价，还可防止或减轻地基土层的冻胀。

（4）地基土壤冻胀深度：应根据当地的气候条件了解土层的冻结深度，一般将基础的垫层部分做在土层冻结深度以下，否则，冬天土层的冻胀力会把房屋拱起，产生变形；天气转暖，冻土解冻时又会产生陷落。

（5）相邻建筑物基础的影响：新建建筑物的基础埋深不宜深于相邻的原有建筑物的基

础;但当新建基础深于原有基础时,则要采取一定的措施加以处理,以保证原有建筑的安全和正常使用。

6.3 基础的类型及构造

基础的类型较多,按基础所用材料及受力特点分,包括刚性基础和柔性基础;按构造形式分,包括条形基础、单独基础、板式基础、井格式基础、箱形基础和桩基础等。

6.3.1 按材料及受力特点分类

1. 刚性基础

由刚性材料制作的基础称为刚性基础。一般指抗压强度高,而抗拉、抗剪强度较低的材料就称为刚性材料。常用的钢性材料包括砖、灰土、混凝土、三合土及毛石等。为满足地基容许承载力的要求,基底宽 B 一般大于上部墙宽,当基础 B 很宽时,挑出部分 b 很长,而基础又没有足够的高度 H,又因基础采用刚性材料,基础就会因受弯曲或剪切而破坏。为了保证基础不被拉力、剪力而破坏,基础必须具有相应的高度。通常按刚性材料的受力状况,基础在传力时只能在材料允许的范围内控制,这个控制范围的夹角称为刚性角,如图 6-4 所示。砖、石基础的刚性角控制在 $1:1.25 \sim 1:1.50$ 以内,混凝土基础刚性角控制在 $1:1$ 以内。刚性基础的分类图和适用范围,如图 6-5 所示。

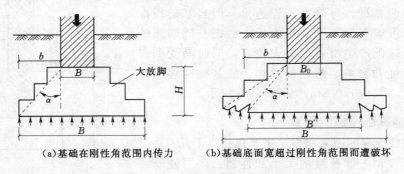

(a)基础在刚性范围内传力   (b)基础底面宽超过刚性角范围而遭破坏

图 6-4 刚性基础的受力特点

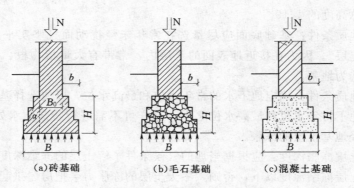

(a)砖基础   (b)毛石基础   (c)混凝土基础

图 6-5 刚性基础分类图

2. 非刚性基础

当建筑物的荷载较大而地基承载能力较小时,基础底面 B 必须加宽,如果仍采用混凝土材料做基础,势必加大基础的深度,这样,既增加了挖土工作量,又使材料的用量增加,对工期和造价都十分不利。如果在混凝土基础的底部配以钢筋,利用钢筋来承受拉应力,如图 6-6 所示,使基础底部能够承受较大的弯矩,这时,基础宽度的加大不受刚性角的限制,故称钢筋混凝土基础为非刚性基础或柔性基础。

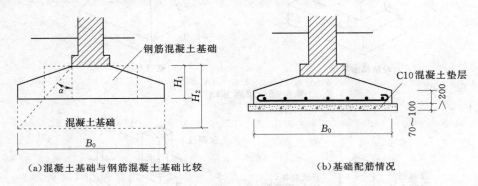

（a）混凝土基础与钢筋混凝土基础比较　　　（b）基础配筋情况

图 6-6　钢筋混凝土基础

6.3.2　按构造形式分类

基础构造的形式随建筑物上部结构形式、荷载大小及地基土壤性质的变化而不同。一般情况下,上部结构形式直接影响基础的形式,当上部荷载大,地基承载能力有变化时,基础形式也随之变化。基础按构造特点可分为以下几种基本类型。

1. 条形基础

当建筑物上部结构采用墙承重时,基础沿墙身设置,多做成长条形,这类基础称为条形基础或带形基础,如图 6-7 所示,是墙承式建筑基础的基本形式。

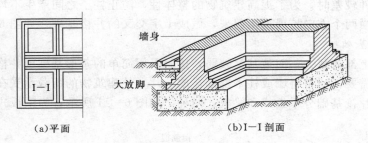

（a）平面　　　（b）I-I 剖面

图 6-7　条形基础

2. 独立式基础

当建筑物上部结构采用框架结构或单层排架结构承重时,基础常采用方形或矩形的独立式基础,这类基础称为独立式基础或杯式基础,如图 6-8 所示。独立式基础是柱下基础的基本形式。

当柱采用预制构件时,则基础做成杯口形,然后将柱子插入并嵌固在杯口内,故称杯形基础,如图 6-9（a）所示。有时因建筑物场地起伏或局部工程地质条件变化,以及避开设备基础等原因，可将个别柱基础底面降低，做成高杯口基础，或称长颈基础，如图6-9（b）所示。

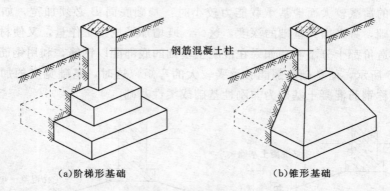

（a)阶梯形基础　　　　　　　　（b)锥形基础

图 6-8　单独基础

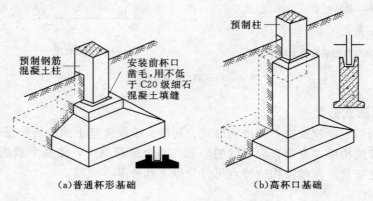

（a)普通杯形基础　　　　　　　（b)高杯口基础

图 6-9　杯形基础

3. 井格式基础

当地基条件较差时，为了提高建筑物的整体性，防止柱子之间产生不均匀沉降，常将柱下基础沿纵横两个方向扩展连接起来，做成十字交叉的井格基础，如图6-10所示。

4. 片筏式基础

当建筑物上部荷载大，而地基又较弱，这时采用简单的条形基础或井格基础已不能适应地基变形的需要，通常将墙或柱下基础连成一片，使建筑物的荷载承受在一块整板上成为片筏基础。片筏基础分平板式和梁板式两种，如图6-11所示，为梁板式片筏基础。

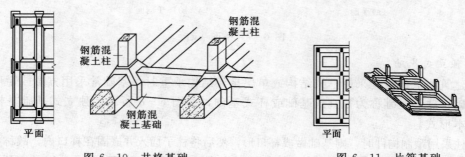

图 6-10　井格基础　　　　　　　　图 6-11　片筏基础

5. 箱形基础

当板式基础做得很深时，常将基础改做成箱形基础。箱形基础是由钢筋混凝土底板，顶板和若干纵、横隔墙组成的整体结构，基础的中空部分可用作地下室（单层或多层的）或地下停车库。箱形基础整体空间刚度大，整体性强，能抵抗地基的不均匀沉降，较适用于高层建筑或在软弱地基上建造的重型建筑物，如图 6-12 所示。

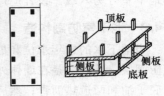

图 6-12 箱形基础

以上是常见基础的几种基本结构形式。此外，我国各地还因地制宜，采用了许多新型基础结构形式，如壳体基础，不埋板式基础是在天然地表面上，将场地平整，并用压路机将地表土碾压密实，在较好的持力层上浇灌钢筋混凝土板式基础，在构造上使基础如同一只盘子反扣在地面上，以此来承受上部荷载。这种基础大大减少了土方工作量，且较适宜于较弱地基（但必须是均匀的），特别适宜于 5～6 层整体刚度较好的居住建筑采用，但在冻土深度较大的地区不宜采用。

6.4 地下室的构造

6.4.1 地下室的构造组成

建筑物下部的地下使用空间称为地下室。地下室一般由墙身、底板、顶板、门窗及楼梯等部分组成。

6.4.2 地下室的分类

（1）按埋入地下深度的不同，可分为：①全地下室；②半地下室。全地下室是指地下室地面低于室外地坪的高度超过该房间净高的 1/2；半地下室是指地下室地面低于室外地坪的高度为该房间净高的 1/3～1/2。半地下室通常利用采光井采光，如图 6-13 所示。现代高层建筑大多都设有地下室。

（2）按使用功能不同，可分为以下两种。

1）普通地下室：一般用作高层建筑的地下停车库、设备用房；根据用途及结构需要可做成一层或二、三层、多层地下室，如图 6-14 所示。

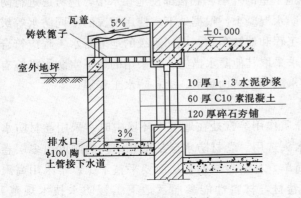

图 6-13 采光井构造

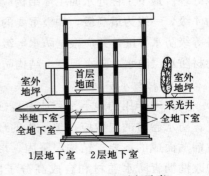

图 6-14 地下室示意

2）人防地下室：结合人防要求设置的地下空间，用以应付战时情况人员的隐蔽和疏散，并有具备保障人身安全的各项技术措施。按人防地下室的使用功能和重要程度，将人防地下室分为六级。设计应严格遵照人防工程的有关规范进行。

6.4.3　地下室防潮构造

当地下水的常年水位和最高水位均在地下室地坪标高以下时，须在地下室外墙外设垂直防潮层。其做法是在墙体外表面先抹一层20mm厚的1∶2.5水泥砂浆找平，再涂一道冷底子油和两道热沥青；然后在外侧回填低渗透性土壤，如黏土、灰土等，并逐层夯实。土层宽度为500mm左右，以防地面雨水或其他地表水的影响。另外，地下室的所有墙体都应设两道水平防潮层，一道设在地下室地坪附近，另一道设在室外地坪以上150～200mm处，使整个地下室防潮层连成整体，以防地潮沿地下墙身或勒脚处进入室内，具体构造，如图6-15所示。

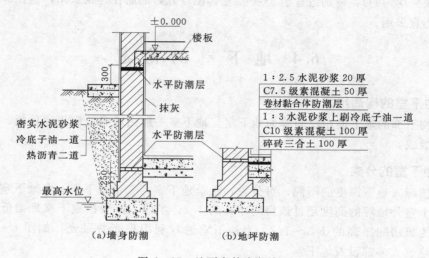

图 6-15　地下室的防潮处理

6.4.4　地下室防水构造

当设计最高水位高于地下室地坪时，地下室的外墙和底板都浸泡在水中，应考虑进行防水处理。地下工程迎水面主体结构应采用防水混凝土。根据地下室使用情况的不同防水等级为4级，一级为最高级，如极重要的战备工程和地铁车站。不同等级的地下防水工程应符合各等级防水标准，并应根据防水等级的要求采取其他防水措施。常采用的地下室防水措施有卷材防水层防水、防水混凝土结构防水、水泥砂浆结构防水、涂料防水工程等。

1．卷材防水层防水

受振动作用的地下工程或有侵蚀性介质作用经常处在地下水环境中时常采用卷材防水层。防水卷材的层数应按地下水的最大水头选用。卷材防水层是依靠结构的刚度由多层卷材铺贴而成的，要求结构层坚固、形式简单，粘贴卷材的基层面要平整干燥。常采用高聚物改性沥青防水卷材和合成高分子防水卷材，材料性能参照《地下工程防水技术规范》（GB 50108—2008）中要求，所选用的基层处理剂、胶黏剂、密封材料等配套材料，均应与铺贴卷材材性相容。卷材防水层应在地下工程主体迎水面铺贴，即外防水，如图 6-16 所示，用于建筑物地下室应铺设在结构主体底板垫层至墙体顶端的基础上，在外围形成封闭的防水层。

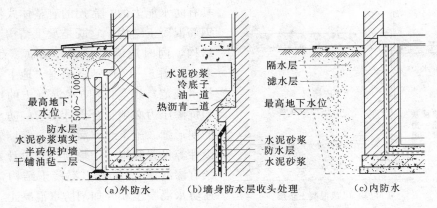

图 6-16　地下室防水构造

（1）外防水。外防水是将防水层贴在地下室外墙的外表面，外防水构造要点是：卷材防水层为一层或两层，高聚物改性沥青防水卷材的厚度不应小于 3mm，单层使用时厚度不应小于 4mm，双层使用时总厚度不应小于 6mm，合成高分子防水卷材单层使用时厚度不应小于 1.5mm 双层使用时总厚度不应小于 2.4mm，阴阳角处其尺寸视材料品质而定，在转角处、阴阳角处等特殊部位，应增贴 1～2 层相同的卷材，加强层宽度宜为 300～500mm。先在墙外侧抹 20mm 厚的 1∶3 水泥砂浆找平层，并刷冷底子油一道，分层粘贴防水卷材，防水层须高出最高地下水位 500～1000mm 为宜。防水层以上的地下室侧墙应抹水泥砂浆涂两道热沥青，直至室外散水处。垂直防水层外侧砌半砖厚的保护墙一道。

外防水有两种施工方法：①外防外贴法施工，将立面卷材防水层直接铺设在需防水结构的外墙外表面，适用于防水结构层高大于 3m 的地下结构防水工程；②外防内贴法施工，是浇筑混凝土垫层后，在垫层上将永久保护墙全部砌好，将卷材防水层铺贴在永久保护墙和垫层上，适用于防水结构层高小于 3m 的地下结构防水工程。

卷材防水层的铺设工艺：墙上卷材应垂直方向铺贴，相邻卷材搭接宽度应不小于 100mm，上下层卷材的接缝应相互错开 1/3～1/2 卷材宽度。墙面上铺贴的卷材如需接长时，应用阶梯形接缝相连接，上层卷材盖过下层卷材不应少于 150mm。卷材防水层粘贴工艺分冷粘法粘贴卷材和热熔法铺贴卷材。地下防水工程一般把卷材防水层设在建筑结构的外侧，受压力水的作用紧压在结构上，对防水有利，防水效果好，但维修困难。

（2）内防水。内防水是将防水层贴在地下室外墙的内表面，这样施工方便，容易维修，但对防水不利，故常用于修缮工程。

地下室地坪的防水构造是先浇混凝土垫层，厚约 100mm；再以选定的卷材层数在地坪垫层上做防水层，并在防水层上抹 20～30mm 厚的水泥砂浆保护层，以便于上面浇筑钢筋混凝土。为了保证水平防水层包向垂直墙面，地坪防水层必须留出足够的长度以便与垂直防水层搭接，同时要做好转折处卷材的保护工作。

2. 防水混凝土结构防水

当地下室地坪、墙体均为钢筋混凝土结构时，应采用抗渗性能好的防水混凝土材料。该结构是依靠混凝土材料本身的密实性从而具有防水能力的。常用的有整体式混凝土或钢筋混凝土结构。它既是承重结构又是围护结构，同时还满足抗渗、耐腐、耐侵蚀要求，如图 6-17 所示。根据《地下工程防水技术规范》规定："防水混凝土的抗压强度和抗渗压力必须符合设计要求。防水混凝土的变形缝、施工缝、后浇带、穿墙管道、埋设件等设置和构造，均须符合设计要求，严禁有渗漏。"浇筑防水混凝土结构常采用普通防水混凝土和外加剂防水混凝土。普通防水混凝土是在普通混凝土骨料级配的基础上，调整配合比，控制水灰比、水泥用量、

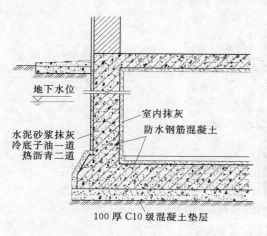

图 6-17　防水混凝土防水

灰砂比和坍落度来提高混凝土的密实性，从而抑制混凝土中的孔隙，达到防水的目的。外加剂防水混凝土是加入适量外加剂（减水剂、防水剂），改善混凝土内部组织结构，增加混凝土的密实性，提高混凝土的抗渗能力。

3. 水泥砂浆防水

水泥砂浆防水层适用于承受一定静水压力的地下和地上钢筋混凝土、混凝土和砖石砌体等防水工程，防水砂浆应包括聚合物水泥防水砂浆、掺外加剂或掺合料的防水砂浆，宜采用多层抹压。掺外加剂或掺合料的水泥防水砂浆厚度宜为 18～20mm。聚合物水泥防水砂浆厚度结合施工方式确定，单层施工宜为 6～8mm，双层施工宜为 10～12mm。

4. 涂料防水

随着新型高分子合成防水材料的不断涌现，地下室的防水构造也在更新，涂料防水层也被广泛的应用。其包括了无机防水涂料和有机防水涂料。无机防水涂料可选用掺外加剂、掺合料的水泥基防水涂料、水泥基渗透结晶型防水涂料。有机防水涂料可选用反应型、水乳型、聚合物水泥等涂料。无机防水涂料宜用于结构主体的背水面，有机防水涂料宜用于结构主体的迎水面。如我国目前使用的三元乙丙橡胶卷材，能充分适应防水基层的伸缩及开裂变形，拉伸强度高，拉断延伸率大，能承受一定的冲击荷载，是耐久性极好的弹性卷材；又如聚氨酯涂膜防水材料，有利于形成完整的防水涂层，对在建筑内有管道、转折和高差等特殊部位的防水处理极为有利。随着新型防水材料的不断涌现，地下室的防水处理也在不断更新。

？ 习题与实训

1. 选择题

（1）_____属于建筑物构造的一部分。

A、建筑物的地基　　　　B、建筑物的基础　　　　C、建筑物的地基和基础

(2) 当埋深大于_____时称深基础；小于_____时称浅基础。

A、4m　　　　　　　　B、4.5m　　　　　　　　C、5m

(3) 卷材防水层应在地下工程主体_____水面铺贴。

A、迎　　　　　　　　B、背　　　　　　　　　C、迎、背

(4) 用于修缮的防水工程常采用_____防水的做法。

A、外　　　　　　　　B、内　　　　　　　　　C、内外结合

(5) 地基土质均匀时，基础应尽量浅埋，但最小埋深应不小于_____。

A、500mm　　　　　　B、800mm　　　　　　　C、1000mm

(6) 砖基础为满足刚性角的限制，其台阶的允许宽高之比应为_____。

A、1：1.2　　　　　　B、1：1.5　　　　　　　C、1：2

(7) 当地下水位很高，基础不能埋在地下水位以上时，应将基础底面埋置在_____，从而减少和避免地下水的浮力和影响等。

A、最高水位200mm以下　　　　　　　　B、最低水位200mm以下

C、最高水位200mm以上　　　　　　　　D、最低水位200mm以上

(8) 砖基础采用等高式大放脚的做法，一般为每两皮砖挑出_____的砌筑方法。

A、1/4皮砖　　　　　　B、3/4砖　　　　　　　C、1/2砖

(9) 地下室的卷材外防水构造中，墙身处防水卷材须从底板上包上来，并在最高设计水位_____。

A、以上500～1000mm　　B、以上300mm　　　C、以下500～1000mm

2. 填空题

(1) 室外设计地面至_____垂直距离称为基础的埋深。

(2) 基础依所采用材料及受力情况的不同有_____和_____之分；依其构造形式不同有_____、_____、_____和_____之分。

(3) 刚性基础是指_____，柔性基础是指_____，钢筋混凝土基础属于_____基础。

(4) 地下室一般由墙身、_____、顶板、_____、楼梯等部分组成。

(5) 地下防水工程常用的施工方法有_____、_____、_____和涂料防水。

(6) 当地基土有冻胀现象时，基础应埋在_____约200mm的地方。

(7) 基础应埋在冰冻线以下_____。

3. 简答题

(1) 地下室的分类有哪些？

(2) 确定地下室防潮或防水的依据是什么？

(3) 地下室的柔性防潮、防水构造是什么？

(4) 当地下室的底板和墙体采用钢筋混凝土结构时，可采取何措施提高防水性能？

(5) 建筑物基础的作用是什么？地基与基础有何区别？

(6) 何谓基础埋置深度？主要考虑了哪些因素？

(7) 基础按构造形式不同分为哪几种？各自的适用范围是什么？

4. 实例分析题

（1）分析本地区丙类建筑物地下墙体的常用做法。

（2）分析地下室墙体渗水原因及其补救做法。

5. 设计题

某住宅楼区域范围内地下水的常年水位在地下室地面以下0.2米，最高水位位于地下室地面以上0.5米，试设计该建筑的墙体和地坪。

第7章 墙 体

本章要点

    1. 掌握墙体的作用、类型及承重方案。

    2. 掌握砖墙、砌块墙和隔墙的构造。

    3. 掌握墙体的保温构造。

    4. 熟悉常用墙面的装饰构造。

7.1 概 述

墙体是建筑物中不可或缺的重要组成构件，其质量约占建筑物总质量的 $30\%\sim45\%$，造价约占建筑物总造价的 $30\%\sim40\%$。因此，在工程设计中，合理选择墙体的材料、结构方案及构造做法十分重要。

7.1.1 墙体的分类

建筑物中的墙体根据其所处位置、布置方向、所用材料、施工方法、受力情况、构造方式等的不同一般有如下几种分类方式。

1. 根据墙体所处位置不同分类

墙体可以分为外墙和内墙。凡是位于建筑物四周的墙均为外墙，外墙又称外围护墙，起着遮风挡雨使建筑内部空间免受自然界各种因素侵袭并增强建筑艺术形象的作用；凡是位于建筑内部的墙均为内墙，起着分隔室内空间的作用。任何墙上，门与窗或窗与窗之间的墙称为窗间墙，窗洞下方的墙称为窗下墙。屋顶上部高出屋面的墙体俗称女儿墙。

2. 根据墙体布置方向不同分类

墙体可以分为纵墙和横墙。沿建筑物长轴方向布置的墙体称为纵墙，外纵墙也叫檐墙；沿建筑物短轴方向布置的墙体称为横墙，外横墙俗称山墙，如图 7-1 所示。

3. 根据墙体所用材料不同分类

墙体可分为砖墙、石墙、土墙、混凝土墙、砌块墙、板材墙等。其中砖墙在我国使用范围最广泛。

4. 根据墙体的施工方法不同分类

墙体可以分为块材墙、板筑墙和板材墙三种。块材墙是用砂浆等胶结材料将砖、石块材等组砌而成，例如砖墙、石墙及各种砌块墙等；板筑墙是在施工现场立模板，现场浇筑而成的墙体，例如现浇混凝土墙等；板材墙是预先制成墙板，施工时安装而成的墙，例如预制混凝土大板墙、各种轻质条板内隔墙等。

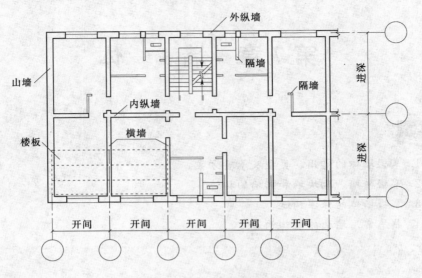

图 7-1 墙体各部分名称

5. 根据墙体的受力情况不同分类

墙体可分为承重墙和非承重墙两种。承重墙直接承受楼板、屋顶传下来的垂直荷载及风荷载、地震水平作用。非承重墙不承受外来荷载，仅起分隔与围护作用，可分为自承重墙、隔墙、幕墙、填充墙等。自承重墙仅承受自身重量；隔墙把自重传给楼板或梁，起分隔空间的作用；幕墙为悬挂在建筑物外部骨架或楼板间的轻质外墙；填充墙是在框架结构中填充于框架结构中梁和柱子之间的墙。

6. 根据墙体的构造方式不同分类

墙体可以分为实体墙、空体墙和组合墙三种。实体墙由单一材料组成，如砖墙、砌块墙等。空体墙也是由单一材料组成，可由单一材料砌成内部空腔，如空斗砖墙，也可用具有孔洞的材料建造，如空心砌块墙、空心板墙等。组合墙由两种以上材料组合而成，其主体一般为黏土砖或钢筋混凝土，在内外侧附加保温防水等材料以满足墙体的功能性要求，如加气混凝土符合板材墙，其中，混凝土为主体起承重作用，加气混凝土起保温隔热作用，如图 7-2 所示。

7.1.2 墙体的作用

民用建筑中的墙体一般有以下四个作用。

1. 承重作用

墙体承受其自重、房屋的屋顶、楼板层、人、设备等的荷载及风荷载、地震作用等。

2. 围护作用

墙体抵御自然界风、雪、雨等的侵袭，并防止太阳辐射、噪声干扰起到保温隔热、隔声等作用。

3. 分隔作用

墙体可将房间划分为若干个小空间或小房间以适应使用者的要求。

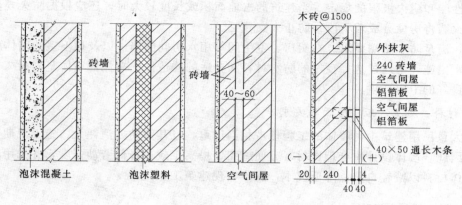

图 7-2　组合墙体的构造

4.装饰作用

墙体属外围护构件，墙面的装修对整个建筑的艺术形象影响很大，是建筑装修的重要部分。

7.1.3　墙体的设计要求

根据墙体在建筑物中的作用，对墙体的设计提出以下几个方面的要求。

1.结构方面的要求

（1）墙体要具有足够的强度和稳定性以保证安全。强度是指墙体承受荷载的能力，它与所采用的材料、材料强度等级、墙体的截面积、构造和施工方式有关；墙体的稳定性则与墙的高度、长度和厚度及纵横向墙体间的距离有关，可通过验算确定，一般是通过控制墙体的高厚比、设壁柱、圈梁、构造柱及加强各部分之间的连接等措施来增强墙体的稳定性。

（2）结构布置要合理。对使用功能相同或相近的房间在平面设计时应尽量做到平面大小、形状一致，结构相同；不同面积、不同荷载的房间布置应做到大面积布置在上面，小面积房间布置在下面，楼层荷载小的房间在上面，楼层荷载大的房间在下面，这样可使承重结构受力更合理。

2.功能方面的要求

（1）满足保温隔热等热工方面的要求。我国北方地区气候寒冷，要求外墙具有较好的保温能力，以减少室内热损失。通常通过选择导热系数小的材料、增强砌筑灰缝的饱满度、墙面抹灰等方式来实现。而南方地区气候炎热则要求外墙具有较好的隔热性能，这也可以通过采用导热系数小的材料或是砌成中空的墙体使空气在墙中对流带走部分热量来降低墙的表面温度，当然采用浅色且平滑的墙体饰面及设置遮阳措施也可以达到隔热的效果。

（2）满足隔声要求。为保证建筑的室内有一个良好的声学环境，墙体必须具有一定的隔声能力。墙体越厚，隔声性能就越好，在设计时可以根据不同的隔声要求选择相应的墙体厚度。

（3）满足防火要求。在防火方面，墙体的材料及墙体的厚度均应符合防火规范中相应的燃烧性能和耐火极限的规定。当建筑的占地面积或长度较大时，还应根据防火规范要求设置防火墙将房屋分成若干段，防止火灾蔓延。

（4）满足防水防潮要求。在厨房、卫生间等用水房间的墙体以及地下室的墙体应采取防潮防水措施，可通过选择良好的防水材料和合适的构造做法来保证墙体坚固耐久，为室内提供良好的卫生环境。

3. 材料、施工、经济方面的要求

在大量民用建筑中，墙体的工程量占相当比重，且其劳动力消耗大、施工工期长、造价高。因此，墙体设计应合理选材、方便施工、提高工效、降低劳动强度，并采用轻质高强的墙体材料以减轻自重、降低成本，逐步实现建筑工业化。

7.1.4 墙体的承重方案

墙体的承重方案有以下四种：横墙承重、纵墙承重、纵横墙承重和墙与柱混合承重，如图 7-3 所示。

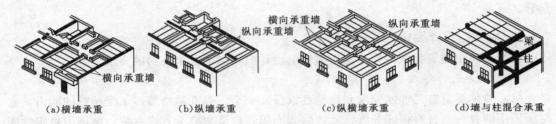

（a）横墙承重　　（b）纵墙承重　　（c）纵横墙承重　　（d）墙与柱混合承重

图 7-3　墙体的承重方案

1. 横墙承重

横墙承重是将楼板及屋面板等水平构件搁置在横墙上，横墙起主要承重作用，纵墙只起围护和分隔作用。横墙承重的优点是：横墙间距较密（4m 左右），数量较多，墙体排列整齐，建筑物的横向刚度较强，整体性好，对抵抗风荷载、地震作用和调整地基不均匀沉降有利，并且纵墙只承受自重，在纵墙上开门窗受限制小；缺点是开间较小、房屋使用面积较小，墙体材料耗费多，建筑空间组合不够灵活。这一布置方案适用于房间开间尺寸不大、墙体位置相对固定的建筑，如住宅、旅馆等。

2. 纵墙承重

纵墙承重是将楼板及屋面板等水平构件搁置在纵墙上，楼面荷载依次通过楼板、梁、纵墙、基础传递给地基。纵墙起承重作用，横墙只起分隔空间、连接纵墙、承受自重的作用。纵墙承重的优点是：横墙的间距可以增大，布置相对灵活，楼板、进深梁等的规格尺寸较少，便于工业化生产，横墙厚度小，较节约墙体材料。缺点是建筑物的纵向刚度强而横向刚度弱，抵抗水平向荷载的能力差，房屋整体刚度小；水平承重构件空间跨度大，单一构件自重大，纵墙上开门窗相对受限制。这一布置方案空间划分较灵活，适用于空间的使用上要求有较大空间、墙位置在同层或上下层之间可能有变化的建筑，如教学楼中的教室、阅览室、实验室等。

3. 纵横墙承重

承重墙体由纵横两个方向的墙体混合组成，双向承重体系在两个方向抗侧力的能力都较好。此方案集横墙承重和纵墙承重方案两者的优点，建筑组合灵活，空间刚度较好。缺点是水平承重构件类型多、施工复杂墙体结构面积大，耗材较多。这一布置方案适用于开间、进深变化较多的建筑，如医院、实验楼、点式住宅等。

4. 墙与柱混合承重

墙与柱混合承重是房屋内部采用柱、梁组成内框架承重，四周采用墙承重，由墙和柱共同承受水平承重构件传来的荷载。墙与柱混合承重的优点是房屋内部空间大、不受墙体布置的限制，外墙又有较好的热工性能，相对全框架建筑要经济些。缺点是内部框架与四周墙体的刚度不同，不利于抗震。适用于需要有较大空间的建筑如大型商场、仓库、餐厅等。

7.2 砖 墙 构 造

砖墙在我国有着悠久的历史，主要原因是它有很多的优点：取材容易、制造简单，施工方便，保温、隔热、隔声、防火、防冻效果好，有一定的承载能力。但也存在施工速度慢、劳动强度大、自重大、占面积多，尤其是黏土砖占用耕地的缺点，因此人们长期以来一直围绕墙体材料、技术和经济问题进行不断的探索和改革，并取得了很大进展。

7.2.1 砖墙的材料

砖墙的材料包括砖和砂浆。

1. 砖

（1）砖的类型：普通黏土砖、黏土多孔砖、黏土空心砖。

（2）砖的规格：标准黏土砖的规格：240mm×115mm×53mm；多孔砖的规格：190mm×190mm×90mm、240mm×115mm×90mm、240mm×180mm×115mm；空心砖的规格：300mm×300mm×100mm、300mm×300mm×150mm、400mm×300×80mm。

（3）砖的强度等级（标号）：MU30、MU25、MU20、MU15和MU10共五个等级，这些等级是由砖的抗压抗折等因素确定的。

2. 砂浆

（1）砂浆的种类：根据砂浆所起的作用有砌筑砂浆、抹面砂浆、防水砂浆。砌筑砂浆有水泥砂浆、石灰砂浆及混合砂浆三种，水泥砂浆强度高、防潮性能好，主要用于受力和防潮要求高的墙体中；砌筑地面以上墙体一般使用混合砂浆，石灰砂浆强度和防潮均差，但和易性好，通常只用来砌筑建筑中地面以上的非承重墙和荷载不是很大的承重墙。

（2）砂浆的强度等级：M20、M15、M10、M7.5、M5和M2.5共六个等级，这个等级是由砂浆的抗压强度确定的。

7.2.2 砖墙的组砌

砖墙的组砌是指砖块在砌体中的排列方式。

1. 组砌的原则

砖墙在组砌时砖与砖之间上下错缝，一般错缝不小于 60mm，内外搭接，避免出现连续的垂直通缝，以保证砖墙的整体稳定性。砖与砖之间的灰缝砂浆饱满，薄厚均匀，砖墙砌筑横平竖直，以便传力均匀，并提高墙体的热工性能和墙面的美观。

2. 组砌的方式

在砖墙组砌中，我们把砖的长边垂直于墙面砌筑的砖叫丁砖，把砖的长边平行于墙面砌筑的砖叫顺砖。砖墙的砌式有以下几种：全顺式、一顺一丁式、多顺一丁式、每皮丁顺相间式、两平一侧式，如图 7-4 所示。

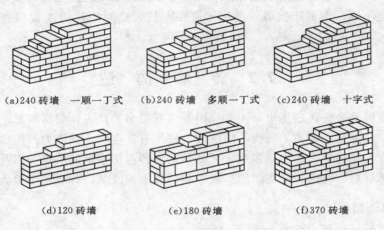

(a)240 砖墙　一顺一丁式　　(b)240 砖墙　多顺一丁式　　(c)240 砖墙　十字式

(d)120 砖墙　　　　　　(e)180 砖墙　　　　　　(f)370 砖墙

图 7-4　砖墙的组砌的方式

(1) 全顺式，每皮均由顺转组砌，上下皮砖左右搭接约为半砖，常用于半砖墙。空心砖墙和多孔砖墙也常采用此砌筑方式。

(2) 一顺一丁式是广泛使用的砌筑方式，即一层顺砖一层丁砖相间排列，特点是砌体内无通缝，搭接好，整体性强，但砌筑效率低，适用于一砖墙及以上的墙体。

(3) 多顺一丁式分为三顺一丁和五顺一丁，即每隔三皮顺砖或五皮顺砖加砌一皮丁砖相间叠砌而成。相比一顺一丁式施工效率有所提高，但是多皮砖之间存在通缝，整体性差。适用于一砖墙及以上的墙体。

(4) 每皮丁顺相间式（十字式），也叫梅花丁式，每皮均由顺砖和丁砖相间铺成，特点是整体性好，同时墙面比较美观，但施工效率低，砌筑也比较难，尤其适用于砌筑清水墙。

(5) 两平一侧式，即平砖与侧砖交错排列，适用于四分之三砖墙。

3. 砖墙的尺度

(1) 墙体的厚度。墙体厚度应符合砖的规格，满足结构的要求和保温隔热防火、隔声功能方面的要求。习惯上以砖长为基数来称呼，如四分之三砖墙、一砖墙、半砖墙等。在工程上常以他们的标志尺寸来称呼，如：一二墙、二四墙等。砖墙常用名称、墙厚及尺寸关系如表 7-1。

构造尺寸	115	178	240	365	490
标志尺寸	120	180	240	370	490
习惯称谓	半砖墙	四分之三砖墙	一砖墙	一砖半墙	两砖墙
工程称谓	一二墙	一八墙	二四墙	三七墙	四九墙
尺寸组成	115×1	115×1＋53＋10	115×2＋10	115×3＋20	115×4＋30

（2）砖墙的墙段长度和洞口尺寸。由于砖尺寸的确定时间比我国现行《建筑模数协调统一标准》确定的时间早，致使砖模（115＋10＝125mm）与基本模数（1M＝100mm）不协调，综合各种因素，在工程实践中，我们采用如下方法确定墙段的长度和洞口的宽度。墙段长度小于 1.5m 时，设计时应使其符合砖模，墙段长度为（$125n-10$，n 为半砖的数量），洞口尺寸为（$125n+10$）；如图 7－5 所示，当墙断长度大于 1.5m 时，可不再考虑砖模。另外，墙段长度尺寸还应满足结构需要的最小尺寸，在抗震设防地区墙段长度应符合现行《建筑抗震设计规范》的规定。

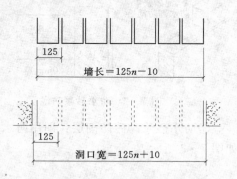

图 7－5　墙段的长度和洞口宽度

7.2.3　砖墙的细部构造

砖墙的细部构造包括：墙脚构造、门窗过梁、窗台、墙身加固措施。

1. 墙脚构造

（1）墙身防潮层。在墙身设置防潮层的目的是防止土壤中的水分沿基础墙上升和位于勒脚处的地面水渗入墙内，使墙身受潮。墙身防潮层必须在内、外墙脚部位连续设置，构造形式有水平防潮层和垂直防潮层两种。

1）防潮层的位置：应在室内地面与室外地面之间，以在地面垫层中部最为理想，工程实践中，通常将防潮层设在首层室内地面以下 60mm 的地方，即－0.060m 标高的位置。当内墙两面地面有高差时，防潮层应分别设在两侧地面以下 60mm 处，并在两防潮层间的墙靠土一侧加设垂直防潮层。

2）防潮层的做法：

①油毡防潮层：我国传统的做法是在防潮层部位先抹 20mm 厚的水泥砂浆找平，然后干铺油毡一层或用沥青粘贴一毡二油。此做法的特点是：油毡有很好的韧性和防潮性能，但油毡的抗老化性能很差，同时因为油毡使墙体隔离削弱了砖墙的整体性和抗震性能，因此这种做法已经很少使用，如图 7－6 所示。

②防水砂浆防潮层：在水泥砂浆中掺入水泥用量 3%～5% 的防水剂配制而成，铺设厚度为 20～25mm，此做法的特点是：砌体

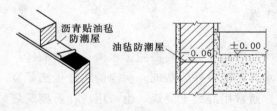

沥青贴油毡防潮层　油毡防潮层　　－0.06　±0.00

图 7－6　油毡防潮层

的整体性好，较适用于抗震地区、独立砖柱和受振动较大的砌体。但水泥砂浆属脆性材料，易开裂，不适用于地基会产生不均匀沉降的地区，如图 7-7 所示。

③细石混凝土防潮层：在防潮层位置铺设 60mm 厚 C15 或 C20 细石混凝土，内配 3ϕ6 或 3ϕ8 的钢筋以抗裂。此做法的特点是：混凝土的密实性好，有一定的防水能力，并且能够和砌体紧密结合，故适用于整体刚度要求较高的建筑，如图 7-8 所示。

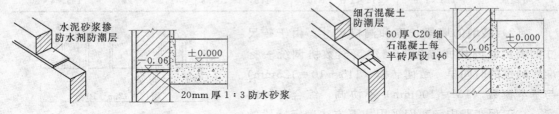

图 7-7 防水砂浆防潮层　　　　　　　　　　图 7-8 细石混凝土防潮层

④防水砂浆砌砖防潮层：即用防水砂浆砌筑 4～6 皮砖。用途和防水砂浆防潮层相同。如图 7-9 所示。

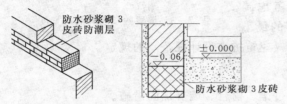

图 7-9 防水砂浆砌砖防潮层

⑤垂直防潮层：在需设置垂直防潮层的墙面（靠回填土一侧）先用水泥砂浆抹面，刷冷底子油一道，在刷热沥青两道，也可采用掺有防水剂的砂浆抹面的做法。

（2）勒脚。勒脚一般是指外墙墙身下部靠近室外地面的部分，其作用是保护外墙脚，防止机械碰撞以及雨水侵蚀造成墙体的风化，增强建筑物立面的美观。对勒脚的要求是防水、防冻、坚固、美观。一般勒脚的高度不低于 500mm，通常为室内地面与室外地面的高差，有时做到底层窗台底，也可根据需要提高勒脚高度尺寸。

1）常见勒脚的做法：

①抹灰：在勒脚部位抹 20～30mm 厚的 1：3 水泥砂浆或做水刷石、斩假石等。

②贴面：在勒脚部位镶贴各类石板、面砖如花岗岩、水磨石、文化石等。

③石砌：勒脚部位采用强度高、耐水性好的天然石材如毛石、条石等砌筑。

具体做法如图 7-10 所示。

2）勒脚的构造要求：

①做勒脚时应将墙面清扫干净并润湿墙面；

②墙面应预留槽口以便勒脚与主体墙连接牢靠；

③勒脚面层应伸入散水下面。

（3）明沟。明沟又称阴沟，是设置在建筑物外墙四周紧靠墙根的排水沟，明沟的作用是将屋面落水和地面积水有组织地导向地下排水井，保护外墙基础。明沟的构造做法是宽度不小于 200mm，沟底设置不小于 1‰的纵坡，通常用混凝土浇筑，也可用砖、石砌筑后抹水泥砂浆。明沟适合于降雨量较大的南方地区。

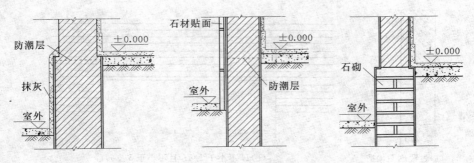

图 7-10 勒脚的构造做法

（4）散水。散水又称护坡，是设置在房屋外墙四周靠墙根处的排水坡，散水的作用是将雨水散至远处，防止雨水对墙基的侵蚀。具体构造做法是宽度一般设置 600～1000mm，当屋面为自由落水时散水的宽度应比屋檐挑出宽度大 150～200mm，坡度通常为 3%～5%，外边缘比室外地坪高出 20～30mm。散水常用的材料有混凝土、砖、石等。因为建筑的沉降及散水与勒脚施工的差异，在勒脚与散水交接处应留有缝隙，缝内填粗砂和碎石子，上嵌沥青胶盖缝，以防渗水。散水整体面层纵向距离每隔 6～12m 做一道伸缩缝，缝宽 20～30mm，缝内处理与勒脚和散水交接处构造相同。散水适用于降雨量较小的北方地区。在季节性冰冻区，散水的垫层下边需加设用砂石、炉渣等非冻胀材料做的防冻胀层。

2. 门窗过梁

过梁是设在门窗洞口上部的横梁，作用是承受门窗洞口上部的砌体传来的各种荷载，并将荷载传递给洞口两侧的墙体或柱子。常见的过梁有砖拱过梁、钢筋砖过梁和钢筋混凝土过梁三种。

（1）砖拱过梁。砖拱过梁是我国传统做法，有平拱和弧拱两种形式。常见的是平拱过梁，将砖立砌和侧砌相间砌筑，利用灰缝的上宽下窄相互挤压形成拱，砖砌平拱用竖砖砌筑部分的高度不应小于 240mm，灰缝上部宽度不大于 15mm，下部宽度不小于 5mm，砖强度不低于 MU10，砂浆不低于 M5，适用于洞口宽度不大于 1.2m，上部无集中荷载时。这种构造的特点是：较节约钢材和水泥，造价低，但施工麻烦，整体性较差，不适用于振动较大、地基有不均匀沉降及地震地区。具体构造如图 7-11 所示。

（2）钢筋砖过梁。钢筋砖过梁是在砖墙灰缝中设置钢筋。通常将 φ6 的钢筋埋在过梁底面厚度为 20mm 的砂浆层内，每 120mm 设置一根钢筋，根数不少于 2 根，钢筋端部弯起，伸入洞口两侧不小于 240mm，砂浆层的厚度不宜小于 30mm。洞口上 $L/4$（L 为洞口宽度）范围内（通常为 5～7 皮砖），用不低于 M5 的砂浆砌筑，过梁的砌筑方法与一般砖墙相同，适用于清水墙，施工方便但适用于洞口宽度不大于 1.5m，上部无集中荷载时。具体构造如图 7-12 所示。

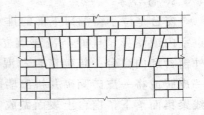

图 7-11 砖砌平拱过梁

（3）钢筋混凝土过梁。对有较大振动荷载、可能产生不均匀沉降的房屋、门窗洞

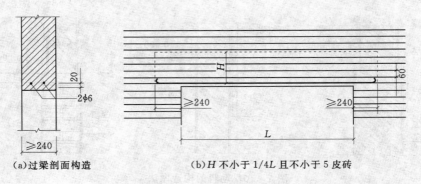

(a)过梁剖面构造　　　　(b)H 不小于 1/4L 且不小于 5 皮砖

图 7-12　钢筋砖过梁构造

口较大或洞口上部有集中荷载时，常采用钢筋混凝土过梁，钢筋混凝土过梁有预制和现浇两种形式。为了施工方便，梁高通常和砖的皮数相适应，常见的梁高有：60mm、120mm、180mm、240mm 等，梁的宽度与墙厚一致，梁的两端支承在墙上的长度每边不少于 240mm，以保证足够的承压面积。一般过梁的断面形式有矩形和 L 形，矩形多用于内墙和混水墙，L 形多用于外墙和清水墙。在严寒地区，为了避免冷桥的发生，可采用 L 形过梁或组合式过梁。这种构造的过梁坚固耐用、施工简便、效率高，对房屋的不均匀沉降或振动有一定的适应性，是目前使用最广泛的一种过梁形式。具体构造如图 7-13 所示。

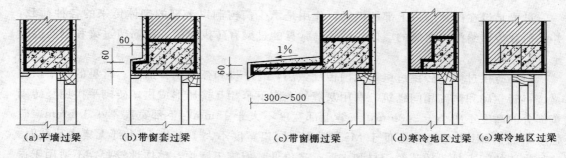

(a)平墙过梁　　(b)带窗套过梁　　　　(c)带窗棚过梁　　　(d)寒冷地区过梁　(e)寒冷地区过梁

图 7-13　钢筋混凝土过梁的构造形式

3. 窗台

窗台是位于窗洞口下部的排水构件，作用是及时排除淋在窗上的雨水，避免积水渗进室内或墙身，且能丰富建筑立面效果。常用窗台的形式有悬挑窗台和不悬挑窗台；外窗台和内窗台；砖砌窗台和混凝土预制窗台等。其构造做法是：悬挑窗台采用顶砌一皮砖或将一皮砖侧砌并挑出墙面 60mm，下边缘用水泥沙浆做滴水，引导雨水沿滴水线聚集而落下；窗台上表面做成向外的坡面，外窗台两端比窗洞每边挑出 60～120mm。可将外立面上的窗台连成通长腰线或分段腰线，也可做成外窗套。如果外墙饰面是瓷砖、马赛克等以冲洗材料，可做不悬挑窗台。并注意抹灰与墙下槛交接处理，应使抹灰嵌入窗下槛的裁口内或嵌在裁口下，防止雨水向室内渗入。内窗台一般为水平放置，通常结合室内装饰做成抹灰、贴面砖等不同形式。在寒冷地区，为便于安装暖气片，窗台下通常要留凹龛。此时可以采用预制水磨石板和钢筋混凝土板等形成内窗台。具体构造如图 7-14 所示。

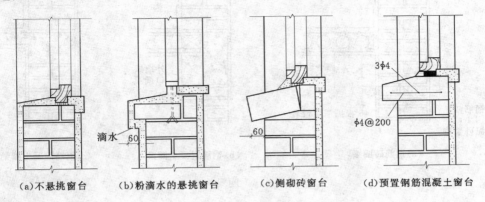

(a)不悬挑窗台　(b)粉滴水的悬挑窗台　(c)侧砌砖窗台　(d)预置钢筋混凝土窗台

图 7-14　窗台的构造

4. 墙体的加固措施

由于墙体可能受到集中荷载、开洞、墙体过长以及地震等因素的影响，使墙体的强度和稳定下降，因此要考虑对墙体采取加固措施。常用的做法有：增加壁柱和门垛、圈梁和构造柱。

（1）增加壁柱和门垛。当墙体承受集中荷载或墙体长度和高度超过一定限制而影响墙体的稳定性时，常在墙身适当位置增设壁柱使之和墙身共同承载并稳定墙身。壁柱突出墙面的尺寸一般为：120mm×370mm、240mm×370mm、240mm×490mm。

在墙体转角处或在丁字墙交接处开设门窗洞口时，为保证墙体强度和稳定性及门窗板的安装，应设门垛。门垛突出墙面不小于 120mm，宽度同墙厚，如图 7-15 所示。

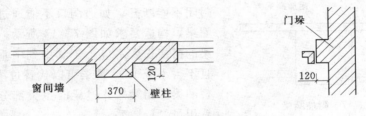

图 7-15　壁柱和门垛

（2）增加圈梁。在房屋的檐口窗顶楼层吊车梁顶或基础顶面标高处沿砌体墙水平方向设置封闭状的按构造配筋的混凝土梁式构件称圈梁，也叫腰箍，其作用是配合梁板共同作用提高房屋的整体刚度，增强墙体稳定性，减少地基不均匀沉降或振动荷载引起的墙体开裂，提高房屋抗震能力。

圈梁有钢筋砖圈梁和钢筋混凝土圈梁两种。钢筋砖圈梁多用于非地震区，结合钢筋砖过梁沿外墙形成。钢筋混凝土圈梁的宽度宜与墙厚相同，当墙厚 h 大于或等于 240mm 时其宽度不宜小于 $2h/3$。圈梁高度不应小于 120mm。纵向钢筋不应少于 4ϕ10，绑扎接头的搭接长度按受拉钢筋考虑，箍筋间距不应大于 300mm。具体构造如图 7-16

所示。

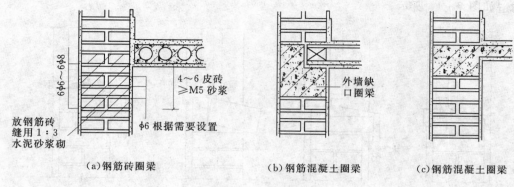

（a）钢筋砖圈梁　　　　　（b）钢筋混凝土圈梁　　　　　（c）钢筋混凝土圈梁

图 7-16　圈梁构造

圈梁一般设在基础顶、楼板底、门窗顶、屋面板底等处。车间、仓库、食堂等空旷的单层房屋应按下列规定设置圈梁：砖砌体房屋檐口标高为 5～8m 时，应在檐口标高处设置圈梁一道，檐口标高大于 8m 时，应增加设置数量；砌块及料石砌体房屋檐口标高为 4～5m 时，应在檐口标高处设置圈梁一道，檐口标高大于 5m 时，应增加设置数量；对有吊车或较大振动设备的单层工业房屋，除在檐口或窗顶标高处设置现浇钢筋混凝土圈梁外，尚应增加设置数量。宿舍办公楼等多层砌体民用房屋，且层数为 3～4 层时，应在檐口标高处设置圈梁一道。当层数超过 4 层时，在所有纵横墙上隔层设置；多层砌体工业房屋，应每层设置现浇钢筋混凝土圈梁；设置墙梁的多层砌体房屋应在托梁、墙梁顶面和檐口标高处设置现浇钢筋混凝土圈梁，其他楼层处应在所有纵横墙上每层设置。

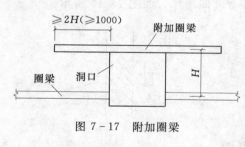

图 7-17　附加圈梁

圈梁应在房屋的同一水平高度上，要求连续封闭不能断开，如遇洞口不能通过，应增设附加圈梁，构造要求如图 7-17 所示。附加圈梁与圈梁的搭接长度不应小于其中到中垂直间距的两倍且不得小于 1m。圈梁可以代替过梁，过梁不能代替圈梁。圈梁兼作过梁时过梁部分的钢筋应按计算用量另行增配。

（3）增加构造柱。

在多层砌体房屋墙体的规定部位，按构造配筋并按先砌墙后浇灌混凝土柱的施工顺序制成的混凝土柱通常称为混凝土构造柱（简称构造柱）。它与圈梁共同形成空间骨架，以增强房屋的整体刚度，提高墙体抵抗变形的能力。构造柱一般设在外墙四角、纵横墙交接处、梯间四角、较大洞口两侧、较长墙体中部。构造柱的构造为最小截面为 240mm×180mm。纵向配筋最小 4φ12，箍筋 φ6 间距最大 250mm，与圈梁连接端要加密箍筋。可不设基础，但应伸入基础梁内或伸入室外地坪以下 500mm 处。墙体与构造柱连接处要砌筑成马牙槎，并且沿墙体高度每隔 500～600mm 设 2φ6 拉结钢筋，拉结筋每边伸入墙体不小于 1m，如图 7-18、图 7-19 所示。

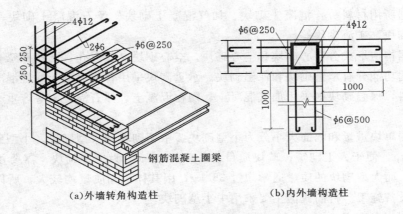

（a）外墙转角构造柱　　　　　　　　　（b）内外墙构造柱

图 7-18　砖砌体中的构造柱

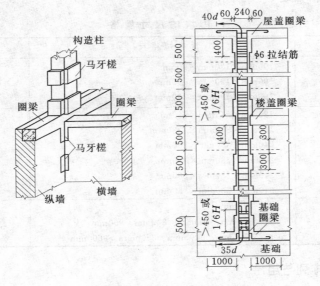

图 7-19　构造柱马牙槎构造图

7.3　砌块墙构造

　　砌块墙是采用预制块材根据一定的技术要求砌筑而成的墙体。它具有投资少、见效快、生产工艺简单、节约能源等优点。采用砌块墙是目前我国进行墙体改革的主要途径之一。在一般六层以下的住宅、学校、办公楼及单层工业厂房中均可采用砌块代替砖使用。

7.3.1　砌块的类型与规格

1. 砌块的类型

砌块多采用工业废渣或地方材料制成，既不占用耕地又解决了环境污染。

砌块根据所用材料分：混凝土砌块、加气混凝土砌块、浮石混凝土砌块、煤矸石砌块、粉煤灰砌块、矿渣砌块等。

砌块根据构造形式分实心砌块和空心砌块。空心砌块又有方孔、圆孔和窄孔等数种。

砌块根据功能分有承重砌块和保温砌块。承重砌块采用普通混凝土或轻混凝土等强度等级高的材料，保温砌块则采用加气混凝土、陶粒混凝土、浮石混凝土等容重小、保温性能好的材料。

砌块根据单块重量和幅面大小分为小型砌块、中型砌块和大型砌块。小型砌块单块质量不超过 20kg，便于人工砌筑；单块质量在 20～350kg 的为中型砌块；需要用轻便机具搬运和砌筑；而大型砌块的质量通常超过 350kg，因其体积和质量均较大，所以必须采用起重和运输设备施工。目前我国主要采用中小型砌块。

2. 砌块的尺寸规格

砌块的尺寸规格如表 7-2 所示。

表 7-2　　　　　　　　　　　　　　砌块的尺寸规格

类　　型	常见规格尺寸	砌块高度
小型砌块	190mm×190mm×90mm 190mm×190mm×190mm 190mm×190mm×390mm	115～380mm
中型砌块	180mm×845mm×630mm 180mm×845mm×1280mm 240mm×380mm×280mm 240mm×380mm×430mm 240mm×380mm×580mm 240mm×380mm×880mm	380～980mm
大型砌块	厚：200mm 高：600mm、700mm、800mm、900mm 长：2700mm、3000mm、3300mm、3600mm	大于 980mm

7.3.2　砌块墙的排列与组合

砌块墙的排列与组合是一件重要而复杂的工作。为了使砌块墙搭接、咬砌牢固、砌块排列整齐有序、减少砌块规格类型、尽量提高主块的使用率和避免镶砖或少镶砖，必须进行砌块的排列设计。在设计时，应做出砌块的排列，并给出砌块排列组合图，施工时根据图进料和安装。砌块排列组合图一般有各层平面、内外墙立面分块图如图 7-20 所示。在进行砌块的排列组合时，应根据墙面尺寸和门窗布置，对墙面进行合理的分块。

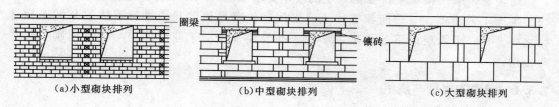

（a）小型砌块排列　　　　（b）中型砌块排列　　　　（c）大型砌块排列

图 7-20　砌块的排列组合图

7.3.3 砌块墙构造

1. 增加墙体整体性措施

（1）砌块墙的接缝处理。良好的错缝和搭接是保证砌块墙整体性的重要措施。因为砌块规格尺寸较大，砌块墙在厚度方向上大多没有搭接，因此砌块长向的错缝搭接就尤其重要。小型空心砌块上下皮搭接长度不小于 90mm，中型砌块上下皮搭接长度不小于砌块高度的 1/3，且不小于 150mm。当搭接长度不足时，应在水平灰缝内设置不小于 2φ4 的钢筋网片（横向钢筋的间距不宜大于 200mm），网片每端均应超过该垂直缝长度不得小于 300mm。砌块墙与后砌隔墙交接处应沿墙高每 400mm 在水平灰缝内设置不少于 24 横筋间距不大于 200mm 的焊接钢筋网片。

砌筑砌块的砂浆强度不小于 M5。灰缝的宽度根据砌块的材料和规格尺寸确定，一般情况下，小型砌块为 10～15mm，中型砌块为 15～20mm，当竖缝宽度大于 30mm 时，必须用 C20 细石混凝土灌实，如图 7-21 所示。

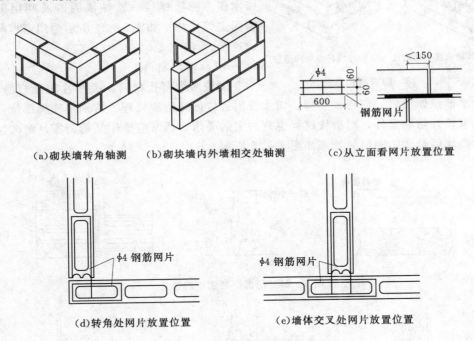

（a）砌块墙转角轴测　　（b）砌块墙内外墙相交处轴测　　（c）从立面看网片放置位置

（d）转角处网片放置位置　　　　　（e）墙体交叉处网片放置位置

图 7-21　砌块墙构造

（2）设置圈梁。为了加强砌块墙的整体性，砌块建筑应在适当的位置设置圈梁。圈梁有预制和现浇两种。现浇圈梁整体性好，对加固墙身有利，但施工麻烦。我国不少地区采用 U 形预制构件代替模板，在槽内配置钢筋再浇筑混凝土，如图 7-22 所示。

（3）设置构造柱。墙体的竖向加强措施是在外墙转角以及内外墙交接处增设构造柱，使砌块在垂直方向连成整体。构造柱多利用空心砌块上下孔洞对齐并在孔中配置 φ10～14 的钢筋，然后浇筑细石混凝土形成。构造柱与砌块墙连接处设置 φ4～6 的钢筋网片，每边伸入墙内不小于 1m，沿墙高每隔 600mm 设置，如图 7-23 所示。

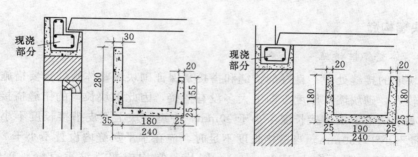

图 7-22　砌块预制圈梁

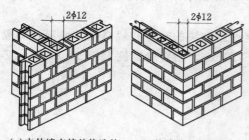

（a）内外墙交接处构造柱　　（b）外墙转角处构造柱

图 7-23　砌块墙构造柱

2. 门窗框与墙体的连接

由于砌块的块体较大且不宜砍切，或因空心砌块边壁较薄，门窗框与墙体的连接方式，除采用在砌块内预埋木砖的作法外，还有利用膨胀木楔、膨胀螺栓、铁件锚固以及利用砌块凹槽固定等作法。如图 7-24 所示为门窗框与砌体的连接。

3. 勒脚防潮构造

砌块多为多孔材料，吸水性较强容易受潮。在易受水部位如檐口、窗台、勒脚、雨水管附近应做好防潮处理。特别是勒脚部位，除了根据要求设好防潮层外，对砌块材料也有一定的要求，通常应选用结构密实且耐久性好的材料。砌块墙勒脚防潮层的处理如图 7-25 所示。

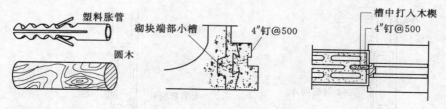

图 7-24　门窗框与砌体的连接

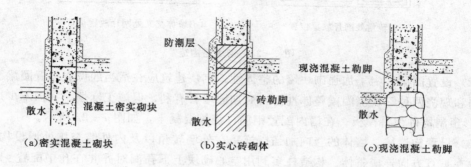

（a）密实混凝土砌块　　　　（b）实心砖砌体　　　　（c）现浇混凝土勒脚

图 7-25　勒脚防潮构造

7.4 隔 墙 构 造

隔墙是分隔室内空间的非承重构件。在现代建筑中，为提高建筑平面布局的灵活性，开始大量采用隔墙以适应建筑功能的变化。由于隔墙不承受外荷载，其自身质量由楼板或墙下梁承受，因此隔墙设计时应满足下面的要求：

（1）隔墙质量轻，以减轻楼板或墙下梁的荷载。

（2）厚度薄，增加建筑的有效空间。

（3）隔声、防水、防火、防腐蚀，满足功能要求。

（4）便于安装和拆卸，使建筑空间能随使用要求改变而调整，提高施工效率。

（5）就地取材、降低造价，满足经济的要求。

隔墙根据构造形式分：块材隔墙、骨架隔墙、板材隔墙等。

7.4.1 块材隔墙

块材隔墙是指用普通砖、空心砖、加气混凝土砌块等块材砌筑的墙。常用的有普通砖隔墙和砌块隔墙。

1. 普通砖隔墙

普通砖隔墙有半砖墙（120mm）和 1/4 砖（60mm）两种。

（1）半砖墙。半砖隔墙是采用普通砖全顺式砌筑而成，当砌筑砂浆为 M2.5 时，墙体高度不宜超过 3.6m，长度不宜超过 5m；当采用强度为 M5 的砂浆砌筑时，墙体高度不宜超过 4m，长度不宜超过 6m，高度超过 4m 时应在门过梁处设置通长钢筋混凝土带，长度超过 6m 时应设砖壁柱。由于墙体轻而薄，稳定性较差，因此在构造上要求隔墙与承重墙或柱之间有可靠的连接。一般沿高度每隔 500mm 设置 $2\phi6$ 的拉结筋，伸入墙体长度不小于 1m，同时还应沿隔墙高度每隔 1.2m 设一道 30mm 厚水泥沙浆，内放 $2\phi6$ 钢筋，内外墙之间不留直槎。

为了保证隔墙不承重，隔墙顶部与楼板交接处，应将砖斜砌一皮，其倾斜度宜为 $60°$ 左右，或留 30mm 的空隙塞木楔打紧，然后用砂浆填缝，隔墙上有门时，需预埋防腐木砖、铁件，或将带有木楔的混凝土预制块砌入隔墙中，以便固定门框。半砖墙坚固耐久，隔声性能较好，但自重大，湿作业量大，不易拆装。

（2）1/4 砖隔墙。1/4 砖隔墙采用单砖侧立砌，高度不大于 2.8m，砌筑砂浆强度不低于 M5 并应双面粉刷。为提高稳定性，可沿高度每隔 500mm 压砌 $2\phi4$ 的钢丝，并保证钢丝与主墙之间的有效拉接。此做法多用于住宅厨房与卫生间的隔墙。

2. 砌块隔墙

目前常用的砌块有粉煤灰硅酸盐砌块、加气混凝土砌块、水泥炉渣空心砖砌块等。其墙厚由砌块尺寸决定，一般为 90～120mm。砌块墙吸水性强，故在砌筑时应先在墙下部实砌 3～5 皮黏土砖再砌砌块。砌块不够整块时宜用普通黏土砖填补。由于墙体稳定性较差，也需要对墙身进行加固处理。通常沿墙身横向配以钢筋，并每隔 1200mm 设 30mm 厚水泥砂浆，如图 7-26 所示。

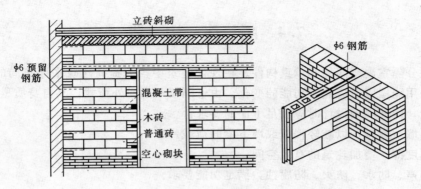

图 7-26　砌块隔墙的构造

7.4.2　骨架隔墙

骨架隔墙由骨架和面层两部分组成，又称立筋式隔墙，是采用木材、钢材、铝合金等材料构成骨架，把面层材料钉结、粘贴或涂抹在骨架上所形成的隔墙。

1. 骨架

骨架有木骨架、轻钢骨架、石膏骨架、石棉水泥骨架和铝合金骨架等。骨架由上槛、下槛、墙筋、横撑或斜撑组成。工程上常用的是木骨架隔墙和金属骨架隔墙。木骨架隔墙具有重量轻、厚度小、施工方便和便于拆装等优点，但防水、防火、隔音较差，且耗费木材。

金属骨架隔墙具有自重轻、厚度小、防火、防潮、便于拆装、均为干作业施工、施工方便效率高等优点。为提高隔声能力，可采取铺钉双层面板和骨架间填充岩棉、泡沫塑料等措施。

2. 面层

骨架的面层有人造板面层和抹灰面层。

（1）板条抹灰隔墙。它是先在木骨架的两侧钉灰板条，然后抹灰。灰板条尺寸一般为1200mm×30mm×6mm，板条间留缝7～10mm，便于抹灰层能咬住灰板条；同时为避免灰板条在一根墙筋上接缝过长而使抹灰层产生裂缝，板条的接头一般连续高度不应超过500mm，为了使抹灰层与板条粘结牢固，通常采用纸筋灰和麻刀灰抹面。隔墙下一般加砌2～3皮砖，并做出踢脚。

（2）人造板面层骨架隔墙。常用的人造板面层（即面板）有胶合板、纤维板、石膏板、铝塑板等。胶合板、硬质纤维板多采用木骨架，以木材为原料，均属于废物利用的产品，造价较低、比较容易加工。石膏板多采用石膏或轻金属骨架。其特点是轻质、绝热、不燃、可锯可钉、吸声、调湿、美观，但耐潮性差，主要用于内墙及吊顶装饰。铝塑板是两层薄铝板（0.8～1.0mm）加上一些塑料，一般为聚乙烯（PE）或者聚氯乙烯（PVC）。其特点是比较容易加工，可以切割、裁切、开槽、带锯、钻孔，也可以冷弯、冷折、冷轧，还可以铆接、螺丝连接或胶合粘接，重量轻，价格低。铝塑板是现在比较流行的装饰材料。

面板可用镀锌螺钉、自攻螺钉或金属夹子固定在骨架上。如图7-27所示为轻钢龙骨石膏板隔的构造。

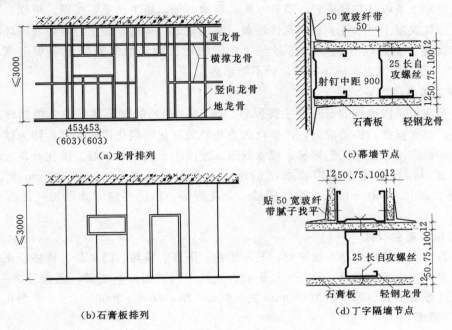

图 7-27 轻钢龙骨石膏板隔的构造

7.4.3 板材隔墙

板材隔墙是指单块轻质板材的高度相当于房间净高，不依赖骨架，可直接装配而成的隔墙。由于板材隔墙是用轻质材料制成的大型板材，施工中直接拼装而不依赖骨架，因此它具有自重轻，安装方便，施工速度快，工业化程度高的特点。目前多采用条板，如加气混凝土条板、增强石膏空心板、碳化石灰板、石膏珍珠岩板、泰柏板，以及各种复合板。条板厚度大多为 60~100mm，宽度为 600~1000mm，长度略小于房间净高。安装时，条板下部先用一对对口木楔顶紧，然后用细石混凝土堵严，板缝用黏结砂浆或黏结剂进行黏结，并用胶泥刮缝，平整后再做表面装修。构造如图 7-28 所示。

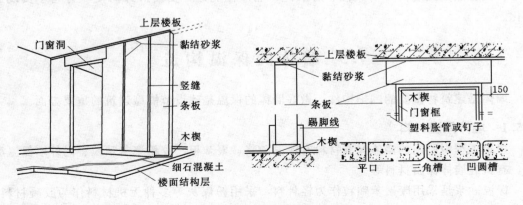

图 7-28 板材隔墙构造

1. 加气混凝土条板隔墙

加气混凝土条板具有自重轻，节省水泥，运输方便，施工简单，可锯、可刨、可钉等优点。但加气混凝土吸水性大、耐腐蚀性差、强度较低，运输、施工过程中易损坏，不宜用于具有高温、高湿或有化学、有害空气介质的建筑中。加气混凝土表观密度 500～700kg/m³，可用作保温和隔热材料，但不能承重。

2. 碳化石灰板隔墙

碳化石灰板是以磨细的石灰为主要原料，掺 3％～4％ 的短玻璃纤维、植物纤维、轻质骨料等，加水搅拌，振动成型，用碳化的方法使氢氧化钙碳化成碳酸钙，即为碳化石灰板。材料来源广泛、生产工艺简易、成本低廉、密度小、隔声效果好。碳化石灰板隔墙可做成单层或双层，适用于隔声要求高的房子。其规格一般为 500～800mm 宽、90～120mm 厚、2700～3000mm 长，用作隔墙、天花板等。板的安装方式同加气混凝土条板隔墙。

3. 增强石膏空心板

增强石膏空心板特点是表面平整、具不燃性、隔音、隔热、防虫蛀、价格较便宜。但是它不耐水，吸水后会变形；易受天气影响，连续下雨表面层会变黄，通常过 2～3 年会开始变色且强度不大。其规格为 600mm 宽，60mm 厚，2400～3000mm 长，9 个孔，孔径38mm，空隙率28％。

4. 泰柏板

泰柏板是一种新型建筑材料，选用强化钢丝焊接而成的三维笼为构架，阻燃 EPS 泡沫塑料芯材组成，是目前轻质墙体最理想的材料。其特点是高节能，重量轻、强度高、防火、抗震、隔热、隔音、抗风化，耐腐蚀，并有组合性强、易于搬运，适用面广，施工简便等特点。产品规格为 2440mm×1220mm×75mm，抹灰后的厚度为 100mm。主要用于建筑的外围护墙、轻质内隔断等。

5. 复合板隔墙

复合板是用几种材料制成的多层板。复合板的面层有石棉水泥板、石膏板、铝板、树脂板、硬质纤维板、压型钢板等。夹心材料可采用矿棉、木质纤维、泡沫塑料和蜂窝状材料等。其特点是强度高，耐久性、防水性、隔声性能好，安装拆卸简便，有利于实现工业化。

7.5 墙体的保温构造

墙体是建筑物重要的围护构件，做好墙体的保温是建设节能型建筑的重要方面。

7.5.1 墙体保温材料

建筑工程中所用的墙体保温材料有保温砂浆、聚苯板、胶粉聚苯颗粒、内外墙保温涂料、有机硅墙体保温材料等。

保温砂浆是采用废聚苯颗粒作为轻骨料，采用粉煤灰等多种无机材料作为胶凝材料，采用国际先进的高分子胶粉，并配有不同长度、弹性模量的纤维用以提高保温层的抗裂、抗拉、抗滑坠功能的一种墙体保温材料。主要用于外墙聚苯颗粒保温体系的保温层中。

聚苯板在建筑上主要作为隔热保温材料和隔音材料，它采用聚苯乙烯泡沫塑料使建筑物重量大为减轻，而且隔音性能极好，其隔热保温性能为其他隔热保温材料（泡沫混凝土、蛭石、软木、膨胀珍珠岩等）的2～4倍。

胶粉聚苯颗粒是一种新型墙体外保温材料，该材料分为保温层和抗裂防护层。可广泛用于工业、民用建筑的各类型外墙外保温及屋面保温工程，是一种高效节能的保温浆料，可代替墙体抹灰的各种抹灰砂浆，涂抹于建筑物墙体外侧形成外保温层，可与砖、水泥产品等墙体实行黏结，表面装饰层可与瓷砖、各种涂料乳胶漆配合使用，具有质量轻、强度高、隔热防水，抗雨水冲刷能力强，水中长期浸泡不松散，导热系数低，保温性能好，无毒无污染等特点，抗压和黏结强度均可达到抹灰要求。

保温涂料可替代水泥、砂浆或苯板用于建筑物的外墙主体、封闭晾台内，具有良好的保温、降噪、防火、防结露等功能。

有机硅墙体保温材料是一种粉状材料，使用时加水搅拌，涂抹于墙体上从而形成了良好的保温层，它适合墙体的内外保温，因其涂抹的特点使之具有更强的可塑性，对复杂建筑结构的施工显得更加便利。该材料主要由木质纤维，有机硅凝结剂、复合珍珠岩等多种保温材料经加工制作而成。

7.5.2 建筑外墙的保温构造

1. 建筑外墙保温层构造要求

建筑外墙面的保温层构造应该能够满足：

（1）适应基层的正常变形而不产生裂缝及空鼓。

（2）长期承受自重而不产生有害的变形。

（3）承受风荷载的作用而不产生破坏。

（4）在室外气候的长期反复作用下不产生破坏。

（5）罕遇地震时不从基层上脱落。

（6）防火性能符合国家有关规定。

（7）具有防止水渗透的功能。

（8）各组成部分具有物理—化学稳定性，所有的组成材料彼此相容，并具有防腐性。

（9）外保温复合墙体的保温、绝热和防潮性能应符合国家现行标准《民用建筑热工设计规范》（GB 50176）、《民用建筑节能设计标准（采暖居住建筑部分）》（JCJ 26）、《夏热冬冷地区居住建筑节能设计标准》（JCJ 134）和《夏热冬暖地区居住建筑节能设计标准》（JCJ 75）的有关规定。

（10）在正确使用和正常维护的条件下，外墙外保温工程的使用年限不应少于25年。

2. 建筑外墙保温层构造

常用外墙面保温构造做法有外墙内保温、外墙外保温层、外墙中保温。其设置位置如图7-29所示。

外墙内保温具体做法有两种。一种是硬质保温制品内贴，即在外墙内侧用黏结剂粘贴增强石膏聚苯复合保温板等硬质建筑保温制品，然后在其里面压入中碱玻纤网格布，最后

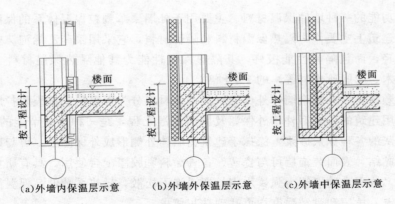

(a)外墙内保温层示意　　(b)外墙外保温层示意　　(c)外墙中保温层示意

图 7-29　建筑外墙保温层构造

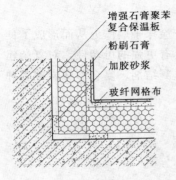

图 7-30　墙体内保温——
内贴保温板

用腻子嵌平，具体构造如图 7-30 所示。另一种是保温层挂装，即先在外墙内侧固定衬有保温材料的保温龙骨，在龙骨的间隙中填入岩棉等保温材料，然后在龙骨表面安装纸面石膏板。

外墙外保温的做法有三种：

（1）第一种胶粉聚苯颗粒保温浆料外墙外保温构造，所用的主要材料胶粉 EPS 颗粒保温浆料干密度不应大于 $250kg/m^3$，并且不应小于 $180kg/m^3$。根据保温层厚度不同有两种构造，保温层厚度在 30mm～60mm 之间时，构造做法如图 7-31 所示，在墙基上首先抹界面砂浆，分层抹胶粉聚苯颗粒保温浆料，干燥后抹聚合物抗裂砂浆，压入耐碱涂塑玻纤网格布，再抹聚合物抗裂砂浆，最后涂面层涂料。胶粉 EPS 颗粒保温浆料保温层设计厚度不宜超过 100mm，保温层厚度在 60mm～100mm 之间时，构造做法如图 7-32 所示，在墙基上首先抹界面砂浆，分层抹胶粉聚苯颗粒保温浆料，在保温层中距外表面 20mm 处铺设一层镀锌钢丝网与基层墙体拉牢，固定的锚栓有效深度不小于 25mm，再抹

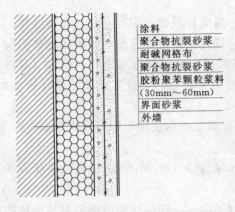

图 7-31　耐碱网格布涂料保温墙体构造

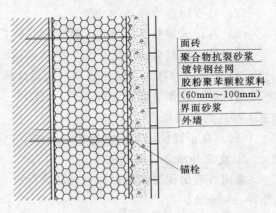

图 7-32　镀锌钢丝网面砖墙体保温构造

聚合物抗裂砂浆作保护层，最后涂面层涂料或者用黏结砂浆粘贴面砖。若保温砂浆的厚度较大，应当在里面钉入镀锌钢丝网，以防开裂，保温层及饰面用聚合物砂浆加上耐碱纤维布，最后用柔性耐水腻子嵌平，外涂表面涂料。

（2）第二种是外贴保温板材与墙体紧接的保温板 EPS 板内表面沿水平方向开矩形齿槽，内、外表面均满涂界面砂浆。即用黏结胶浆与辅助机械锚固方法一起固定保温板材，保护层用聚合物砂浆加上耐碱玻纤布，饰面用柔性耐水腻子嵌平，外涂表面涂料。

（3）第三种是外加保温砌块墙，即选用保温性能好的材料如加气混凝土砌块等全部或部分在结构外墙外面再贴砌一道墙。

外墙中保温是在多道墙板或双层砌体墙夹层中放置保温材料，或者并不放入保温材料，只是封闭夹层空间形成静止的空气间层，并在里面设置具有较强反射功能的铝箔等，如图 7-33 所示。

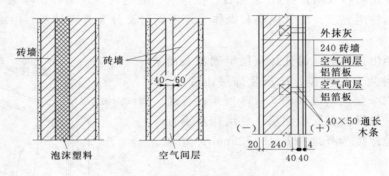

图 7-33　墙体中保温示意图

7.6　墙　面　装　修

7.6.1　墙面装修的作用及分类

1. 墙面装修的作用

墙面装修是建筑装修中的重要内容，也是墙体构造不可缺少的组成部分。其主要作用有：

（1）改善和提高墙体的使用功能。墙面装修对改善墙体的热工性能、光环境、卫生条件等使用功能和创造良好的生活生产空间起十分明显的作用。

（2）保护墙体、提高墙体的耐久性。墙体会受到各种自然因素和人为因素的作用，墙面的装修可以提高墙体抵御这些消极作用的能力。

（3）美化环境，丰富建筑的艺术形象。墙面装修是建筑空间艺术处理的重要手段之一。墙面的色彩、质感、细部处理等都在一定程度上改善着建筑的内外形象。

2. 墙面装修的分类

墙面装修根据其所处的部位不同，可分为室外装修和室内装修。室内装修应根据房间的功能要求及装修的标准来确定；室外装修则应选择强度高、耐水性好、耐久性好的材料。

根据材料及施工方式的不同，常见的墙面装修可分为抹灰类、贴面类、涂料类、裱糊类和铺钉类等五大类。外墙面装修常用的是抹灰类、贴面类、涂料类；内墙面装修常用的是抹灰类、贴面类、涂料类、裱糊类、铺钉类。

7.6.2 墙面装修的构造

1. 抹灰类墙面装修

抹灰类墙面装修是指采用水泥、石灰或石膏等为胶结料，加入砂或石碴用水拌成砂浆或石碴浆的墙体饰面，是我国传统使用的墙面装修做法。其特点是材料来源广、施工操作简单、造价低，但目前多是手工湿作业，工效较低且劳动强度大。

抹灰工程分一般抹灰和装饰抹灰两大类。一般抹灰包括在墙面上抹石灰砂浆、水泥石灰砂浆、水泥砂浆、聚合物水泥砂浆以及麻刀灰、纸筋灰、石膏灰等；装饰抹灰包括水刷石、水磨石、斩假石（剁斧石）、干粘石、拉毛灰、洒毛灰以及喷砂、喷涂、滚涂、弹涂等做法。根据使用要求、质量标准和操作工序不同，又分为普通抹灰、中级抹灰和高级抹灰。

为了避免出现裂缝，保证抹灰层牢固和表面平整，施工时须分层操作。抹灰装饰层由底层、中层和面层三个层次组成如图 7-34 所示。普通标准的墙面一般只做底层和面层，各层抹灰不宜过厚，抹灰总厚度为外墙抹灰 15～25mm；内墙抹灰 15～20mm。

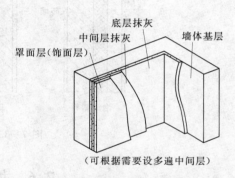

图 7-34　墙面抹灰分层构造

底层抹灰主要起与基层黏结和初步找平作用。厚度通常为 5～10mm，底层灰浆用料视基层材料而异，普通砖墙常采用石灰砂浆和混合砂浆；混凝土墙应采用混合砂浆和水泥砂浆；板条墙因为其和灰浆黏结力差，抹灰容易开裂、脱落，应用麻刀石灰砂浆或纸筋石灰砂浆；另外，对于湿度较大的房间或有防潮、防水要求的墙体，底灰应选择水泥沙浆或水泥混合砂浆。

中层抹灰主要起进一步找平作用，材料基本与底层相同，也可根据装修要求选用其他材料。厚度一般为 7～8mm。

面层抹灰主要起装饰美观作用，要求表面平整、色彩均匀、无裂痕。可以做成光滑、粗糙等不同质感的表面，如水刷石、斩假石、拉毛灰等。根据面层所用材料，抹灰装修有很多种类型，表 7-3 列举了一些常见做法。

表 7-3　　　　　　　　　　　　常见抹灰装修的类型

抹灰名称	做 法 说 明	适 用 范 围
水泥砂浆	12厚 1:3 水泥砂浆打底，扫毛或划出纹道 6mm1:2.5 水泥砂浆罩面	室外饰面、室内需防潮的房间及浴厕墙裙、建筑阳角
混合砂浆	12厚 1:1:6 混合砂浆 8厚 1:1:4 混合砂浆	一般砖、石墙面

抹灰名称	做 法 说 明	适 用 范 围
纸巾麻刀灰	13厚1：3石灰砂浆 3厚纸巾灰、麻刀灰或玻璃丝罩面	一般砖、石内墙面
水刷石	12厚1：3水泥砂浆打底，扫毛或划出纹道 刷素水泥浆一道（内掺水重3%～5%的108胶） 8厚1：1.5水泥石子或10mm1：1.25水泥石子罩面	建筑外墙面装修
干粘石	12厚1：3水泥砂浆打底，扫毛或划出纹道 6厚1：3水泥砂浆 刮1mm厚108胶素水泥浆黏结层，干粘石面层拍平压实	建筑外墙面装修
斩假石	12厚1：3水泥砂浆打底 刷素水泥浆一道 10厚水泥石屑罩面，赶平、压实、剁斧斩毛	建筑外墙面装修
砂浆拉毛	15厚1：1：6水泥石灰砂浆 5厚1：0.5：5水泥石灰砂浆 拉毛	建筑外墙面装修

2. 贴面类墙面装修

这类装修是将各种天然石板或人造板材、块材等直接粘贴于基层表面或通过构造连接固定于基层上的装修做法。其特点是施工方便、耐久性强、装修效果好但造价较高，一般用于装修要求较高的建筑中。

（1）天然石板及人造石板墙面装修。常见的天然石板有花岗岩板、大理石板两类。天然石材饰面板不仅具有各种颜色、花纹、斑点等天然材料的自然美感，而且质地密实坚硬，故耐久性、耐磨性等均比较好，在装饰工程中的适用范围较为广泛，可用来制作饰面板材、各种石材线角、罗马柱、茶几、石质栏杆、电梯门贴脸等。但是由于材料的品种、来源的局限性，造价比较高，属于高级饰面材料。

人造石材属于复合装饰材料，它具有重量轻、强度高、耐腐蚀性强等优点。人造石材包括水磨石、合成石材等。人造石材的色泽和纹理不及天然石材自然柔和，但其花纹和色彩可以根据生产需要人为控制，可选择范围广，且造价要低于天然石材。

石材在安装前必须根据设计要求核对石材品种、规格、颜色，进行统一编号，天然石材要用电钻打好安装孔，较厚的板材应在其背面凿两条2～3mm深的砂浆槽。板材的阳角交接处，应做好45°的倒角处理。最后根据石材的种类及厚度，选择适宜的连接方法。石材的安装有以下几种方式：

1）拴挂法。这种做法的特点是在铺贴基层时，应拴挂钢筋网，然后用铜丝绑扎板材，并在板材与墙体的夹缝内灌水泥砂浆如图7－35所示。在墙柱表面拴挂钢筋网之前，应先将基层剁毛，并用电钻打直径6mm左右，深度60mm左右的孔，插入φ6钢筋，外露50mm以上并弯钩，在同一标高上插上水平钢筋并绑扎固定；然后，把背面打好眼的板材用双股16号铜丝或不易生锈的金属丝拴结在钢筋网上。灌注砂浆一般采用1：1.25的水泥砂浆，砂浆层厚30mm左右。每次灌浆高度不宜超过150～200mm，且不得大于板高的

1/3。待下层砂浆凝固后，再灌注上一层，使其连接成整体。灌注完成后将表面挤出的水泥浆擦净，并用与石材同颜色的水泥浆勾缝，然后清洗表面。

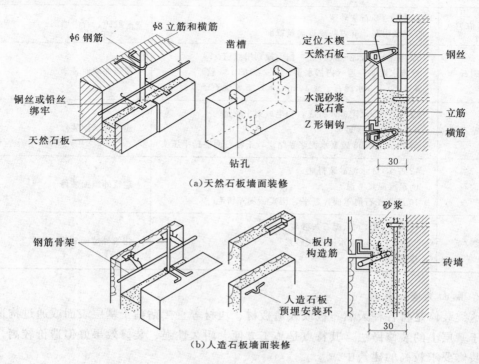

(a) 天然石板墙面装修

(b) 人造石板墙面装修

图 7-35　天然石板和人造石板墙面装修

2) 连接件挂接法这种做法的特点是通过特制连接件与墙体连接。其做法是在现浇混凝土中留出金属导槽，将连接件卡于导槽内，另一端插入板材表面的预留孔内，并在板材与墙体之间填以水泥砂浆。连接件应选用不锈钢零件，以防锈蚀，延长使用寿命。这种方法也可以用于砖墙的贴面。

3) 聚酯砂浆黏结法。这种做法的特点是采用聚酯砂浆黏结固定。聚酯砂浆的胶砂比一般为 1:(4.5～5.0)，固化剂的掺加量随要求而定。施工时先固定板材的四角并填满板材之间的缝隙，待聚酯砂浆固化并能起到固定拉结作用以后，再进行灌缝操作。砂浆层一般厚 20mm 左右。灌浆时，一次灌浆量应不高于 150mm，待下层砂浆初凝后再灌注上层砂浆。

4) 树脂胶黏结法这种做法的特点是采用树脂胶黏结板材。它要求基层必须平整，最好是在用木抹子搓平的砂浆表面抹 2～3mm 厚的胶黏剂，然后将板材粘牢。一般应先把胶黏剂涂刷在板的背面的相应位置，尤其是悬空板材，涂胶必须饱满。施工时将板材就位、挤紧、找平、找正、找直后，马上进行钉、卡固定，以防止脱落伤人。

(2) 陶瓷面砖饰面装修。面砖多数是以陶土和瓷土为原料，压制成型后煅烧而成的饰面块，由于面砖不仅可以用于墙面也可用于地面，所以也被称为墙地砖。常见的面砖有釉面砖、无釉面砖、仿花岗岩瓷砖、劈离砖等。无釉面砖俗称外墙面砖，主要用于高级建筑外墙面装修，具有质地坚硬、强度高，吸水率低（<4%）等特点。釉面砖具有表面光滑、容易擦洗、美观耐用、吸水率低等特点。釉面砖除白色和彩色外，还有图案砖、印花砖以

及各种装饰釉面砖等。釉面砖主要用于高级建筑内外墙面以及厨房、卫生间的墙裙贴面。面砖规格、色彩、品种繁多，根据需要可根据厂家产品目录选用。常用150mm×150mm、75mm×150mm、113mm×77mm、145mm×113mm、233mm×113mm、265mm×113mm等几种规格，厚度约为5～17mm（陶土无釉面砖较厚为13～17mm，瓷土釉面砖较薄为5～7mm厚）。

面砖安装前先将表面清洗干净，然后将面砖放入水中浸泡，贴前取出晾干或擦干。面砖安装时用1：3水泥砂浆打底并划毛，后用1：0.3：3水泥石灰砂浆或用掺有107胶（水泥用量5%～10%）的1：2.5水泥砂浆满刮于面砖背面，其厚度不小于10mm，然后将面砖贴于墙上，轻轻敲实，使其与底灰粘牢。一般面砖背面有凹凸纹路，更有利于面砖粘贴牢固。对贴于外墙的面砖常在面砖之间留出一定缝隙，以利湿气排除如图7-36所示。而内墙面为便于擦洗和防水则要求安装紧密，不留缝隙。面砖如被污染，可用浓度为10%的盐酸洗刷，并用清水洗净。

（3）陶瓷锦砖饰面。陶瓷锦砖俗称马赛克，是高温烧结而成的小型块材，为不透明的饰面材料，表面致密光滑、坚硬耐磨、耐酸耐碱、一般不易变色。它的尺寸较小，根据它的花色品种，可拼成各种花纹图案。铺贴时，先根据设计的图案将小块的面材正面向下贴于500mm×500mm大小的牛皮纸上，然后牛皮纸面向外将马赛克贴于饰面基层，待半凝后将纸洗去，同时修整饰面。陶瓷锦砖可用于墙面装修，更多用于地面装修，如图7-37所示。

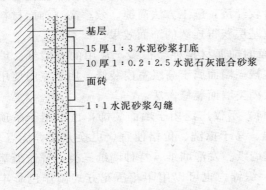

图7-36 面砖饰面构造示意

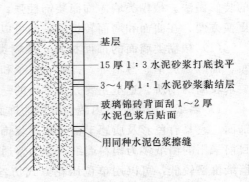

图7-37 玻璃锦砖饰面构造

3. 涂料类墙面装修

涂料类墙面装修是将各种涂料敷于基层表面而形成完整牢固的膜层，从而起到保护和装饰墙面的作用。其特点是造价较低、装饰性好、工期短、工效高、自重轻，以及操作简单、维修方便、更新快等，因而在建筑上得到广泛的应用和发展。建筑涂料的施涂方法，一般分刷涂、滚涂和喷涂等。

涂料根据其成膜物的不同可分为有机涂料、无机涂料、无机和有机复合涂料三大类。

（1）有机涂料。常用的有机涂料有溶剂型涂料、水溶性涂料和乳胶涂料三种类型。

溶剂型涂料涂膜细腻光洁而坚韧，有较好的硬度、光泽和耐水性、耐候性，气密性好，耐酸碱，对建筑材料有较好的保护作用，但是它易燃，并且溶剂挥发对人体有害，施工时要求基层干燥，涂膜透气性较差。常见的有苯乙烯内墙涂料、过氯乙烯内墙涂料等。

水溶性涂料造价低、无毒无怪味，有一定的透气性，水溶性好，可直接溶于水中，与水形成单相溶液。但是它的耐水性、耐候性、耐擦洗性均较差。一般只用于内墙。

乳胶涂料又叫乳胶漆，价格较为便宜，且无毒、阻燃、对人体无害，有一定的透气性，涂刷时不需要基层很干燥，涂膜固化后的耐水性耐擦洗性较好，可作为建筑外墙的涂料。施工温度一般应在10℃以上，用于潮湿部位易发霉，需加防霉剂。为克服乳胶漆大面积使用装饰效果不够理想、不能掩盖基层表面缺陷等不足，近年来发展了一种乳液厚涂料，由于有粗填料，涂层厚实、装饰性强。涂料中掺入石英砂、彩色石屑、玻璃细屑及云母粉等填料的彩砂涂料作为建筑外墙饰面可代替水刷石、干粘石等传统装修。

(2) 无机涂料。无机涂料是在传统无机抹灰材料的基础上发展起来的。常用的有石灰浆、大白浆、水泥浆等，近年来无机高分子涂料不断发展，我国目前生产的JH80—1型无机高分子涂料、JH80—2型无机高分子涂料具有耐酸、耐碱、耐水性好，抗污力强等优点，可用于内墙及外墙饰面。

(3) 无机和有机复合涂料。不管是有机涂料还是无机涂料本身都有一定的使用限制。为克服各自的缺点，出现了无机和有机复合涂料如聚乙烯醇水玻璃内墙涂料就比单纯使用聚乙烯醇有机涂料耐水性好，以硅酸胶、丙烯酸系列复合的外墙涂料在涂膜的柔韧性和耐候性方面也更能适应气温的变化。

4. 裱糊类墙面装修

裱糊类墙面装修用于建筑内墙，是将卷材类软质饰面装饰材料用胶粘贴到平整基层上的装修做法。裱糊类墙体饰面装饰性强，造价较经济，施工方法简捷、效率高，饰面材料更换方便，在曲面和墙面转折处粘贴可以顺应基层获得连续的饰面效果。

(1) 裱糊类墙面的饰面材料。裱糊类墙面的饰面材料种类很多，常用的有墙纸、墙布、锦缎、皮革、薄木等。锦缎、皮革和薄木裱糊墙面属于高级室内装修，用于室内使用要求较高的场所。这里主要介绍常用的一般裱糊类墙面装修做法。

1) 墙纸。墙纸是室内装饰常用的饰面材料，不仅广泛用于墙面装饰，也可用于吊顶饰面。它具有色彩及质感丰富、图案装饰性强、易于擦洗、价格便宜、更换方便等优点。目前采用的墙纸多为塑料墙纸，分为普通纸基墙纸、发泡墙纸、特种墙纸三类。普通纸基墙纸价格较低，可以用单色压花方式仿丝绸、织锦，也可以用印花压花方式制作色彩丰富、具有立体感的凹凸花纹。发泡墙纸经过加热发泡可制成具有装饰和吸声双重功能的凹凸花纹，图案真实，立体感强，具有弹性，是目前最常用的一种墙纸。特种墙纸有耐水墙纸、防火墙纸、木屑墙纸、金属箔墙纸、彩砂墙纸等，用于有特殊功能或特殊装饰效果要求的场所。

2) 墙布。常用的墙布有玻璃纤维墙布和无纺墙布。

玻璃纤维墙布以玻璃纤维布为基材，表面涂布树脂，经染色、印花等工艺制成。它强度大、韧性好，具有布质纹路，装饰效果好，耐水、耐火，可擦洗。但是玻璃纤维墙布的遮盖力较差，基层颜色有深浅差异时容易在裱糊完的饰面上显现出来；饰面遭磨损时，会散落少量玻璃纤维，因此应注意保养。

无纺墙布是采用天然纤维或合成纤维经过无纺成型为基材，经染色、印花等工艺制成的一种新型高级饰面材料。无纺墙布色彩鲜艳不褪色，富有弹性不易折断，表面光洁且有羊绒质感，有一定透气性，可以擦洗，施工方便。

（2）裱糊构造。墙纸或墙布在施工前要先作浸水或润水处理，使其发生自由膨胀变形。可以在墙纸的背面均匀涂刷黏结剂以增强黏结力，但墙布的背面不宜刷胶，以免拼贴时对正面造成污染。为防止基层吸水过快，可以先用根据1∶（0.5～1）稀释的107胶水满刷一遍，再涂刷黏结剂。裱糊的顺序为先上后下、先高后低，应使饰面材料的长边对准基层上弹出的垂直准线，用刮板或胶辊将其赶平压实，使饰面材料与基层间没有气泡存在。相邻面材接缝处若无拼花要求，可在接缝处使两幅材料重叠20mm，用钢直尺压在搭接宽度的中部，用工具刀沿钢直尺进行裁切，然后将多余部分揭去，再用刮板刮平接缝。当饰面有拼花要求时，应使花纹重叠搭接。裱糊工程的质量标准是粘贴牢固，表面色泽一致，无气泡、空鼓、翘边、皱折和斑污，斜视无胶痕，正视（距墙面1.5m处）不显拼缝。

5. 铺钉类墙面装修

铺钉类墙面装修是将各种天然或人造薄板镶钉在墙面上的装修做法，其构造与骨架隔墙相似，由骨架和面板两部分组成。施工时先在墙面上立骨架（墙筋），然后在骨架上铺钉装饰面板。

（1）骨架。骨架有木骨架和金属骨架两种。木骨架由墙筋和横挡组成，通过预埋在墙上的木砖固定到墙身上，墙筋和横挡断面常用50mm×50mm、40mm×40mm，其间距视面板的尺寸规格而定，一般为450～600mm之间。金属骨架多采用冷轧薄钢板构成槽形断面。为防止骨架与面板受潮而损坏，可先在墙体上刷热沥青一道再干铺油毡一层；也可在墙面上抹10mm厚混合砂浆并涂刷热沥青两道。

（2）面板。装饰面板多为硬木板、人造板，有胶合板、纤维板、石膏板、装饰吸音板、彩色钢板及铝合金板等。

硬木板装修是指将装饰性木条或凹凸型板竖直铺钉在墙筋或横筋上，背面衬以胶合板，使墙面产生凹凸感。其构造如图7-38所示。

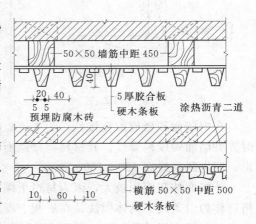

图7-38　硬木条板墙面装修构造

胶合板、纤维板多用圆钉与横挡墙筋固定，为保证板面有微量伸缩的可能，在钉板时，板与板之间可留5～8mm的缝隙。缝隙可以是方形、三角形，对要求较高的装修可以用木压条或金属压条嵌固。石膏板与木骨架的连接一般采用圆钉或木螺丝固定，与金属骨架的连接可先钻孔后采用自攻螺丝或镀锌螺丝固定，也可以采用黏结剂黏结。

6. 特殊部位的墙面装修

在内墙抹灰中，对易受到碰撞的部位如门厅、走道的墙面和有防潮、防水要求如厨房、浴厕的墙面，为保护墙身，做成护墙墙裙。墙裙指墙面从地面向上一定高度内所做的装饰面层，因形似墙的裙子，故名墙裙。具体做法是：1∶3水泥沙浆打底，1∶2水泥砂浆或水磨石罩面，高约1.5m。墙裙构造如图7-39所示。

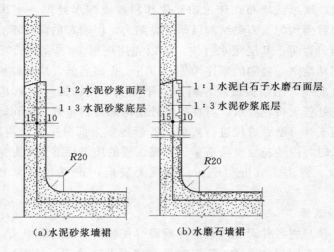

（a）水泥砂浆墙裙　　　（b）水磨石墙裙

图7-39　墙裙构造

对于易被碰撞的内墙阳角，常用1：2水泥砂浆做护角，高度不小于2m，每侧宽度不应小于50mm。根据要求护角也可用其他材料（如木材）制作。护角构造如图7-40所示。

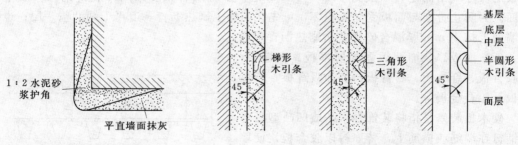

图7-40　护角做法　　　　　　　图7-41　引线条构造

在内墙面和楼地面交接处，为了遮盖地面与墙面的接缝、保护墙身以及防止擦洗地面时弄脏墙面做成踢脚线。其材料与楼地面相同。常见做法有三种，即与墙面粉刷相平、凸出、凹进踢脚线高120～150mm。

外墙面抹灰面积较大，因为材料干缩和温度变化，容易产生裂缝，常在抹灰面层作分格，称为引条线。具体做法是在底灰上埋放不同形式的木引条，面层抹灰完成后及时取下引条，再用水泥砂浆勾缝，以提高抗渗能力。引条线构造如图7-41所示。

❓ 习题与实训

1. 选择题（单项或多项选择）

（1）横墙承重方案适用于_____房间的建筑。

　　　A、进深尺寸不大　　　　　　　B、是大空间

C、开间尺寸不大   D、开间大小变化较多

(2) 勒脚是墙身接近室外地面的部分，常用的材料为_____。

     A、混合砂浆   B、水泥砂浆   C、纸筋灰   D、膨胀珍珠岩

(3) 对于有抗震要求的建筑，其墙身水平防潮层不宜采用_____。

     A、防水砂浆   B、细石混凝土（配 3φ6）

     C、防水卷材   D、圈梁

(4) 在下列隔墙中，适用于卫生间隔墙的有_____。

     (1) 轻钢龙骨纸面石膏板隔墙   (2) 砖砌隔墙

     (3) 木龙骨灰板条隔墙   (4) 轻钢龙骨钢板网抹灰隔墙

     A、(1)(2)   B、(2)(4)   C、(1)(4)   D、(3)(4)

(5) 隔墙的作用是_____。

     A、防风雨侵袭   B、分隔建筑内部空间   C、承受屋顶和楼板荷载

(6) 当门窗洞口上部有集中荷载作用时，其过梁可选用_____。

     A、平拱砖过梁   B、弧拱砖过梁

     C、钢筋砖过梁   D、钢筋混凝土过梁

(7) 纵墙承重的优点是_____。

     A、空间组合较灵活   B、纵墙上开门、窗限制较少

     C、整体刚度好   D、楼板所用材料较横墙承重少

     E、抗震好

(8) 在墙体设计中，为简化施工，避免砍砖，凡墙段长度在 1500mm 以内时，应尽符合砖模即_____。

     A、115mm   B、120mm   C、125mm   D、240mm

(9) 提高外墙保温能力可采用_____。

     A、选用热阻较大的材料作外墙   B、选用重量大的材料作外墙

     C、选用孔隙率高、密度小（轻）的材料作材料

     D、防止外墙产生凝结水   E、防止外墙出现空气渗透

(10) 墙体设计中，构造柱的最小尺寸为_____。

     A、180mm×180mm   B、180mm×240mm

     C、240mm×240mm   D、370m×370mm

(11) 墙面装修的作用有_____。

     A、保护墙体   B、改善室内卫生条件

     C、增强建筑物的采光保温、隔热性能

     D、美化和装饰   E、延长建筑使用寿命

(12) 为预防墙体内墙阳角的抹灰受损应用_____材料做_____。

     A、混合砂浆   B、石灰砂浆   C、1:2水泥砂浆

     D、护角   E、面层

2. 填空题

(1) 一般情况下，勒脚高度为_____。

（2）钢筋砖过梁适用于跨度不大于_____m，上部无_____的洞孔上。

（3）墙的承重方案有_____、_____、_____、_____。

（4）为增加墙体的整体稳定性，提高建筑物的刚度可设圈梁和_____。

（5）细石混凝土防潮层的做法通常采用_____mm厚的细石混凝土防潮带，内配_____钢筋。

（6）隔墙按其构造方式分为_____、_____和_____等。

（7）标准黏土砖的规格是_____，按其抗压强度分为六级，分别是_____、_____、_____、_____、_____、_____。

（8）墙体按受力情况分为_____和_____两类。

（9）墙体按其构造及施工方式不同有_____、_____和组合墙等。

（10）当墙身两侧室内地面标高有高差时，为避免墙身受潮，常在室内地面处设_____，并在靠土一侧的垂直墙面设_____。

（11）散水的宽度一般为_____，当屋面挑檐时，散水宽度应为_____。

（12）常用的过梁构造形式有_____、_____和_____三种。

（13）空心砖隔墙质量轻，但吸湿性大，通常在墙下部砌_____黏土砖。

（14）轻骨架隔墙是由_____和_____两部分组成。

（15）抹灰类装修按照质量要求分为三个等级，即_____、_____和_____。

（16）墙身水平防潮层一般可分防水砂浆防潮层、_____、_____三种做法。

3. 简答题

（1）什么叫附加圈梁？构造上有什么要求？

（2）墙体中为什么要设水平防潮层？设在什么位置？一般怎样做？

（3）隔墙按构造方式分有哪几大类？

（4）墙身加固措施有哪些？有何设计要求？

（5）墙面抹灰为什么要分层操作？各层的作用是什么？

4. 设计

一、题目

墙身节点详图设计。

二、目的和要求

掌握墙身剖面构造（除屋顶和檐口），训练绘制和识读施工图的能力。

三、作业条件

1. 宿舍（或住宅）的外墙，层高为3.5m（或2.8m）。

2. 承重砖墙，厚度为180～240mm。

3. 采用钢筋混凝土现浇楼板，假设每层楼板处均设钢筋混凝土圈梁。

4. 内外墙面及楼地层装修自定。

四、设计内容及图纸要求

用A3图纸一张，根据建筑制图标准规定，绘制外墙墙身三个节点详图①、②、③，如图所示。要求根据顺序将三个节点详图自下而上布置在同一垂直轴线（即墙身定位轴线）上。

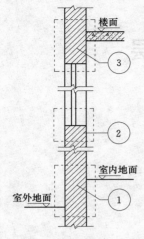

楼面

③

②

室内地面

室外地面

①

1. 节点详图1——墙脚和地坪层构造（比例1∶10）。

（1）画出墙身、勒脚、散水、防潮层、室内外地坪、踢脚板和内外墙面抹灰，剖切到的部分用材料图例表示。

（2）用引出线注明勒脚做法，标注勒脚高度。

（3）用多层构造引出线注明散水各层做法，标注散水的宽度、排水方向和坡度值。

（4）表示出防潮层的位置，注明做法。

（5）用多层构造引出线注明地坪层的各层做法。

（6）注明踢脚板的做法，标注踢脚板的高度等尺寸。

（7）标注定位轴线及编号圆圈，标注墙体厚度（在轴线两边分别标注）和室内外地面标高，注写图名和比例。

2. 节点详图2——窗台构造（比例1∶10）。

（1）画出墙身、内外墙面抹灰、内外窗台和窗框等。

（2）用引出线注明内外窗台的饰面做法，标注细部尺寸，标注外窗台的排水方向和坡度值。

（3）根据开启方式和材料表示出窗框，表示清楚窗框与窗台饰面的连接（参考门窗构造一章内容）。

（4）用多层构造引出线注明内外墙面装修做法。

（5）标注定位轴线（与节点详图1的轴线对齐），标注窗台标高（结构面标高），注写图名比例。

3. 节点详图3——过梁和圈梁构造（比例1∶10）

（1）画出墙身、内外墙面抹灰、过梁、窗框等。

（2）表示清楚过梁、圈梁的断面形式，标注有关尺寸。

（3）标注踢脚板的做法和尺寸。

（4）标注定位轴线（与节点详图1、2的轴线对齐），标注过梁底面（结构面）标高和楼面标高，注写图名和比例。

五、参考资料

1. 本教材有关内容。

2.《建筑设计资料集》编委会. 建筑设计资料集（第二版）. 北京：中国建筑工业出版社，1996，1997

3. 陈保胜. 建筑构造资料集上. 北京：中国建筑工业出版社，1994

4. 全国通用及各地区标准图集。

第8章 楼 板 层

本章要点

1. 掌握钢筋混凝土楼板的类型、构造和适用范围。
2. 熟悉常用楼地层的装饰构造。
3. 掌握楼地层的防水构造。
4. 掌握阳台的结构类型。
5. 了解雨篷的构造。

8.1 概 述

楼板层是房屋的重要组成部分，是建筑中沿水平方向分隔上下空间的结构构件。它除了承受并传递垂直荷载和水平荷载外，还具有防火、隔声、防水等功能。它承受楼面荷载（含自重）并通过墙或柱把荷载传递到基础上去。同时它与墙或柱等垂直承重构件相互依赖，互为支撑，构成房屋空间结构。

8.1.1 楼板层的设计要求

1. 结构要求

楼板层应有足够的承载能力，能承受自重和不同条件下的使用荷载而不损失。同时还应具有足够的刚度。在一定的荷载下，满足容许挠度值，以及人走动和设备动力作用下而不产生显著的振动，不产生影响耐久性的裂缝等。楼板构件的容许挠度，通常控制在 $L/200 \sim L/300$。其中的 L 为板、梁的跨度。

2. 防火要求

为了防火安全，作为承重构件，应满足防火规范对楼面材料燃烧性能及耐火极限的要求。其中常用的钢筋混凝土是理想的耐火材料，而压型钢板、钢梁等钢结构构件，因钢结构的耐火性能低，火灾时会丧失强度，所以这些构件表面必须采取防火措施（如外包混凝土或刷防火涂料），以满足防火规范耐火极限的要求。

3. 隔声要求

楼板层设计应考虑隔声问题，避免上下层空间相互干扰。

楼层隔声包括隔绝空气传声和固体传声两个方面。不同使用性质的房间对隔声的要求不同，如我国对住宅楼板的隔声标准中规定：楼板的计权标准化撞击声压级宜小于或等于75dB。对一些特殊性质的房间如广播室、录音室、演播室等的隔声要求则更高。

空气传声的隔绝方法，首先是避免有裂缝、孔洞，或者采用附加层结构，增设吊顶等隔声措施。至于隔绝固体传声，首先应防止在楼板上有太多的冲击声源。在特殊要求的公共建筑里，可用富于弹性的铺面材料做面层，如橡胶毡、地毯、软木等，使它吸收一定的冲击能量。同时在构造上采用各种方式来隔绝固体传声。

4. 热工要求

根据所处地区和建筑使用要求，楼面应采取相应的保温、隔热措施，以减少热损失。北方严寒地区，当楼板搁入外墙部分，如果没有足够的保温隔热措施，会形成"热桥"，不仅会使热量散失，且易产生凝结水，影响卫生及构件的耐久性。所以必须重视该部分的保温隔热构造设计，防止发生"热桥"现象。

5. 防水要求

用水较多的房间，如卫生间、盥洗室、浴室、实验室等，需满足防水要求，选用密实不透水的材料，适当作排水坡，并设置地漏。对有水房间的地面还应设置防水层。

6. 敷设管道的要求

对管道较多的公共建筑，楼板层设计时，应考虑到管道对建筑物层高的影响问题。如当防火规范要求暗敷消防设施时，应敷设在不燃烧的结构层内，使其能满足暗敷管线的要求。

7. 室内装饰要求

根据房间的使用功能和装饰要求，楼板层的面层常选用不同的面层材料和相应的构造做法。

8. 经济方面要求

经济方面，楼板层造价约占建筑物总造价的 20%～30%，而面层装饰材料对建筑造价影响较大。选材时，应综合考虑建筑的使用功能、建筑材料、经济条件和施工技术等因素。

8.1.2 楼板层的组成

楼板层主要由面层、结构层和顶棚层三部分组成。有特殊要求时，面层下可另设防水层，如图 8-1 所示。

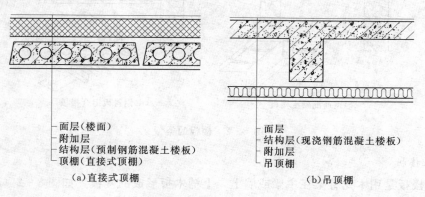

（a）直接式顶棚
- 面层（楼面）
- 附加层
- 结构层（预制钢筋混凝土楼板）
- 顶棚（直接式顶棚）

（b）吊顶棚
- 面层
- 结构层（现浇钢筋混凝土楼板）
- 附加层
- 吊顶棚

图 8-1 楼板层组成

1. 面层

面层又称楼面或地面，位于楼板层的最上层，起着保护结构层、分布荷载和室内装饰等作用，根据房间使用功能不同可以选用不同的面层。

2. 结构层

结构层位于面层和顶棚层之间，是楼板层的承重构件。它由楼板或楼板与梁组成。承受着整个楼层的荷载，并将其传至柱、墙及基础。同时还对墙身起水平支撑作用，帮助墙身抵抗和传递由风或地震等所产生的水平力，以增强建筑物的整体刚度。结构层也对隔声、防火起重要作用。

3. 顶棚层

顶棚层是楼板下部的装修层，起着保护结构层、装饰室内、安装灯具、敷设管线等作用，有直接式顶棚和吊顶棚之分。

4. 附加层

对于有特殊要求的房间，通常在面层与结构层或结构层与顶棚层之间设置附加层。附加层根据不同要求，主要有保温层、隔声层、防水层、防潮层、防静电层和管线敷设层等。

8.1.3 楼板的类型

根据使用材料的不同，楼板可分为木楼板、砖拱楼板、钢筋混凝土楼板和钢衬板组合楼板等几种类型，如图8-2所示。

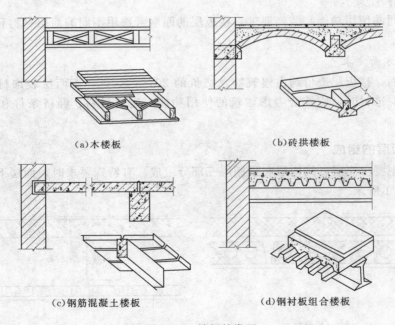

（a）木楼板 （b）砖拱楼板

（c）钢筋混凝土楼板 （d）钢衬板组合楼板

图8-2 楼板的类型

1. 木楼板

该种楼板是用木龙骨架在主梁或墙上，上铺木板形成的楼板，如图8-2（a）所示。

木楼板优点是构造简单，自重轻，保温性能好。缺点是耐火性和耐久性较差，消耗木材量大。加之我国木材资源较为缺乏，故一般工程中应用较少。

2. 砖拱楼板

这种楼板采用钢筋混凝土倒T形梁密排，其间填以普通灰砂砖、粉煤灰砖、煤矸石砖或特制的拱壳砖砌筑而成，故成为砖拱楼板，如图8-2（b）所示。这种楼板虽比钢筋混凝土楼板节省钢筋和水泥，但是自重大，作楼地面时整体性较差，导致建筑的抗震性能低，故在要求抗震设防的地区不宜采用。并且顶棚成弧拱形，一般应作吊顶。

3. 钢筋混凝土楼板

目前，最常用的是钢筋混凝土楼板，如图8-2（c）所示。它具有强度高、刚度大、耐久性和耐火性好等优点，且具有良好的可塑性，并便于工业化生产和机械化施工。缺点是自重较大。

4. 钢衬板组合楼板

钢衬板组合楼板是利用压型钢板作为衬板与现浇混凝土组合而成的楼板，钢衬板既是楼板受拉部分，也是现浇混凝土的衬模，如图8-2（d）所示。这种楼板优点是强度和刚度较高，自重较轻，利于加快施工进度。缺点是板底要进行防火处理，用钢量较多，造价高。目前普通民用建筑中应用较少，高层建筑和标准厂房中应用较多。

8.2 钢筋混凝土楼板构造

钢筋混凝土楼板可分为现浇式、预制装配式、装配整体式三种，可根据建筑物的使用功能、楼面使用荷载的大小、平面规则性、楼板跨度、经济性及施工条件等因素来选用。其中预制装配式钢筋混凝土楼板系指预制构件在现场进行安装的钢筋混凝土楼板。这种楼板使现场施工工期大为缩短，且节省材料，保证质量。唯一的问题是在建筑设计中要求平面形状规则，尺寸符合建筑模数要求。但该楼板的整体性、防水性、抗震性较差。现浇式钢筋混凝土楼板指在现场支模、绑扎钢筋、浇灌混凝土形成的楼板结构。它具有结构整体性好，对抗震、防水有利，且在使用时不受房间尺寸、形状限制等特点，适用于对整体性要求较高形体复杂的建筑。装配整体式楼板，是先将预制楼板作底模，然后在上面灌注现浇层，形成装配整体式楼板。它具有现浇式楼板整体性好和装配式楼板施工简单、工期较短，省模板的优点。

8.2.1 预制装配式钢筋混凝土楼板

装配式钢筋混凝土楼板是把楼板在预制构件厂或施工现场预先制作成型并达到强度后，运送到指定位置按顺序进行安装。这样，大大减少了现场湿作业工作量，提高了现场机械化施工水平，并可使工期大为缩短。这对建筑工业化水平的提高是一大促进，而且有利于建筑产品的质量控制。凡建筑设计中平面形状规则，尺寸符合模数要求的建筑，就可采用预制楼板。楼板的模数是指板的长度、宽度甚至厚度的尺度变化规则化。例如，普通的预制空心板，板的长度变化规律一般按扩大模数300mm的倍数，如3.3m、3.6m、3.9m等。板的宽度一般按基本模数100mm的倍数变化，如500mm、600mm、900mm等。板厚为120mm、180mm、240mm等。设计中考虑模数要求，使板的规格、类型减少，这样有利于批量生产，降低成本。

1. 预制钢筋混凝土楼板的类型

常用的预制钢筋混凝土板，根据其截面形状可分为实心平板、槽形板和空心板三种类型。

（1）预制实心平板。跨度一般在 2.4m 以内，多用作过道或小开间房间的楼板，亦可用作搁板或管道盖板等。板的两端简支在墙或梁上，由于构件小，起吊机械要求不高，如图 8-3 所示。用作楼板时，其板厚大于或等于 70mm；用作盖板时，厚度大于或等于 50mm。板宽约为 600～900mm。

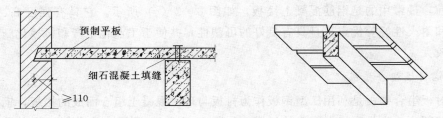

图 8-3 预制实心平板及安装示意

（2）预制槽形板。当跨度尺寸较大时，为了减轻板的自重，根据板的受力情况，可将板做成由肋和板组成的槽形板。它是一种梁板结合的构件，即在实心板的两侧设有纵肋，构成冂字形截面。为提高板的刚度和便于搁置，常将板的两端以端肋密闭。当板跨达 6m 时，应在板的中部每隔 500～700mm 处增设横肋一道，肋高按计算决定。板跨为 3～7.2m；板宽 600～1200mm。

槽形板承载能力较好，适应跨度较大，常用于工业建筑。

搁置时，板有正置（指肋向下）与倒置（指肋向上）两种，如图 8-4 所示。正置板由于板底不平，用于民用建筑时往往需要做吊顶。倒置板可保证板底平整，但板筋与正置时不同。如不另作面板，则可以综合楼面装修共同考虑，例如直接在其上做架空木地板等。有时为考虑楼板的隔声和保温，还可在槽内填充轻质多孔材料。

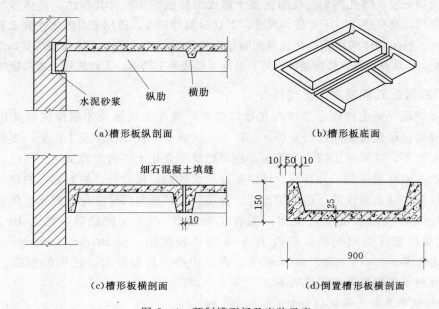

（a）槽形板纵剖面　　　　　　　　（b）槽形板底面

（c）槽形板横剖面　　　　　　　　（d）倒置槽形板横剖面

图 8-4 预制槽型板及安装示意

（3）空心板。根据板的受力情况，结合隔声要求，并使板面上下平整，可将预制板做成空心板，如图8-5所示，空心板的孔洞有矩形、方形、圆形、椭圆形等。矩形孔较为经济但抽孔困难，圆形板的板刚度较好，制作也较方便，因此使用较广。根据孔的宽度，孔数有单孔、双孔、三孔、多孔。预制板又可分为预应力板和非预应力板两类。所谓预应力板是指在生产过程中对受力钢筋施加张拉应力，以防止板在工作时受拉部位的混凝土出现开裂，同时也充分发挥受拉钢筋的作用，节约钢材。

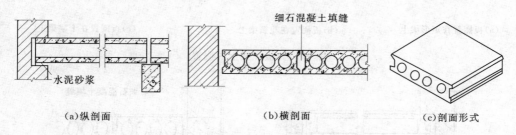

（a）纵剖面　　　　　　　（b）横剖面　　　　　　　（c）剖面形式

图8-5　预制空心板及安装示意

空心板有大型板和中型板之分，中型板非预应力的板跨约在3.9m及以下，预应力可做到4.5m，板宽500~1500mm，常见的是600~1200mm，板厚90~120mm，多用于民用建筑。大型空心板板跨4~7.2m，板宽为1200~1500mm，板厚180~240mm，可用于公共建筑及轻型的工业建筑，但其承载能力远不如槽型板。

2. 预制钢筋混凝土楼板的布置

根据房间的尺寸，板的支承方式有板式楼板和梁板式楼板之分，如图8-6所示。

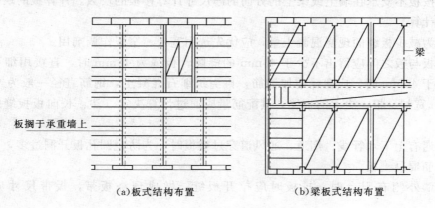

（a）板式结构布置　　　　　　　（b）梁板式结构布置

图8-6　预制楼板结构布置

混凝土梁的断面形式有矩形、T形、十字形、花篮形等。矩形梁外形简单，制作方便；T形梁受力性能好，自重轻；十字形或花篮形梁可减少楼层高度，如图8-7所示。

板的布置则尽量沿短跨方向布置，使结构经济、合理，但应避免出现三面支承的情况。即板的长边不得伸入墙体中，以防因受力不合理而遭到破坏。空心板支承端的两端孔内常以混凝土块等封孔，避免灌缝时混凝土进入空内以及保证支座处不致被压坏，如图8-8所示。

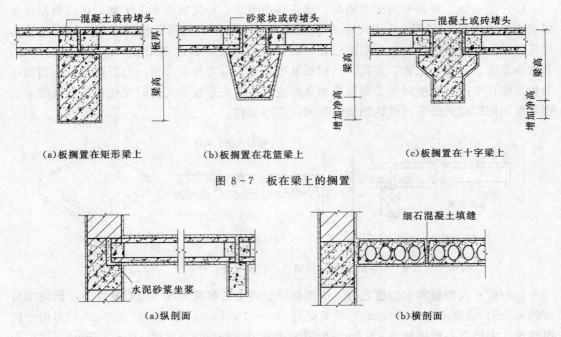

(a)板搁置在矩形梁上   (b)板搁置在花篮梁上   (c)板搁置在十字梁上

图 8-7　板在梁上的搁置

（a)纵剖面   （b)横剖面

图 8-8　预制空心板

预制楼板的选板应依据轴线尺寸、荷载大小而定，必要时还要验算楼板的剪力与弯矩值。预制楼板的排板应注意以下几点原则：

（1）按板不支承在墙上或梁上的方向的净尺寸计算楼板的块数。计算板的块数按板的构造宽度计算。

（2）为减少板缝的现浇混凝土量，应优先选用宽板、窄板作调剂用。

（3）板与板之间应留出不少于 40mm 的缝隙。板缝为 40mm 时，直接用细石混凝土浇筑，大于 40mm 时，应在缝中加钢筋，再浇筑细石混凝土，钢筋直径一般为 φ6，并按每 100mm 宽加一根。更大的板缝，其配筋量应通过计算决定（注：长向板板缝应不小于60mm）。

（4）遇有上下水管线、烟道、通风道穿过楼板时，为防止圆孔板开洞过多，应尽量做成现浇钢筋混凝土板。

（5）墙外侧有阳台时，排板时应拉开板缝，做成现浇板带，板带尺寸应不小于240mm。

3. 预制楼板的细部构造

（1）板缝的处理。板的排列受到板宽规格的限制。由于板的实际尺寸小于标志尺寸（由于构造尺寸造成的），为了便于板的铺设，预制板之间应留有一定的缝隙，称板缝。为了加强装配式楼板的整体性，避免在板缝处出现裂缝而影响楼板的使用和美观，应对板缝处作很好的处理。

当板缝小于 40mm 时，用不低于 C20 的细石混凝土灌实即可，如图 8-9（a）所示；当板缝大于 40mm 时，应在缝中加钢筋网片再灌细石混凝土，如图 8-9（b）所示；当板缝小于 120mm 时，可将缝留在靠墙处，沿墙挑砖填缝，如图 8-9（c）所示；当板缝大于 120mm 时，可采用现浇板带处理，将需穿越的管道设在现浇板带处，如图 8-9（d）所示。当板缝大于 200mm 时，重新选择板的规格再重新排板。

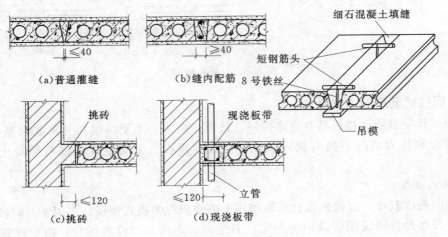

图 8-9　板缝的处理

（2）隔墙与楼板的关系。在装配式楼板上采用隔墙时，可将隔墙直接设置在楼板上。但在选择楼板时，应考虑隔墙的作用。当采用自重较大的材料，如黏土砖隔墙等，则不宜将隔墙直接搁置在楼板上，特别应避免将隔墙的荷载集中在一块板上。通常是设梁支承隔墙，如图 8-10（a）所示；当隔墙系轻质材料时，为使板底平整，可将梁的截面与板的厚度相同或直接在板缝内设小梁，如图 8-10（b）所示；隔墙垂直板缝时，亦可在板面整浇层内加设钢筋，如图 8-10（d）所示。

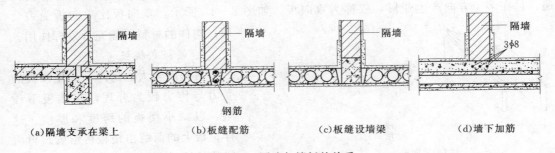

图 8-10　隔墙与楼板的关系

（3）板的搁置与锚固。预制板直接搁置在墙上或梁上时，应先坐浆 10~20mm（水泥砂浆）后铺板，板端应有足够的搁置长度。无抗震设防要求时，支承于混凝土梁上的搁置长度应不小于 80mm；支承于砖墙上的搁置长度应不小于 100mm；支承在钢构件上的长度不小于 50mm。当板端伸出钢筋锚入板端混凝土梁或圈梁内时，板的支承长度可为 40mm；灌缝混凝土强度等级不小于 C20。

为了增强楼板的整体刚度，应在板与墙以及板端与板端连接处设置锚固钢筋，如图 8-11所示。

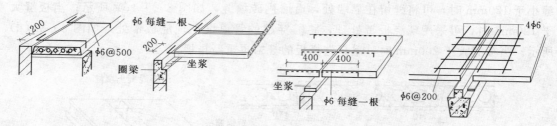

图 8-11 板的锚固

8.2.2 现浇钢筋混凝土楼板

现浇式钢筋混凝土楼板具有整体性好、抗震、防水、不受房间尺寸形状限制等特点。它根据受力和传力情况不同有板式楼板、梁板式楼板、无梁楼板和钢与混凝土组合楼板等。

1. 板式楼板

当房间跨度较小，直接搁置在承重墙体上的楼板称为板式楼板。多用于开间较小的宿舍楼、办公楼及普通民用建筑中的厨房、卫生间、走廊等。有些场合，由于建筑功能需要，一些房间跨度较大而不允许在中间设置梁柱（如门厅、接待厅），为满足楼板刚度、抗裂度，常常采用现浇预应力楼板。预应力楼板的厚度约为跨度的 1/40～1/50。

楼板一般是四边支承，根据其受力特点和支承情况，又可分为单向板和双向板。两对边支承的板为单向板。单向板的平面尺寸 $l_2/l_1 > 2$（其中 l_2 板的长边尺寸，l_1 板的短边尺寸）。这种板的受力主要向短边方向传递，且只在短边方向产生变形。单向板的配筋，如图 8-12 所示。板中包括受力主筋、分布钢筋和支座钢筋三个部分。布置方式有弓起式和分离式两种。双向板的平面尺寸比例为 $l_2/l_1 \leqslant 2$，受力后，这种板的受力向多个方向传递，且在多个方向产生变形，故称为双向板，如图 8-13 所示。双向板比单向板受力合理，构件的材料更能充分发挥作用。

2. 梁板式楼板

对跨度较大的房间，为使楼板的受力与传力较为合理，在楼板下设梁，以减小楼板的跨度和厚度。这样，板上的荷载由楼板传给梁，再由梁传给墙或柱，这样组成的楼板为梁板式楼板，如图 8-14 所示。

房间尺寸较大，梁板式楼板有时在纵横两个方向都设置梁，这时梁有主梁和次梁之分。主梁和次梁的布置应考虑建筑物的使用要求、房间的大小、隔墙的布置等。一般主梁沿房间短跨方向布置，次梁则垂直于主梁布置。对于大跨度的主梁，为减少梁

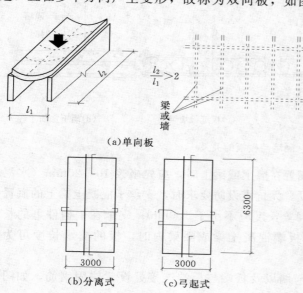

（a）单向板

（b）分离式　（c）弓起式

图 8-12 单向板

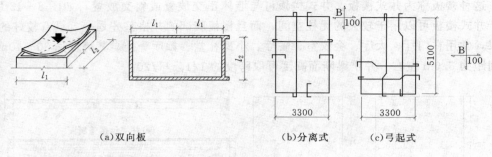

（a）双向板　　　　　　（b）分离式　　　（c）弓起式

图 8-13　双向板

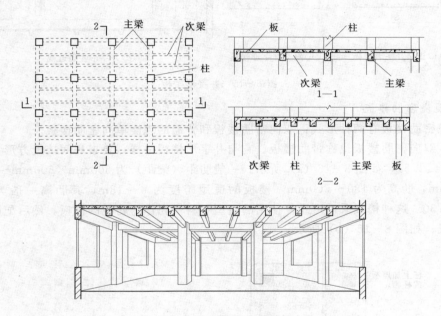

图 8-14　梁板式楼板

高，减轻梁的自重，常采用预应力混凝土梁或钢骨混凝土梁，甚至型钢梁等。

在进行梁、板布置时，应遵循以下原则：

（1）承重构件，如柱、墙应上下对齐，使结构传力直接，受力合理。

（2）主梁不宜搁置在门窗洞上。当板上有自重较大的隔墙和设备时板下应布置梁。

（3）在满足功能的前提下，合理选择梁、板的经济跨度和截面尺寸。一般，单向板的经济跨度宜小于 3.0m，板厚为跨度的 1/30，连续板为 1/40。双向板短边的长度宜小于 4.0m，板厚为短边跨度的 1/40，连续为 1/50。现浇板的板厚不应小于 60mm。主梁经济跨度为 5～9m 左右，梁高为跨度的 1/8～1/14。次梁的经济跨度 4～6m 左右，梁高为跨度的 1/12～1/18，悬臂梁为跨度的 1/5～1/6。梁的宽高比为 1/2～1/3，梁宽度不应小于 120mm，高度不应小于 150mm。

3．井式楼板

当房间的形状为方形或近于方形且跨度在 8m 或 8m 以上时，可采用双向井格形布置梁，这种楼板称为井式楼板。井式楼板可与墙体正交放置或斜交放置，如图 8 - 15 所示。由于井式楼板可以用于较大的无柱空间，而且楼板底部的井格整齐划一，具有较好的装饰效果，常用在门厅、大厅、会议室、餐厅、小型礼堂、舞厅等处。其跨度达 30～40m，梁的间距为 3.0m 左右。井字梁断面高度可取跨度的 1/15～1/20。

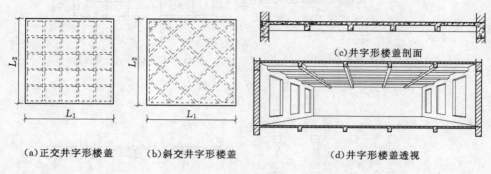

(a)正交井字形楼盖　　(b)斜交井字形楼盖　　(d)井字形楼盖透视

图 8 - 15　井字形楼板

4. 现浇密肋楼板

现浇密肋楼板有两种形式：双向密肋楼板和普通的现浇单向密肋楼板。

(1) 双向密肋楼板也称带肋楼板。它与井字形楼板一样，要求房间接近方形（长短之比 $L_2/L_1 \leqslant 1.5$），如图 8 - 16（a）所示。一般肋距（梁距）为 600mm×600mm～1000mm×1000mm，肋高为 180～500mm，楼板的适用跨度为 6～18m，其肋高一般为跨度的 1/20～1/30。这种楼板采用可重复使用的定型塑料模壳作为肋板的模板，然后配筋浇捣混凝土而成；如图 8 - 16（b）所示。

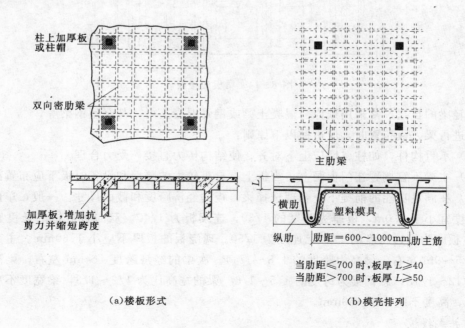

(a)楼板形式　　　　　　　　　　(b)模壳排列

图 8 - 16　双向密肋楼板

（2）普通的现浇单向密肋楼板，适用于跨度 8～12m 的结构，一般肋距为 500～700mm，肋高为跨度的 1/18～1/20。密肋楼板的板厚为 40～50mm。密肋楼板具有施工速度快自重轻的优点，一般用于梁高受限的楼板中。

5. 无梁楼板

无梁楼板为等厚的平板直接支承在柱上，楼板的四周支承边梁上，边梁支承在墙上或边柱上。无梁楼板分为有柱帽和无柱帽两种。柱帽有锥形、圆形板托和折线形等，如图 8-17 所示。当荷载较大时，为避免楼板太厚，应采用有柱帽无梁楼板。无梁楼板的柱网一般布置为正方形或矩形，间距一般在 6m 左右较经济，板的厚度不小于 150mm，一般取柱网短边尺寸的 1/25～1/30。

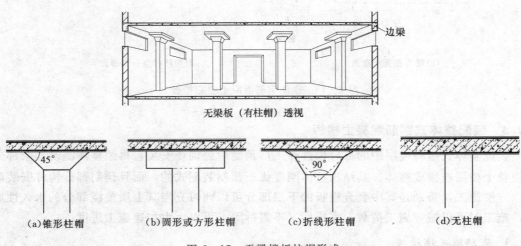

图 8-17　无梁楼板柱帽形式

无梁楼板的板柱体系适用于非抗震区的多高层建筑，如用于商店、书库、仓库、车库等荷载大、空间较大、层高受限制的建筑中。对于板跨大或大面积、超大面积的楼板、屋顶，为减少板厚控制挠度和避免楼板上出现裂缝，近年来在无梁楼板结构中常采用部分预应力技术。

无梁楼板具有顶棚平整、净空高度大、采光通风条件较好，施工简便等优点。但楼板较厚，用钢量较大，相对造价较高。

6. 现浇钢筋混凝土空心楼板（又称 GBF 板）

因建筑功能需要，往往在一较大空间（6～9m）内不允许设置次梁，以增加房间净高。所以在这个空间内设置一整块现浇楼板，其板厚一般为 200～300mm。当层数较多时自重大，为减轻自重，板内可预埋塑料管。管径为 100～180mm，间距为 150～250mm，单向排列，管子两端用泡沫塑料塞紧，防止混凝土挤入管内，如图 8-18 所示，亦可采取填充其他轻质材料，使楼板形成空腔。

这种空心楼板可以是单向的也可以是双向的，柱网间设宽扁梁可形成无梁楼板体系。它适用于跨度和楼面荷载大的地下室、标准厂房和仓库等建筑。为减少挠度和控制板的裂缝，一般在宽梁内和板内结合应用预应力技术。

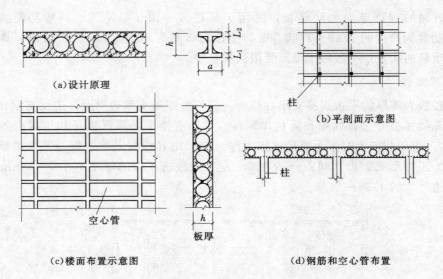

（a）设计原理

（b）平剖面示意图

（c）楼面布置示意图

（d）钢筋和空心管布置

图 8-18　现浇钢筋混凝土空心楼板

8.2.3　装配整体式钢筋混凝土楼板

装配整体式指将楼层中的部分构件经工厂预制后到现场安装，再经整体浇筑其余部分后使整个楼层连接成整体。其结构整体刚度优于预制装配式的，而且预制部分构件安装后可以方便施工，特别是其中叠合楼板的下层部分可以同时充当其上层整浇部分的永久性底模，施工时可以城守施工荷载，完成后又不需拆除，可以大大加速施工进度。

1. 密肋填充块楼板

密肋填充块楼板由密肋楼板和填充块叠合而成。

密肋楼板由现浇楼板、预制小梁现浇楼板等。密肋楼板由布置得较密的肋（梁）与板构成。肋的间距及高度应与填充物尺寸配合，通常肋的间距 700～1000mm，肋宽 60～150mm，肋高 200～300mm，肋的跨度为 3.5～4.0m，不宜超过 6m，板的厚度不小于 50mm。

密肋楼板间填充块，常用陶土空心砖或焦渣空心砖。密肋填充块楼板板底平整，有较好的隔声、保温、隔热效果，在施工中空心砖还可以起到模板作用，也利于管道的敷设。密肋填充块楼板由于肋间距小，肋的截面尺寸不大，但楼板所占的空间较小。

2. 叠合式楼板

预制薄板与现浇混凝土面层叠合而成的楼板，称叠合式楼板。它既省模板，整体性又较好，如图 8-19 所示。叠合式楼板的预制钢筋混凝土薄板既是永久性模板承受施工荷载，也是整个楼板结构的一个组合部分。钢筋混凝土薄板内配以高强钢丝作预应力筋，同时也是楼板的受力钢筋，板面叠合层内需配置支座负弯矩钢筋。所有楼板层中的管线均事先埋在现浇叠合层内。叠合式楼板优点是底面平整，顶棚可直接喷浆或粘贴装饰顶棚壁纸。此楼板在住宅、旅馆、办公楼等民用建筑中应用较多。

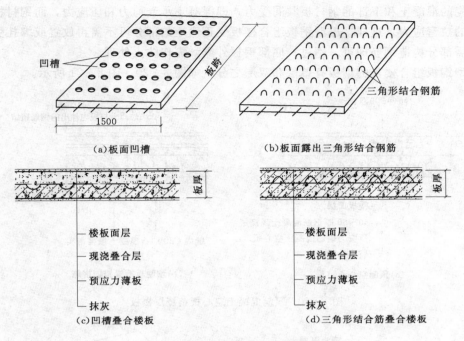

凹槽 ← (a)板面凹槽

三角形结合钢筋 ← (b)板面露出三角形结合钢筋

板厚 → 板厚 →

— 楼板面层
— 现浇叠合层
— 预应力薄板
— 抹灰

(c)凹槽叠合楼板

— 楼板面层
— 现浇叠合层
— 预应力薄板
— 抹灰

(d)三角形结合筋叠合楼板

图 8-19 叠合式楼板

叠合式楼板跨度一般为 4～6m，最大可达 9m，以 5.4m 左右较为经济。预应力薄板厚度，通常为 50～70mm，板宽 1.1～1.8m，板间应留缝 10～20mm。叠合式楼板运用于抗震烈度小于 9 度地区的民用建筑中。但对于处于侵蚀性环境，结构表面温度经常高于 60℃和耐火等级有较高要求的建筑物，应另作处理。它不适用于有机器设备振动的楼板。为了加强预制薄板与叠合层的连接，薄板上表面需作处理。一是在上表面做刻槽处理，如图 8-19（a）所示，凹槽间距 150mm；二是在薄板上表面预留三角形的结合钢筋，如图 8-19（b）所示。现浇层厚度一般为 50～100mm。叠合楼板的总厚取决于板的跨度，一般为 120～180mm。

3. 预制混凝土空心板整浇层楼板

预制预应力混凝土空心板楼板铺设后，浇捣不小于 50mm 厚的钢筋混凝土现浇层。混凝土现浇层应与板缝同时浇灌，现浇层内不允许埋设直径大于 25mm 的管线。一般现浇层中配 $\phi 6～8$ 间距 150～200mm 的钢筋网，纵向板缝之间上、下各配 $1\phi 10$ 钢筋，如图 8-20（a）所示。预制板搁置端将两预制板的钢筋头绞在一起，并通长配置 $1\phi 10$ 钢筋，如图 8-20（b）所示。这种楼板克服了装配式楼板沿纵向板缝容易开裂的缺点，又具有现浇板平面刚度大、整体性好的优点。它适用于建筑高度小于 50m，7 度抗震设防的框架结构、剪力墙结构和框架-剪力墙结构中。

4. 压型钢板组合楼板

压型钢板组合楼板是用压型薄钢板作底板，再与混凝土整浇层浇筑在一起。压型钢板本身截面经压制成凹凸状，有一定的刚度，可以作为施工时的底模。经过构造处理，可使上部现浇的混凝土和下部的钢衬板共同受力，即混凝土承受剪力和压应力，而钢衬板则承受下部的拉弯应力。这样，压型钢板组合楼板受正弯矩的部分可不需再放置或绑扎受力钢筋，仅需部分构造钢筋即可。不过，底部钢板外露，需作防火处理。

压型钢板组合楼板的钢板有单层和双层之分，如图 8-20、图 8-21 所示。

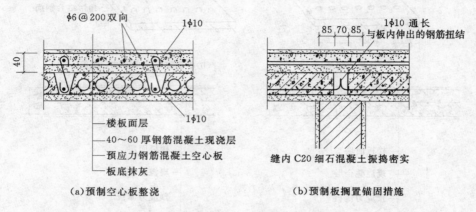

(a)预制空心板整浇

(b)预制板搁置锚固措施

图 8-20 预制混凝土空心板整浇层楼板

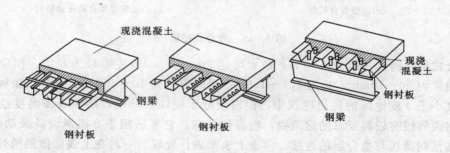

图 8-21 单层压型钢衬板叠合楼板

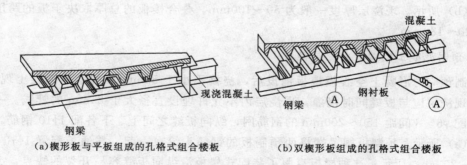

(a)楔形板与平板组成的孔格式组合楼板

(b)双楔形板组成的孔格式组合楼板

图 8-22 双层压型钢衬板叠合楼板

由于截面形状的原因，压型钢板只能够承受一个方向的弯矩，因此，压型钢板组合楼板只能够用作单向板。组合楼板的跨度为 1.5~4.0m，其经济跨度为 2.0~3.0m 之间。如果建筑空间较大，需要增加梁以满足板跨的要求。压型钢板与其下部梁的连接方法以及分段钢板之间的连接，如图 8-23 所示。

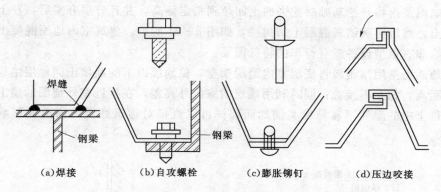

图 8-23　压型钢板与下部梁连接构造及分段间的咬合

8.3　地坪层与地面装饰构造

地坪层是建筑物底层与土壤相接的构件，和楼板层一样，它承受着底层底面上的荷载，并将荷载均匀的传给地基。地面属于建筑装修的一部分，各类建筑对地面要求也不尽相同。

8.3.1　地坪构造

地坪由面层、结构层和垫层三部分组成，对有特殊要求的地坪，常在面层与垫层之间增设附加层，如保温层、防水层等。

1. 面层

构造面层是地层上表面的铺筑层，也是室内空间下部的装饰层，也称地面，直接承受着上面的各种荷载，同时又有装饰室内的功能。根据使用和装修要求的不同，有各种不同作法。

2. 结构层

结构层为地坪的承重部分，承受着由地面传来的荷载，并传给地基。一般采用混凝土，厚度为 60～80mm。

3. 垫层

垫层为结构层与地基之间的找平层和填充层。主要起加强地基、帮助传递荷载的作用。垫层材料的选择决定于地面的主要荷载。当上部荷载较大，且结构层为现浇混凝土时，则垫层多采用碎砖或碎石；荷载较小时也可用灰土或三合土等作垫层。

地坪垫层应铺设在均匀密实的地基上。针对不同的土体情况和使用条件采用不同的处理办法。对于淤泥、淤泥质土、冲填土等软弱地基，应根据结构的受力特征、使用要求、土质情况按现行国家标准的规定利用和处理，使其满足使用的要求。

4. 附加层

附加层主要是为了满足某些特殊使用要求而设置的构造层次，如防潮层、防水层、保温层、隔声层或管道敷设层等。

建筑物的地层构造还可以分为实铺地面和架空地面两种。

实铺地面是指将开挖基础时挖去的土回填到指定标高，并且分层夯实后，在上面铺碎石或三合土，然后再满铺素混凝土结构层，如图8-24所示。建筑室内地面混凝土一般不用配筋，除非有重型设备或有行车的特殊需要。

架空地面是指用预制板将底层室内地层架空，使地层以下的回填土同地层结构之间保留一定的距离，相互不接触；同时利用建筑的室内外高差，在接近室外地面的墙上留出通风洞，使得土中的潮气不容易像实铺地面那样可以直接对建筑底层地面造成影响，如图8-25所示。

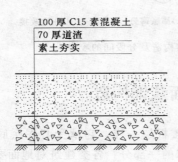

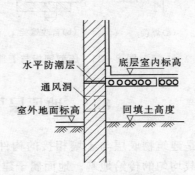

图8-24　实铺地面做法　　　　　　图8-25　架空地面做法

不过相关的规范规定，建筑物底层下部有管道通过的区域，不得做架空板，而必须做实铺地面。

8.3.2　地面装饰构造

地面是楼板层和地坪的面层，是人们日常生活、工作和生产时直接接触的部分，属装修范畴。也是建筑中直接承受荷载，经常受到摩擦、清扫和冲洗的部分。

1. 地面设计要求

（1）具有足够的坚固性。要求在各种外力作用下不易磨损破坏，且要求表面平整、光洁、易清洁和不起灰。

（2）保温性能好。即要求地面材料的导热系数要小，给人以温暖舒适的感觉，冬季走在上面不致感到寒冷。

（3）具有一定的弹性。当人们行走时不致有过硬的感受，同时还能起隔声作用。

（4）满足某些特殊要求。对有水作用的房间，地面应防潮防水；对有火灾隐患的房间，应防火阻燃；对有化学物质作用的房间应耐腐蚀；对食品和药品存放的房间，地面应无害虫，易清洁；对经常有油污染的房间，地面应防油渗且易清扫等。

（5）防止地面返潮。我国南方在春夏之交的梅雨季节，由于雨水多，气温高，空气中相对湿度较大。当地表面温度低于露点温度时，空气中的水蒸气遇冷便凝聚成小水珠附在地表面上。当地面的吸水性较差时，往往会在地面上形成一层水珠，这种现象称为地面返潮。一般以底层较为常见，但严重时，可达到3~4层。

综上所述，在进行地面的设计或施工时，应根据房间的使用功能和装修标准，选择适宜的面层和附加层，提出恰当的构造措施。

2. 普通地面构造

普通地面由面层和找平层（或结合层）两部分组成。

地面根据其材料和做法可分为四大类型，即整体地面、块料地面、塑料地面和木地面。

（1）整体地面。整体地面包括水泥砂浆地面、水泥石屑地面、水磨石地面等现浇地面。

1）水泥砂浆地面，即在混凝土结构层上抹水泥砂浆。一般有单层和双层两种做法。单层做法只抹一层 15～20mm 厚 1：2 或 1：2.5 水泥砂浆；双层做法是先在结构层上抹 10～20mm 厚 1：3 水泥砂浆找平层，表面层抹 5～10mm 厚 1：2 水泥砂浆。双层做法平整不易开裂。

水泥砂浆地面通常用作对地面要求不高的房间或需进行二次装修前的商品房地面。原因在于水泥砂浆地面构造简单、坚固，能防潮、防水而且造价又较低。但水泥砂浆地面导热系数大，冬天感觉冷，而且表面易起灰，不易清洁。

2）水泥石屑地面，以石屑替代砂的一种水泥地面，亦称豆石地面或瓜米石地面。这种地面性能近似水磨石，表面光洁，不易起尘，易清洁，造价仅为水磨石地面的 50％ 左右。水泥石屑地面构造也有一层和两层做法之别。一层做法是在结构层上直接做 25mm 厚 1：2 水泥石屑提浆抹光；两层做法是增加一层 15～20mm 厚 1：3 水泥砂浆找平层，面层铺 15mm 厚 1：2 水泥石屑，提浆抹光即成。

3）水磨石地面，一般分两层构造。在结构层上用 15～20mm 厚的 1：3 水泥砂浆找平，面层铺约 12mm 厚 1：1.5～1：2 的水泥石子浆。待面层达到一定强度后加水用磨石机多次磨光，达到分格条高度，然后打蜡保护。所用水泥为普通水泥或白水泥，所用石子可为中等硬度的方解石、大理石、白云石屑等。

为适应地面变形可能引起的面层开裂以及维修方便。在做好找平层后，用嵌条把地面分成若干小块，尺寸约 300～1000mm 见方。分块作用：其一可以设计成各种图案；其二在使用时一旦损坏，便于修补。分格条一般用玻璃、塑料或金属条（铜条、铝条）。分格条高度与水磨石厚度都是 10mm，用 1：1 水泥砂浆固定。嵌固砂浆不宜过高，否则会造成面层在分格条两侧仅有水泥而无石子，影响美观，如图 8-26 所示。当做彩色面层时，则将普通水泥换成白水泥，并掺入不同颜料做成各种彩色地面。但颜料用量不得超过水泥量的 5％，以免影响地面强度。亦可用彩色石子或彩色水泥做成美术水磨石地面。

水磨石地面具有良好的耐磨性、耐久性、防水性，并具有质地美观、表面光洁、不起尘、易清洁等优点。缺点是导热系数大，冬天感觉冷，遇水、油地面较滑。通常应用于居住建筑的浴室、厨房和公共建筑门厅、走道及主要房间地面等部位。水磨石由于施工工序多，操作麻烦，应用正在逐步减少。

（2）块材地面。块材地面是把地面材料加工成块状，然后借助胶结材料粘贴或铺砌在结构层上。胶结材料既起胶结作用又起找平作用，也有先做找平层再做胶结层的。常用胶结材料有水泥砂浆或多种黏合剂等。块料地面种类很多，常用的有水泥砖、混凝土单、水磨石块、缸砖、陶瓷锦砖、陶瓷地砖等。

1）水泥制品块地面。用 20～40mm 厚水泥砂浆做结合层。这种地面施工方便，造价

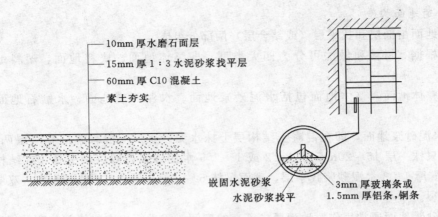

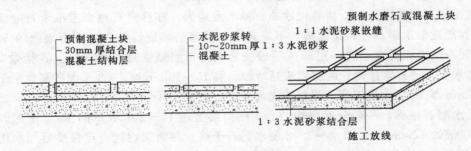

图 8-26 水磨石地面

低廉，适用于外部地面以及庭园小道等，如图 8-27 所示。

图 8-27 水泥制品块地面

2）缸砖地面。缸砖是用陶土焙烧而成的一种无釉砖块。形状有正方形（尺寸为 100mm×100mm 和 150mm×150mm，厚 10～19mm）、六边形、八角形等。颜色也有多种，但以红棕色和深米黄色居多，也可由不同形状和色彩组合成各种图案。缸砖背面有凹槽，使砖块和基层黏结牢固，要求平整，横平竖直，如图 8-28 所示。缸砖具有质地坚硬、耐磨、耐水、耐酸碱、易清洁等优点。

3）陶瓷地砖地面。陶瓷地砖又称地砖。其类型有釉面地砖、无光釉面砖和无釉防滑地砖及抛光地砖。陶瓷堆砖有红、浅红、白、浅黄、浅蓝等各种颜色。地砖色调均匀，砖面平整，抗腐耐磨，施工方便，且块大缝少，装饰效果好，特别是防滑地砖又能防滑，因而越来越多地用于办公、商店、旅馆和住宅中。陶瓷地砖一般厚 6～10mm，其规格有 400mm×400mm、300mm×300mm、250mm×250mm、200mm×200mm。

4）天然石材地面。包括花岗石地面和大理石地面。天然石材地面具有良好的抗压强度，质地坚硬、耐磨、色彩丰富、花纹美丽、装饰效果极佳，是理想的高级地面装修材料。

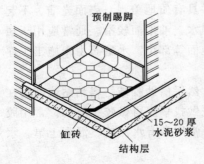

图 8-28 缸砖地面

花岗石地面由基层、垫层和面层三部分组成。基层一般为素土夯实,在其上打100mm左右的3:7灰土或150mm厚卵石灌M2.5水泥白灰混合砂浆,垫层为50~60mm厚的混凝土,在其上作20mm厚1:3水泥砂浆找平层。面层为20mm厚磨光花岗石铺面,板下用30mm厚1:3~1:4干硬性水泥砂浆结合层黏结,板缝用稀水泥浆擦缝。

大理石地面由基层、垫层和面层三部分组成。其基层和垫层作法与花岗石地面相同。面层为大理石板,其规格为500mm×500mm×20mm,颜色和花纹由设计人选定。黏结方法与花岗石地面相同。

(3)塑料地面。从广义上讲,塑料地面包括一切以有机物质为主所翻成的地面覆盖材料。如以一定厚度平面状的块材或卷材形式的油地毡、橡胶地毡、涂饰地面等。

塑料地面装饰效果好,色彩鲜艳,施工简单,维修保养方便,有一定弹性,脚感舒适,步行时噪声小。但它有易老化、日久失去光泽、受压后产生凹陷、不耐高热及硬物刻画易留痕等缺点。

常用的有乙烯类塑料地面以及涂料地面等。

1)乙烯类塑料及橡胶地面。

塑料地面是以乙烯类树脂为主要胶结材料,配以增塑剂、填充料、稳定剂、润滑剂和颜料,经高速混合、塑化、辊压或层压成型而成。塑料地面品种繁多,就外形看,有块材和卷材之分;就材质看,有软质和半硬质之分;就结构看,有单层和多层复合之分;就颜色看,有单色和复色之分。塑料地面所用黏结剂也有多种,如溶剂性氯丁橡胶黏结剂、聚醋酸乙烯黏结剂、环氧树脂黏结剂、水乳型氯丁橡胶黏结剂等。

下面介绍两种常用的聚氯乙烯地面。

聚氯乙烯地砖:聚氯乙烯地砖一般含有20%~40%的聚氯乙烯树脂及其共聚物和60%~80%的填料及添加剂。聚氯乙烯地砖质地较硬,常做成块状,规格常为300mm见方,厚1.5~3mm,另外还有三角形、长方形等形状。

其施工方法是在清理基层后,根据房间大小设计图案排料编号,在基层上弹线定位,由中心向四周铺贴。

软质及半硬质塑料地面:软质塑料地面,由于增塑剂较多而填料较少,故较柔软,有一定弹性,耐凹陷性能好,但不耐热,尺寸稳定性差,主要用于医院、住宅等。这类地面规格为:宽800~1240mm,长12~20m,厚1~6mm。施工是在清理基层后按设计弹线,在塑料板底满涂氯丁橡胶黏结剂1~2mm后进行铺贴。地面的拼接方法是将板缝先切割成V形,然后用三角形塑料焊条、电热焊枪焊接,并均匀加热,如图8-29所示。

半硬质塑料地板规格为100mm×100mm~700mm×700mm,厚1.5~1.7mm,黏结剂与软质地面相同。施工时,先将黏结剂均匀地刮涂在地面上;几分钟后,将塑料地板按设计图案贴在地面上,并用抹布擦去缝中多

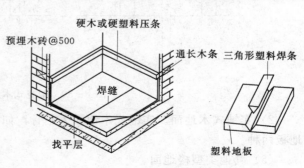

图8-29 塑料地面施工

余的黏结剂。尺寸较大者如 700mm×700mm，可不用黏结剂，铺平后即可使用。

2）涂饰地面。

涂饰地面通常是在地面面层完成后所做的装饰层。用于地面的涂料有地板漆及溶剂型涂料等。这些涂料施工方便，造价较低，可以提高地面的韧性，减小其透水性；适用于民用建筑中的住宅、医院等。由于涂层较薄耐磨性差，故不适于人流或物件进出频繁的公共场所。

（4）木地面。木地面是一种传统的地面装饰，具有自重轻、保温性好、有弹性以及易于加工等优点，成为中高档地面装修之一。

木地面根据面层使用材料不同，有实木地板、强化复合地板、软木地板和竹地板等。根据构造形式可分为架空式和实铺式两种。架空式木地面就是有龙骨架空的木地板地面；实铺式木地面是将面层直接浮搁、胶贴于地面基层之上。

1）架空式木地面。根据基层标高与设计标高之间的高度差，选择如图 8-30 所示的两种构造形式。其中图 8-30（b）、（c）中构造形式是目前应用比较广泛的，图 8-30（a）中构造形式一般用于地面有较大标高变化（如会场主席台、舞台等）的地面。

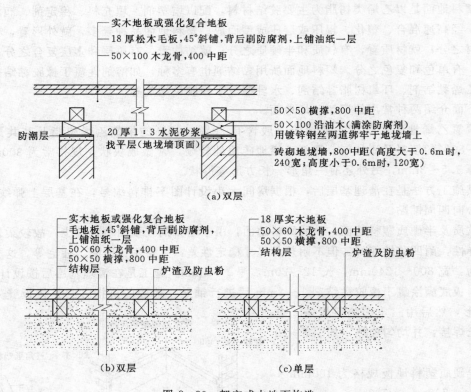

图 8-30　架空式木地面构造

2）实铺式木地面。实铺式木地面无龙骨，如图 8-31 所示，可分为拼花地板和复合地板两种。

（5）其他类型楼地面。

1）硬质纤维板地面。硬质纤维板是一种一面光滑、一面有刻痕的特制纤维板。硬质

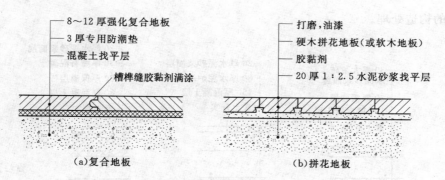

图 8-31 实铺式木地板

纤维板地面是采用胶黏剂黏结在水泥砂浆基层上的一种作法。常用的胶结材料有沥青类胶结材料、脲醛树脂水泥胶黏剂、环氧树脂、合成橡胶溶剂、乙烯、氯丁橡胶等。硬质纤维板地面要求基层平整坚实，不起壳、不起砂，表面干燥、洁净。

硬质纤维板地面具有木地板的质感，但比木地面经济。在宾馆、住宅、学校、幼儿园、托儿所等建筑中的干燥房间可以采用。

2）化纤地毯地面。化纤地毯是我国近年来广泛采用的一种新型地毯。它以丙纶、腈纶纤维为原料，采用簇绒法和机织法制作面层，再与麻布背衬加工而成。化纤地毯地面具有吸声、隔声、弹性好、保温好，脚感舒适、美观大方等优点。

化纤地毯由面层、防松涂层和背衬构成。化纤地毯的铺设分固定与不固定两种方式。铺设时可以满铺或局部铺设。采用固定铺贴时，应先将地毯与地毯接缝拼好，下衬一条100mm 宽的麻布条，胶黏剂按 0.8kg/m 的涂布量使用。地面与地毯黏结时，在地面上涂刷 120～150mm 宽的胶黏剂，按 0.05kg/m 的涂布量使用。

3）纯毛地毯地面。纯毛地毯采用纯羊毛用手工或机器编织而成。铺设方式多为不固定的铺设方法，一般作为毯上毯使用（即在化纤地毯的表面上铺装羊毛毯）。

8.4 楼地层细部构造

楼地层的细部构造包括地坪防潮构造、楼层防水构造、隔声构造和防火构造等。

8.4.1 地坪防潮构造

地坪根据构造方式的不同，室内地坪有实铺式和空铺式两大类，其防潮的构造做法也不同。

1. 实铺式地面防潮

实铺式地坪的构造组成一般都是在夯实的地基土上做垫层（常见垫层的做法有：100mm 厚的 3∶7 灰土，或 150mm 厚卵石灌 M2.5 混合砂浆或 100mm 厚的碎砖三合土等），垫层上做不小于 50mm 厚的 C10 混凝土结构层，有时也称混凝土垫层，最后再做各种不同材料的地面面层。在这类常见的地坪做法中的混凝土结构层，同时也是良好的地坪防潮层，混凝土结构层之下的卵石层也有切断毛细水的通路的作用。图 8-32 为几种实铺式地坪的构造处理。

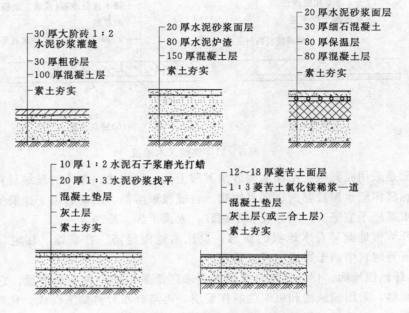

- 30厚大阶砖1：2
  水泥砂浆灌缝
- 30厚粗砂层
- 100厚混凝土层
- 素土夯实

- 20厚水泥砂浆面层
- 80厚水泥炉渣
- 150厚混凝土层
- 素土夯实

- 20厚水泥砂浆面层
- 30厚细石混凝土
- 80厚保温层
- 80厚混凝土层
- 素土夯实

- 10厚1：2水泥石子浆磨光打蜡
- 20厚1：3水泥砂浆找平
- 混凝土垫层
- 灰土层
- 素土夯实

- 12～18厚菱苦土面层
- 1：3菱苦土氯化镁稀浆一道
- 混凝土垫层
- 灰土层（或三合土层）
- 素土夯实

图8-32 实铺式地坪防潮处理

2．空铺式地面防潮

当首层房间地坪采用木地面做法式，考虑到使木地面下有足够的空间便于通风，以保持干燥，防止木地板受潮变形或腐烂，所以经常采用空铺地板的形式，将支承木地板的格栅架空搁置。木格栅可搁置在墙上，当房间尺寸加大时，也可搁置于地垄墙或砖墩上。无论哪种搁置方式，格栅下面都必须铺设沿椽木（也称垫木）。为了防止潮气上升及草木滋生，在地格栅下的地面上，应铺设1：3：6～1：4：8满堂灰浆三合土或用2：8灰土夯实，厚度约100mm，如图8-33所示。

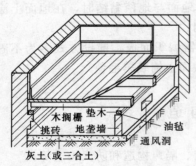

木搁栅　垫木
挑砖　地垄墙
油毡
通风洞
灰土（或三合土）

图8-33 空铺式木地板防潮处理

为了使室外与地下空气流通，以及格栅与地板不致因地下潮气而腐烂，故在外墙勒脚部位，每隔3～5m开设一个180mm×250mm的通风洞。通风洞也应在内墙上开设，包括地垄墙上也应开设，并应前后串通。

木地板的防潮防腐构造措施还包括木制构件本身的防护处理，凡格栅两端及中间支承处以及沿椽木均需涂焦油。标准高的工程，地格栅全部及地板背面，均需事先涂防腐剂，以提高防潮效果。

8.4.2　楼面防水构造

楼地面的防水设计除了面层防水处理以外，还应解决好上、下管道，暖气管穿楼板时的防水处理，以及与楼地面相邻淋水墙面的防水处理等问题。

1. 楼面面层防水处理

有水房间的楼板结构层以现浇钢筋混凝土楼板比较理想，这样即有利于根据室内设施的分布情况灵活的处理楼板中的受力钢筋布置问题，又可方便地预留出各种管道穿楼板的孔洞位置，避免了预制装配式楼板现场凿洞的麻烦。楼面设置找坡层。在设计中应注明主要排水坡度和最低处（即地漏表面或排水沟盖板表面）标高。坡度一般为1%，不应小于0.5%，水应排向地漏，如图8-34所示。

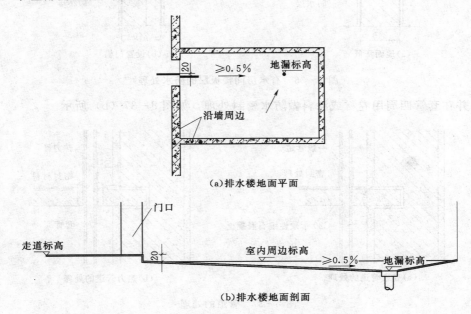

(a)排水楼地面平面

(b)排水楼地面剖面

图 8-34　排水楼地面平面与剖面

防水层在墙、柱部位翻起高度应不小于100mm，如图8-35所示。有面积积水的楼面标高，一般应低于相邻房间或走道20mm或设挡水门槛，如图8-36所示，以防止水流向其他房间。楼面防水层材料有高聚物改性沥青防水卷材、合成高分子防水卷材和防水涂料。防水层设置于找坡层之上，如面层厚度小于20mm，防水层则设于找坡层之下。

2. 管道穿楼板的防水处理

各种管道竖向穿越楼板层的部位是楼板层防水的薄弱环节，一般采取两种处理办法：一是在一般立管穿越楼板时，在穿越楼板的管道四周用C20干硬性细石混凝土填实，再以卷材或涂料做密封处理，如图8-37（a）所示；二是当有热力暖气管道、热水管道等穿过楼板层时，为防止由于温度变化而出现胀缩变形，致使管壁周围漏水，故常在楼板走管的位置预先埋设一个比立管管径稍大的套管，以保证热水管或暖气管能自由伸缩而不致造成混凝土及防水层开裂。套管应比楼面高出30mm

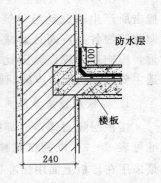

图 8-35　楼板层防水处理

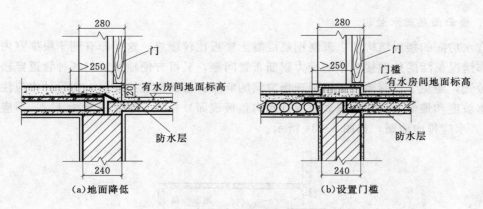

（a）地面降低   （b）设置门槛

图 8-36 有水房间楼板层的防水处理

以上，并在套管四周用卷材或涂料做防水密封处理，如图 8-37（b）所示。

（a）普通管道的处理   （b）热力管道的处理

图 8-37 管道的处理

8.4.3 楼面隔声构造

楼板隔声性能包括隔绝空气声和撞击声两个方面，隔绝空气声遵循"质量定律"。钢筋混凝土楼板的撞击声级随频率增加而上升，随楼板的厚度增加而减少。厚度增加一倍，理论上可使撞击声级降低 10dB，但因边界条件等实际原因达不到 10dB 的改善量，表 8-1 为钢筋混凝土楼板厚度不同时的撞击声级。

撞击声除了直接经楼板向下辐射声能外，撞击所产生的振动经建筑物结构（固体）传向建筑物各处，而且衰减很小，可以传得很远，影响范围较广。因此，楼板层的隔声构造主要是解决固体声的问题。

1. 楼板层撞击声隔声标准

楼板层隔固体声（即撞击声）的隔声标准见表 8-2。欲测试某楼板层的隔声状况，是采用在楼板上面用标准打击器撞击，在楼下接收其声压级。

楼板层空气声隔声标准参见表 8-3。

表 8-1 钢筋混凝土楼板厚度不同时的撞击声压级

厚度 (mm)	平均撞击声压级 (dB)	厚度 (mm)	平均撞击声压级 (dB)
40	82	90	78
60	79	110	79.1

注 表中 110mm 楼板数据来自《2003 全国民用建筑工程设计技术措施·规划·建筑》，可能测量条件不同。

表 8 - 2 撞 击 声 隔 声 标 准

建筑类别	楼 板	计权标准化撞击声压级 (dB)			
		特级	一级	二级	三级
住宅		—	≤65	≤75	≤75
学校		—	≤65	≤65	≤75
医院	病房/病房	—	≤65	≤75	≤75
	病房/手术室	—	—	≤75	≤75
	听力测试室上部楼板	—	≤65		
旅馆	客房/客房	≤55	≤65	≤75	≤75
	客房/振动室	≤55	≤55	≤65	≤65

注 确有困难时，可允许三级楼板计权标准化声压级小于或等于 85dB，但在构造上应预留改善条件。

表 8 - 3 民用建筑隔声标准及空气声隔声标准

建筑类别	间 隔 部 位	计 权 隔 声 量 (dB)			
		特级	一级	二级	三级
住宅学校	分户墙、楼板	—	≥50	≥45	≥40
	隔墙、楼板	—	≥50	≥45	≥40
医院	病房/病房		≥45	≥40	≥35
	病房/有噪声的房间		≥50	≥50	≥40
	手术室/病房		≥50	≥45	≥40
	病房/有噪声的房间		≥50	≥50	≥45
	听力测试室围护结构		≥50		
旅馆	客房/客房	≥50	≥45	≥40	≥40
	客房/走廊（含门）	≥40	≥40	≥35	≥30
	客房外墙（含窗）	≥40	≥35	≥25	≥20

2. 改善楼板撞击声隔声的构造形式

（1）在承重楼板上铺设弹性面层材料。弹性面层材料可减弱撞击的能量和楼板的振动，从而达到改善楼板隔声的效果。常用的弹性面层材料有各类地毯、塑料地面、再生橡胶、木地板等。其做法及部分弹性面层的撞击声改善值，如图 8-38 所示。弹性面层对中高频的撞击声改善比较明显。

（2）浮筑楼板。在承重楼板与面层之间铺设一层弹性材料将面层与承重楼板隔离，即把面层浮筑于楼板上，使面层所受撞击声的振动只有一小部分传至承重楼板层而向下辐射噪声，因而改善楼板撞击声隔声性能。其基本构造如图 8-39 所示。

浮筑楼板的面层材料不宜太轻，垫层材料弹性要好，才能获得较高的楼板撞击声改善值。对于有龙骨的构造，在龙骨下面必须加垫弹性材料，否则撞击声改善量不高，且易在中低频段引起副作用。

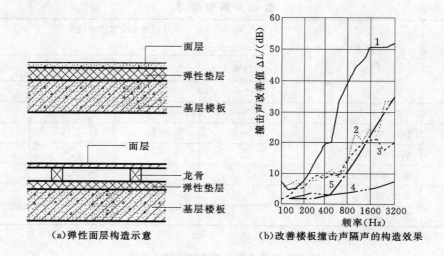

（a）弹性面层构造示意　　　　（b）改善楼板撞击声隔声的构造效果

图 8-38　改善楼板撞击声隔声的构造

1—钢筋混凝土空心楼板上铺厚地毯；2—钢筋混凝土楼板上铺木龙骨杉木地板；3—钢筋混凝土楼板上实铺杉木地板；4—钢筋混凝土密肋楼板上粘贴 3mm 厚橡胶塑料面层；5—钢丝网楼板上铺再生胶面层（底面带格）

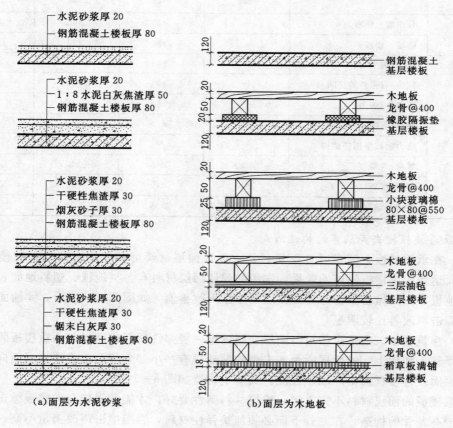

（a）面层为水泥砂浆　　　　　（b）面层为木地板

图 8-39　浮筑楼板构造

（3）在承重楼板下加设吊顶。在楼板下加设钢板网抹灰、纤维板、石膏板、水泥压力板等板材类吊顶，因其有一定的隔声能力（为提高隔声能力，板间接缝处应抹腻子），使撞击声级有所改善。其隔声效果取决于：

1）单位面积的重量。越重的板材隔声性能越好。

2）吊顶与楼板间有一定的距离。距离大，隔声好。还可在空气层中填放吸声材料，提高隔声量。

3）吊顶与楼板间弹性连接，可采用弹性卡子、弹性吊钩、或在吊杆上裹毛毡，结构形式，如图8-40所示。采用弹性连接可使撞击声级降低3～5dB。

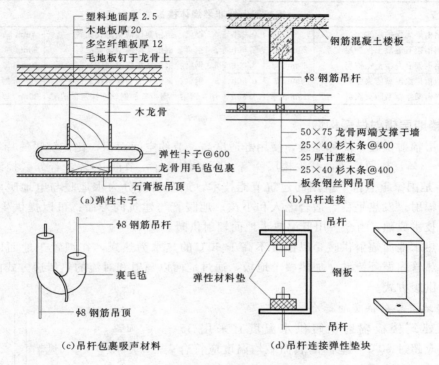

图8-40　吊顶的弹性连接

8.4.4　楼板防火构造

楼板的燃烧性能和耐火极限不应低于表8-4的规定。

表8-4　　　　　　　　　　楼板的燃烧性能和耐火极限（h）

耐火等级 \ 建筑层数	一级	二级	三级	四级
低层、多层民用建筑	非燃烧体1.50	非燃烧体1.00	非燃烧体0.50	燃烧体
多层厂房	非燃烧体1.50	非燃烧体1.00	非燃烧体0.75	难燃烧体0.50
高层建筑	非燃烧体1.50	非燃烧体1.00	—	—

楼板的燃烧性能和耐火极限见表8-5～表8-7。

表 8-5	钢筋混凝土圆孔空心预制板	
保护层厚度 （mm）	预 制 板	
	非预应力	预应力
10	非燃烧体 1.00h	非燃烧体 0.50h
20	非燃烧体 1.25h	非燃烧体 0.75h
30	非燃烧体 1.50h	非燃烧体 1.00h

表 8-6	钢筋混凝土现浇整体式楼板		
保护层厚度 （mm）	板 厚 （mm）		
	80	90	100
10	非燃烧体 1.40h	非燃烧体 1.75h	非燃烧体 2.00h
20	非燃烧体 1.50h	非燃烧体 1.85h	非燃烧体 2.10h

表 8-7	钢桁架上铺非燃烧体楼板						
1	钢梁、钢桁架无保护层		0.25h	6	钢梁、钢桁架涂薄型防火涂料	4mm 厚	1.00h
2	钢梁、钢桁架有混凝土保护层	20mm 厚	2.00h	7	钢梁、钢桁架涂薄型防火涂料	6mm 厚	1.50h
3	钢梁、钢桁架有混凝土保护层	30mm 厚	3.00h	8	钢梁、钢桁架加钢丝网抹灰保护层	10mm 厚	0.50h
4	钢梁、钢桁架涂厚型防火涂料	6mm 厚	0.50h	9	钢梁、钢桁架加钢丝网抹灰保护层	20mm 厚	1.00h
5	钢梁、钢桁架涂厚型防火涂料	15mm 厚	1.85h	10	钢梁、钢桁架加钢丝网抹灰保护层	30mm 厚	1.25h

8.4.5 楼地层辐射供暖构造

楼地层辐射供暖，简称地暖，使用舒适度高，节约空间面积，比传统暖气片增加使用面积 2%～3%，热源广泛，减少楼层噪音，隔音效果好，节能 20%，若分区控温节能可达 40%，是国家重点推广应用的建筑节能技术，地暖目前分为水地暖与电地暖两种，水地暖没有辐射，发热平稳，适合老人和小孩；地暖管与建筑同寿命；可以提供生活热水，维修保养技术成熟。当今多用低温热水地面辐射供暖。

低温热水地面辐射供暖是以温度不高于 60℃ 的热水为热媒，在埋置于地面以下填充层中的加热管内循环流动，加热整个地板，通过地面以辐射和对流的热传递方式向室内供热的一种供暖方式。

1. 楼地层辐射供暖的标准

民用建筑楼板辐射供暖供水温度宜采用 35～50℃，不应超过 60℃，地面的表面平均温度应符合表 8-8 的规定（JGJ 142—2004）。

2. 楼层辐射供暖构造

楼层辐射供暖的构造组成如图 8-41。构造层次自下而上分别是结构层、绝热层、反射层、填充层（其中设置地热管线）以及最上面的面层。

（1）结构层：确保楼层的强度和刚度，适合用钢筋混凝土楼板。

（2）绝热层：用来隔绝热量向下传递，提高热利用率。在工程中若设计方案是双向散热可不设此绝热

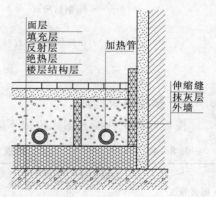

图 8-41 楼层辐射供暖构造组成图

层，目前常用聚苯乙烯发泡板（XPS 板）或泡沫混凝土。聚苯乙烯泡沫塑料板绝热层厚度如表 8-9。

表 8－8	地面的表面平均温度	
		单位：℃

区域特征	适宜范围	最高限值
人员经常停留区	24～26	28
人员短期停留区	28～30	32
无人停留区	35～40	42

表 8－9	聚苯乙烯泡沫塑料板绝热层厚	
		单位：mm

楼层之间楼板上的绝热层	20
与土壤或不采暖房间相邻的地板上的绝热层	30
与室外空气相邻的地板上的绝热层	40

泡沫混凝土是用特制发泡剂、水泥和辅助材料按适当的比例制造出来的 YX 泡沫混凝土保温材料，其特点是具有良好的绝热性，导热系数低于 0.20W／（m·k）。耐热度高不会造成保温失效，耐热可达 400℃ 以上。YX 泡沫混凝土不含挥发性有害物质，有利于室内环境；承载能力强，抗压强度为 0.6～0.8MPa；具有经济优势，造价比聚苯乙烯泡沫塑料低 30%～40%；工艺简单，浇筑摊平减少了接缝所造成的热损失。采用 30mm 厚 YX 泡沫混凝土，热量损失可减少 80%，采用 50mm 厚 YX 泡沫混凝土，热量损失可减少 90% 以上。泡沫混凝土厚度可根据与聚苯乙烯泡沫塑料板热阻相当确定厚度。

（3）反射层：阻止热量向下辐射传热。常用无纺布基铝箔材料。

（4）地热管线：供暖热源，满足室内热环境所需的温度。楼地面的平均温度见表 8－8。在新建住宅中，低温热水地面辐射供暖系统应设置分户热计量和温度控制装置；户内的各主要房间，宜分环路布置地热管。

1）材料，适宜选用塑料管线交联聚乙烯（PE－X）、聚丁烯（PB）、耐热聚乙烯（PE－RT）和铝塑复合管（XPAP）以及铜管等。

2）塑料管和铝塑复合管的管外径，通常有 16mm、20mm 和 25mm 三种。

3）长度，每个环路加热管长度不超过 120m，各环路长度宜接近，有利水力平衡。

4）布置方式如图 8－42 所示，回折式如图 8－42（a），平行式如图 8－42（b），为使地面温度均匀，适宜将高温管段布置在外窗、外墙的地面一侧。

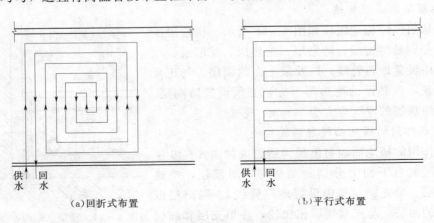

（a）回折式布置 　　　　　　（b）平行式布置

图 8－42　加热管布置方式

5）布置间距为使散热均匀，在热量损失的外墙、外窗门紧接的地面管线间距适当缩小，其余地面管线间距适当加大，最大不超过 300mm，如图 8－43 所示。

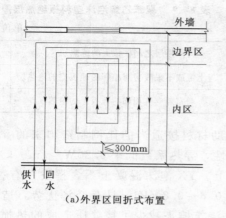
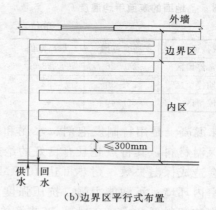

(a) 外界区回折式布置　　　　　　　　(b) 边界区平行式布置

图 8-43　边界区加热管布置方式

6) 地热管线应设置固定装置。用固定卡固定在绝热层上，或者用钢丝网固定在绝热层上的网格上，以及直接安装在专用管架上等。

（5）填充层：包围地热管线起到均热蓄热作用，采用豆石混凝土浇制。豆石混凝土宜用 C15，豆石粒径为 5～12mm，混凝土厚度宜大于 50mm，当地面荷载大于 20kN/m 时，应采取加固措施。

（6）面层：楼层表面的装饰层。面层适宜采用热阻小于 $0.05m^2 \cdot K/W$ 的材料，如热阻在 $0.02m^2 \cdot K/W$ 左右的瓷砖、大理石和花岗岩等。若选用热阻在 $0.1m^2 \cdot K/W$ 的木地板的散热量比符合要求的面层低 30%～60%，能耗不是很经济。

3. 有潮湿空间的楼层辐射供暖构造

有潮湿空间的楼层辐射供暖构造组成如图 8-44 所示。构造层次自下而上分别是结构层、绝热层、反射层、填充层（其中设置地热管线），在其上先设置隔离层，隔绝室内潮气进入楼层，最后是面层。

4. 地层辐射供暖构造

地层辐射供暖构造组成如图 8-45 所示。构造层次自下而上分别是结构层、防潮层、绝热层、反射层、填充层（其中设置地热管线）以及最上面的面层。与正常楼层相比较，在必设的绝热层下方，必须设置防潮层。在地层中绝热层的厚度应大于 30mm，见表 8-9。

5. 用水作用的楼地面辐射供暖构造

用水作用的楼地面辐射供暖构造组成如图 8-46 所示。构造层次自下而上分别是结构层、防潮层、绝热层、反射层、填充层（其中设置地热管线）、隔离层以及最上面的面层。与正常楼层相比较，在填充层和面层间设置隔离层防止楼地面积水渗入绝热层以及其他区域，破坏楼地层的性能减少使用年限。

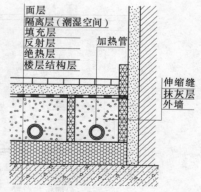

图 8-44　楼层（潮湿空间）辐射供暖构造组成图

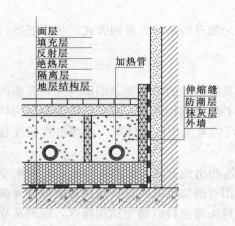
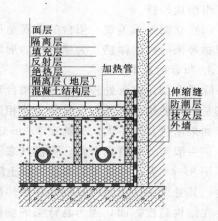

图 8-45　地层辐射供暖构造组成图　　　图 8-46　有水空间楼地面辐射供暖构造组成图

8.5　阳台与雨篷构造

阳台是有楼层的建筑物中，人可以直接到达的向室外开敞的平台，起到观景、纳凉、晒衣、养花等多种作用，它是住宅和旅馆等建筑中不可缺少的一部分。

雨篷是建筑物入口处位于外门上部用于遮挡雨水、保护外门免受雨水侵蚀的水平构件。其位于建筑物出人口的上方，可遮雨雪，提供一个从室外到室内的过渡空间。

8.5.1　阳台

1. 阳台的类型

阳台根据其与外墙面的关系分为凸阳台、凹阳台、半凸半凹阳台和转角阳台等，如图 8-47 所示。

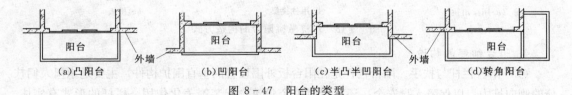

(a)凸阳台　　　　(b)凹阳台　　　　(c)半凸半凹阳台　　　(d)转角阳台

图 8-47　阳台的类型

2. 阳台的设计要求

阳台应满足下列设计要求：

（1）安全适用。悬挑阳台的挑出长度不宜过大，以 1.0～1.8m 为宜，常用 1.5m 左右，应保证在荷载作用下不发生倾覆现象。按规范，多层住宅阳台栏杆净高不低于 1.05m，高层住宅阳台栏杆净高不低于 1.1m。阳台垂直栏杆间净距不应大于 110mm。

（2）坚固耐久。阳台悬于室外，所用材料和构造措施应经久耐用。承重结构应采用钢筋混凝土，金属构件应作防锈处理，表面装修应注意色彩的耐久性和抗污染性。

（3）排水通畅。为防止阳台上的雨水流入室内，要求阳台地面标高低于室内地面标高 30～50mm，空透栏杆下做不低于 100mm 高挡水带，并将地面抹出 1％的排水坡；使雨水能有组织地外排。

（4）立面要求美观。阳台的美观是指可以利用阳台的形状、排列方式、色彩图案，给建筑物带来一种韵律感，为建筑物的形象增添风采。

3. 阳台的基本构造

除了全部做退台处理的阳台（楼台）及本身具有落地的垂直支承的阳台外，其他的阳台都是出挑的构件。其与建筑物主体相连的部分必须为刚性连接。对于钢筋混凝土构件而言，如果出挑长度不大，大约在 1.2m 以下时，可以考虑作挑板处理；而当出挑长度较大时，则一般需要先有悬臂梁，再由其来支承板。

图 8-48 为几种常用的钢筋混凝土阳台和雨篷的出挑方式。如图 8-48（a）中所示的阳台，其悬臂梁由房间两侧的墙体中伸出，因而阳台的宽度起码应当与两边墙体的外侧等宽。在结构高度方面，因为悬臂梁的端部应当有封头梁连接以增加结构刚度，因而从立面上看，阳台的最下部的标高应当是封头梁的底标高。如图 8-48（c）所示的阳台，悬臂板的弯矩由洞口上方的梁承担。因为对于混合结构墙上的洞口而言，其上方的梁起码应当伸入两侧墙体各一砖的长度，所以阳台宽度的决定也是有据可依的。

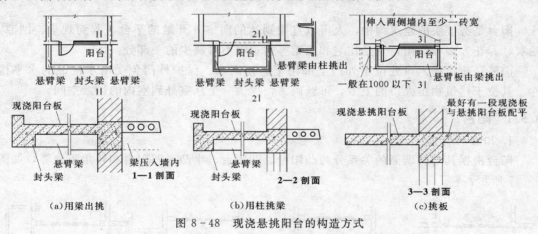

图 8-48　现浇悬挑阳台的构造方式

4. 阳台细部的构造

（1）阳台栏杆与扶手。阳台栏杆是在阳台板外围设置的垂直围护构件。主要是承担人们扶倚的侧向推力，以保障人身安全，还可以对整个建筑物起装饰美化作用。栏杆的形式有实体、空花和混合式，材料可用砖砌、钢筋混凝土板、金属和钢化玻璃等，如图 8-49 所示。

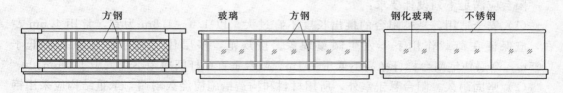

图 8-49　金属和玻璃栏杆的形式

实体栏杆又称栏板。砖砌栏板一般为 120mm 厚，采取在栏板顶部现浇钢筋混凝土扶手角部设小立柱等加强其整体性，如图 8-50（e）所示。或在栏板中配置通长钢筋加固。

阳台钢筋混凝土栏板为现浇和预制两种。现浇栏板通常与阳台板或边梁、挑梁整浇在一起，如图 8-50（d）所示。

金属栏杆一般采用方钢、圆钢、扁钢和钢管等焊接成各种形式的镂花栏杆，需作防锈处理。金属栏杆与边梁上的预埋钢板焊接，如图 8-50（a）、（b）、（c）所示。

玻璃栏杆一般采用 10mm 厚钢化玻璃，上下与不锈钢管扶手和面梁用密封胶固结，如图 8-50（b）所示。

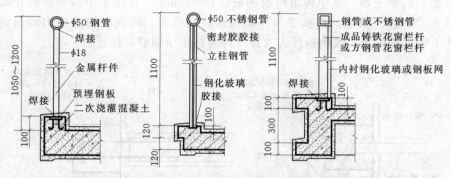

（a）金属栏杆与钢管扶手　（b）玻璃栏板与不锈钢扶手　（c）成品铸铁或方钢栏杆或钢管扶手

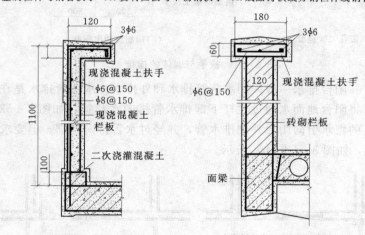

（d）现浇混凝土栏板与扶手　（e）砖砌栏板与现浇混凝土扶手

图 8-50　阳台栏杆与扶手构造

扶手有金属和钢筋混凝土两种。金属扶手一般为钢管与金属栏杆焊接，如图 8-50（a）、（b）、（c）所示。钢筋混凝土扶手直接用作栏杆压顶，宽度有 120mm、160mm、180mm 等，如图 8-50（d）、（e）所示。

（2）节点构造。阳台节点构造主要包括栏杆与扶手、栏杆与面梁（或挡水带）、栏杆与墙体的连接等。

栏杆与扶手的连接方式通常有焊接、胶结玻璃、整体现浇等多种方式，如图 8-51 所示。预制钢筋混凝土扶手和栏杆上预埋钢板，安装时焊接在一起。这种连接方法施工简单，坚固安全。

栏杆与面梁或阳台板的连接方式有焊接、预留钢筋二次现浇、整体现浇等。当阳台板为现浇板时，必须在板边现浇 100mm 高混凝土挡水带，如图 8-50 所示，以防积水顺板边流淌，污染表面。金属栏杆可直接与面梁上预埋钢板焊接，如图 8-50（a）所示；现浇钢筋混凝土栏板可直接从阳台板或面梁内伸出锚固筋，如图 8-50（d）所示。砖砌栏板可直接砌筑在面梁上，如图 8-50（e）所示。

扶手与墙的连接，应将扶手或扶手中的钢筋伸入外墙的预留洞中，用细石混凝土或水泥砂浆填实固牢，如图 8-51（a）所示。现浇钢筋混凝土扶手与墙连接时，应在墙体内预埋 C20 细石混凝土块，从中伸出两根钢筋，长 300mm，与扶手中的钢筋绑扎后进行现浇，如图 8-51（b）所示。当扶手与外墙构造柱相连时，可先在构造柱内预留钢筋，并将其与扶手中钢筋焊接，或构造柱边的预埋件与扶手中钢筋焊接。

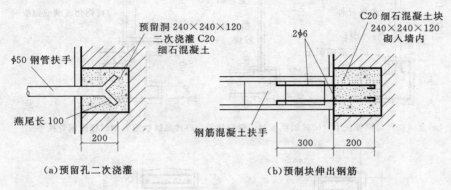

（a）预留孔二次浇灌　　　　　　　（b）预制块伸出钢筋

图 8-51　扶手与墙体的连接

（3）阳台排水。阳台排水一般采用水落管排水和外排水。水落管排水是在阳台内侧沿外墙设置水落管，将阳台地面水通过栏杆下部排水管排向水落管，如图 8-52（a）所示。外排水是将阳台上的雨水引向阳台外侧排水管，并经过水舌排向外部。但要求水舌伸出阳台外缘至少 60mm，如图 8-52（b）所示。

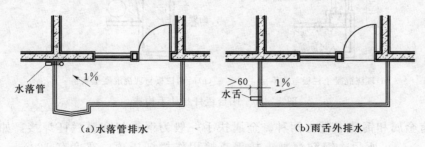

（a）水落管排水　　　　　　　　（b）雨舌外排水

图 8-52　阳台排水处理

8.5.2　雨篷

雨篷根据建筑造型要求，可采用钢筋混凝土雨篷，钢构架金属雨篷或钢与玻璃组合的雨篷。钢筋混凝土雨篷有悬板式和悬挑梁板式两种，钢构架雨篷和钢与玻璃组合的雨篷可做成悬挑式，亦有做成吊挂式的。为防止雨篷产生倾覆，常将雨篷与人口处门上过梁或圈梁现浇在一起，雨篷的常见形式如图 8-53 所示。

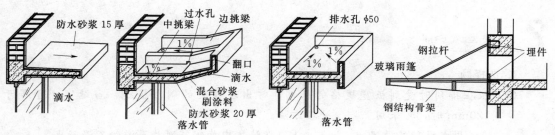

| （a）自由落水雨篷 | （b）折挑倒梁有组织排水雨篷 | （c）上下翻口有组织排水雨篷 | （d）玻璃—钢组合雨篷 |

图 8-53　雨篷的构造

1. 悬板式

悬板式雨篷外挑长度一般为 0.8～1.5m，板根部厚度不小于挑出长度 1/12。雨篷宽度比门洞每边宽 250mm。悬板式雨篷设计与施工时务必注意控制板面钢筋的保护层厚度，防止施工时将板面钢筋下压而降低了结构安全度甚至出现安全事故。雨篷排水方式可采用无组织排水和有组织排水两种，如图 8-53（a）、（c）所示。雨篷顶面抹 20mm 厚，为 1：2 水泥砂浆内掺 5％防水剂，雨篷与墙体相接处应抹防水砂浆，泛水高不少于 250mm，且不少于雨篷翻边。板底抹灰可采用纸筋灰或水泥砂浆。采用有组织排水时，板边应做翻边。如反梁，高度不小于 200mm，并在雨篷边设泄水管，小型雨篷常用水舌排水。

2. 挑梁式

悬挑梁板式雨篷多用在挑出长度较大的入口处，如影剧院、商场、办公楼等。为使板底平整，多做成反梁式，如图 8-54 所示。

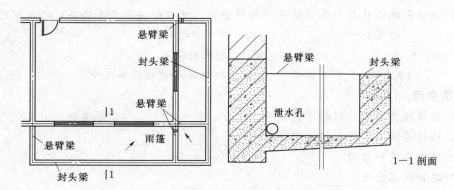

图 8-54　悬挑雨篷的构造方式

3. 悬挂式

悬挂式雨篷多采用装配的构件，尤其是采用钢构件。因为钢受拉的性能好，构造形式多样，而且可以通过工厂加工做成轻型构件，有利于减少出挑构件的自重，又容易同其他不同材料制作的构件组合，达到美观的效果，近年来应用有所增加。其同主体结构连接的节点往往为铰接，尤其是吊杆的两端。因为纤细的吊杆一般只设计为承受拉应力，如果节点为刚性连接，在有负压时就有可能变成压杆，那样就需要较大的杆件截面，否则将会失稳。对于钢构架金属雨篷和钢与玻璃组合雨篷常用钢斜拉杆，以抵抗雨篷的倾覆。有时为了建筑立面效果的需要，立面挑出跨度大，也用钢构架带钢斜拉杆组成的雨篷。

？习题与实训

1. 选择题

(1) 板在排列时受到板宽规格的限制，常出现较大的剩余板缝，当缝宽小于等于120mm时，可采用_____处理方法。

　　A、用水泥砂浆灌实　　　　　　　B、在墙体中加钢筋网片再灌细石混凝土

　　C、沿墙挑砖或挑梁填缝　　　　　D、重新选板

(2) 现浇水磨石地面常嵌固玻璃条（铜条、铝条）分隔，其目的是_____。

　　A、增添美观　　B、便于磨光　　　C、防止石层开裂　　　D、石层不起灰

(3) 空心板在安装前，孔的两端常用混凝土或碎砖块堵严，其目的是_____。

　　A、增加保温性　　　　　　　　　B、避免板端被压坏

　　C、增加整体性　　　　　　　　　D、避免板端滑移

(4) 预制板侧缝间灌筑细石混凝土，当缝宽大于_____时，需在缝内配纵向钢筋。

　　A、200mm　　　B、100mm　　　C、50mm　　　D、30mm

(5) 为排除地面积水，地面应有一定的坡度，一般为_____。

　　A、1%～1.5%　　　B、2%～3%　　　C、0.5%～1%　　　D、3%～5%

(6) 吊顶的吊筋是连接_____的承重构件。

　　A、主搁栅和屋面板或楼板等　　B、主搁栅与次搁栅

　　C、主搁栅和屋面层　　　　　　D、次搁栅与面层

(7) 当首层地面垫层为柔性垫层（如砂垫层、炉渣垫层或灰土垫层）时，可用于支承_____面层材料。

　　A、瓷砖　　　　　　　　　　　　B、硬木拼花板

　　C、陶瓷锦砖　　　　　　　　　　D、黏土砖或预制混凝土块

2. 填空题

(1) 楼板按其所用的材料不同分为_____、_____、_____等类型。

(2) 楼板层的三个基本组成部分是_____、_____和_____。

(3) 墙裙高度一般为_____。

(4) 踢脚线高度为_____。

(5) 次梁的经济跨度_____，主梁的经济跨度_____。

(6) 楼板的类型主要有_____、_____、_____。

(7) 阳台的类型主要有_____、_____。

(8) 钢筋混凝土楼板按施工方法分_____、_____、_____。

(9) 梁的截面形式有_____、_____、_____、_____。

(10) 预制板在墙上搁置长度不小于_____，梁上搁置长度不小于_____。

(11) 砂垫层属于_____垫层，水磨石地面应采用_____垫层。

(12) 阳台挑出长度通常是_____，其地面低于室内地面_____，阳台栏杆高度一般不低于_____。

3. 简答题

（1）简述水磨石地面的构造要点。

（2）地板按构造形式不同分为哪几种？各自的特点、适用范围？

（3）举例说明吊顶棚中吊筋的固定方法。

（4）楼地层的作用是什么？设计楼（地）面有何要求？

（5）现浇钢筋混凝土楼板有哪些类型？有什么特点？适用范围是什么？

（6）楼地层各由哪些构造层次组成？各层次的作用是什么？

（7）楼地层的要求有哪些？

（8）预制钢筋混凝土楼板的特点是什么？常用的板型有哪几种？

（9）现浇钢筋混凝土肋梁板中各构件的构造尺寸范围是什么？

（10）简述实铺木地面的构造要点。

（11）装配式钢筋混凝土楼板有哪些类型？

（12）装配式钢筋混凝土楼板的支承梁有哪些形式？采用何种形式可以减少结构高度？

（13）装配式楼板的接缝形式有哪些？缝隙如何处理？

（14）排预制板时，板与房间的尺寸出现差额如何处理？

（15）楼板在墙上与梁上的支承长度如何？

（16）什么叫装配整体式楼面？什么叫叠合楼板？

（17）楼地面分为哪几类？哪些地面是整体式地面，哪些地面是块料地面？

（18）水泥地面与水磨石地面的构造如何？

（19）水磨石地面的分格作用是什么？分格材料有哪些？

（20）说明提高楼地面的隔声能力的措施有哪些？

（21）阳台的类型如何？阳台的设计要求有哪些？

（22）阳台按结构形式分为几类？

（23）阳台栏杆或栏板有哪些构造要求？与阳台地面如何连接？

（24）雨篷的构造要点是什么？

（25）如何处理阳台、雨篷的排水与防水？

4. 绘图

某房间的开间为 3300mm，进深为 5100mm，外墙厚 370mm，轴线里为 120mm，轴线外 250mm，内墙为 240mm，轴线两侧各 120mm，预制空心板构造宽度为 1180mm，试计算预制板的块数，画出排板图，并画出 A－A 剖面、B－B 剖面节点大样图。并设计相应构造。

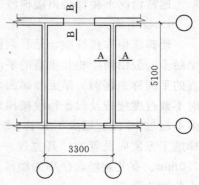

（1）设计楼板层和地坪层的构造组成。

（2）设计现浇水磨石地面的构造层次及做法。

（3）设计空心板与墙之间的位置关系。

（4）设计空铺和实铺木地板的构造层次及做法。

（5）设计直接式顶棚构造做法。

（6）设计悬吊式顶棚构造做法。

第9章 楼 电 梯

本章要点

1. 了解楼梯的作用、类型和设计要求。
2. 熟悉室外台阶与坡道、电梯与自动扶梯构造。
3. 掌握楼梯的尺寸。
4. 掌握钢筋混凝土楼梯构造。

在建筑中，楼梯和电梯是建筑空间竖向组合交通联系设施。楼梯作为竖向交通、搬运家具设备和人员紧急疏散的主要交通设施，在设计中应满足坚固、耐久、安全、防火等要求。其数量、位置、形式应符合有关规范和标准的规定。大多数楼梯对建筑具有装饰作用，因此应考虑楼梯对建筑整体空间效果的影响。

电梯是高层建筑以及一些标准较高的中低层建筑中常用的垂直交通设施。在高层建筑中，电梯是解决垂直交通的主要设备，但楼梯作为安全疏散通道仍然不能取消。

大型要求高的公共建筑，宜采用自动扶梯。有些建筑，如医院、疗养院、幼儿园等。由于特殊需要（如行走担架车，疗养人员、幼儿行走楼梯不方便等）常设置坡道联系上下各层；在房屋中同一层地面有高差或室内外有高差时，要设置台阶联系同一层不同标高的地面，所以坡道和台阶也是楼梯的一种特殊形式。

9.1 概 述

9.1.1 楼梯的组成

通常情况下楼梯是由楼梯段、楼梯平台以及栏杆和扶手组成的，如图 9-1 所示。

1. 楼梯段

楼梯段俗称楼梯跑，是联系两个不同标高平台的倾斜构件，它由若干个踏步组成。每个踏步一般由两个相互垂直的平面组成，供人们行走时踏脚的水平面称为踏面．与踏面垂直的平面称为踢面。踏面和踢面之间的尺寸关系决定了楼梯的坡度。为了使人们上下楼梯时不致过度疲劳及保证每段楼梯均有明显的高度感。我国规定一个楼梯段的踏步数要求最多不超过 18 级，最少不少于 3 级。两段楼梯之间的空隙称为楼梯井。楼梯井一般是为楼梯施工方便而设置的，其宽度一般在 100mm 左右。但公共建筑楼梯井的净宽不应小于 150mm。有儿童经常使用的楼梯，当楼梯井净宽大于 200mm 时，必须采取安全措施，防止儿童坠落。

2. 楼梯平台

平台是指连接两楼梯段之间的水平板。按平台所处位置和标高不同，有楼层平台和中间平台。两楼层之间的平台称为中间平台，其主要作用在于缓解疲劳和调整方向，故又称休息平台。与楼层地面标高齐平的平台称为楼层平台，其除了具有与中间平台相同的作用外，还用来分配从楼梯到达各楼层的人流。

3. 栏杆扶手

栏杆是楼梯段的安全设施，一般设置在梯段的边缘和平台临空的一边，要求它必须坚固可靠，并保证有足够的安全高度。栏杆有实心栏杆和镂空栏杆之分，实心栏杆又称栏板。栏杆上部供人们扶持的配件称扶手。当梯段宽度很大时，则需在梯段中间加设中间扶手。

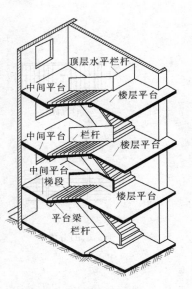

图 9-1　楼梯的组成

9.1.2　楼梯的类型

建筑中楼梯的形式较多，楼梯的分类一般根据以下原则进行：

根据楼梯的材料分类：分为钢筋混凝土楼梯、钢楼梯、木楼梯及组合材料楼梯。

根据楼梯的位置分类：分为室内楼梯和室外楼梯。

根据楼梯的使用性质分类：分为主要楼梯、辅助楼梯、疏散楼梯及消防楼梯。

根据楼梯间的平面形式分类：分为开敞楼梯间、封闭楼梯间、防烟楼梯间，如图9-2所示。

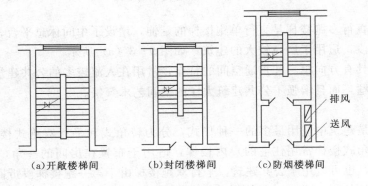

(a)开敞楼梯间　　　　(b)封闭楼梯间　　　　(c)防烟楼梯间

图 9-2　楼梯间的平面形式

根据楼梯的平面形式分类：主要可分为单跑直楼梯、双跑直楼梯、平行双跑楼梯、三跑楼梯、双分平行楼梯、双合平行楼梯、转角楼梯、双分转角楼梯、交叉楼梯、剪刀楼梯、螺旋楼梯，如图9-3所示。

1. 直跑楼梯

直跑楼梯是指沿着一个直线方向上楼的楼梯，它分为直行单跑楼梯和直行多跑楼梯两种。直行单跑楼梯，无中间平台，由于单跑梯段踏步数一般不超过18级，仅适用于层高

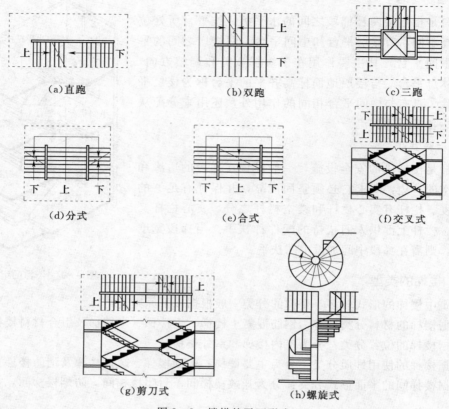

(a)直跑　　　　　　　　(b)双跑　　　　　　　　(c)三跑

(d)分式　　　　　　　　(e)合式　　　　　　　　(f)交叉式

(g)剪刀式　　　　　　　　　　　(h)螺旋式

图9-3　楼梯的平面形式

不高的建筑；直行多跑楼梯是直行单跑楼梯的延伸，增设了中间休息平台，将单梯段变为两梯段或多梯段，适用于层高较大的建筑，如图9-3（a）所示。

直跑楼梯具有方向单一和贯通空间的特点，常用在人流较多的公共建筑中，不仅解决了人流疏散问题，而且增强了公共建筑大厅的空间艺术气氛。

2. 双跑楼梯

双跑楼梯是建筑中应用最多的一种形式，分为转角式和平行双跑式楼梯，如图9-3（b）所示。转角式楼梯常用住宅的户内楼梯，适用于布置在房间的一角，楼梯下的空间可以充分利用，也可以用于公共建筑。平行双跑楼梯由于第一跑楼梯段折回。所以这种形式所占楼梯间的长度（进深）较小，与一般房间的进深大体一致，便于进行建筑平面的组合。

3. 多跑段楼梯

多跑段楼梯一般由3个以上的楼梯段，如图9-3（c）所示。多跑段楼梯多用于楼层层高较大且楼梯间进深受到限制的情况，中部形成较大的梯井，在设有电梯的建筑中，可在梯井的位置布置电梯。

4. 平行双分、双合楼梯

平行双分楼梯是在平行双跑楼梯基础上演变产生的，如图9-3（d）所示。其梯段平行于人流行走方向，在中间休息平台处相反方向分流，且第一跑在下部上行，然后在其中间平台处往两边以第一跑的1/2梯段宽，各上一跑到楼层面。

平行双合楼梯与平行双分楼梯类似，如图9-3（e）所示。双合式楼梯的第一跑为2个较窄的楼梯段，经过中间平台后合成一个较宽的梯段，然后上一跑到楼层面。

双合、双分式楼梯通常在人流量大，梯段宽度较大时采用。

5. 交叉、剪刀楼梯

交叉式楼梯相当于2个直行单跑楼梯交叉并列布置而成，如图9-3（f）所示。这种楼梯通行的人流连续较大，且为上下楼层的人流提供了2个方向，对于中间开敞、楼层人流多方向行进比较有利。剪刀式楼梯相当于2个平行双跑式楼梯对接，中间是较宽的休息平台，如图9-3（g）所示。中间平台为人流的变换行走方向提供了条件，常用于楼层层高较大但有楼层人流多向性选择要求的建筑。

此外，还有螺旋梯、弧形梯等形式，如图9-3（h）所示。螺旋楼梯的踏步系围绕着一个中心环或柱布置。所占建筑空间小，每个踏步呈扇形，内窄外宽，上下行走不便，大多用于人流通行较少的地方；弧形梯造型优美，可丰富室内空间艺术效果。多用于宾馆、大型影剧院等公共建筑的门厅中。

9.1.3 楼梯的设计要求

楼梯是建筑中的垂立交通与安全疏散的主要工具，为确保使用安全，楼梯的设计必须满足以下要求：

（1）作为主要楼梯，应与主要出入口邻近，且位置明显；同时还应避免与水平交通交接处形成拥挤、堵塞。

（2）必须满足防火要求，楼梯间除允许直接对外开窗采光外，不得向室内任何房间开窗；楼梯间四周墙体必须为防火墙；对防火要求高的建筑物特别是高层建筑，应设计成封闭式楼梯间或防烟楼梯间。

（3）楼梯间应有良好的自然采光。

（4）满足上述功能要求的前提下，力求有良好的空间效果。

9.2 楼 梯 的 尺 寸

9.2.1 楼梯的坡度

楼梯的坡度是指楼梯段沿水平面倾斜的角度。一般地讲，楼梯的坡度小，踏步相对平缓，行走就较舒适。但楼梯段的坡度越小，它的水平投影面积就越大，即楼梯占地面积大，就会增加投资，经济性差。因此，应当兼顾使用性和经济性两者的要求，根据具体情况合理进行选择。对人流集中、交通量大的建筑，楼梯的坡度应小些，如医院、影剧院等。对使用人数较少、交通量小的建筑，楼梯的坡度可以略大些，如住宅、别墅等。

楼梯的允许坡度范围在23°～45°之间，正常情况下应当把楼梯坡度控制在38°以内。一般认为30°是楼梯的适宜坡度。坡度大于45°时称为爬梯。一般只是在通往屋顶、电梯机房等非公共区域采用。坡度小于23°时，只需把其处理成斜面就可以解决通行的问题，此时称为坡道。由于坡道占地面积较大，过去只在医院建筑中为解决运送病人推床的交通而使用，现在电梯在建筑中已经大量采用，坡道在建筑内部基本不用，而在室外应用较多。坡道的坡度在1∶12以下时，属于平缓坡道；坡度超过1∶10时，应设防滑措施。楼梯、爬梯、坡道的坡度范围如图9-4所示。

楼梯的坡度有两种表示方法：一种是用楼梯段和水平面的夹角表示；另一种是用踏面和踢面的投影长度之比表示。在实际工程中采用后者的居多。

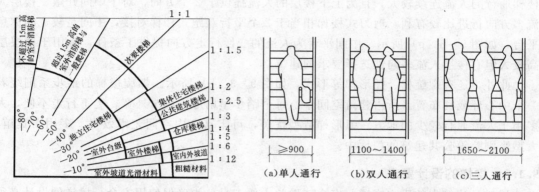

图9-4　楼梯、爬梯、坡道的坡度范围　　　　　图9-5　楼梯段的宽度

9.2.2　楼梯段的宽度

楼梯段的宽度是根据通行人数的多少（设计人流股数）和建筑的防火要求确定的。为了保证建筑的使用安全。《建筑设计防火规范》规定了学校、商店、办公楼、候车室等民用建筑楼梯的总宽度。上述建筑楼梯的总宽度应通过计算确定，以每100人拥有的楼梯宽度作为计算标准，俗称百人指标如表9-1所示。通常情况下，作为主要通行用的楼梯，其梯段宽度应至少满足两个人相对通行（即大于等于两股人流）。我国规定每股人流按 $[0.55+(0\sim0.15)]$m 计算，其中 $0\sim0.15$m 为人在行进中的摆幅。非主要通行的楼梯，应满足单人携带物品通过的需要，梯段的净宽一般不应小于900mm，如图9-5所示。住宅套内楼梯的梯段净宽，当一边临空时，不应小于0.75m，当两边有墙时，不应小于0.9m。

对高层建筑，楼梯段的最小宽度，一般不低于表9-2的要求。

表9-1　　　　楼梯的宽度指标

宽度指标/m/百人 层数	耐火等级 	一、二级	三级	四级
一、二层		0.65	0.75	1.00
三层		0.75	1.00	—
≥四层		1.00	1.25	—

表9-2　　高层建筑楼梯段的最小宽度指标

高层建筑	疏散楼梯的最小净宽度（m）
医院病房楼	1.30
居住建筑	1.10
其他建筑	1.20

9.2.3 楼梯平台宽度

为了搬运家具设备的方便和通行的顺杨，楼梯平台净宽不应小于楼梯段净宽，并且不小于 1.2m。平台的净宽是指扶手处平台的宽度。双跑直楼梯对中间平台的深度也作出了具体的规定。图 9-6 所示是梯段宽度与平台深度关系的示意图。

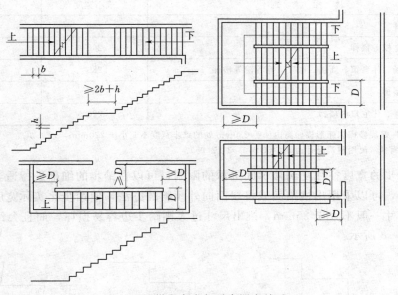

图 9-6　梯段宽度与平台深度关系
D—梯段净宽；b—踏步宽度；h—踏步高度

有些建筑为满足特定的需要，在上述要求的基础上，对楼梯及平台的尺寸另行做出了具体的规定。如《综合医院建筑设计规范》（JGJ49－88）规定：医院建筑主楼梯的梯段宽度不应小于 1.65m，主楼梯和疏散楼梯的平台深度不应小于 2.0m。

开敞楼梯间的楼层平台已经同走廊连在一起，此时平台净宽度可以小于上述规定，使梯段起步点自走廊边线后退一段距离即可，如图 9-7 所示。

9.2.4 楼梯踏步尺寸

踏步是由踏面和踢面组成，两者投影长度之比决定了楼梯的坡度。由于踏步是楼梯中与人体直接接触的部位，因此其尺度是否合适就显得十分重要。一般认为踏面的宽度应大于成年男子脚的长度，使人们在上下楼梯时脚可以全部落在踏面上，以保证行走时的舒适。踢面的高度取决于踏面的宽度，两者之和宜与人的自然跨步长度相近，若过大或过小，行走时均会感到不方便。

图 9-7　开敞楼梯间平台宽度

计算踏步宽度和高度可以利用下面的经验公式：

$$2h+b＝600～630mm$$

式中：h——踏步高度；

b——踏步宽度；600～630mm 为人的跨步长度。

踏步尺寸一般是根据建筑的使用功能、使用者的特征及楼梯的通行量综合确定的，具体规定如表 9-3 所示。

表 9-3　　　　　　　　　　楼梯踏步的最小宽度和最大高度　　　　　　　　　　单位：mm

楼　梯　类　别	最小宽度	最大宽度
住宅公用楼梯	260	175
幼儿园、小学校等楼梯	260	150
电影院、剧场、体育馆、商场、医院、疗养院等楼梯	280	160
其他建筑物楼梯	260	170
专用服务楼梯、住宅户内楼梯	220	200

注　1. 无中柱螺旋楼梯和弧形楼梯离内扶手 250mm 处的踏步宽度不应小于 220mm；
　　2. 本表摘自《民用建筑设计通则》（GB50352—2005）。

由于踏步的宽度往往受到楼梯间进深的限制，可以在踏步的细部进行适当变化来增加踏面的尺寸，可以采用出挑踏面或将踢面向外倾斜的办法，使踏步比实际宽度增加。踏步槽的挑出尺寸一般不大于 25mm，挑出尺寸过大则踏步边容易损坏，而且会给行走带来不便，如图 9-8 所示。

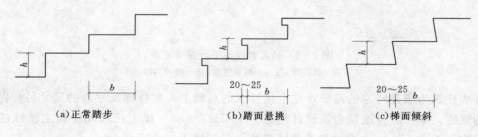

(a)正常踏步　　　　　　(b)踏面悬挑　　　　　　(c)梯面倾斜

图 9-8　踏步尺寸

螺旋楼梯的踏步平面通常是扇形的，对疏散不利，因此螺旋楼梯不宜用于疏散。当螺旋楼梯踏步上下两级所形成的平面角度不超过 10°，而且每级离扶手 0.25m 处的踏步宽度超过 0.22m 时，螺旋楼梯才可以用于疏散，其净宽可以计入疏散楼梯总宽度内。

9.2.5　楼梯梯井宽度

所谓梯井，系指梯段之间形成的空档，此空档从顶层到底层贯通，在平行多跑楼梯中，可无梯井，但为了梯段安装和平台转弯缓冲，可设梯井。通常取值范围以 60～200mm 为宜。

9.2.6　楼梯栏杆扶手尺度

楼梯应至少在一侧设置扶手，扶手的高度与楼梯的坡度、楼梯的使用要求有关。扶手应选用坚固、耐磨、光滑、美观的材料制作。梯段净宽达两股人流时应在两侧设扶手，达四股人流时应加设中间扶手。楼梯的栏杆和扶手是与人体尺度关系密切的建筑构件，应合理地确定栏杆高度。栏杆高度是指踏步前缘至上方扶手中心线的垂直距离。一般室内楼梯栏杆高度不应小于 0.9m；室外楼梯栏杆高度不应小于 1.05m；高层建筑室外楼梯栏杆高度不应小于 1.1m。儿童使用的楼梯扶手高度一般为 0.6m，栏杆应采用不易攀登的构造，垂直杆件间的净距不应大于 110mm，如图 9-9 所示。

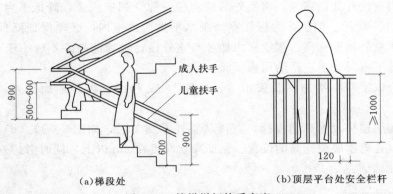

（a）梯段处　　　　　　　（b）顶层平台处安全栏杆

图 9-9　楼梯栏杆扶手高度

如果靠楼梯井一侧水平栏杆长度超过 0.5m，其高度不应小于 1.0m。有一些建筑根据使用要求对楼梯栏杆高度做出了具体的规定，应参照单项建筑设计规范的规定执行。

楼梯栏杆应选用坚固、耐久的材料制作，并具有一定的强度和抵抗侧向推力的能力。楼梯栏杆又是建筑室内空间的重要组成部分，应充分考虑到栏杆对建筑室内空间的装饰效果，应具有美观的形象。一般情况下，栏杆的设置按构造要求配置，栏杆顶部的侧向推力可如下取值：住宅、宿舍、办公楼、旅馆、医院、托儿所、幼儿园为 0.5kN/m；学校、食堂、剧场、电影院、车站、展览馆、体育场为 1.0kN/m。

9.2.7　楼梯净空高度

楼梯的净空高度对楼梯的正常使用影响很大，它包括楼梯段间的净高和平台过道处的净高两部分。

楼梯段间的净高是指梯段空间的最小高度，即下层梯段踏步前缘至其正上方梯段下表面的垂直距离。梯段间的净高与人体尺度、楼梯的坡度有关。平台过道处的净高是指平台过道地面至上部结构最低点（通常为平台梁）的垂直距离。平台过道处净高与人体尺度有关。在确定这两个净高时，还应充分考虑人们肩扛物品对空间的实际需要，避免由于碰头而产生压抑感。民用建筑设计通则规定，楼梯段间净高不应小于 2.2m，平台过道处净高不应小于 2.0m，起止踏步前缘与顶部凸出物内边缘线的水平距离不应小于 0.3m，如图 9-10 所示。

在楼梯间，首层平台梁下过道的净空高度不够 2m 时，常用的解决方法有几下几种，如图 9-11 所示：

（1）将双跑梯设计成"长短跑"，增加第一跑的踏步数，减少第二跑踏步。利用踏步的多少来调节下部净空的高度，如图 9-11（a）。不过这样做，必须注意第二跑在楼板部位的平台

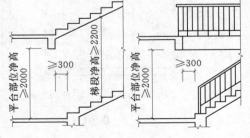

图 9-10　楼梯及平台部位净高要求

梁的布置，它的位置必须保证其下面的净空高度也要不小于2m，设计长短跑梯段时，楼梯间尺寸会相应改变，即增加了楼梯间的进深。

（2）利用室内外地面高差，将室外的踏步移一部分到室内来，降低平台下地面标高，如图 9-11（b）所示。但是，为保证室外雨水不致流入室内，必须保证降低后的楼梯间地面不能低于室外地面标高。规定室内地坪与室外设计地坪的高差不应小于 150 mm，当住宅建筑带地下室时，更应严防雨水倒灌。

（3）综合以上两种措施，既采用"长短跑"，又利用室内外地面高差，如图 9-11（c）所示。

（4）将底层楼梯改为直跑楼梯，直接从室外上到二层，如图 9-11（d）所示。设计时需注意入口处雨篷底面标高的位置、保证净空高度在 2m 以上，同时考虑这种措施的经济性和适用性。

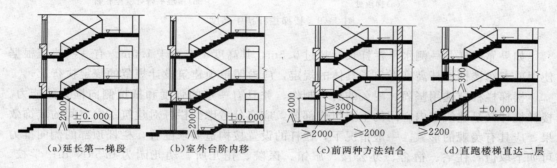

| (a)延长第一梯段 | (b)室外台阶内移 | (c)前两种方法结合 | (d)直跑楼梯直达二层 |

图 9-11　楼梯底层入口的净高设计

9.2.8　楼梯尺寸计算

在进行楼梯构造设计时，应对楼梯各细部尺寸进行详细的计算。现以常用的平行双跑楼梯为例，说明楼梯尺寸的计算方法，如图9-12所示。

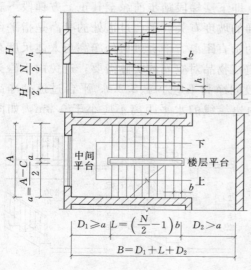

图 9-12　楼梯尺寸计算

（1）根据层高 H 和初选踏步高 h 定每层步数 N，$N = H/h$。为了减少构件规格，一般应尽量采用等跑梯段、因此 N 宜为偶数。如所求出 N 为奇数或非整数，可反过来调整步高 h。

（2）根据步数 N 和初选步宽 b 决定梯段水平投影长度 L，$L = (N/2-1)b$。

（3）确定是否设梯井。如楼梯间宽度较富余，可在两梯段之间设梯井。供少年儿童使用的楼梯梯井不应大于 120mm，以利安全。

（4）根据楼梯间开间净宽 A 和梯井宽 C 确定梯段宽度 a，$a = (A-C)/2$。同时检验其通行能力是否满足紧急疏散时人流股数要求，如不能满足，则应对梯井宽 C 或楼梯间开间

净宽 A 进行调整。

（5）根据初选中间平台宽 D_1（$D_1 \geqslant a$）和楼层平台宽 D_2（$D_2 \geqslant a$）以及梯段水平投影长度 L，检验楼梯间进深净长度 B，$D_1 + L + D_2 = B$。如不能满足，可对 L 值进行调整（即调整 b 值）。必要时，则需调整 B 值。

在 B 值一定的情况下，如尺寸有富余，一般可加宽 b 值以减缓坡度或加宽 D_2 值，以利于楼层平台分配人流。

在装配式楼梯中，D_1 和 D_2 值的确定尚需注意使其符合标准板安放尺寸，或使异形尺寸板仅在一个平台，减少异形板数量。

9.3　钢筋混凝土楼梯的构造

钢筋混凝土楼梯具有坚固耐久、节约木材、防火性能好、可塑性强等优点，因此在大量性的民用建筑中得到了广泛应用。钢筋混凝土楼梯按施工方式可分为现浇式和预制装配式两类。现浇钢筋混凝土楼梯的楼梯段和平台是整体浇筑在一起的，其整体性好、刚度大，施工不需要大型起重设备。但施工进度慢、支模板和绑扎钢筋难度较大、耗费模板多、施工程序较复杂。预制装配钢筋混凝土楼梯施工进度快、受气候影响小、构件由工厂生产、质量容易保证。但施工时需要配套的起重设备、投资较多。

9.3.1　现浇钢筋混凝土楼梯

楼梯最主要的部分是楼梯段形式，楼梯根据楼梯段的传力特点分为板式梯段和梁板式梯段两种。

1. 板式楼梯

板式楼梯是指由楼梯段承受梯段上全部荷载的楼梯。梯段分别与上下两端的平台梁浇筑在一起，并由平台梁支承。梯段相当于是一块斜放的现浇扳，平台梁是支座，如图 9-13（a）所示。梯段内的受力钢筋沿梯段的长向布置，平台梁的间距即为梯段板的跨度。从力学和结构角度要求，梯段板的跨度及梯段上荷载的大小均会对梯段的截面高度产生影响。板式楼梯适用于荷载较小、层高较小的建筑，如住宅、宿舍建筑。

有时为了保证平台过道处的净空高度，可以在板式楼梯的局部位置取消平台梁，称之为折板式楼梯，如图 9-13（b）所示。此时板的跨度应为梯段水平投影长度与平台深度

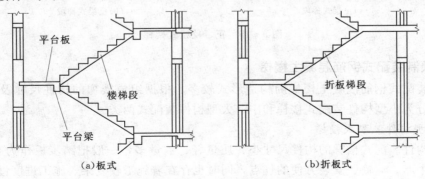

（a）板式　　　　　　　　　　　（b）折板式

图 9-13　板式楼梯

尺寸之和。

2.梁式楼梯

梁式楼梯是指由斜梁承受梯段上全部荷载的楼梯。梁式楼梯的踏步板由斜梁支承,斜梁又由上下两端的平台梁支承,如图 9-14 所示。梁式楼梯段的宽度相当于踏步板的跨度,平台梁的间距即为斜梁的跨度;由于通常梯段的宽度要小于梯段的长度,因此踏步板的跨度就比较小,梯段的荷载主要由斜梁承担,并传递给平台梁。梁式楼梯适用于荷载较大、层高较大的建筑,如商场、教学楼等公共建筑。

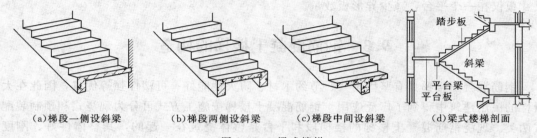

(a)梯段一侧设斜梁　　(b)梯段两侧设斜梁　　(c)梯段中间设斜梁　　(d)梁式楼梯剖面

图 9-14　梁式楼梯

梁式楼梯的斜梁应当设置在梯段的两边。有时为了节省材料在梯段靠楼梯间横墙一侧不设斜梁,而由墙体支承踏步板。此时踏步板一端搁置在斜梁上,另一端搁置在墙上。个别楼梯的斜梁设置在梯段的中部,形成踏步板向两侧悬桃的受力形式。

梁式楼梯的斜梁一般暴露在踏步板的下面,从梯段侧面就能看见踏步,俗称为正梁楼梯,如图 9-15 (a) 所示。这种做法使梯段下部形成梁的暗角,容易积灰,梯段侧面经常被清洗踏步产生的脏水污染,影响美观。另一种做法是把斜梁反设到踏步板上面,此时梯段下面是个整的斜面,称为反梁楼梯,如图 9-15 (b) 所示。反梁楼梯弥补了正梁楼梯的缺陷,但由于斜梁宽度要满足结构的要求,往往宽度较大,从而使梯段的净宽变小。

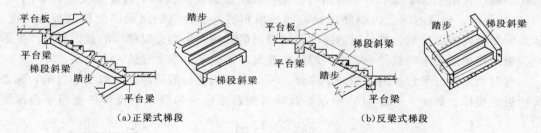

(a)正梁式梯段　　　　　　　　　　(b)反梁式梯段

图 9-15　正、反梁式楼梯

9.3.2　预制装配式钢筋混凝土楼梯

预制装配式钢筋混凝土楼梯的构造形式较多。根据组成楼梯的构件尺寸及装配的程度,可以分为小型构件装配式楼梯和中、大型构件装配式两类。

1.小型构件装配式楼梯

小型构件装配式楼梯的构件尺寸小、质量轻、数量多,一般把踏步板作为基本构件,具有构件生产、运输、安装方便的优点,同时也存在着施工较复杂、施工进度慢、往往需要现场湿作业配合的不足。

小型构件装配式楼梯主要有梁承式、墙承式、悬挑式三种。

（1）梁承式楼梯。梁承式楼梯是顶制构件装配而成的梁式楼梯。梁承式楼梯的基本构件是：踏步板、斜梁、平台梁和平台板。这些基本构件的传力关系是：踏步板搁置在斜梁上，斜梁搁置在平台梁上，平台梁搁置在两边侧墙上，而平台板可以搁置在两边侧墙上，也可以一边捆在墙上，另一边搁在平台梁上。如图9-16所示是梁承式楼梯的平面示例。

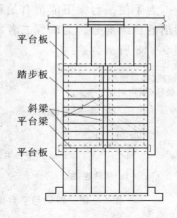

图9-16　梁承式楼梯平面示例

梁承式楼梯的踏步板荷载由斜梁承担和传递，因此可以适应梯段宽度较大、荷载较大、层高较大的建筑，适于在公共建筑中使用。

梁承式楼梯的踏步板截面可以是三角形，正L形、反L形和一字形。斜梁分矩形、L形、锯齿形三种。三角形踏步板配合矩形斜梁，拼装之后形成明步楼梯，如图9-17（a）所示；三角形踏步板配合L形斜梁，拼装之后形成暗步楼梯，如图9-17（b）所示。采用三角形踏步板的梁承式楼梯具有梯段底面平整的优点。L形和一字形踏步板应与锯齿形斜梁配合使用，当采用一字形踏步板时，一般用侧砌墙作为踏步的题面，如图9-17（c）所示。如采用L形踏步板时，要求斜梁锯齿的尺寸和踏步板尺寸相互配合、协调，避免出现踏步架空、倾斜的现象，如图9-17（d）所示。

预制踏步板与斜梁之间应由水泥砂浆铺垫，逐个叠置。铝齿形斜梁应预设插铁，与一

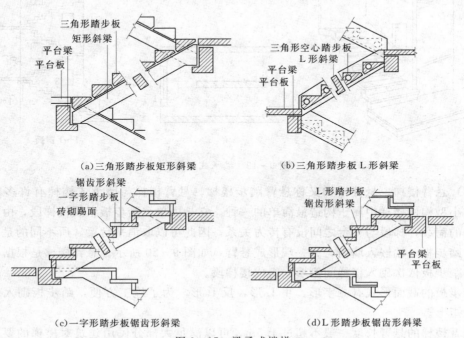

（a）三角形踏步板矩形斜梁　　　　　　　　（b）三角形踏步板L形斜梁

（c）一字形踏步板锯齿形斜梁　　　　　　　（d）L形踏步板锯齿形斜梁

图9-17　梁承式楼梯

字形及 L 形踏步板的预留孔插接。

为了使平台梁下能留有足够的净高,平台梁一般做成 L 形截面,斜梁搁置在平台梁挑出的翼缘部分。为确保二者的连接牢固,可以用插铁插接,也可以利用预埋件焊接,如图 9-18 所示。

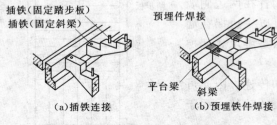

图 9-18 斜梁与平台梁的连接

(2) 墙承式楼梯。墙承式楼梯是把预制的踏步板搁置在两侧的墙上,并按事先设计好的方案,在施工时按顺序搁置,形成楼梯段,此时踏步板相当于一块靠墙体支承的简支板。墙承式楼梯适用于两层建筑的直跑楼梯或中间没有电梯井道的三跑楼梯。双跑平行楼梯如果采用墙承式,必须在原楼梯并处设墙,作为踏步板的支撑,如图 9-19 所示。楼梯井处设墙之后,与梯段一侧临空的楼梯间在空间感觉上大不相同。设在楼梯井处的墙体阻挡了视线、光线,感觉空间狭窄,在搬运大件家具设备时会感到不方便。为了解决通视的问题,可以在墙体的适当部位开设洞口。由于踏步板与平台之间没有传力的关系,因此可以不设平台梁,使平台下面净高增加。墙承式楼梯的踏步板可以做成 L 形,也可以做成三角形。平台板可以采用实心板,也可以采用空心板和槽形板。为了确保行人的通行安全,应在楼梯间侧墙上设置扶手。

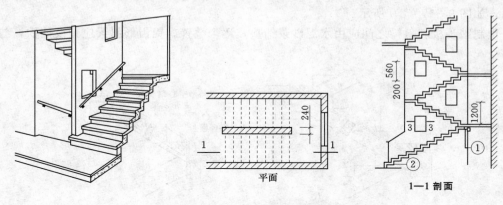

图 9-19 墙承式楼梯

(3) 悬臂楼梯。悬臂楼梯又称悬臂踏步楼梯。悬臂楼梯与墙承式楼梯有许多相似之处,在小型构件楼梯中属于构造最简单的一种。它是由单个踏步板组成楼梯段,由墙体承担楼梯的荷载,梯段与平台之间没有传力关系,因此可以取消平台梁。所不同的是,悬臂楼梯的踏步板一端嵌入墙内,另一端形成悬臂,如图 9-20 所示。悬臂楼梯是根据设计把预制的踏步板依次砌入楼梯间侧墙,组成楼梯段。

踏步板的截面形式有一字形、正 L 形,反 L 形。为了施工方便,踏步板砌入墙体部分均为矩形。

悬臂楼梯的悬臂长度一般不超过 1.5m,可以满足大部分民用建筑对楼梯的要求。但在具有冲击荷载时或地震区不宜采用。楼梯的平台板可以采用钢筋混凝土实心板、空心板和槽形板，搁置在楼梯间两侧墙体上。

悬挂式楼梯也属于悬臂楼梯，它与悬臂楼梯的不同之处在于踏步板的另一端是用金属拉杆悬挂在上部结构上。悬挂式楼梯适于在单跑直楼梯和双跑直楼梯中采用，其外观轻巧，安装较复杂，要求的精度较高，一般在小型建筑或非公共区域的楼梯采用。其踏步板也可以用金属或木材制作。

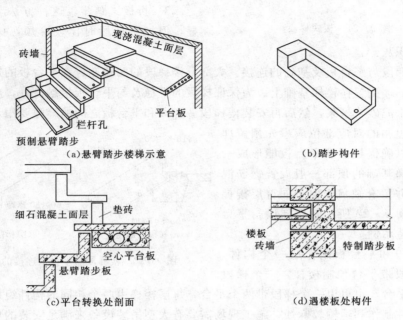

图9-20　悬臂楼梯

2. 中型、大型构件装配式楼梯

当施工现场吊装能力较强时，可以采用中型、大型构件装配式楼梯。中型、大型构件装配式楼梯一般是把楼梯段和平台板作为基本构件。构件的体量大，规格和数量少，装配容易、施工速度快，利于在成片建设的大量性建筑中使用。如果楼梯构件采用钢模板加工时，由于其表面较光滑，一般不需饰面，安装之后作嵌缝处理即可，比较方便。

（1）平台板。平台板有带梁和不带梁两种。带梁平台板是把平台梁和平台板制作成一个构件。平台板一般为槽形断面，其中一个边肋截面加大，并留出缺口，以供搁置楼梯段用。楼梯顶层平台板的细部处理与其他各层略有不同，边肋的一半留有缺口，另一半不留缺口，但应预留埋件或插孔，供安装水平栏杆用。当构件预制和吊装能力不高时，可以把平台板和平台梁制作成两个构件。此时平台的构件与梁承式楼梯相同。

（2）楼梯段。楼梯段有板式和梁式两种。板式梯段相当于是搁置在平台板上的斜板，有实心和空心之分，如图9-21所示。实心梯段加工简单，但自重较大。空心梯段自重较小，多为横向留孔，孔型可为圆形或三角形。板式梯段的底面平整，适于在住宅、宿舍建筑中使用。

梁式梯段是把踏步板和边梁组合成一个构件，多为槽板式。梁式梯段是梁板合一的构件，一般比板式梯段节省材料。为了进一步节省材料、减轻构件自重，对踏步截面进行改

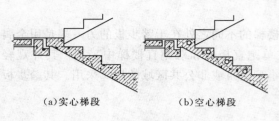

（a）实心梯段　　　　（b）空心梯段

图 9-21　板式梯段

造，主要有以下几种办法：

1）踏步板内留孔。

2）把踏步板踏面和踢面相交处的凹角处理成小斜面。此时梯段的底面可以提高约10～20mm。

3）折板式踏步。这种方法节约效果明显，但加工梯段时比较麻烦，梯段底面凹角多，容易积灰。

（3）楼梯段与平台板及基础的连接。大部分楼梯段的两端搁置在平台板的边肋上，首层楼梯段的下端搁置在楼梯基础上。为保证梯段的平稳及与平台板接触良好，应当先在平台边肋上用水泥砂浆坐浆，然后再安装楼梯段。梯段和平台板之间的缝隙要用水泥砂浆填实。梯段和边肋的对应部位应事先预留埋件并焊牢。以确保梯段和平台板能形成一个整体。楼梯基础的顶部一般设置钢筋混凝土基础梁并留有缺口，便于同首层楼梯段连接。如图 9-22 所示是楼梯段与平台板连接的构造示例。

把楼梯段和平台板制作成一个构件，就形成了梯段带平台预制楼梯。一个梯段

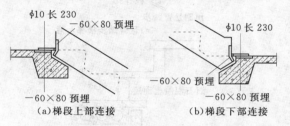

（a）梯段上部连接　　（b）梯段下部连接

图 9-22　楼梯段与平台板连接的构造

可以带一个平台，也可以一个梯段带两个平台，每层楼梯由两个相同的构件组成，施工速度快，但构件制作和运输较麻烦，施工现场需要有大型吊装设备来满足安装的要求。这种楼梯常用于大型预制装配式建筑。

9.4　楼梯的细部构造

楼梯是建筑中与人体接触频繁的构件，由于人在楼梯上行走过程中脚部用力较大，因此，梯段在使用过程中磨损大，而且容易受到人为因素的破坏，应当对楼梯的踏步面层、踏步细部、栏杆和扶手进行适当的构造处理．以保证楼梯的正常使用。

9.4.1　踏步的面层和防滑处理

1．踏步面层

踏步面层应当平整光滑，耐磨性好。一般认为，凡是可以用来做室内地坪面层的材料，均可以用来做踏步面层。常见的踏步面层有水泥砂浆、水磨石、地面砖、各种天然石材等，如图 9-23 所示。公共建筑楼梯踏步面层经常与走廊地面面层采用相同的材料。面层材料要便于清扫，并且应当具有相当的装饰效果。

2．防滑处理

在踏步上设置防滑条的目的在于避免行人滑倒，并起到保护踏步阳角的作用。在人流量较大的楼梯中均应设置。其设置位置靠近踏步阳角处。常用的防滑条材料有：水泥铁屑、金刚砂、金属条（铸铁、铝条、铜条）、马赛克及带防滑条缸砖等，如图 9-24 所示。

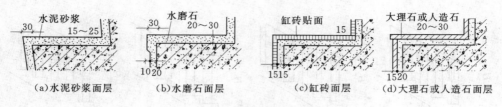

（a）水泥砂浆面层　　　（b）水磨石面层　　　（c）缸砖面层　　　（d）大理石或人造石面层

图9-23　踏步面层

需要注意的是，防滑条应突出踏步面2～3mm，但不能太高。

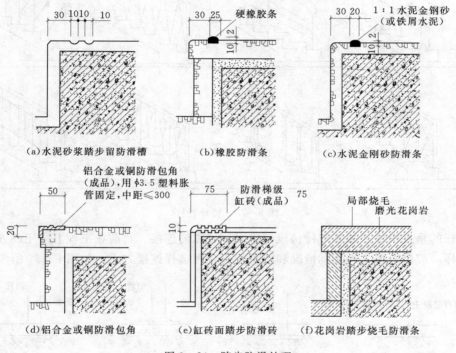

（a）水泥砂浆踏步留防滑槽　　　（b）橡胶防滑条　　　（c）水泥金刚砂防滑条

（d）铝合金或铜防滑包角　　　（e）缸砖面踏步防滑砖　　　（f）花岗岩踏步烧毛防滑条

图9-24　踏步防滑处理

9.4.2　栏杆与扶手

　　为了保证楼梯的使用安全，应在楼梯段的临空一侧设栏杆或栏板，并在其上部设置扶手。当楼梯的宽度较大时，还应在梯段靠墙一侧及中间增设扶手。栏杆、栏板和扶手也是具有较强装饰作用的建筑构件，对材料、形式、色彩、质感均有较高的要求，应当认真进行选择。

　　1.栏杆的形式与构造

　　由于栏杆通达性好，对建筑空间具有良好的装饰作用，因此在楼梯中采用较多。栏杆多采用金属材料制作，如钢材、铝材、铸铁花饰等。用相同或不同规格的金属型材拼接、组合成不同的规格和图案，可使栏杆在确保安全的同时又能起到装饰作用，如图9-25所示。栏杆应有足够的强度，能够保证在人多拥挤时楼梯的使用安全。栏杆垂直构件之间的净间距不应大于110mm。经常有儿童活动的建筑，栏杆的分格应设计成不易儿童攀登的形式，以确保安全。

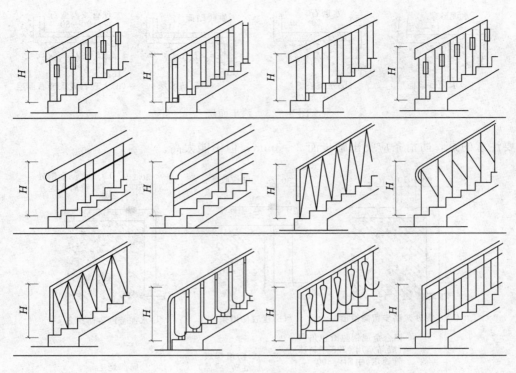

图 9-25　楼梯栏杆

栏杆的垂直构件必须要与楼梯段有牢固、可靠的连接。目前在工程上采用的连接方式多种多样，应当根据工程实际情况和施工能力合理选择连接方式，如图 9-26 所示。

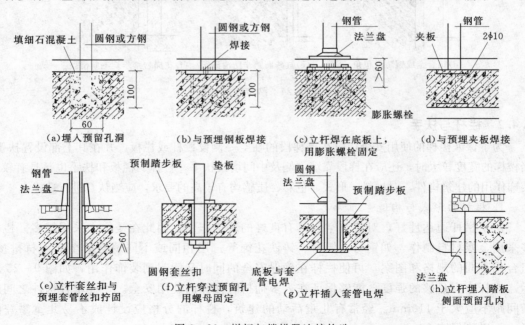

图 9-26　栏杆与楼梯段连接构造

2. 栏板的形式与构造

栏板是用实体材料制作的，常用的材料有钢筋混凝土、加设钢筋网的砖砌体、木材、玻璃等。栏板的表面应平整光滑，便于清洗。栏板可以与梯段直接相连，也可以安装在垂直构件上，如图9-27、图9-28所示。

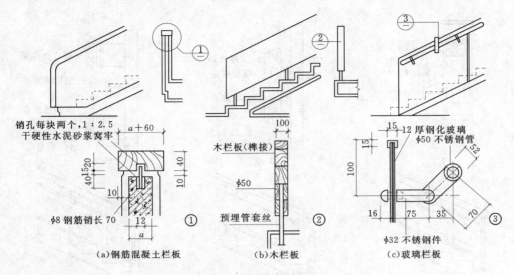

图9-27 栏板的构造

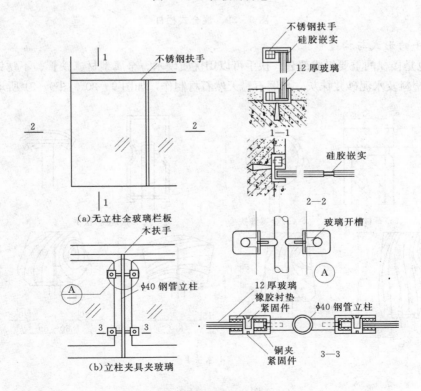

图9-28 玻璃栏板的构造

3. 混合式栏杆形式与构造

混合式栏杆是指栏杆式和栏板两种形式的组合。栏杆竖杆作为主要抗侧力构件，栏板则作为防护、美观装饰构件，其栏杆竖杆常采用钢材或不锈钢等材料，其栏板部分常采用轻质美观材料制作，如木板、塑料贴面板、铝板、有机玻璃板和钢化玻璃板等，如图9-29所示。

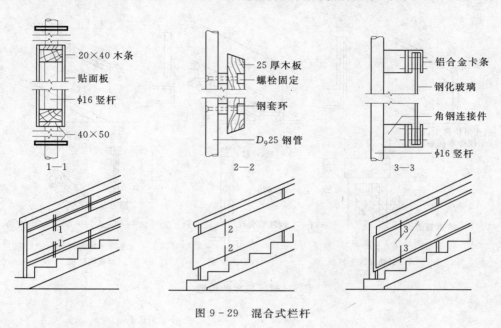

图9-29 混合式栏杆

4. 扶手的形式与构造

扶手也是楼梯的重要组成部分。扶手可以用优质硬木、金属型材（铁管、不锈钢、铝合金等）、工程塑料及水泥砂浆抹灰、水磨石、天然石材制作，如图9-30、图9-31所示。室外楼

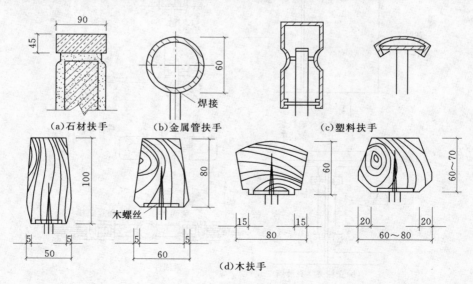

图9-30 扶手类型

梯不宜使用木扶手，以免淋雨后变形和开裂。不论何种材料的扶手，其表面必须要光滑、圆顺，以便于扶持。绝大多数扶手是连续设置的，接头处应当仔细处理，使之平滑过渡。

金属扶手通常与栏杆焊接；抹灰类扶手在栏板上端直接饰面；木扶手和塑料扶手在安装之前应事先在栏杆顶部设置通长的斜倾扁铁，扁铁上预留安装钉孔，然后把扶手安放在扁铁上，并用螺丝固定好。

当直接在墙上装设扶手时，扶手应与墙面保持 100mm 左右的距离。扶手与砖墙连接时，一般在砖墙上留孔洞，将扶手连接杆件深入孔洞内，用细石混凝土嵌固；当扶手与钢筋混凝土墙连接时，可采取预埋钢板焊接，如图 9-32 所示。

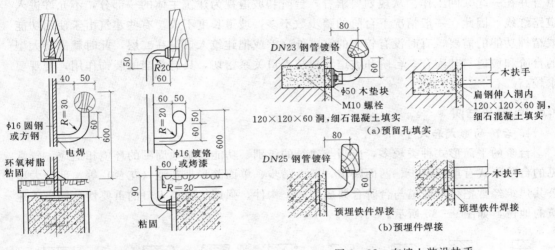

图 9-31　幼儿扶手类型　　　　　　　　图 9-32　在墙上装设扶手

在底层第一跑梯段起步处，为增强栏杆刚度和美观，可以对第一级踏步和栏杆扶手进行特殊处理，如图 9-33 所示。

上下梯段的扶手在平台转弯处往往存在高差，应进行调整和处理，如图 9-34 所示。

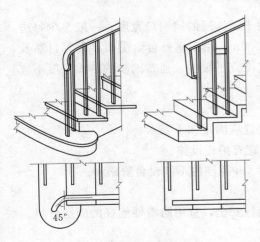

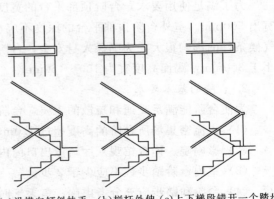

(a)设横向倾斜扶手　(b)栏杆外伸　(c)上下梯段错开一个踏步

图 9-33　楼梯的起步处理　　　　图 9-34　扶手在平台转弯处的处理

当上下梯段在同一位置起步时，可以把楼梯井处的横向扶手倾斜设置，连接上下两段扶手。如果把平台处栏杆外伸约 1/2 踏步或将上下梯段错开一个踏步，就可以使扶手顺利连接，但这种做法栏杆占用平台尺寸较多，楼梯的占用面积也要增加。

9.5 室外台阶与坡道

由于建筑室内外地坪存在高差，需要在建筑入口处设置台阶和坡道作为建筑室内外的过渡。台阶是供人们进出建筑之用，坡道是为车辆及残疾人而设置的，有时会把台阶和坡道合并在一起共同工作。从规划要求看，台阶和坡道视为建筑主体的一部分，不允许进入道路红线，因此在一般情况下台阶的踏步数不多，坡道长度不大。有些建筑由于使用功能或精神功能的需要，有时没有较大的室内外高差或把建筑入口设在二层，此时就需要大型的台阶和坡道与其配合。台阶和坡道与建筑入口关系密切，具有相当的装饰作用，美观要求较高。

9.5.1 室外台阶

1. 台阶的形式和尺寸

台阶的平面形式种类较多，应当与建筑的级别、功能及基地周围的环境相适应。较常见的台阶形式有单面踏步、两面踏步、三面踏步、单面踏步带花池（花台）等。部分大型公共建筑经常把行车坡道与台阶合并成为一个构件，强调了建筑入口的重要性，提高了建筑的地位，如图 9-35 所示。

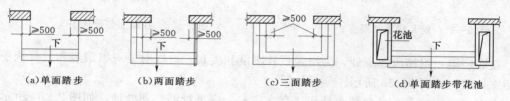

（a）单面踏步　　（b）两面踏步　　（c）三面踏步　　（d）单面踏步带花池

图 9-35　常见台阶示例

为了满足使用要求，台阶顶部平台的宽度应大于所连通的门洞口宽度，一般至少每边宽出 500mm。室外台阶顶部平台的深度不应小于 1.0m。由于室外台阶受雨、雪等自然及气候条件的影响很大，为确保人身安全，台阶的坡度宜平缓些。通常踏步的踏面宽度不宜小于 300mm，踢面高度宜为 100~150mm。

2. 台阶的基本要求

为使台阶能满足交通和疏散的需要，台阶的设置应满足如下要求：

（1）人流密集场所台阶的高度超过 1.0m 时，宜有护栏设施。

（2）影剧院、体育馆观众厅疏散出口门内外 1.4m 范围内不能设台阶踏步。

（3）室内台阶踏步数不应少于 2 步。

（4）台阶和踏步应充分考虑雨、雪天气时的通行安全，宜用防滑性能好的面层材料。

3. 台阶的构造

台阶的构造分实铺和架空两种，大多数台阶采用实铺。实铺台阶的构造与室内地坪的构造差不多，包括基层、垫层和面层，如图 9-36 所示。基层是夯实土；垫层多采用混凝土、碎砖混凝土或砌砖，其强度和厚度应当根据台阶的尺寸相应调整；面层有整体和铺贴两大类，如水泥砂浆、水磨石、剁斧石、缸砖、天然石材等。在严寒地区，为保证台阶不受土壤冻胀影响，应把台阶下部一定深度范围内的土换掉，改设砂垫层。

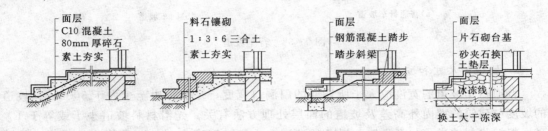

图 9-36　台阶实铺构造

当台阶尺度较大或土壤冻胀严重时，为保证台阶不开裂和塌陷，往往选用架空台阶。架空台阶的平台板和踏步板均为预制钢筋混凝土板，分别搁置在梁上或砖砌地垄墙上，如图 9-37 所示。

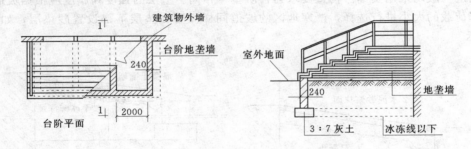

图 9-37　架空台阶

由于台阶与建筑主体在承受荷载和沉降方面差异较大，因此大多数台阶在结构上和建筑主体是分开的。一般是在建筑主体工程完成后再进行台阶的施工。台阶与建筑主体之间要注意解决好的问题有：

（1）处理好台阶与建筑之间的沉降缝。

（2）为防止台阶上积水向室内流淌，台阶应向外侧做 1%～2% 找坡，台阶面层标高应比首层室内地面标高低 20～40mm 左右。

9.5.2　室外坡道

1. 坡道的分类

坡道按照其用途的不同，可以分成行车坡道和轮椅坡道两类。轮椅坡道是专供残疾人使用的，在无障碍设计中会涉及。

行车坡道分为普通行车坡道与回车坡道两种，如图 9-38 所示。普通行车坡道布置在有车辆进出的建筑入口处，如车库、库房等。回车坡道与台阶踏步组合在一起，布置在某些大型公共建筑的入口处，如办公楼、旅馆、医院等。

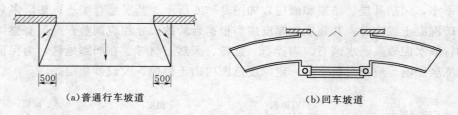

(a)普通行车坡道　　　　　　　　　(b)回车坡道

图 9-38　行车坡道

2. 坡道的尺寸和坡度

普通行车坡道的宽度应大于所连通的门洞口宽度，一般每边至少大于 500mm。坡道的坡度与建筑的室内外高差及坡道的面层处理方法有关。光滑材料坡道小于或等于 1：12，粗糙材料坡道（包括设置防滑条的坡道）小于或等于 1：6，带防滑齿坡道小于或等于 1：4。

回车坡道的宽度与坡道半径及车辆规格有关，坡道的坡度应小于或等于 1：10。

3. 坡道的构造

坡道一般均采用实铺。构造要求与台阶基本相同。垫层的强度和厚度应根据坡道长度及上部荷载的大小进行选择，严寒地区的坡道同样需要在垫层下部设置砂垫层，如图 9-39 所示。

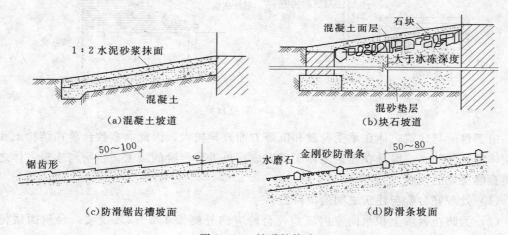

(a)混凝土坡道　　　　　　　　　(b)块石坡道

(c)防滑锯齿槽坡面　　　　　　　(d)防滑条坡面

图 9-39　坡道的构造

9.5.3　有高差处无障碍设计构造

竖向通道无障碍的构造设计，主要是解决残疾人的使用。

在解决不同高差通行的问题时，虽然可以采用楼梯、台阶、坡道等设施，但这些设施在使用时，仍然会给某些残疾人造成不便，特别是下肢残疾的人和视觉残疾的人。下肢残疾的人往往会借助拐杖和轮椅代步，而视觉残疾的人则往往会借助导盲棍来帮助行走。无障碍设计中有一部分就是指能帮助上述两类残疾人顺利通过高差的设计，下面主要就无障碍设计中有关楼梯、台阶、坡道等的特殊构造问题作简单介绍。

1. 坡道的坡度和宽度

坡道是最适合下肢残疾人使用的通道，它还适合于用拐杖和借助导盲棍通过，因而坡度必须较为平缓，还必须有一定的宽度，有关规定如下：

坡道的宽度不应小于0.9m；每段坡道的坡度、允许最大高度和水平长度应符合表9-4的规定；当坡道的高度和长度超过表9-4的规定时，应在坡道中部设休息平台，其深度不应小于1.2m；坡道在转弯处应设休息平台，休息平台的深度不应小于1.5m；在坡道的起点及终点，应留有深度不小于1.5m的轮椅缓冲地带；坡道两侧应在0.9m高度处设扶手，两段坡道之间的扶手应保持连贯；坡道起点及终点处的扶手应水平延伸0.3m以上；坡道两侧凌空时，在栏杆下部宜设高度不小于50mm的安全挡台，如图9-40所示。

表 9-4   每段坡道的坡度、允许最大高度和水平长度

坡道坡度（高/长）	* 1/8	* 1/10	1/12
每段坡道允许高度（m）	0.35	0.60	0.75
每段坡道允许水平长度（m）	2.80	6.00	9.00

注 加 * 者只适用于受场地限制的改造、扩建的建筑物。

2. 楼梯形式

残疾者或盲人使用的室内楼梯，应采用直行形式，如图9-41所示。楼梯的坡度应尽量平缓，且每步踏步应保持等高。楼梯的梯段宽度不宜小于1200mm。踏步不宜采用弧形梯段或设置扇形平台，踢面高不宜大于170mm。视力残疾者或盲人使用的楼梯踏步应选用合理的构造形式及饰面材料。无立角突出，且表面不滑，以防发生勾绊行人或助行工具而引起的意外事故，如图9-42所示。

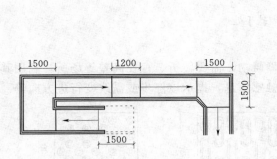

图9-40 无障碍设计坡道休息平台最小宽度图

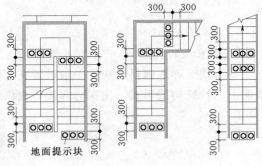

图9-41 直行形式楼梯

3. 扶手栏杆

楼梯、坡道应在两侧内设扶手，公共楼梯可设上下双层扶手。在楼梯的梯段或坡道的坡段的起始及终结处，扶手应自其前缘向前伸出300mm以上，两个相临梯段的扶手应该连通，扶手末端应向下或伸向墙面，如图9-43所示。扶手的断面形式应便于抓握，如图9-44所示。

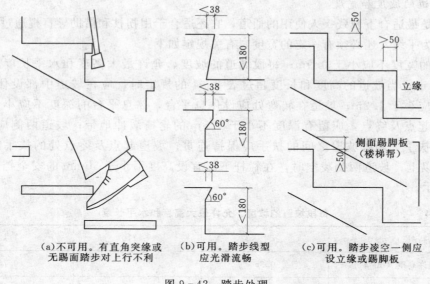

(a)不可用。有直角突缘或
无踢面踏步对上行不利

(b)可用。踏步线型
应光滑流畅

(c)可用。踏步凌空一侧应
设立缘或踢脚板

图9-42 踏步处理

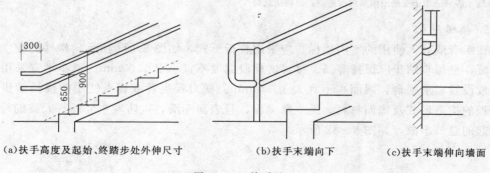

(a)扶手高度及起始、终踏步处外伸尺寸

(b)扶手末端向下

(c)扶手末端伸向墙面

图9-43 扶手处理

4. 导盲块的设置

导盲块又称地面提示块，一般设置在有障碍物、需要转折、存在高差等场所，利用其表面上的特殊构造形式，向视力残疾者提供触感信息，提示该停步或需改变行进方向等。

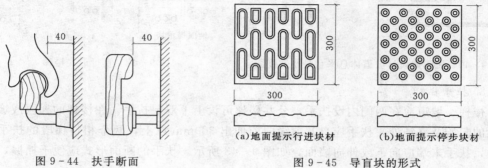

图9-44 扶手断面

(a)地面提示行进块材

(b)地面提示停步块材

图9-45 导盲块的形式

如图 9-45 所示为常用的导盲块的两种形式,图 9-41 中已经标明了它在楼梯中的设置位置,在坡道上也适用。

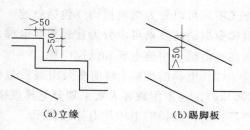

(a)立缘　　　　　(b)踢脚板

图 9-46　构件边缘处理

5. 构件边缘处理

鉴于安全方面的考虑,凡有凌空处的构件边缘,都应该向上翻起,包括楼梯和坡道的凌空面、室内外平台的凌空边缘等。这样可以防止拐杖或导盲棍等工具向外滑出,对轮椅也是一种制约,如图 9-46 所示。

9.6　电梯及自动扶梯

电梯是多层及高层建筑中常用的建筑设备,主要是为了解决人们在上下楼时的体力及时间的消耗问题。有的建筑虽然层数不多,但由于建筑级别较高或使用的特殊要求,往往也设置电梯,如高级宾馆、多层仓库等。部分高层及超高层建筑为了满足疏散和救火的需要,还要设置消防电梯。

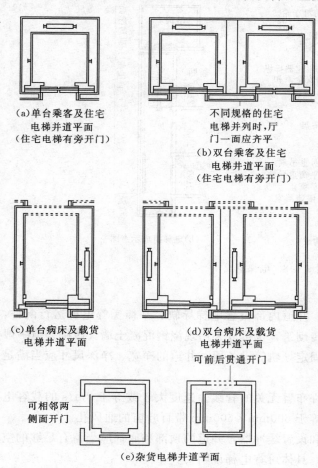

(a)单台乘客及住宅电梯井道平面(住宅电梯有旁开门)

不同规格的住宅电梯并列时,厅门一面应齐平

(b)双台乘客及住宅电梯井道平面(住宅电梯有旁开门)

(c)单台病床及载货电梯井道平面

(d)双台病床及载货电梯井道平面　可前后贯通开门

可相邻两侧面开门

(e)杂货电梯井道平面

图 9-47　电梯的分类

自动扶梯是人流集中的大型公共建筑常用的建筑设备。在大型商场、展览馆、火车站、航空港等建筑设置自动扶梯,对方便使用者、疏导人流起到很大的作用。有些占地面积大,交通量大的建筑还要设置自动人行道,以解决建筑内部的长距离水平交通,如大型航空港。

电梯及自动扶梯的安装及调试一般由生产厂家或专业公司负责。不同厂家提供的设备尺寸、规格和安装要求均有所不同,土建专业应按照厂家的要求在建筑的指定部位预留出足够的空间和设备安装的基础设施。

9.6.1　电梯

1. 电梯的分类及规格

(1)电梯的分类。电梯根据用途的不同可以分为乘客电梯、住宅电梯、病床电梯、客货电梯、载货电梯、杂物电梯,如图 9-47 所示。电梯根据动力拖动的方式不同可以分为交流拖动（包括单速、双速、调速）电梯、直流拖动电梯、液压电梯。电梯根据消防要求可以分为普通乘客电梯、货物电梯和消防电梯。电梯根据行驶速度可分为高速电梯、中速电梯和低速电梯。

（2）电梯的规格。目前多采用载重量作为划分电梯规格的标准（如 400kg、1000kg、2000kg）。而不用载客人数来划分电梯规格。电梯的载重量和运行速度等技术指标，在生产厂家的产品说明书中均有详细指示。

2. 电梯的组成

电梯由井道、机房和轿厢三部分组成，如图 9-48 所示。其中轿厢是由电梯厂生产的，并由专业公司负责安装。电梯井道和机房的布局、尺寸及细部构造应根据电梯说明书中的要求设计。

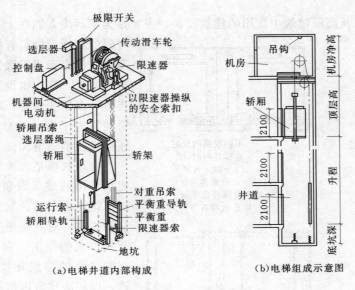

（a）电梯井道内部构成　　（b）电梯组成示意图

图 9-48　电梯组成

（1）井道

电梯井道是电梯轿厢运行的通道。井道内部设置电梯导轨、平衡锤等电梯运行配件，并设有电梯出入口。电梯井道可以用砖砌筑，也可以采用现浇钢混凝土墙。砖砌井道一般每隔一段应设置钢筋混凝土圈梁，供固定导轨等设备用。井道的净宽、净深尺寸应当满足生产厂家提出的安装要求。

电梯井道应只供电梯使用，不允许布置无关的管线。速度大于或等于 2m/s 的载客电梯，应在井道顶部和底部设置大于或等于 600mm×600mm 带百叶窗的通风孔。

为了便于电梯的检修、井道安装和设置缓冲器，井道的顶部和底部应当留有足够的空间。空间的尺寸与电梯运行速度有关，具体可查电梯说明书。

井道可供单台电梯使用，也可供两台电梯共用。如图 9-49 所示为某住宅电梯井道。

电梯井道出入口的门套应当进行装修，如图 9-50 所示是几种门套的构造做法。

电梯出入口地面应设置地坎,并向电梯井道内挑出牛腿,如图9-51所示是牛腿和地坎的构造做法。

(2)机房。电梯机房一般设在电梯井道的顶部,也有少数电梯把机房设在井道底层的侧面(如液压电梯)。机房的平面及剖面尺寸均应满足布置电梯机械及电控设备的需要,并留有足够的管理、维护空间,同时要把室内温度控制在设备运行的允许范围之内。由于机房的面积要大于井道的面积,因此允许机房平面位置任意向井道平面相邻两个方向伸出如图9-52所示。通往机房的通道、楼梯和门的宽度不应小于1.2m。电梯机房的平面、剖面尺寸及内部设备布置、孔洞位置和尺寸均由电梯生产厂家给出,如图9-52所示是电梯机房平面的示例。

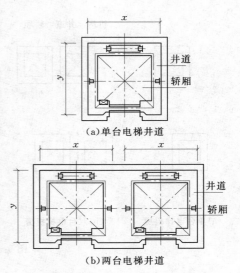

(a)单台电梯井道

(b)两台电梯井道

图9-49 某住宅电梯井道

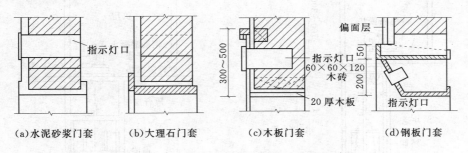

(a)水泥砂浆门套　　(b)大理石门套　　(c)木板门套　　(d)钢板门套

图9-50 电梯门套的构造做法

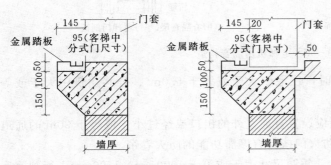

图9-51 牛腿和地坎的构造做法

由于电梯运行时设备噪音较大,会对井道周边房间产生影响。为了减少噪音,一般在顶层机房设置高1.5m左右的隔音层,并在机座下设置弹性垫层以隔音和隔振,如图9-53所示。

(3)消防电梯。消防电梯是在火灾发生时供运送消防人员及消防设备、抢救受伤人员用的垂直交通工具。应根据国家有关规范的要求设置。消防电梯的数量与建筑主体每层建筑面积有关,多台消防电梯在建筑中应设置在不同的防火分区之内。

消防电梯的布置、动力系统、运行速度和装修及通信等均有特殊的要求。主要有以下几方面:

1)消防电梯应设前室。前室面积,住宅中大于或等于4.5m²、公共建筑中大于或等

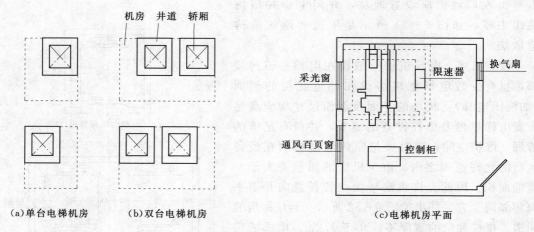

机房　井道　轿厢

（a）单台电梯机房　　（b）双台电梯机房　　　　　（c）电梯机房平面

采光窗

限速器

换气扇

通风百页窗

控制柜

图 9-52　电梯机房平面

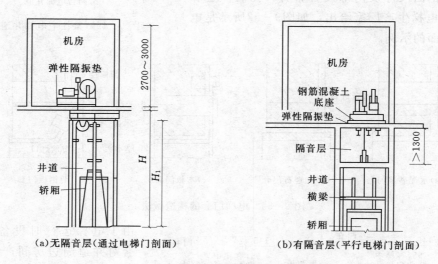

机房

弹性隔振垫

2700~3000

井道

轿厢

H

H_1

（a）无隔音层（通过电梯门剖面）

机房

钢筋混凝土底座

弹性隔振垫

隔音层

>1300

井道

横梁

轿厢

（b）有隔音层（平行电梯门剖面）

图 9-53　电梯机房隔音构造

于 6.0m²。与防烟楼梯间共用前室时，住宅中大于或等于 6.0m²、公共建筑中大于或等于 10.0m²。

2）前室宜靠外墙设置，在首层应设置直通室外的出口或经过小于或等于 30m 的通道通向室外。前室的门应当采用乙级防火门或具有停滞功能的防火卷帘。

3）电梯载重量大于或等于 1.0t，轿厢尺寸大于或等于 1000mm×1500mm。行驶速度为：建筑高度小于 100m 时，应大于或等于 1.5m/s；建筑高度大于 100m 时，不宜小于 2.5m/s。

4）消防电梯可与客梯或工作电梯共用，但应符合消防电梯的要求。

5）消防电梯井、机房与相邻的电梯井、机房之间应采用耐火极限大于或等于 2.5h 的墙隔开，如在墙上开门时，应用甲级防火门。

6）消防电梯门口宜采用防水措施，井底应设排水设施，排水并容量应大于或等于 2m³。

7）轿厢的装饰应为非燃烧材料，轿厢内应设专用电话，首层设消防专用操纵按钮。

9.6.2　自动扶梯

自动扶梯是在人流集中的大型公共建筑使用的垂直交通设施。它由电机驱动，踏步与扶手同步运行，可以正向运行，也可以反向运行，停机时可当作临时楼梯使用。自动扶梯的驱动方式分为链条式和齿条式两种。自动扶梯的角度有 27.3°、30°、35°。提升高度 6m 以内倾斜角不应超过 30°。额定速度不超过 0.50m/s，倾斜角可增到 35°。宽度有 600mm（单人）、800mm（单人携物）、1000mm、1200mm（双人）。自动扶梯的载客能力很高，可达到每小时 4000～10000 人。

自动扶梯一般设在室内，也可以设在室外。根据自动扶梯在建筑中的位置及建筑平面布局，自动扶梯的布置方式主要有以下几种，如图 9-54 所示：

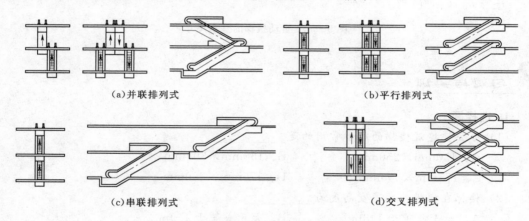

（a）并联排列式　　　　　　　　　（b）平行排列式

（c）串联排列式　　　　　　　　　（d）交叉排列式

图 9-54　自动扶梯的布置方式

（1）并联排列式：楼层交通乘客流动可以连续，升降两方向交通均分离清楚。外观豪华，但安装面积大。

（2）平行排列式：安装面积小，但楼层交通不连续。

（3）串联排列式：楼层交通乘客流动可以连续。

（4）交叉排列式：乘客流动升降两方向均为连续，安装面积小。

自动扶梯的电动机械装置设置在楼板下面，需要占用较大的空间。底层应设置地坑，供安放机械装置用，并要做防水处理。自动扶梯在楼板上应预留足够的安装洞。如图 9-55 所示是自动扶梯的基本尺寸，具体尺寸应查问电梯生产厂家的产品说明书。

自动扶梯对建筑室内具有较强的装饰作用。扶手多为特制的耐磨胶带，有多种颜色。栏板分为玻璃、不锈钢板、装饰面板等几种。有时还辅助以灯具照明，以增强其美观性。

由于自动扶梯在安装及运行时需要在楼板上开洞，此处楼板已经不能起到分隔防火分区的作用。如果上下两层建筑面积总和超过防火分区面积要求的，应按照防火要求设置防火卷帘。在火灾发生时封闭自动扶梯井。

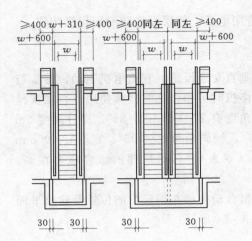
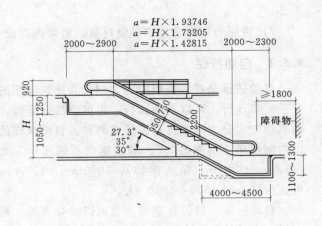

图 9-55　自动扶梯的基本尺寸

❓ 习题与实训

1. 选择题

(1) 办公楼建筑楼梯的踏步常用的是_____。

　　A、150mm×250mm　　　　　　B、150mm×300mm

　　C、175mm×300mm　　　　　　D、175mm×350mm

(2) 楼梯在梯段处的净空高度为_____。

　　A、大于或等于1.8m　　　　　　B、大于或等于1.9m

　　C、大于或等于2m　　　　　　　D、大于或等于2.2m

(3) 用于搁置三角形断面踏步板的梯段斜梁常用_____断面形式。

　　A、矩形　　　　　　　　　　　B、L形

　　C、T形　　　　　　　　　　　D、锯齿形

(4) 当楼梯在乎台上有管道井处，不宜布置_____。

　　A、平板　　　　　　　　　　　B、空心板

　　C、槽形板　　　　　　　　　　D、T形板

(5) 预制装配悬臂式钢筋混凝土楼梯，踏步板悬挑长度一般_____。

　　A、不大于1.2m　　　　　　　　B、不大于1.5m

　　C、不大于1.8m　　　　　　　　D、不大于2m

(6) 楼梯踏步上设置防滑条的位置应靠近踏步阳角处，防滑条应突出踏步面_____。

　　A、2～3mm　　　　　　　　　　B、2～5mm

　　C、2～4mm　　　　　　　　　　D、3～4mm

(7) 在设计楼梯扶手时，其宽度应为_____。

A、50～60mm   B、60～70mm

C、60～80mm   D、80～100mm

(8) 当上下行梯段齐步时，上下扶手在转折处同时向平台延伸_____使两扶手高度相等。

A、半步   B、一步

C、一步半   D、不伸向平台

(9) 栏杆与梯段、平台连接时，为保护栏杆免受锈蚀和增强美观，常在栏杆下部装设_____。

A、钢板   B、木垫块

C、套环   D、混凝土垫块

(10) 常见楼梯的坡度范围为_____。

A、30°～60°   B、20°～45°

C、45°～60°   D、30°～45°

(11) 为防止儿童穿过栏杆空挡发生危险，栏杆之间的水平距离不应大于_____。

A、100mm   B、110mm

C、120mm   D、130mm

(12) 在设计楼梯时，踏步宽 b 和踏步高 h 的关系式是_____。

A、$2h+b=600～620mm$ B、$2h+b=450mm$

C、$h+b=600～620mm$ D、$2h+b=500～600mm$

(13) 残疾人通行坡度一般采用_____。

A、1∶12   B、1∶10

C、1∶8   D、1∶6

(14) 自动扶梯的坡度一般采用_____。

A、10°   B、20°

C、30°   D、45°

2. 填空题

(1) 楼梯主要由_____、_____和_____三部分组成。

(2) 每个楼梯段的踏步数量一般不应超过_____级，也不应少于_____级。

(3) 楼梯按其材料可分为_____、_____和_____等类型。

(4) 楼梯平台按位置不同分_____平台和_____平台。

(5) 中间平台的主要作用是_____和_____。

(6) 钢筋混凝土楼梯按施工方式不同，主要有_____和_____两类。

(7) 现浇钢筋混凝土楼梯按梯段的传力特点不同，有_____和_____两种类型。

(8) 楼梯的净高在平台处不应小于_____，在梯段不应小于_____。

(9) 楼梯平台深度不应小于_____的净宽度。

(10) 楼梯栏杆扶手的高度是指_____至扶手上表面的垂直距离。

(11) 一般室内楼梯的栏杆扶手高度不应小于_____。

（12）栏杆与梯段的连接方式主要有_____、_____和_____。

（13）楼梯踏步表面的防滑处理通常是在_____做_____。

（14）在预制踏步梁承式楼梯中，三角形踏步一般搁置在_____形梯梁上。

（15）在预制踏步梁承式楼梯中，L 形和一字形踏步应搁置在_____形梯梁上。

（16）楼梯栏杆扶手高度一般为_____左右。

（17）室外台阶踏面宽为_____，踢面高为_____。

（18）楼梯平台分为_____和_____平台，深度_____梯段宽度。

（19）电梯主要由_____、_____和_____等三部分组成。

3. 简答题

（1）楼梯的常用形式有哪些？

（2）楼梯有哪些部分组成？各组成部分的作用及要求是什么？

（3）楼梯、爬梯和坡道的坡度范围是多少？楼梯的适宜坡度是多少？

（4）楼梯段的最小净宽有何规定？平台宽度和梯段宽度有何关系？

（5）楼梯的净空高度有哪些规定？

（6）楼梯平台下要求作通道又不能满足净高要求时有哪些办法可以解决。

（7）现浇钢筋混凝土楼梯常见的结构形式有哪几种？

（8）预制钢筋混凝土悬臂踏步楼梯有什么特点？

（9）楼梯踏步的防滑措施有哪些？

（10）楼梯、栏杆与踏步的构造如何？

（11）简述台阶与坡道的构造要求。

（12）电梯井道的设计要求有哪些？

（13）有高差处的无障碍设计坡道的坡度和宽度有哪些要求？

（14）无障碍设计的楼梯形式及栏杆与扶手的形式及要求有哪些？

4. 实例分析题

（1）分析综合教学楼楼梯的形式、特点。

（2）分析学院建管系教学楼楼梯的构造。

5. 设计题

（1）设计六层住宅的楼梯间。其开间为 2.7 米，进深为 6.0 米，层高为 3.0 米，室内外高差为 -0.75 米。确定踏高、踏宽、踏步数、梯段长度、平台宽度、天井尺寸等。绘制平面、剖面图。

（2）设计 1 题中现浇的钢筋混凝土楼梯的构造，绘制节点详图。

第 10 章 屋 顶

本章要点

1. 了解屋顶的作用、类型和设计要求。
2. 熟悉坡屋顶和顶棚构造。
3. 掌握平屋顶的排水、防水、保温和隔热构造。

10.1 概 述

屋顶是建筑最上层的覆盖构件。它主要有两个作用：一是承受作用于屋顶上的风荷载、雪荷载和屋顶自重等，起承重作用；二是防御自然界的风、雨、雪、太阳辐射热和冬季低温等的影响，起围护作用。屋面工程应根据建筑物的性质、重要程度、使用功能要求以及防水层合理使用年限结合工程特点、地区自然条件等，按不同等级进行设防。因此，屋顶具有相应的构造组成和不同的类型以及设计要求。

10.1.1 屋顶的构造组成

屋顶通常有结构层、顶棚层、面层和附加层组成。结构层是屋顶中的骨架部分，起承重作用。面层和顶棚层是屋顶中的两个最外部分，主要起保护屋顶作用。附加层紧接结构层是屋顶中的维护部分，主要起排水、防水、保温和隔热等作用。通常把屋顶结构层上的部分称为屋面。

10.1.2 屋顶的类型

1. 屋顶根据其外形分类

屋顶根据外形一般可分为平屋顶、坡屋顶、其他形式的屋顶。

(1) 平屋顶。平屋顶通常是指屋顶坡度小于 5%，最常用的是坡度为 2%～3% 的屋顶，这是目前应用最广泛的一种屋顶形式，大量民用建筑多采用与楼板层基本类同的结构布置形式的平屋顶，如图 10-1 所示。

(2) 坡屋顶。坡屋顶通常是指屋顶坡度在 10% 以上的屋顶，坡屋顶是我国传统的建筑屋顶形式，有着悠久的历史。根据构造不同，常见形式有：单坡、双坡屋顶，硬山及悬山屋顶，歇山及庑殿屋顶，圆形或多角形攒尖屋顶等。即使是一些现代的建筑，在考虑到景观环境或建筑风格的要求时也常采用坡屋顶，如图 10-2 所示。

(3) 其他形式的屋顶。随着建筑科学技术的发展，出现了许多新型结构的屋顶，如图

10-3 所示，有折板屋顶、拱屋顶、薄壳屋顶，悬索屋顶、网架屋顶、膜结构屋顶等结构。

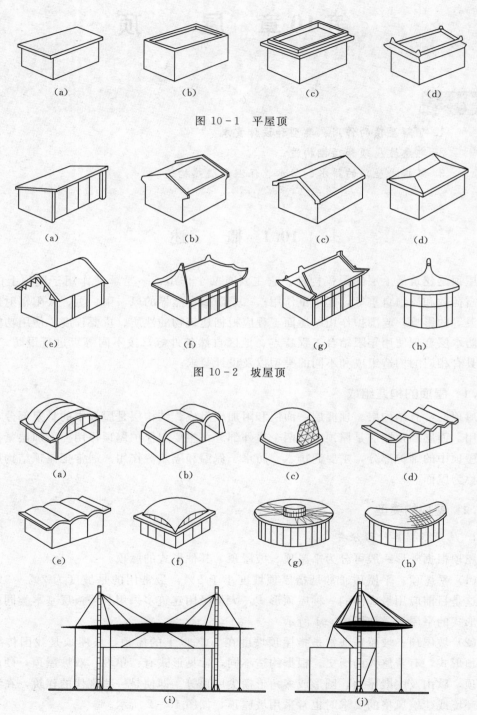

（a）　　　　　（b）　　　　　（c）　　　　　（d）

图 10-1　平屋顶

（a）　　　　　（b）　　　　　（c）　　　　　（d）

（e）　　　　　（f）　　　　　（g）　　　　　（h）

图 10-2　坡屋顶

（a）　　　　　（b）　　　　　（c）　　　　　（d）

（e）　　　　　（f）　　　　　（g）　　　　　（h）

（i）　　　　　　　　　　　　（j）

图 10-3　其他形式的屋顶

2. 屋顶根据其结构和材料分类

屋顶根据结构和材料一般可分为钢筋混凝土屋顶、钢结构屋顶、复合结构屋顶。

（1）钢筋混凝土屋顶。钢筋混凝土屋顶宜优先采用现浇钢筋混凝土结构层，当采用预制装配式结构层应采取连接加强措施。钢筋混凝土屋顶多用在平屋顶中，是最常见的一种屋顶结构形式。如大量性的住宅建筑常采用钢筋混凝土平屋顶，如图 10-4 所示。

（2）钢结构屋顶。钢结构屋顶多用在空间结构建筑中的一种屋顶形式。如大型公共建筑的体育馆、礼堂等，这类建筑内部空间大，中间不允许设柱支承屋顶，常采用钢结构网架屋顶等，如图 10-5 所示。

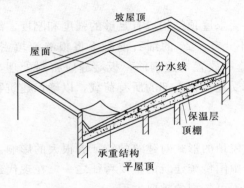

图 10-4 钢筋混凝土屋顶

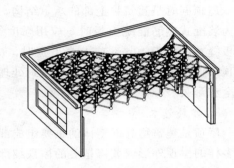

图 10-5 轻钢结构屋顶

（3）复合结构屋顶。复合结构屋顶是近几年才出现的一种自由形式的膜结构屋顶，如图 10-6 所示。如北京奥运会建筑水立方、高速路收费站、加油站、展览馆、商业娱乐设施及广场造型屋顶。

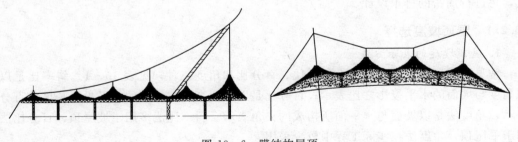

图 10-6 膜结构屋顶

10.1.3 屋顶的设计要求

屋顶是建筑物的重要组成部分之一，在设计时应满足的要求主要是：使用功能、结构安全、建筑艺术等。

1. 使用功能

屋顶是建筑物上部的围护结构，主要应满足防水排水和保温隔热等要求。各类屋面面层均应采用不燃烧体材料，包括屋面突出部分及屋顶加层，但一、二级耐火等级建筑物，其不燃烧体屋面的基层上可采用可燃卷材防水层。

（1）防水排水要求。屋顶应采用防水材料以及合理的构造处理来达到防水的目的。屋顶排水采用一定的排水坡度和相应的排水方式将屋顶的雨水尽快排走。屋顶防水排水是一项综合性的技术问题，它与建筑结构形式、防水材料、屋顶坡度、屋顶构造处理等做法有关，应将防水与排水相结合，综合各方面的因素加以考虑。

（2）保温隔热要求。屋顶保温是在屋顶的构造层次中设保温层和相应构造层，并避免产生结露或内部受潮，使严寒、寒冷地区保持室内正常的温度。屋顶隔热是在屋顶的构造中采用相应的构造做法，使南方地区在炎热的夏季避免强烈的太阳辐射引起室内温度过高。

2. 结构安全

屋顶同时是建筑物上部的承重结构，因此要求屋顶结构应有足够的强度和刚度。结构层为装配式钢筋混凝土板时，应用强度等级不小于 C20 的细石混凝土将板缝灌填密实；当板缝宽度大于 40mm 或上窄下宽时，应在缝中放置构造钢筋；板端缝应密封处理，若屋顶不设保温层，板侧缝宜进行密封处理。承受建筑物上部的所有荷载，以确保建筑物的安全和耐久。

3. 建筑艺术

屋顶是建筑物外部型体的重要组成部分，屋顶的形式对建筑的特征有很大的影响。变化多样的屋顶外形，装修精美的屋顶细部，是中国传统建筑的重要特征之一。在现代建筑中，如何处理好屋顶的形式和细部也是设计中不可忽视的重要方面。

10.2 平屋顶的排水构造

为了迅速排除屋顶雨水，保证水流畅通，首先要选择合理的屋顶坡度、恰当的排水方式，再进行周密的排水设计。

10.2.1 屋顶坡度选择

1. 屋顶坡度的表示方法

常见的屋顶坡度表示方法有斜率比、百分比和角度三种，见表 10-1。斜率比是以屋顶高度与坡面的水平投影之比表示；百分比是以屋顶高度与坡面的水平投影长度的百分比表示；角度法是以坡面与水平面所构成的夹角表示。斜率比法多用于坡屋顶，百分比法多用于平屋顶；角度法在实际工程中较少采用。

表 10-1   屋顶坡度的表示方法

屋顶类型	平屋顶	坡屋顶	
常用排水坡度	小于 5% 即 2%～3%	一般大于 10%	
屋顶坡度表示方式	百分比法	斜率法	角度法
应用情况	普遍	普遍	较少采用，θ 多为 26°34′

2. 影响屋顶坡度大小的因素

屋面排水坡度应根据屋顶结构形式，屋面基层类别，防水构造形式，材料性能及当地气候等条件确定，并符合表 10-2 的规定。对于一般民用建筑主要由以下两方面的因素来确定。

表 10-2 屋面的排水坡度

屋 面 类 别	屋面排水坡度 (%)	屋 面 类 别	屋面排水坡度 (%)
卷材防水、刚性防水平屋面	2～5	网架、悬索结构金属板	≥4
平瓦	20～50	压型钢板	5～35
波形瓦	10～50	种植土屋面	1～3
油毡瓦	≥20		

（1）防水材料。防水材料的性能及其规格尺寸直接影响屋顶坡度。防水材料的防水性能越好，屋顶的坡度可越小。对于规格尺寸小较小的屋顶防水材料，屋顶防水层接缝较多，漏水的可能性会较大，其坡度应大一些，以便迅速排除雨水，减少漏水的机会。构造处理的方法根据不同情况应有所区别。

（2）地区降雨量的大小。降雨量的大小对屋顶防水有直接影响，降雨量大，漏水的可能性就大，屋顶坡度应适当增加。我国南方地区年降雨量和每小时最大降雨量都高于北方地区，因此即使采用同样的屋顶防水材料，一般南方地区的屋顶坡度都要大于北方地区。

3. 形成屋顶排水坡度的方法

形成屋顶排水坡度常用的方法有：材料找坡和结构找坡。平屋顶屋面采用结构找坡不应小于 3%，采用材料找坡宜 2%。

（1）材料找坡。材料找坡的构造如图 10-7 所示，是指屋顶结构层水平搁置，利用轻质材料垫置坡度，又称垫置坡度，常用找坡材料有水泥炉渣、石灰炉渣等，找坡材料最薄处以不小于 30mm 厚为宜。这种做法可获得平整的室内顶棚，空间完整，但找坡材料增加了屋顶的荷载，增加了材料和人工费用。当屋顶坡度不大或需设保温层时广泛采用这种做法。

（2）结构找坡。结构找坡的构造如图 10-8 所

图 10-7 材料找坡

示，是指将屋顶的结构层倾斜搁置在下部的墙体或屋顶梁及屋架上的一种做法，又称搁置坡度。这种做法不需在屋顶上另加材料找坡层，具有构造简单、施工方便、节省人工和材料、减轻屋顶自重的优点，但室内顶棚面是倾斜的，空间不够完整。因此，结构找坡常用于设有吊顶棚或室内美观要求不高的建筑工程中。

10.2.2 屋顶排水方式

屋顶排水方式分为无组织排水和有组织排水两大类。

1. 无组织排水

无组织排水又称自由落水，是指屋顶雨水直接从檐口自由落下到室外地面的一种排水

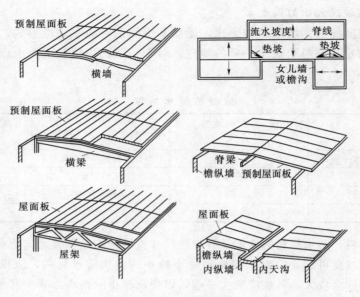

图 10-8 结构找坡

方式，如图 10-9 所示。这种做法具有构造简单、造价低廉的优点，但屋顶雨水自由落下会溅湿墙面，外墙墙脚常被飞溅的雨水侵蚀，影响到外墙的坚固耐久，并可能影响人行道的交通。无组织排水方式主要适用于少雨地区或一般低层建筑，不宜用于临街建筑和高度较高的建筑。

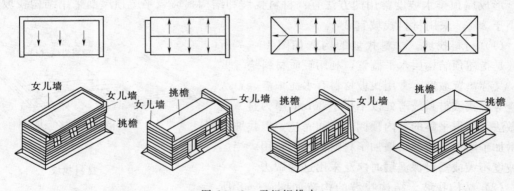

图 10-9 无组织排水

2. 有组织排水

有组织排水是指屋顶雨水通过排水系统的天沟、雨水口、雨水管等方式，有组织地将雨水排至地面或地下管沟的一种排水方式。这种排水方式构造较复杂，造价相对较高但是减少了雨水对建筑物的不利影响，因而在建筑工程中广泛应用。

有组织排水方案根据具体条件不同可分为外排水和内排水两种类型。屋面排水宜优先采用外排水；高层建筑、多跨及集水面积较大的屋面宜采用内排水。如图 10-10 所示的外排水是指雨水管装在建筑外墙以外的一种排水方案，构造简单，雨水管不进入室内，有利于室内美观和减少渗漏，使用广泛，尤其适用于湿陷性黄土地区，可以避免水落管渗漏造成地基沉陷，南方地区多优先采用。

（1）挑檐沟外排水。屋顶雨水汇集到悬挑在墙外的檐沟内，汇集到水落管排下。当建筑物出现高低屋顶时，可先将高处屋顶的雨水排至低处屋顶，然后从低处屋顶的挑檐沟汇集排离。采用挑檐沟外排水方案如图 10-10（a）所示时，水流路线的水平距离不应超过 24m，以免造成雨水长时间滞留屋顶形成渗漏。

（2）女儿墙外排水。当由于建筑造型所需不希望出现挑檐时，通常将外墙升起封住屋顶，高于屋顶的这部分外墙称为女儿墙。此方案如图 10-10（b）所示，特点是屋顶雨水在屋顶外墙处汇集后再穿过女儿墙进入室外的雨水管排离。

（3）女儿墙挑檐沟外排水。女儿墙挑檐沟外排水方案如图 10-10（c）所示，特点是在屋顶檐口部位既有女儿墙，又有挑檐沟。上人屋顶、蓄水屋顶常采用这种形式，利用女儿墙作为围护，利用挑檐沟汇集雨水。

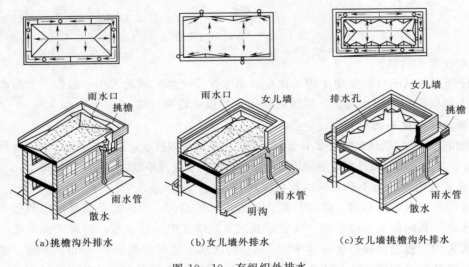

图 10-10 有组织外排水

（4）暗管外排水。明装雨水管对建筑立面的美观有所影响，因此在一些重要的公共建筑中，常采用暗装雨水管的方式，将雨水管隐藏在装饰柱或空心墙中，装饰柱子可成为建筑立面构图中的竖向线条等。

（5）内排水。在不适合采用外排水时，如高层建筑不宜采用外排水，因为维修室外雨水管既不方便也不安全；又如严寒地区的建筑不宜采用外排水，因为低温会使室外雨水管中的雨水冻结；再如某些屋顶宽度较大的建筑，无法完全依靠外排水排除屋顶雨水，要采用内排水方案，如图 10-11 所示。

10.2.3 屋顶排水组织设计

屋顶排水组织设计就是把屋顶划分成若干个排水区，将各区的雨水分别引向各雨水管，使排水线路短捷，雨水管负荷均匀，排水顺畅。因此，屋顶须有适当的排水坡度，设置必要的天沟、雨水管和雨水口，并合理地确定这些排水装置的规格、数量和位置，绘制屋顶排水平面图，这一系列的工作就是屋顶排水组织设计。

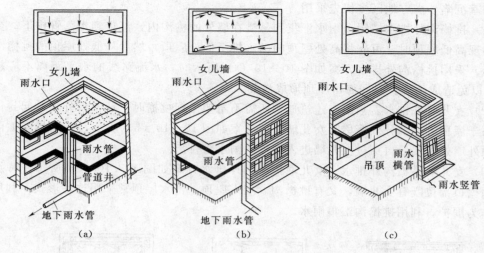

图 10-11　有组织内排水

1. 划分排水区域

划分排水区域的目的是便于均匀地布置雨水管。排水区域的大小一般按一个雨水口负担 200m² 屋顶面积的雨水考虑，屋顶面积按水平投影面积计算。

2. 确定排水坡面的数目

一般情况下平屋顶建筑栋深度小于 12m 时，可采用单坡排水；进深较大时，为了不使水流的路线过长，宜采用双坡排水。坡屋顶则应结合造型要求选择单坡、双坡或四坡排水。

3. 确定天沟断面大小和天沟纵坡的坡度值

天沟即屋顶上的排水沟，位于外檐边的天沟又称檐沟。天沟的功能是汇集和迅速排除屋顶雨水，故其断面大小应恰当，沟底沿长度方向应设纵向排水坡，简称天沟纵坡。卷材防水屋面天沟、檐沟纵向坡度不应小于 1%；沟底水落差不得超过 200mm。天沟、檐沟排水不得流经变形缝和防火墙。天沟的净断面尺寸应根据降雨量和汇水面积的大小来确定。一般建筑的天沟净宽不应小于 200mm，天沟上口至分水线的距离不应小于 120mm。如图 10-12 所示，是挑檐沟外排水的剖面和平面图。

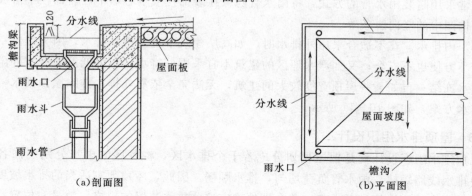

图 10-12　挑檐沟外排水图

4. 雨水管的规格及间距

雨水管根据材料分为铸铁、塑料、镀锌铁皮、石棉水泥、PVC和陶土等多种，应根据建筑物的耐久等级加以选择。最常采用的是塑料雨水管，其管径有50mm、75mm、100mm、125mm、150mm、200mm等几种规格。一般民用建筑常用75~100mm的雨水管，面积小于25m²的露台和阳台可选用直径50mm的雨水管。屋面水落管的数量《建筑给水排水设计规范》(GB 50015)规定根据每个雨水管的汇水面积和排水量确定。雨水管的间距过大，会导致天沟纵坡过长，沟内垫坡材料加厚，使天沟的容积减少，大雨时雨水易溢向屋顶引起渗漏或从檐沟外侧涌出，一般情况下雨水口间距为18m，最大间距不宜超过24m。如图10-13所示，是女儿墙外排水的剖面和平面图。

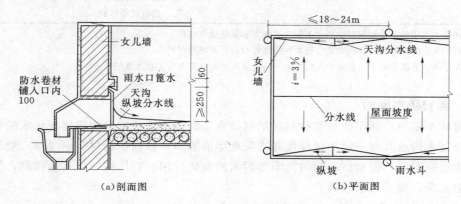

图 10-13 女儿墙外排水图

10.3 平屋顶的防水构造

屋顶防水是用防水材料以"堵"为主的防水构造。使屋顶在整个排水的过程中，不发生渗漏，起到防水作用。《屋面工程技术规范》(GB 50345—2004)规定屋顶的防水应根据建筑的性质、重要程度、使用功能要求以及防水层合理使用年限，按不同等级进行设防，并应符合表10-3的要求。根据防水材料的不同，防水屋顶分为卷材防水屋顶、刚性防水屋顶、涂膜防水屋顶等。

表 10-3　　　　　　　　　　　　　　屋面的防水等级和设防要求

项　目	屋 面 防 水 等 级			
	Ⅰ级	Ⅱ级	Ⅲ级	Ⅳ级
建筑物类别	特别重要或对水有重要要求的建筑	重要的建筑或高层建筑	一般的建筑	非永久要求建筑
防水层合理使用年限	25 年	15 年	10 年	5 年
设防要求	三道或三道以上防水层	两道防水层	一道防水层	一道防水层

项　　目	屋面防水等级			
	Ⅰ级	Ⅱ级	Ⅲ级	Ⅳ级
防水层选用材料	宜选用合成高分子防水卷材、高聚物改性沥青类防水卷材、金属板材、合成高分子防水涂料、细石防水混凝土等材料	宜选用高聚物改性沥青类防水卷材、合成高分子防水卷材、金属板材、合成高分子防水涂料、细石防水混凝土、平瓦、油毡瓦等材料	宜选用高聚物改性沥青类防水卷材、合成高分子防水卷材、三毡四油沥青防水卷材、金属板材、高聚物改性沥青类防水涂料、合成高分子防水涂料、细石防水混凝土、平瓦、油毡瓦等材料	可选用二毡三油沥青防水卷材、高聚物改性沥青类防水涂料等材料

注　1. 规范中采用的沥青均指石油沥青不包含煤沥青和煤焦油等材料。

　　2. 石油沥青的纸胎油毡和沥青复合胎柔性防水卷材，系限制性材料。

　　3. 在Ⅰ级、Ⅱ级屋面防水设防中，如仅做一道金属板材时应符合有关技术规定。

10.3.1　卷材防水屋顶

卷材防水屋顶是利用防水卷材与黏结剂结合，形成连续致密的构造层来防水的一种屋顶。卷材防水构造具有一定的延伸性和适应变形的能力，被称作卷材防水屋顶。卷材防水屋顶较能适应温度、振动、不均匀沉陷等因素的变化作用，整体性好、不易渗漏，但施工操作较为复杂，技术要求较高。

1. 卷材防水屋顶的材料

（1）防水卷材的类型。防水卷材主要有沥青类防水卷材、高聚物改性沥青类防水卷材、合成高分子类防水卷材等。

1）沥青类防水卷材：沥青类防水卷材是用原纸、纤维织物、纤维毡等胎体材料浸涂沥青，表面撒布粉状、粒状或片状材料后制成的可卷曲片状材料，传统上用得最多的是纸胎石油沥青油毡。沥青油毡防水屋顶的防水层容易产生起鼓、沥青流淌、油毡开裂等问题，从而导致防水质量下降和使用寿命缩短，近年来在实际工程中已较少采用。

2）高聚物改性沥青类防水卷材：高聚物改性沥青类防水卷材是以高分子聚合物改性沥青为涂盖层，纤维织物或纤维毡为胎体，粉状、粒状、片状或薄膜材料为覆面材料制成的可卷曲片状防水材料，如 SBS 改性沥青油毡，再生胶改性沥青聚酯油毡，铝箔塑胶聚酯油毡，丁苯橡胶改性沥青油毡等。

3）合成高分子类防水卷材：凡以各种合成橡胶、合成树脂或两者的混合物为主要原料，加入适量化学辅助剂和填充料加工制成的弹性或弹塑性卷材，均称为高分子防水卷材。常见的有三元乙丙橡胶防水卷材、氯化聚乙烯防水卷材、聚氯乙烯防水卷材、氯丁橡胶防水卷材、聚乙烯橡胶防水卷材等。高分子防水卷材具有重量轻，适用温度范围宽，耐候性好、抗拉强度高、延伸率大等优点，近年来已越来越多地用于各种防水工程中。

（2）卷材的黏合剂。用于沥青卷材的黏合剂主要有冷底子油、沥青胶和溶剂型胶黏剂等。

1）冷底子油：冷底子油是将沥青稀释溶解在煤油、轻柴油或汽油中制成，涂刷在水泥砂浆或混凝土基层面作打底用。

2）沥青胶：沥青胶又称为玛蹄脂（mastic），是在沥青中加入填充料如滑石粉、云母粉、石棉粉、粉煤灰等加工制成。沥青胶分为冷、热两种，每种又均有石油沥青胶及煤沥青胶两类。石油沥青胶适于黏结石油沥青类卷材，煤沥青胶则适于粘结煤沥青类卷材。

3）溶剂型胶黏剂：用于高聚物改性沥青防水卷材和高分子防水卷材的黏合剂，主要为各种与卷材配套使用的各种溶剂型胶粘剂。如适用于改性沥青类卷材的 RA—86 型氯丁胶黏结剂、SBS 改性沥青黏结剂等；三元乙丙橡胶卷材所用的聚氨酯底胶基层处理剂、CX—404 氯丁橡胶黏合剂；氯化聚乙烯胶卷所用的 LYX—603 胶黏剂等。

2. 卷材防水屋顶的构造

（1）卷材防水屋顶的基本构造组成

卷材屋面的坡度不宜大于 25％，当坡度大于 25％时应采取固定和防止滑落的措施。卷材防水屋顶具有多层次构造的特点，其构造组成分为基本层次和辅助层次两类。卷材防水屋顶的基本构造层次按其作用分别为：结构层、找平层、结合层、防水层、保护层等，卷材防水屋顶的构造如图 10－14 所示。

1）结构层：多为刚度好，变形小的各类钢筋混凝土楼板。

2）找平层：卷材防水层要求铺贴在坚固而平整的基层上，以防止卷材凹陷或断裂，在松软材料及预制屋顶板上铺设卷材以前，须先做找平层。找平层一般采用 1∶3 水泥砂浆或 1∶8 沥青砂浆，整体混凝土结构可以做较薄的找平层 15～20mm，表面平整度较差的装配式结构或在散料上宜做较厚的找平层 20～30mm。为防止找平层变形开裂而使卷材防水层破坏，在找平层中留设分格缝。分格缝的宽度一般为 20mm，纵横间距不大于 6m，结构层为预制装配式时，分格缝应设在预制板的端缝处。分格缝上面应覆盖一层 200～300mm 宽的附加卷材，用黏结剂单边点贴，如图 10－15 所示，使分格缝处的卷材有较大的伸缩余地，避免开裂。

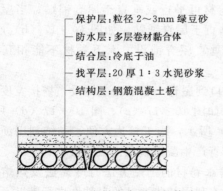

图 10－14 卷材防水屋顶的构造

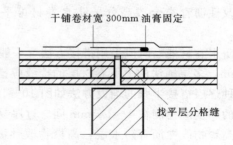

图 10－15 找平层分格缝

3）结合层：结合层的作用是在卷材与基层间形成一层胶质薄膜，使卷材与基层胶结牢固。沥青类卷材通常用冷底子油（一般的重量配合比为 40％的石油沥青及 60％的煤油或轻柴油，或者 30％的石油沥青及 70％的汽油）作结合层，高分子卷材则多用配套基层处理剂，也有采用冷底子油或稀释乳化沥青作结合层的。如第一层沥青胶浇涂时，除注意粘结的牢度外，还要注意避免防水层由于内部空气或湿气在太阳辐射下膨胀形成的鼓泡。一种是室内蒸汽透过结构层渗透到防水层底面；一种是设有保温层或找坡层的构造中还留有一定的湿度。这些由水汽的蒸发和膨胀而使卷材防水层鼓泡、鼓泡的皱折和破裂可形成漏水的隐患。为了使卷材防水层与基层之间有一个能使蒸汽扩散的场所，常将第一层沥青层采用点状（俗称花油法）或条状粘贴，如图 10-16 所示。

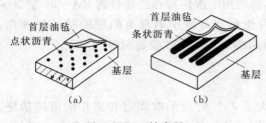

图 10-16 结合层

4）防水层：沥青卷材防水层是由多层卷材和黏结剂交替粘合形成。每道卷材防水层的厚度应符合表 10-4 的规定。交替进行至防水层所需层数为止，最后一层卷材面上也需刷一层黏结剂。非永久性的简易建筑屋顶防水层采用两层卷材和三层黏结剂，一般民用建筑应做三层沥青卷材四层黏结剂。

表 10-4　　　　　　　卷　材　厚　度

屋面防水等级	设防道数	合成高分子防水卷材	高聚物改性沥青类防水卷材	沥青防水卷材沥青复合胎柔性防水卷材	自黏聚酯胎改性沥青防水卷材	自黏橡胶沥青防水卷材
Ⅰ级	三道或三道以上设防	不应小于1.5mm	不应小于3mm	•	不应小于2mm	不应小于1.5mm
Ⅱ级	两道设防	不应小于1.2mm	不应小于3mm	—	不应小于2mm	不应小于1.5mm
Ⅲ级	一道设防	不应小于1.2mm	不应小于4mm	三毡四油	不应小于3mm	不应小于2mm
Ⅳ级	一道设防	—	—	二毡三油	—	—

当屋顶坡度小于 3％时，沥青卷材宜平行于屋脊，从檐口到屋脊层层向上铺贴，如图 10-17（a）所示。屋顶坡度在 3％～15％时，卷材可平行或垂直于屋脊铺贴。当屋顶坡度大于 15％或屋顶受震动时，沥青防水卷材应垂直于屋脊铺贴，如图 10-17（b）所示。高聚改性沥青类合成高分子防水卷材可平行和垂直屋脊铺设。上下卷材不能相互垂直铺贴。

防水卷材铺贴时应采用搭接方法，一般由檐口到屋脊一层层向上铺设，搭接宽度50～100mm，多层铺法的上下卷材层的接缝应错开，如图 10-17（c）、图 10-17（d）所示，用一种逐层搭接半张的铺设方法如图 10-17（e）所示，施工较为方便。黏结剂用沥青玛蹄脂的厚度应控制在 1～1.5mm 间，过厚易使沥青产生凝聚现象而致龟裂。

高聚物改性沥青防水层：高聚物改性沥青防水卷材的铺贴方法有冷黏法及热熔法两种。冷黏法是用胶黏剂将卷材粘贴在找平层上，或利用某些卷材的自黏性进行铺贴。冷黏法铺贴卷材时应注意平整顺直，搭接尺寸准确，不扭曲，卷材下面的空气应予排除并将卷材辊压粘结牢固。热熔法施工是用火焰加热器将卷材均匀加热至表面光亮发黑，然后立即滚铺卷材使之平展并辊压牢实。

高分子卷材防水层：如三元乙丙卷材是一种常用的高分子橡胶防水卷材，先在找平层（基层）上涂刮基层处理剂如 CX—404 胶等，要求薄而均匀，待处理剂干燥不黏手后即可

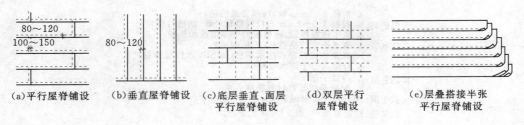

(a)平行屋脊铺设　　(b)垂直屋脊铺设　　(c)底层垂直、面层　　(d)双层平行　　(e)层叠搭接半张
　　　　　　　　　　　　　　　　　　　　　　　平行屋脊铺设　　　屋脊铺设　　　平行屋脊铺设

图 10-17　防水层

铺贴卷材。卷材铺设方向类同沥青卷材，可根据不同屋顶坡度平行或垂直于屋脊方向铺贴，并按水流方向搭接。铺贴时卷材应保持自然松弛状态，不能拉得过紧。卷材的长边应保持搭接 50mm，短边保持搭接 70mm。卷材铺好后立即用工具辊压密实，搭接部位用胶黏剂均匀涂刷粘牢。

在屋面的防水层上放置设施时，设施下部的防水层应做卷材增强层，必要时上面做细石混凝土，厚度不应小于 50mm；设施基座和结构层相连时，防水层应包裹设施基座的上部，并在地脚螺栓周围做密封处理；与经常维护的设施周围和屋面之间的人行道应铺设刚性保护层。

5）保护层：设置保护层使卷材不致因光照和气候等的作用而迅速老化，防止沥青类卷材的沥青过热流淌或受到暴雨的冲刷。保护层的构造做法根据屋顶的使用情况而定。不上人屋顶的构造做法如图 10-18（a）所示，沥青防水屋顶一般在防水层撒粒径 3~5mm 的小石子作为保护层，称为绿豆砂或豆石保护层；为防止暴风雨的冲刷使砂粒流失而裸露，可以增大小石子粒径到 15~25mm，增加厚度至 30~100mm，这样可使太阳辐射温度明显下降，对提高卷材防水屋顶的使用寿命有利，但是增大了屋顶的自重。高分子卷材如三元乙丙橡胶防水屋顶等通常是在卷材面上涂刷水溶型或溶剂型的浅色保护着色剂，如氯丁银粉胶等不会明显增加屋顶自重。上人屋顶的构造做法如图 10-18（b）所示，既是保护层又是楼面面层。要求保护层平整耐磨，一般可在防水层上浇筑 30~40mm 厚的细石混凝土面层，每 2m 左右设一分格缝，保护层分格缝应尽量与找平层分格缝错开，缝内用防水油膏嵌封。也可用砂填层或水泥砂浆铺预制混凝土块或大阶砖；还可将预制板或大阶砖架空铺设以利通风。上人屋顶做屋顶花园时，水池、花台等构造均应在屋顶保护层上设置。

6）找坡层：为确保防水性，减少雨水在屋顶的滞留时间，结构层水平时可用材料找坡形成所需的屋顶排水坡度。找坡的材料可结合辅助构造层次设置。

7）辅助构造层：辅助构造层是为了满足房屋的使用要求，或提高屋顶的性能而补充设置的构造层，如保温层为防止冬季室内过冷，隔热层是为防止室内过热，隔蒸汽层是为防止潮气侵入屋顶保温层等作用。

（2）卷材防水屋顶的细部构造组成。这是为保证卷材防水屋顶的防水性能，对可能造成的防水薄弱环节，所采取的加强措施。卷材防水屋面的基层与突出屋面的交接处以及与基层的转角处，均应做成圆弧，内部排水的水落口周围应做成略低的凹坑。找平层圆弧半径应根据卷材种类选用见表 10-5。天沟、檐沟、檐口、水落口、泛水、变形缝和伸出屋

保护层：a. 粒径 3～5mm 绿豆砂（普通油毡）
　　　　b. 粒径 1.5～2mm 石粒或砂粒（SBS 油毡自带）
　　　　c. 氯丁银粉胶、乙丙橡胶的甲苯溶液加铝粉
防水层：a. 普通沥青油毡卷材（三毡四油）
　　　　b. 高聚物改性沥青防水卷材（如 SBS 改性沥青卷材）
　　　　c. 合成高分子防水卷材
结合层：a. 冷底子油
　　　　b. 配套基层及卷材胶黏剂
找平层：20 厚 1：3 水泥砂浆
找坡层：按需要而设（如 1：8 水泥炉渣）
结构层：钢筋混凝土板

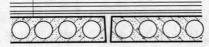

（a）不上人屋顶

保护层：20 厚 1:3 水泥砂浆粘贴400mm×400mm×30mm预制混凝土块
防水层：a. 普通沥青油毡卷材（三毡四油）
　　　　b. 高聚物改性沥青防水卷材（如 SBS 改性沥青卷材）
　　　　c. 合成高分子防水卷材
结合层：a. 冷底子油
　　　　b. 配套基层及卷材胶黏剂
找平层：20 厚 1：3 水泥砂浆
找坡层：按需要而设（1：8 水泥炉渣）
结构层：钢筋混凝土板

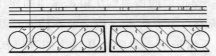

（b）上人屋顶

图 10－18　屋顶构造

表 10－5　　　　　　　　　　　找平层圆弧半径　　　　　　　　　　　单位：mm

卷 材 种 类	圆 弧 半 径	卷 材 种 类	圆 弧 半 径
沥青防水卷材	100～150	合成高分子防水卷材	20
高聚物改性沥青类防水卷材	50		

面管道等处应采取与工程特点相适应的防水加强构造措施，并应符合有关规范的规定。闷顶应设通风口和通向闷顶的检修人孔；闷顶内应有防火分隔。

1）泛水构造：泛水构造指屋顶以上所有垂直面所设的防水构造。突出于屋顶之上的女儿墙、烟囱、楼梯间、变形缝、检修孔、立管等的壁面与屋顶的交接处是最容易漏水的地方。必须将屋顶防水层延伸到这些垂直面上，形成立铺的防水层，称为泛水。

在屋顶与垂直面交接处的水泥砂浆找平层的上面上刷卷材黏结剂。屋顶的卷材防水层弧线密实继续铺至垂直面上，以免卷材架空或折断，直至泛水高度不小于 250mm 处形成卷材泛水，同时铺一层附加卷材。做好泛水上口的卷材收头固定，防止卷材在垂直墙面上下滑动渗水。可在垂直墙中预留凹槽或凿出通长凹槽，将卷材的收头压入槽内，用防水压

条钉压后再用密封材料嵌填封严，外抹水泥砂浆保护。凹槽上部的墙体则用防水砂浆抹面形成滴水线。卷材防水泛水构造如图 10-19 所示。分别有不同的处理方法，通常有钉木条、压镀锌铁皮、嵌砂浆、嵌油膏、压砖块、压混凝土和盖金属片等处理方式，除盖金属片外一般在泛水上口均挑出 1/4 砖，抹水泥砂浆斜口和滴水线，施工均较复杂，用新的防水胶结材料把卷材直接粘贴在抹灰层上，也是有效的一种泛水处理方法。

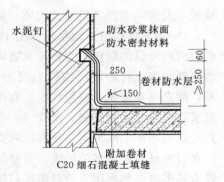

图 10-19　卷材防水泛水构造

2）挑檐口构造：挑檐口构造分为无组织排水和有组织排水两种做法。无组织排水挑檐口不宜直接采用结构层外悬挑，因其温度变形大，易使檐口抹灰砂浆开裂，可采用与圈梁整浇的混凝土挑板。在檐口 800mm 范围内的卷材应采取满贴法，密实牢固连接找平层，为防止卷材收头处粘贴不牢而出现漏水，应在混凝土檐口上用细石混凝土或水泥砂浆先做一凹槽，然后将卷材贴在槽内，将卷材收头用水泥钉钉牢，上面用防水油膏嵌填，挑檐口构造如图 10-20（a）所示。

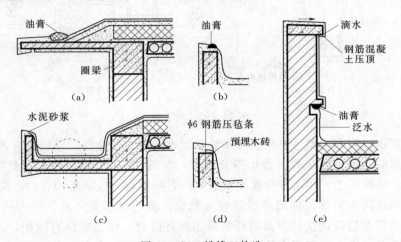

图 10-20　挑檐口构造

有组织排水挑檐口常常将檐沟布置在出挑部位，与圈梁连成整体现浇钢筋混凝土檐沟板，如图 10-20（c）所示。沟内转角部位的找平层应做成圆弧形或 45°斜面。檐沟加铺 1～2 层附加卷材。为了防止檐沟壁面上的卷材下滑，通常是在檐沟边缘用水泥钉钉压条或钢筋压卷材，将卷材的收头处压牢，再用油膏或砂浆盖缝如图 10-20（b）、（d）所示。

有组织女儿墙外排水，女儿墙的顶面应坡向屋顶，并作滴水构造，如图 10-20（e）所示，保护建筑立面。

3）有组织排水天沟：屋顶上的排水沟称为天沟，有两种设置方式，一种是利用屋顶倾斜坡面的低洼部位做成三角形断面天沟；另一种是用专门的槽形板做成矩形天沟。采用女儿墙外排水的民用建筑一般进深不大，采用三角形天沟的较为普遍。沿天沟长向需用轻质材料垫成 0.5%～1% 的纵坡，使天沟内的雨水迅速排入雨水口。多雨地区或跨度大的房屋，为了增加天沟的汇水量，常采用断面为矩形的天沟即钢筋混凝土预制天沟板取代屋顶板，天沟内也需设纵向排水坡。防水层应铺到高处的墙上形成泛水。

4) 雨水口构造：雨水口如图10-21所示，是用来将屋顶雨水排至雨水管而在檐口处或檐沟内开设的洞口。为使排水通畅，不易堵塞和渗漏。在雨水口处应尽可能比屋顶或檐沟面低一些，有垫坡层或保温层的屋顶，可在雨水口直径500mm周围减薄，形成漏斗形，使之排水通畅、避免积水。有组织外排水最常用的有檐沟及女儿墙雨水口两种形式，雨水口通常分为直管式，如图10-21（a）所示和弯管式，如图10-21（b）所示两类，直管式适用于中间天沟、挑檐沟和女儿墙内排水天沟，弯管式适用于女儿墙外排水天沟。雨水口的材质过去多为铸铁、管壁较厚、强度较高、但易锈蚀等缺点。近年来塑料雨水口越来越多地得到运用。塑料雨水口质轻、不易锈蚀、色彩丰富等优点。

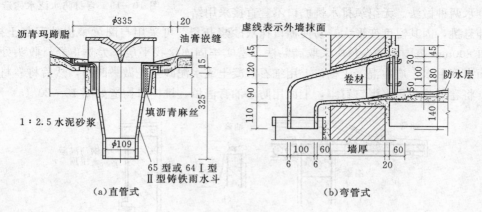

图 10-21　雨水口

直管式雨水口有多种型号，根据降雨量和汇水面积加以选择。民用建筑常用的雨水口由套管、环形筒、顶盖底座和顶盖几部分组成，如图10-22（a）所示。套管呈漏斗形，安装在屋顶的结构层上，用水泥砂浆埋实嵌牢。各层卷材（包括附加卷材）均粘贴在套管内壁上，表面涂防水油膏，再用环形筒嵌入套管，将卷材压紧密封，嵌入的深度至少为100mm。环形筒与底座的接缝等薄弱环节须用油膏嵌封。顶盖底座有隔栅，为遮挡杂物。最上面盖上顶盖。汇水面积不大的一般民用建筑，可选用较简单的铁丝罩雨水口。上人屋顶可选择铁箅雨水口，如图10-22（b）所示。

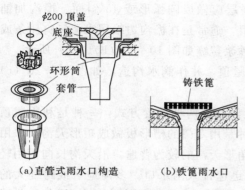

图 10-22　直管式雨水口

弯管式雨水口呈90°弯曲状，如图10-23所示，由弯曲套管和铁箅两部分组成。弯曲套管置于女儿墙预留孔洞中，屋顶防水层及泛水的卷材应铺贴到套管内壁四周，铺入深度不少于100mm，套管口用铸铁箅遮盖，以防污物堵塞水口。

5) 屋顶检修孔、屋顶出入口构造：当无楼梯通达屋面时，应设上屋面的检修人孔或低于10m时可设外墙爬梯，并应有安全防护和防止儿童攀爬的措施。

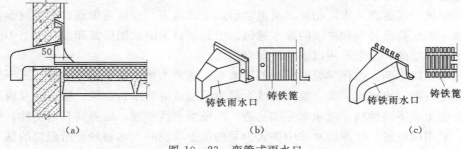

图 10-23 弯管式雨水口

不上人屋顶须设屋顶检修孔。检修孔四周的孔壁可用砖立砌，在现浇屋顶板时可用混凝土上翻制成，其高度一般为 300mm，壁外侧的防水层应做成泛水并将卷材用金属片盖缝钉压牢固，如图 10-24 所示。

直达屋顶的楼梯间，室内应高于屋顶，若不满足时应设门槛，屋顶与门槛交接处的构造可参考泛水构造，屋顶出入口构造如图 10-25 所示。

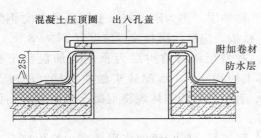

图 10-24 屋顶检修孔

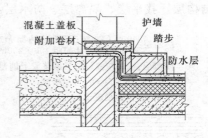

图 10-25 屋顶出入口构造

6）屋面设施的防水构造。设施基座与结构层相连时，防水层应包裹设施基座的上部，并在地脚螺栓周围做密封处理；在防水层上放置设施时，设施下部的防水层应做卷材增强层，必要时应在其上浇筑细石混凝土，其厚度不应小于 50mm；需经常维护的设施周围和屋面出入口至设施之间的人行道应铺设刚性保护层。

10.3.2 刚性防水屋顶

刚性防水屋顶是利用刚性防水材料，形成连续致密的构造层来防水的一种屋顶。刚性防水材料属于脆性材料，抗拉强度较低，称为刚性防水屋顶。刚性防水屋顶的主要优点是构造简单、施工方便、造价经济和维修方便。其主要缺点是对温度变化和结构变形较为敏感，对屋顶基层变形的适应性较差，施工技术要求较高，较易产生裂缝而渗漏水，要采取防止渗漏的构造措施。刚性防水多用于日温差较小的我国南方地区、防水等级为Ⅲ级的屋顶防水，也可用作防水等级为Ⅰ、Ⅱ级的屋顶多道设防中的一道防水层；刚性防水屋顶不适用于受较大振动和冲击的建筑屋面。

1. 刚性防水屋顶的材料

刚性防水屋顶的材料是以防水砂浆抹面或密实混凝土浇捣而成的刚性防水材料。普通水泥砂浆和混凝土在施工时，当用水量超过水泥水凝过程所需的用水量时，多余的水在混凝土硬化过程中，逐渐蒸发形成许多空隙和互相连贯的毛细管网；另外过多的水分在砂石骨料表面形成一层游离的水，相互之间也会形成毛细通道。这些毛细通道都是使砂浆或混凝土收水干缩时表面开裂和屋顶的渗水通道。因此，普通的水泥砂浆和混凝土是不能作为刚性屋顶防水层的，通常采用以下几种防水措施。

（1）增加防水剂。由化学原料配制的防水剂，通常为憎水性物质、无机盐或不溶解的肥皂，如硅酸钠（水玻璃）类、氯化物或金属皂类制成的防水粉或浆。掺入砂浆或混凝土后，能与之生成不溶性物质，填塞毛细孔道，形成憎水性壁膜，以提高其密实性。

（2）采用微膨胀。在普通水泥中掺入少量的矾土水泥和二水石粉等所配置的细石混凝土，在混凝土结硬时产生微膨胀效应，抵消混凝土的原有收缩性，以提高抗裂性。

（3）提高密实性。控制水灰比，加强浇筑时的振捣，均可提高砂浆和混凝土的密实性。细石混凝土屋顶在初凝前表面用铁滚碾压，使余水压出，初凝后加少量干水泥，待收水后用铁板压平、表面打毛并养护，从而提高了面层密实性和避免了表面的龟裂。

2. 刚性防水屋顶的构造

（1）刚性防水屋顶的基本构造组成。刚性防水屋顶的基本构造组成按其作用分别为：结构层、找平层、隔离层、防水层，如图 10-26 所示。

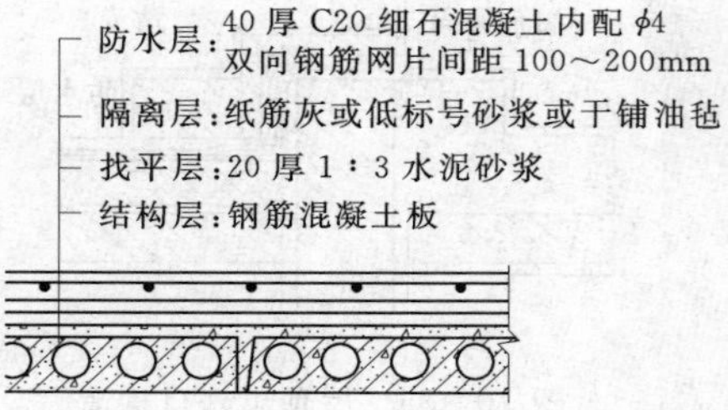

防水层：40 厚 C20 细石混凝土内配 φ4 双向钢筋网片间距 100～200mm
隔离层：纸筋灰或低标号砂浆或干铺油毡
找平层：20 厚 1：3 水泥砂浆
结构层：钢筋混凝土板

图 10-26　刚性防水屋顶的构造组成

1）结构层：多为刚度好，变形小的各类钢筋混凝土楼板。应结构层找坡，坡度宜 2％～3％。

2）找平层：当结构层为预制钢筋混凝土板时，其上应用 1：3 水泥砂浆做找平层，厚度为 20mm。若结构层为整体现浇混凝土板时则可不设找平层。

3）隔离层：隔离层的作用是减少结构变形对防水层的不利影响，结构层在荷载作用下产生挠曲变形，在温度变化作用下产生胀缩变形。因此，在结构层上找平后设一隔离层与防水层脱开。隔离层可采用铺纸筋灰、低标号砂浆，或薄砂层上干铺一层油毡等做法。

4）防水层：防水层常采用不低于 C20 的防水细石混凝土整体现浇而成．其厚度不小于 40mm，并应配置直径为 4～6mm，间距为 100～200mm 的双向钢筋网片，提高其抗裂和应变的能力。钢筋网在分格缝处应断开，宜置于中层偏上，不应小于 10mm 厚的保护层。

（2）刚性防水屋顶的细部构造组成。刚性防水层与山墙、女儿墙以及突出屋面结构的交接处应留缝隙，并应做柔性密封处理。与卷材防水屋顶一样，刚性防水屋顶也需要处理好细部构造。

1）分格缝（分仓缝）构造：装配式结构楼板的支承端、屋顶转折处、刚性防水层与突出屋面结构的交接处，应与板缝对齐，分格缝的纵横间距不宜大于 6m。在横墙承重的民用建筑中，分格缝的设置位置可如图 10-27 所示，屋脊是屋顶转折的界线，故此处应设一

图 10-27　分格缝设置位置

纵向分格缝；横向分格缝应每开间设一道，并与装配式楼板的板缝对齐；沿女儿墙四周的刚性防水层与女儿墙之间也应设分格缝。其他突出屋顶的结构物四周都应设置分格缝。

设置分格缝的作用在于：一是大面积的整体现浇混凝土防水层受气温影响产生的温度变形较大，容易导致混凝土开裂。设置一定数量的分格缝将单块混凝土防水层的面积减小，从而减少其伸缩变形，可有效地防止和限制裂缝的产生；二是在荷载作用下楼板会产生挠曲变形、支承端翘起，易于引起混凝土防水层开裂，如在这些部位预留分格缝就可避免防水层开裂；三是刚性防水层与女儿墙的变形不一致，所以刚性防水层不能紧贴在女儿墙上，它们之间应做柔性缝隙处理以防女儿墙或刚性防水层开裂引起渗漏。

分格缝的构造如图 10-28 所示。分格缝内应嵌填密封材料。防水层内的钢筋在分格缝处应断开；楼板板缝用浸过沥青的木丝板等密封材料嵌填，缝口用油膏等嵌填；缝口表面用防水卷材铺贴盖缝，卷材的宽度为 200～300mm。

2）泛水构造：刚性防水屋顶的泛水构造要点与卷材屋顶相同的地方是，泛水应有足够高度，一般不小于 250mm；泛水应嵌入立墙上的凹槽内并用压条及水泥钉固定。不同的地方是，刚性防水层与屋顶突出物（女儿墙、烟囱等）间须留分格缝，另铺贴附加卷材盖缝形成泛水。

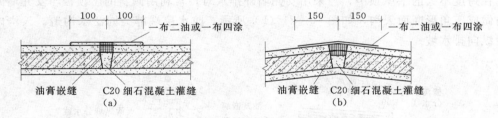

图 10-28 分格缝的构造

女儿墙与刚性防水层间应留有分格缝，为使混凝土防水层在收缩和温度变形时不受女儿墙的影响，防止开裂，应在分格缝内嵌入油膏，如图 10-29（a）所示，缝外用附加卷材铺贴至泛水所需高度并做好压缝收头处理，防止雨水渗进缝内。

变形缝分为高低屋顶变形缝和横向变形缝两种情况。如图 10-29（b）所示为高低屋顶变形缝构造，类同卷材屋顶变形缝泛水。

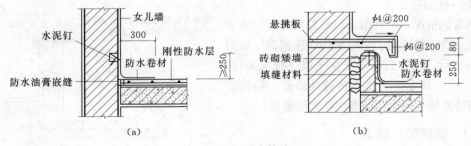

图 10-29 泛水构造

刚性防水屋顶常用的檐口形式有自由落水檐口、挑檐沟外排水檐口、女儿墙外排水檐口、坡檐口等。

当挑檐较短时，可将混凝土防水层直接悬挑出去形成挑檐口，如图 10-30（a）所示。当所需挑檐较长时，为了保证悬挑结构的强度，应采用与屋顶圈梁连为一体的悬臂板形成挑檐，如图 10-30（b）所示。在挑檐板与屋顶板上做找平层和隔离层后浇筑混凝土防水层，檐口处注意做好滴水。

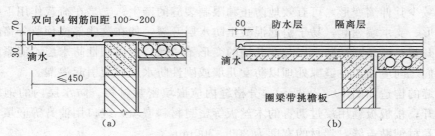

图 10-30　自由落水檐口

挑檐口采用有组织排水方式时，常将檐部做成排水檐沟板的形式。檐沟板的断面为槽形并与屋顶圈梁连成整体，如图 10-31（a）所示。沟内设纵向排水坡，防水层挑入沟内并做滴水，以防止爬水。

在跨度不大的平屋顶中，当采用女儿墙外排水时，常利用倾斜的屋顶板与女儿墙间的夹角做成三角形断面天沟，如图 10-31（b）所示，防水层端部类同泛水构造。天沟内也需设纵向排水坡。

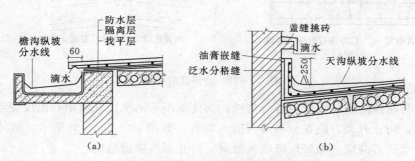

图 10-31　有组织外排水檐口

为丰富建筑造型的坡檐口构造如图 10-32 所示，主要解决构造的抗倾覆问题，处理好必要的拉结锚固。

通常的情况有两种雨水口，分别是直管式和弯管式。直管式适用于中间天沟、挑檐沟，如图 10-33 所示，弯管式适用于女儿墙外排水天沟，如图 10-34 所示。为防止接缝处渗漏，局部还应加铺防水层，同时用油膏嵌缝加以密实。

10.3.3　涂膜防水屋顶

涂膜防水屋顶是采用可塑性和黏结力较强的高分子防水涂料，并直接涂刷在屋顶上，形成一层满铺的不透水薄膜层，以达到屋顶防水

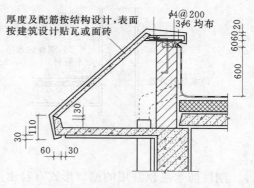

图 10-32　坡檐口构造

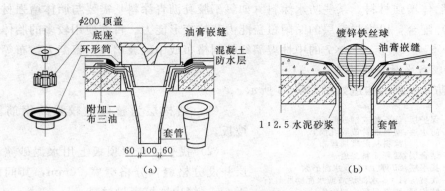

图 10-33 直管式雨水口

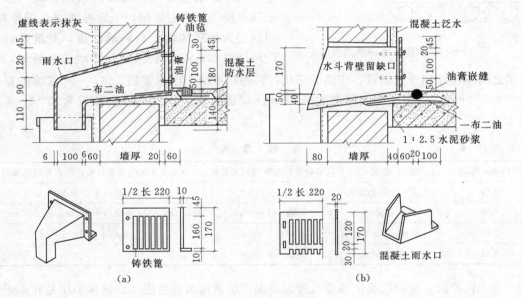

图 10-34 弯管式雨水口

的目的。涂膜防水屋顶具有防水、抗渗、黏结力强、耐腐蚀、耐老化、延伸率大、弹性好、不延燃、无毒、施工方便等优点，已广泛应用于建筑各部位的防水工程中。涂膜防水主要适用于防水等级较低的Ⅲ、Ⅳ级的屋顶防水，也可用作Ⅰ、Ⅱ级屋顶多道防水设防中的一道防水层。

1. 涂膜防水屋顶的材料

应用于涂膜防水屋顶的材料主要有各种涂料和胎体增强材料两大类。

（1）涂料。防水涂料的种类很多，根据其溶剂或稀释剂的类型可分为溶剂型、水溶型、乳液型等类；根据施工时涂料液化方法的不同则可分为热熔型、常温型等类。根据涂料硬化机理的不同：一类是用水或溶剂溶解后在基层上涂刷，通过水或溶剂蒸发而干燥硬化；另一类是通过材料的化学反应而硬化。一般有乳化沥青类、氯丁橡胶类、丙烯酸树脂类、聚氨酯类和焦油酸性类等，种类繁多。

（2）胎体增强材料。某些防水涂料（如氯丁胶乳沥青涂料）需要与胎体增强材料（即所谓的布）配合，以增强涂层的贴附覆盖能力和抗变形能力。目前使用较多的胎体增强材料为 0.1×6×4 或 0.1×7×7 的中性玻璃纤维网格布或中碱玻璃布、聚酯无纺布等。

2. 涂膜防水屋顶的构造

涂膜防水屋顶的构造如图 10-35 所示。

保护层：蛭石粉或细砂撒面
防水层：塑料油膏或胶乳沥青
　　　　涂料粘贴玻璃丝布
结合层：稀释涂料二道
找平层：25 厚 1∶2.5 水泥砂浆
找坡层：1∶6 水泥炉渣或水泥膨胀蛭石
结构层：钢筋混凝土屋面板

图 10-35　涂膜防水屋顶的构造

（1）结构层为整体性较强的钢筋混凝土楼板。

（2）找平层在屋顶板上用水泥砂浆做找平层并设分格缝，分格缝宽 20mm，其间距不大于 6m，缝内嵌填密封材料。

（3）防水层首先将稀释防水涂料均匀涂布于找平层上作为底涂层，干后再刷 2～3 遍涂料。中间层为加胎体增强材料的涂层，要铺贴玻璃纤维网格布，若采取二层胎体增强材料时，上下层之间不得互相垂直铺设，应错缝搭接，其间距不应小于幅宽的 1/3。一布二涂的厚度通常大于 2mm，二布三涂的厚度大于 3mm。每道涂膜防水层的厚度应符合表 10-6 的规定。

表 10-6　　　　　　　　涂　膜　厚　度

屋面防水等级	设 防 道 数	高聚物改性沥青类防水卷材	合成高分子防水卷材聚合物水泥防水涂料
Ⅰ级	三道或三道以上设防		不应小于 1.5mm
Ⅱ级	两道设防	不应小于 3mm	不应小于 1.5mm
Ⅲ级	一道设防	不应小于 3mm	不应小于 2mm
Ⅳ级	一道设防	不应小于 2mm	

（4）保护层。保护层根据需要可做细砂保护层或涂覆着色层。细砂保护层是在未干的中涂层上抛撒 20 厚浅色细砂并辊压，使砂浆牢固地粘结于涂层上；着色层可使用防水涂料或耐老化的高分子乳液作黏合剂，加上各种矿物养料配制成品着色剂，涂布于中涂层表面。

3. 涂膜防水屋顶的细部构造

涂膜防水屋顶的细部构造要求及做法类同于卷材防水屋顶。在预制屋顶板或大面积钢筋混凝土现浇屋顶基层中，仍须设分格缝。

10.4　平屋顶的保温与隔热构造

屋顶属于建筑的外围护部分，不但要有遮风挡雨的功能，还应有保温与隔热的功能。

10.4.1　屋顶的保温

在北方寒冷地区或装有空调设备的建筑中冬季室内采暖时，室内温度高于室外，热量通过屋顶的围护结构向外散失。为了防止室内热量过多、过快地散失，可在屋顶围护结构中设置保温层以提高屋顶的热阻，使室内有一个舒适的环境。屋顶保温层的材料和构造方案是根据使用要求、气候条件、屋顶的结构形式、防水处理方法、材料种类、施工条件、整体造价等因素，经综合考虑后确定的。

1. 屋顶的保温材料

屋顶保温材料应吸水率低、导热系数较小并具有一定强度。屋顶保温材料一般为轻质多孔材料，分为松散料、现场浇筑的混合料、板块料三大类。

（1）松散料保温材料一般有粒径 3～15mm 膨胀蛭石、膨胀珍珠岩、矿棉、炉渣和矿渣之类的工业废料等。松散料保温层可与找坡层结合应用。

（2）现场浇筑的混合料保温材料，一般为轻骨料如炉渣、矿渣、陶粒、蛭石、珍珠岩与石灰或水泥胶结的轻质混凝土或浇泡沫混凝土。现场浇筑的混合料保温层可与找坡层结合应用。

（3）板块料保温材料一般有如加气混凝土板、泡沫混凝土板、膨胀珍珠岩板、膨胀蛭石板、矿棉板、岩棉板、泡沫塑料板、木丝板、刨花板、甘蔗板等。最常用的是加气混凝土板和泡沫混凝土板。泡沫塑料板的价格较贵，只在高级工程中采用。植物纤维板只有在通风条件良好、不易腐烂的情况下才比较适宜采用。

2. 屋顶保温层的位置

（1）保温层设在防水层的上面也称"倒铺法"。优点是防水层受到保温层的保护，保护防水层不受阳光和室外气候以及自然界的各种因数的直接影响，耐久性增强。但对保温层则有一定的要求，应选用吸湿性小和耐气候性强的材料，如聚苯乙烯泡沫塑料板、聚氨酯泡沫塑料板等，加气混凝土板和泡沫混凝土板因为吸湿性强，不宜选用。"倒铺法"保温层需加强保护，应选择有一定荷载的大粒径石子或混凝土作保护层，保证保温层不因下雨而"漂浮"。

（2）保温层与结构层融为一体。加气钢筋混凝土楼板，既能承载又能保温、构造简单、施工方便、造价且低，使保温与结构融为一体，但承载力小、耐久性差，可适用于标准较低的不上人屋顶中。

（3）保温层设在防水层的下面，这是目前广泛采用的一种形式。以下的屋顶保温构造就以此为例。

3. 屋顶的保温构造

屋顶的保温构造，有多个构造层次，如图 10-36 所示。

（1）结构层多为整体刚度好，变形小的各类钢筋混凝土楼板。

（2）找平层通常采用 20mm 厚 1∶3 的水泥砂浆。

（3）结合层在加强整体性的同时扩散隔气层隔绝的水蒸气，常将冷底子涂成油点状或条状的通气道。

（4）隔汽层是为了隔绝穿过结构层的室内水蒸气，常用沥青卷材。建筑物室内外的空气中都含有一定量的水蒸气，当室内外温差不相等时，水蒸气就会从室内高温的一侧透过结构层向低温的一侧渗透。水蒸气进入保温层若达到临界值凝结为水，而水的导热系数比空气大得多，一旦多孔隙的保温材料中浸入了水，即会降低其保温效果。因此，保温层下

保护层：粒径 3～5 绿豆砂
防水层：多层卷材黏合体
结合层：冷底子油两道
找平层：20 厚 1：3 水泥砂浆
保温层：热工计算确定
隔汽层：单层卷材黏合体
结合层：冷底子油两道
找平层：20 厚 1：3 水泥砂浆
结构层：钢筋混凝土屋面板

图 10-36　屋顶保温构造

面应设隔气层。

（5）保温层起保温作用，若用散状材料可同时起找坡作用。保温层厚度根据热工计算确定。设保温层的屋面应通过热工验算，并采取防结露、防蒸汽渗透及施工时防保温层受潮等措施。

（6）透气层用于扩散保温层中的湿气，如图 10-37 所示。一般保温材料中含有水分，遇热后转化为蒸汽，体积膨胀，会造成卷材防水层起鼓甚至开裂。宜在保温层上铺设透气层。一是在散状保温层上加一砾石或陶粒透气层，如图 10-37（b）所示；或在保温层上部或中间做透气通道，如图 10-37（c）所示；如保温层为现浇或块状材料，可在保温层做槽，槽深者可在槽内填以粗质

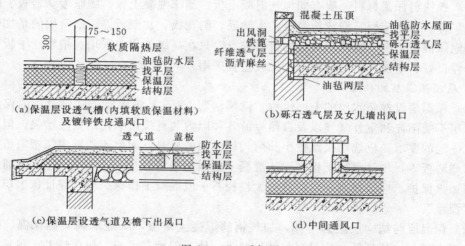

（a）保温层设透气槽（内填软质保温材料）及镀锌铁皮通风口

（b）砾石透气层及女儿墙出风口

（c）保温层设透气道及檐下出风口

（d）中间通风口

图 10-37　透气层

玻璃纤维或炉渣之类，既可保温又可透气，如图 10-37（a）所示；在保温层中设透气层也要做通风口，一般在檐口、屋脊或中间需设通风口，如图 10-37（d）所示；二是保温层上设架空通风透气层，如图 10-38 所示。透气层扩大成为一个有一定空间的架空通气间层，可带走穿过顶棚和保温层的蒸汽以及保温层散发出来的水蒸气防止屋顶深部水的凝结。在夏季还可以作为隔热降温层通过空气流动带走屋顶传下来的热量。

（7）找平层通常采用 20～30mm 厚 1：3 水泥砂浆。

（8）结合层可采用冷底子油。

（9）防水层用沥青卷材等。

（10）保护层不上人屋顶可采用绿豆砂。

10.4.2　屋顶的隔热

南方炎热地区，在夏季太阳辐射和室外气温的综合作用下，将从屋顶传入室内大量热量，影响室内的热环境。为保室内的热舒适度，应采取适当的构造措施解决屋顶的降温和

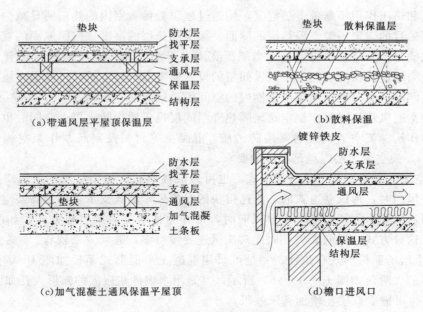

（a）带通风层平屋顶保温层　　　（b）散料保温

（c）加气混凝土通风保温平屋顶　　　（d）檐口进风口

图 10-38　架空通风透气层

隔热问题。屋顶隔热降温的主要目的是减少热量对屋顶表面的直接作用。所采用的方法包括反射隔热降温屋顶、间层通风隔热降温屋顶、蓄水隔热降温屋顶、种植隔热降温屋顶等。

1. 反射隔热降温屋顶

利用表面材料的颜色和光洁度对热辐射的反射作用，对平屋顶的隔热降温有一定的效果，如图 10-39（a）所示为表面不同材料对热辐射的反射程度。如屋顶采用淡色砾石铺面或用石灰水刷白对反射降温都有一定的效果。如果在通风屋顶中的基层加一层铝箔，则可利用其第二次反射作用，对屋顶的隔热效果将有进一步的改善，如图 10-39（b）所示为铝箔的反射作用。

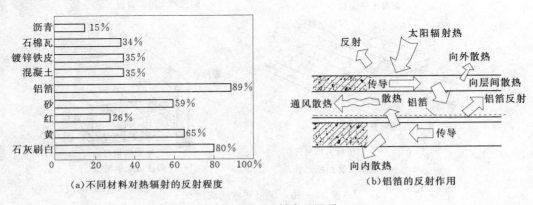

（a）不同材料对热辐射的反射程度　　　（b）铝箔的反射作用

图 10-39　反射降温屋顶

2. 间层通风隔热降温屋顶

间层通风隔热降温就是在屋顶设置架空通风间层，其上层表面遮挡直射阳光辐射，间层利用风压和热压作用不断带走热空气，使通过屋顶板传入室内的热量明显减少，从而达到隔热降温的目的。采用架空隔热层的屋面，架空隔热层的高度应按照屋面的宽度或坡度的大小变化确定，架空层不得堵塞；当屋面宽度大于 10m 时，应设置通风屋脊；屋面基层上宜有适当厚度的保温隔热层。通风间层的设置通常有两种方式：一种是在屋顶上做架空通风隔热间层；另一种是利用吊顶棚内的空间做通风间层。

（1）架空通风隔热降温。架空通风隔热降温间层设于屋顶防水层上，同时也起到了保护防水层的作用。架空通风层通常用砖、瓦、混凝土等材料及制品制作架空构件，如图 10 - 40 所示，架空通风层应满足相应的要求。

1）架空层的支承方式可以做成墙式，也可做成柱墩式。当架空层的通风口能正对当地夏季主导风向时，形成巷道式的、流速很快的对流风，墙式支承可以提高架空层的通风效果。但当通风孔不能朝向夏季主导风向时，最好为柱墩支承架空板方式，如图 10 - 40（d）所示，这种方式与风向无关，因此对流风速要慢得多，通风效果较弱。

2）架空层的面板形式有几种，一是可采用混凝土平面形式面板如图 10 - 40（a）所示，或预制的大阶砖如图 10 - 40（b）所示；二是用水泥砂浆嵌固的弧形大瓦如图 10 - 40（c）所示，也可嵌成双层瓦增加通风效果。

3）架空层的净空高度应随屋顶宽度和坡度的大小而变化，屋顶宽度和坡度越大，净空越高，但不宜超过 360mm，否则架空层内的风速将反而变小，影响降温效果。架空层的净空高度一般以 180～240mm 为宜。屋顶宽度大于 10m 时，应在屋脊处设置通风桥以改善通风效果。

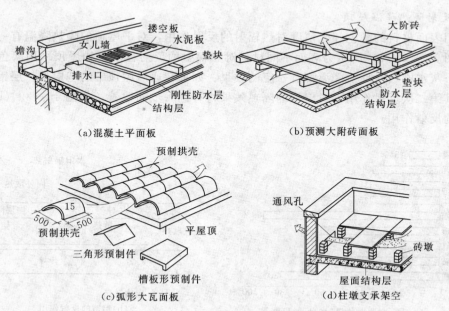

（a）混凝土平面板　　（b）预测大附砖面板

（c）弧形大瓦面板　　（d）柱墩支承架空

图 10 - 40　屋顶架空通风层

4）架空层的通风孔是为保证架空层内的空气流通顺畅，在其周边应留设一定数量的通风孔，将通风孔留设在对着风向的女儿墙上。如果在女儿墙上开孔不利于建筑立面造型，也可以在离女儿墙 500mm 宽的范围内不铺架空板，让架空板周边开敞，以利空气对流。

（2）顶棚通风隔热降温。顶棚通风隔热降温是利用顶棚与屋顶间的空间做通风隔热层可以起到与架空通风层同样的作用。如图 10-41 所示，是常见的顶棚通风隔热屋顶构造示意，顶棚通风隔热降温应满足相应要求。

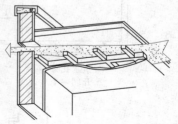

1）顶棚通风层的净空高度应根据通风孔自身需要的高度、屋顶梁、屋架等结构的高度、设备管道占用的空间高度及供检修用的空间高度等各综合因素所需高度加以确定。仅作通风隔热用的空间净高一般为 500mm 左右。

2）顶棚通风层的通风孔是为确保顶棚内的空气能迅速

图 10-41　顶棚通风

对流，通风孔通常开设在外墙上，如图 10-41 所示。

3）通风孔的构造是为防止雨水飘进，特别是无挑檐遮挡的外墙通风孔和天窗通风口应主要解决飘雨问题。当通风孔较小不大于 300mm×300mm 时，只要将混凝土花格靠外墙的内边缘安装，利用较厚的外墙洞口即可挡住飘雨。当通风孔尺寸较大时，可以在洞口处设百叶窗或挡雨片。

3. 蓄水隔热降温屋顶

蓄水隔热降温屋顶利用平屋顶所蓄积的水层来达到屋顶隔热降温的。蓄水层的水面能反射阳光，减少阳光辐射对屋顶的热作用；蓄水层能吸收大量的热，部分水由液体蒸发为气体，从而将热量散发到空气中，减少了屋顶吸收的热能，从而起到隔热降温的作用。若在水层中养殖一些水浮莲之类的水生植物，利用植物吸收阳光进行光合作用和植物叶片遮蔽阳光，屋顶的隔热降温的效果会更好。蓄水层在冬季还有一定的保温作用。同时，水体长期将防水层淹没，使混凝土防水层处于水的养护下，减少由于环境条件变化引起的开裂和防止混凝土的碳化；使诸如沥青和嵌缝胶泥之类的防水材料在水层的保护下推迟老化过程，延长使用的年限。蓄水隔热降温屋顶应满足相应要求。

（1）蓄水区的划分是为了便于分区检修和避免水层产生过大的风浪。蓄水屋顶应划分为若干蓄水区，每区的边长不宜超过 10m。蓄水区间可用混凝土做成分仓壁，壁上留过水孔，使各蓄水区的水连通，如图 10-42 所示。分仓壁也可用水泥砂浆砌筑砖墙，顶部设置直径 6mm 或 8mm 的钢筋砖带。

（2）水体深度过厚会加大屋顶荷载，过薄在夏季又容易被晒干，不便于管理。从理论上讲，一般 50mm 深的水体即可满足降温与保护防水层的要求，但实际比较适宜的水层深度为 150~200mm。为保证屋顶蓄水深度的均匀，蓄水屋顶的坡度不宜大于 0.5%。在南方部分地区也有深蓄水屋顶，其蓄水深度可达 600~700mm，自然积蓄雨水并可养殖。但这种屋顶的荷载很大，超过一般屋顶板承受的荷载。为确保结构安全，应单独对屋顶结构进行设计。

（3）蓄水屋顶四周可做女儿墙并兼作蓄水池的仓壁。在女儿墙上应将屋顶防水层延伸到墙面形成泛水，泛水的高度应高出溢水孔 100mm。若从防水层面起算，泛水高度则为水层深度与 100mm 之和，即 250~300mm。

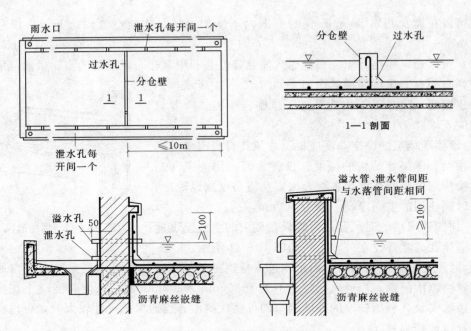

图 10 - 42 蓄水隔热降温屋顶

（4）过水孔、溢水孔与泄水孔是引导和处理屋顶蓄水的空洞。蓄水屋顶为避免暴雨时蓄水深度过大，应在蓄水池外壁上均匀布置若干溢水孔，通常每个开间大约设一个孔，以使多余的雨水溢出屋顶。为上水需求，仓壁底部应设过水孔。为便于检修时排除蓄水，应在池壁根部设泄水孔，每开间约一个。泄水孔和溢水孔均应与排水檐沟或落水管连通。

（5）防水层。蓄水屋顶的防水层可选用不同的防水构造，但应满足防水要求。

4. 种植隔热降温屋顶

种植隔热降温屋顶是在平屋顶上种植植物，借助栽培介质隔热及植物吸收阳光进行光合作用和遮挡阳光的双重功效来达到降温隔热的目的。种植隔热降温屋顶的结构层根据《种植屋面工程技术规程》（JGJ 155—2007）种植屋面的荷载大小悬殊，为 $2\sim20kN/m^2$。荷载又受植被的制约，地被植物种植土厚为 200mm，种植乔木至少厚为 800mm 的土。新建种植屋面的结构计算，按照种植层次的荷载确定梁板柱的厚薄尺寸和配筋。如果既有建筑屋面改作种植，必须先核算结构的承载力，然后确定种植土厚度和植物。

种植隔热降温根据栽培介质层构造方式的不同可分为一般种植隔热降温和蓄水种植隔热降温两类。

（1）一般种植隔热降温屋顶。一般种植隔热降温屋顶是在屋顶上用床埂分为若干的种植床，直接铺填种植介质，栽培各种植物，如图 10 - 43 所示。一般种植隔热降温屋顶应满足如下相应要求。

1）床埂主要用来形成种植区，可用砖或加气混凝土来砌筑。床埂最好砌在下部的承重结构上，内外用 1∶3 水泥砂浆抹面，高度宜大于种植层 60mm 左右。每个种植床的根部应设不少于两个的泄水孔，以防种植床内积水过多造成植物烂根。为避免栽培介质的流失，泄水孔应设置滤水网，滤水网可用塑料网或塑料多孔板、环氧树脂涂覆的铁丝网等

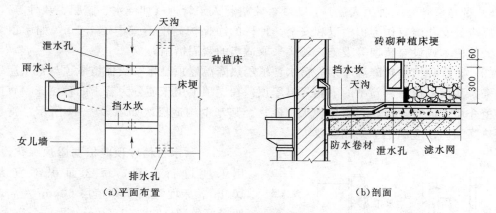

图 10-43　种植隔热降温屋顶

制作。

2）种植介质常用的有谷壳、蛭石、陶粒、泥炭等轻质材料即所谓的无土栽培介质，是为减轻屋顶荷载。近年来，还有以聚苯乙烯、尿甲醛、聚甲基甲酸酯等合成材料泡沫或岩棉、聚丙烯腈絮状纤维等作栽培介质的，其重量更轻、耐久性和保水性更好等优点。栽培介质的厚度应满足屋顶所栽种的植物正常生长的需要，种植层的深度见表 10-7，一般不宜超过 300mm 的深度。

表 10-7　　　　种植层的深度

植物种类	种植层深度（mm）	说　　明
草皮	150~300	数值范围中前者为最小生存深度，后者为最小开花结果深度
小灌木	300~450	
大灌木	450~600	
浅根乔木	600~900	
深根乔木	900~1500	

3）种植屋顶应有一定的排水坡度 1%～3%，以便及时排除积水。通常在靠屋顶低侧的种植床与女儿墙间留出 300～400mm 的距离，利用所形成的天沟有组织排水。如采用含泥沙的栽培介质，屋顶排水口处应设挡水坎，以便沉积水中的泥沙，合理确定屋顶各部位的标高。

4）种植屋顶的防水层《种植屋面工程技术规程》规定，其合理使用年限不应少于 15 年，2 道或 2 道以上防水设防。防水层厚度均以单层的最大厚度为准，不得因复合而折减。防水层的材料应相容。最上道防水层必须采用耐根穿刺防水材料见表 10-8。

表 10-8　　　　　　　　耐根穿刺的防水材料　　　　　　　　单位：mm

序号	名　　称	厚　度	序号	名　　称	厚　度
1	铅锡锑合金防水卷材	≥0.5	6	聚乙烯胎高聚物改性沥青防水卷材	≥4 胎体厚度≥0.6
2	复合铜胎基 SBS 改性沥青防水卷材	≥4	7	聚氯乙烯防水卷材（内增强型）	≥1.2
3	铜箔胎 SBS 改性沥青防水卷材	≥4	8	高密度聚乙烯土工膜	≥1.2
4	SBS 改性沥青耐根穿刺防水卷材	≥4	9	铝胎聚乙烯复合防水卷材	≥1.2
5	APP 改性沥青耐根穿刺防水卷材	≥4	10	聚乙烯丙纶防水卷材 聚合物水泥胶结复合耐根穿刺防水材料	聚乙烯膜厚度≥1.6 聚合物水泥胶结料厚度≥1.3

5）种植屋顶是一种上人屋顶，需要经常进行人工管理（如浇水、施肥、栽种等），屋顶四周应设女儿墙等作为护栏以利安全。护栏的净保护高度不宜小于 1.1m，如屋顶栽有较高大的树木或设有藤架等设施，还应采取适当的紧固措施。

（2）蓄水种植隔热降温屋顶。蓄水种植隔热降温屋顶是将一般种植屋顶与蓄水屋顶结合起来，从而形成一种新型的隔热降温屋顶，在屋顶上用床埂分为若干的种植床，直接铺填种植介质，同时蓄水，栽培各种水中植物。其基本构造层次如图 10-44 所示。蓄水种植隔热降温屋顶应满足下列相应要求。

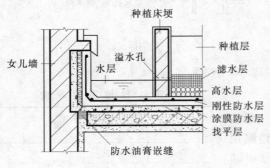

图 10-44　蓄水种植隔热降温屋顶

1）蓄水种植屋顶应根据屋顶绿化设计，用床埂进行分区，每区面积不宜大于 100m²。床埂宜高于种植层 60mm 左右，床埂底部每隔 1200～1500mm 设一个溢水孔。溢水孔处应铺设粗骨料或安设滤网以防止细骨料流失。

2）蓄水种植屋顶因有蓄水层，故防水层应采用设置涂膜防水层和配筋细石混凝土防水层的复合防水构造。应先做涂膜防水层，再做刚性防水层。刚性防水层除女儿墙泛水处设分格缝外，屋顶的其余部分可不设分格缝。

3）蓄水种植屋顶的构造层次较多，为尽量减轻屋顶板的荷载，栽培介质的堆积密度不宜大于 10kN/m²。

4）种植床内的水层靠轻质多孔粗骨料蓄积，粗骨料的粒径不应小于 25mm，蓄水层（包括水和粗骨料）的深度不超过 60mm。种植床以外的屋顶也蓄水，深度与种植床内相同。

5）考虑到保持蓄水层的畅通，不致被杂质堵塞，应在粗骨料的上面铺 60～80mm 厚的细骨料滤水层。细骨料按 5～20mm 粒径级配，下粗上细地填铺。

6）人行架空通道板应具有一定的强度和刚度，设在蓄水层上的种植床之间，起活动和操作管理的作用，兼有给屋顶非种植覆盖部分增加隔热层的功效。

蓄水种植屋顶连通整个层面的蓄水层，弥补了一般种植屋顶隔热不完整、对人工补水依赖较多等缺点，又兼具有蓄水屋顶和一般种植屋顶的优点，隔热效果更佳，但相对来说造价也较高。

种植屋顶不但在隔热降温的效果方面有优越性，而且在净化空气、美化环境、改善城市生态、提高建筑物综合利用效益等方面都具有极为重要的作用，是具有一定发展前景的屋顶形式。

10.5　坡屋顶的构造

坡屋顶根据承重部分不同，主要有传统的木构架屋顶、钢筋混凝土屋架屋顶、钢结构屋架屋顶以及近年来发展起来的膜结构屋顶。

10.5.1 坡屋顶的承重部分

1. 承重结构类型

坡屋顶中常用的承重结构有横墙承重、屋架承重和梁架承重，如图 10－45 所示。

图 10－45　承重结构类型

（1）横墙承重是屋顶根据所要求的坡度，将横墙上部砌成三角形，在墙上直接搁置承重构件（如檩条）来承受屋顶荷载的结构方式。横墙承重构造简单、施工方便、节约材料，有利于屋顶的防火和隔音。适用于开间为 4.5m 以内、尺寸较小的房间如住宅、宿舍、旅馆客房等建筑。

（2）屋架承重是由一组杆件在同一平面内互相结合成的整体构件，其上搁置承重构件（如檩条）来承受屋顶荷载的结构方式。这种承重方式可以形成较大的内部空间，多用于要求有较大空间的建筑，如食堂、教学楼等场所。

（3）梁架承重是我国的传统结构形式，用木材做主要材料的柱与梁形成的梁架承重体系，是一个整体承重骨架，墙体只起围护和分隔的作用。

2. 承重结构构件

坡屋顶的承重结构构件主要有屋架和檩条两种。

（1）屋架形式一般多用三角形，由上弦、下弦所示及垂直腹杆和斜腹杆组成，根据材料不同有木屋架、钢屋架及钢筋混凝土屋架等，如图 10－46 所示。木屋架适应跨度范围小，一般不超过 12m，大跨度的空间应采用钢筋混凝土屋架或钢屋架。

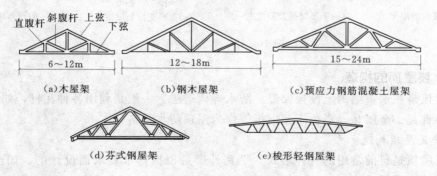

图 10－46　屋架形式

（2）檩条根据材料不同可为木檩条、钢檩条及钢筋混凝土檩条，檩条一般与屋架种类相适应。檩条的形式如图 10－47 所示，木檩条有矩形和圆形（即原木），方木檩条一般为

（75～100）mm×（100～180）mm，原木檩条的梢径一般为 100mm 左右，跨度一般在 4m 以内。钢筋混凝土檩条有矩形、L 形和 T 形等，跨度可达 6m；钢檩条有型钢或轻型钢檩条。檩条的断面大小与檩条的间距、屋面板的薄厚以及椽子的截面密切相关，由结构计算确定。

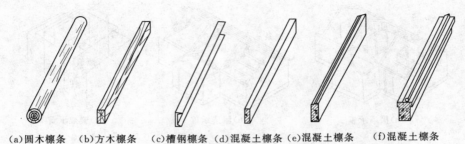

(a)圆木檩条　(b)方木檩条　(c)槽钢檩条　(d)混凝土檩条　(e)混凝土檩条　(f)混凝土檩条

图 10-47　檩条

3. 承重结构布置

坡屋顶承重结构布置如图 10-48 所示。主要是屋架和檩条的相互位置关系，根据屋顶形式确定，双坡屋顶根据开间尺寸等间距布置；四坡屋顶的尽端的三个斜面呈 45°相交，采用半屋架一端支承在外墙上，另一端支承在尽端的全屋架上如图 10-48（a）所示；屋顶 T 形相交处的结构布置有两种，一是把插入屋顶的檩条搁在与其垂直的屋顶檩条上，如图 10-48（b）所示；二是用斜梁或半屋架，斜梁或半屋架的一端支承在转角的墙上；另一端支承在屋架上，如图 10-48（c）所示；屋顶转角处，利用半屋架支承在对角屋架上，如图 10-48（d）所示。

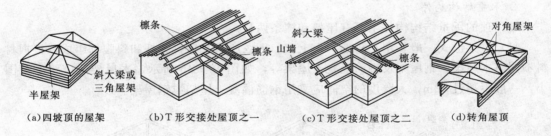

(a)四坡顶的屋架　(b)T 形交接处屋顶之一　(c)T 形交接处屋顶之二　(d)转角屋顶

图 10-48　承重结构布置

10.5.2　坡屋顶的构造

坡屋顶是在承重结构上设置保温、防水等构造层。一般是利用各种瓦材，如平瓦、波形瓦、小青瓦、金属瓦、彩色压型钢板等作为屋顶防水材料。

1. 平瓦屋顶构造

平瓦屋顶是目前常用的一种形式。平瓦外形是根据排水要求而设计的，如图 10-49 所示。瓦的规格尺寸为（380～420）mm×（230～250）mm×（20～25）mm，瓦的两边及上下留有槽口以便瓦的搭接，瓦的背面有凸缘及小孔用以挂瓦及穿铁丝固定。屋脊部位需专用的脊瓦盖缝。当屋面坡度较大或同一屋面落差较大时，应采取固定加强和防止屋面滑落的措施。地震设防地区或有强风地区的屋面应采取固定加强措施。

平瓦屋顶根据用材不同和构造不同有：冷摊瓦屋顶、木望板平瓦屋顶和钢筋混凝土挂瓦板平瓦屋顶三种做法。

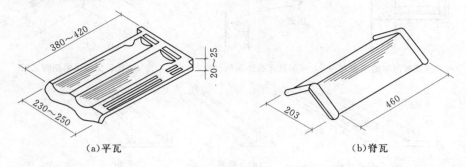

(a)平瓦　　　　　　　　　　　　　　　　(b)脊瓦

图 10-49　平瓦

(1) 冷摊瓦屋顶是在檩条上钉椽，在椽上钉挂瓦条并直接挂瓦，如图 10-50 所示。木椽截面尺寸一般为 40mm×60mm 或 50mm×50mm，其间距为 400mm 左右。挂瓦条截面尺寸一般为 30mm×30mm，中距 300～400mm。构造简单，但雨雪易从瓦缝中飘入室内，保温效果差，通常用于南方地区质量要求不高的建筑。

(2) 木望板瓦屋顶如图 10-51 所示，是在檩条上铺钉 15～20mm 厚的木望板，木望板可采取密铺法或稀铺法（望板间留 20mm 左右宽的缝），在木望板上铺设保温材料，再平行于屋脊方向铺卷材，再设置截面 10mm×30mm、中距 500mm 的顺水条，然后在顺水条上面设挂瓦条并挂瓦，挂瓦条的截面和间距与冷摊瓦屋顶相同。木望板瓦屋顶的防水、保温隔热效果较好，但耗用木材多、造价高，多用于质量要求较高的建筑中。

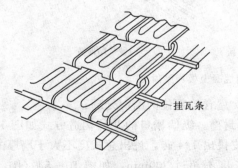

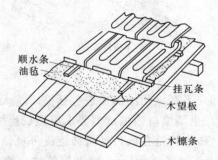

图 10-50　冷摊瓦屋顶　　　　　　　图 10-51　木望板瓦屋顶

(3) 钢筋混凝土挂瓦板平瓦屋顶如图 10-52 所示。其挂瓦板为预应力或非预应力混凝土构件，是将檩条、望板、挂瓦板三个构件的功能结合为一体。钢筋混凝土挂瓦板基本截面形式有单 T 形、双 T 形、F 形，在肋根部留泄水孔，以便排除由瓦面渗漏下的雨水。挂瓦板与山墙或屋架的构造连接，用水泥砂浆坐浆，预埋钢筋套接。

(4) 钢筋混凝土板瓦屋顶如图 10-53 所示，主要是满足防火或造型等的需要，在预制钢筋混凝土空心板或现浇平板上面盖瓦。一是在找平层上铺油毡一层，用压毡条钉在嵌在板缝内的木楔上，再钉挂瓦条挂瓦；二是在屋顶板上直接粉刷防水水泥砂浆并贴瓦。在

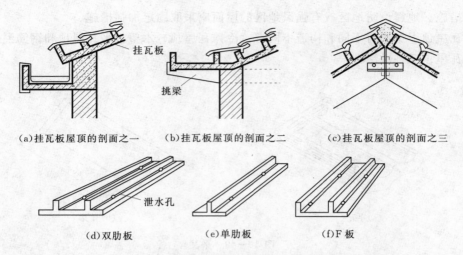

(a)挂瓦板屋顶的剖面之一　　(b)挂瓦板屋顶的剖面之二　　(c)挂瓦板屋顶的剖面之三

挂瓦板

挑梁

泄水孔

(d)双肋板　　　　(e)单肋板　　　　(f)F板

图 10-52　钢筋混凝土挂瓦板平瓦屋顶

仿古建筑中也常常采用钢筋混凝土板瓦屋顶。

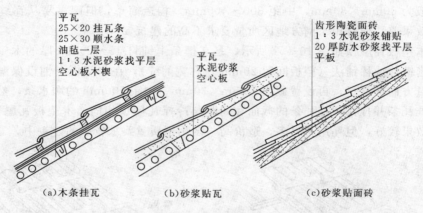

平瓦
25×20 挂瓦条
25×30 顺水条
油毡一层
1：3 水泥砂浆找平层
空心板木楔

平瓦
水泥砂浆
空心板

齿形陶瓷面砖
1：3 水泥砂浆铺贴
20 厚防水砂浆找平层
平板

(a)木条挂瓦　　　　(b)砂浆贴瓦　　　　(c)砂浆贴面砖

图 10-53　钢筋混凝土板瓦屋顶

（5）平瓦屋顶细部构造包括檐口、天沟、屋脊等部位的细部处理：

1）纵墙檐口根据造型要求可做成挑檐或封檐。纵墙檐口的几种构造方式如图 10-54 所示。砖挑檐是在檐口处将砖逐皮外挑，每皮挑出 1/4 砖，挑出总长度不大于墙厚的 1/2，如图 10-54（a）所示。椽直接外挑，挑出长度不超过 300mm，如图 10-54（b）所示，适用于较小的出挑长度。当需要出挑长度大时，应采取挑檐木出挑，如图 10-54（c）所示，挑檐木置于屋架下。也可在承重横墙中置挑檐木，如图 10-54（d）所示。当挑檐长度更大时，可将挑檐木往下移，如图 10-54（e）所示，离开屋架一段距离，这时须在挑檐木与屋架下弦之间加支撑木，以防止挑檐的倾覆。女儿墙包檐口构造如图 10-54（f）所示，在屋架与女儿墙相接处必须设天沟。天沟最好采用混凝土槽形天沟板，沟内铺卷材防水层，并将卷材一直铺到女儿墙上形成泛水。

2）山墙檐口按屋顶形式分为硬山与悬山两种。硬山檐口构造如图 10-55 所示，是山墙高于屋顶与屋顶交接处作泛水处理，如图 10-55（a）所示，采用砂浆粘贴小青瓦做成

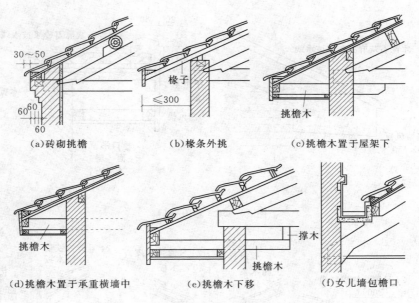

（a）砖砌挑檐　　　　　　（b）椽条外挑　　　　　（c）挑檐木置于屋架下

（d）挑檐木置于承重横墙中　　　（e）挑檐木下移　　　（f）女儿墙包檐口

图 10-54　纵墙檐口

泛水；如图 10-55（b）所示则是用水泥石灰麻刀砂浆抹成的泛水。女儿墙顶应作压顶处理。悬山檐口构造如图 10-56 所示，先将檩条外挑形成悬山，檩条端部钉木封檐板，用水泥砂浆做出披水线，将瓦封固。

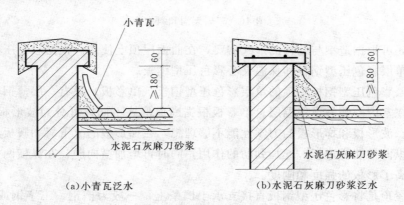

（a）小青瓦泛水　　　　　　　　（b）水泥石灰麻刀砂浆泛水

图 10-55　硬山檐口

3）天沟和斜沟常设在等高跨或高低跨相交处，如图 10-57 所示。天沟和斜沟应有足够的断面积，上口宽度不宜小于 300～500mm，一般用镀锌铁皮铺于基层上，镀锌铁皮伸入瓦片下面至少 150mm。高低跨和包檐天沟若采用镀锌铁皮防水层时，延伸至立墙（女儿墙）上形成泛水。

2．彩色压型钢板屋顶构造

彩色压型钢板屋顶简称彩板屋顶，是近十多年来在大跨度建筑中广泛采用的高效能屋顶，它不仅自重轻、强度高，且施工安装方便。彩板的连接主要采用螺栓连接，不受季节气候的影响。彩板色彩绚丽、质感好，大大增强了建筑的艺术效果。彩板除用于平直坡面

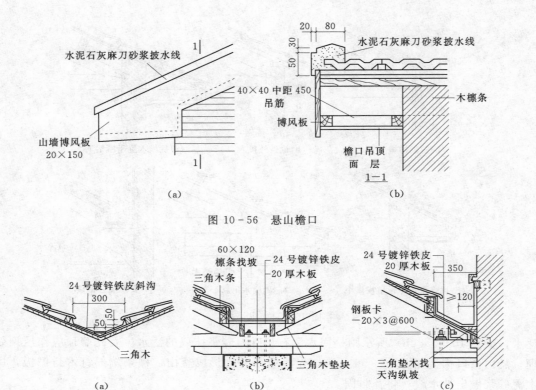

图 10-56 悬山檐口

图 10-57 天沟和斜沟

的屋顶外，还可根据造型与结构的形式需要，在曲面屋顶上使用。根据彩色压型钢板的功能构造分为单层彩色压型钢板和保温夹心彩色压型钢板。

（1）单层彩色压型钢板屋顶的单层彩色压型钢板（单彩板）只有一层薄钢板，用它作屋顶时必须在室内一侧另设保温层。单彩板根据断面形式不同，可分为波形板、梯形板、带肋梯形板。波形板和梯形板的力学性能不够理想，在梯形板的上下翼和腹板上增加纵向凹凸槽形成纵向带肋梯形板，起加劲肋的作用，同时再增加横向肋，在纵横两个方向都有加劲肋，提高了彩板的强度和刚度。

单彩板屋顶是将彩色压型钢板直接支承于檩条上，一般为槽钢、工字钢或轻钢檩条。檩条间距视屋顶板型号而定，一般为 1.5～3.0m。屋顶板的坡度大小与降雨量、板型、拼缝方式有关，一般不小于 3°。

屋顶板与檩条的连接采用各种螺钉、螺栓等紧固件，把屋顶板固定在檩条上。螺钉一般在屋顶板的波峰上。当屋顶板波高超过 35mm 时，屋顶板先应连接在铁架上，铁架再与檩条相连接，单彩板屋顶构造如图 10-58 所示。不锈钢连接螺钉不易被腐蚀。钉帽均要用带橡胶垫的不锈钢垫圈，以防止钉孔处渗水。

（2）保温夹心彩色压型钢板屋顶的保温夹心板是由彩色涂层钢板作表层，聚苯乙烯泡沫塑料或硬质聚氨酯泡沫作芯材，通过加压加热固化制成的夹心板，是具有防寒、保温、体轻、防水、装饰、承力等多种功能的高效结构材料，主要适用于公共建筑、工业厂房的

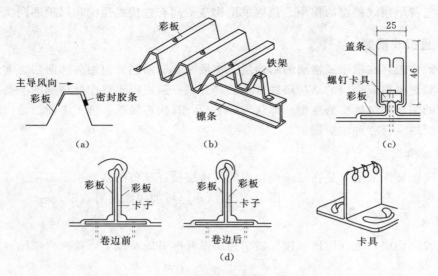

图 10-58　单层彩色压型钢板屋顶构造

屋顶。

　　保温夹心板屋顶坡度为 1/6～1/20，在腐蚀环境中屋顶坡度应不小于 1/12。在运输、吊装许可条件下，应采用较长尺寸的夹心板，以减少接缝，防止渗漏和提高保温性能，但一般不宜大于 9m。檩条与保温夹心板的连接，在一般情况下，应使每块板至少有三个支承檩条，以保证屋顶板不发生翘曲。在斜交屋脊线处，必须设置斜向檩条，以保证夹心板的斜端头有支承，保温夹心彩色压型钢板屋顶构造如图 10-59 所示。夹心板连接构造用铝拉铆钉，钉头用密封胶封死。顺坡连接缝和屋脊缝主用要以构造防水，横披连接缝顺水搭接，并防水材料密封，上下板都搭在檩条上。当屋顶坡度不大于 1/10，搭接长度为 300mm；当坡度大于 1/10 时，搭接长度为 200mm。

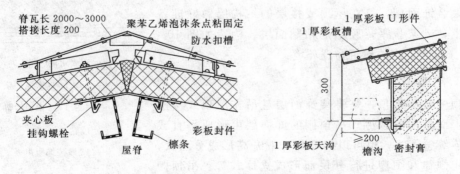

图 10-59　保温夹心彩色压型钢板屋顶

10.6　顶　棚　的　构　造

　　顶棚是室内空间上部结构层下的装饰部分。在满足室内使用功能的同时，还起保护、美观以及完善屋顶或楼层的作用。顶棚根据构造不同有直接式顶棚和吊顶棚两类。

10.6.1 直接式顶棚

直接式顶棚是在屋顶或楼层的结构层下直接做装饰面层。但做装饰面层之前为了增强黏接力都要对屋顶或楼层的结构层进行清洗，并刷一道混凝土界面处理剂的准备。直接式顶棚表现的是顶棚结构层的造型，即通常的平顶。其构造简单、施工方便、造价较低。根据构造不同通常有三种构造做法。

1. 直接喷刷

直接喷刷装饰面层，是在屋顶或楼层的结构层做好准备的基础上填缝刮平，直接喷涂涂层如大白浆、石灰浆等。构造如图 10-60 所示。增加顶棚反射效果。

2. 抹灰

抹灰装饰面层，是在屋顶或楼层的结构层做好准备的基础上，抹灰再喷涂料。构造如图 10-61 所示。

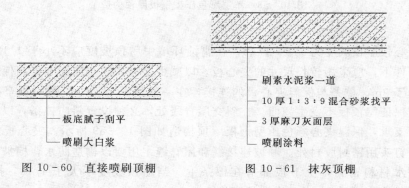

图 10-60 直接喷刷顶棚　　　　图 10-61 抹灰顶棚

3. 贴面

粘贴装饰面层，是在屋顶或楼层的结构层做好准备的基础上，砂浆找平，胶黏剂粘贴面层。构造如图 10-62 所示。改善室内的建筑物理环境。

10.6.2 吊顶棚

吊顶棚又称吊顶，是将装饰面层悬吊在屋顶或楼层的结构上而形成的顶棚。吊顶棚的饰面层可形成平直或弯曲的连续整体式，也可以局部降低或升高形成分层式，或以一定规律和图型进行分块而形成立体式等。吊顶棚的构造复杂、造价较高，一般用于装修标准较高或有一定要求的空间。

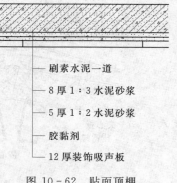

图 10-62 贴面顶棚

装饰吊顶棚的空间应具有足够的净空高度，以便于各种设备管线的敷设；合理地安排灯具、通风口、空调管、灭火喷淋、感知器等的位置，以满足相应要求；选择合适的材料和构造做法，使其燃烧性能和耐火极限符合《建筑设计防火规范》的规定；吊顶棚应便于制作、安装和维修，自重宜轻，以减少自重；吊顶棚在满足各种功能的同时，还应满足结构安全、美观和经济等方面的要求。

吊顶棚一般由吊杆、龙骨和面层三部分组成。

1. 吊杆

吊杆又称吊筋，吊顶棚通常是借助吊杆悬吊在屋顶或楼层结构上，有时也可以不用吊杆而将龙骨直接固定在梁或墙上。吊杆一般用型钢或钢筋做成的金属吊杆，通常选用 φ10 的钢筋。

2. 龙骨

龙骨是用来固定面层并承受其重量的吊顶基层骨架，通过吊杆连接于屋顶或楼层之下。

（1）龙骨的类型和特点。根据龙骨的材料不同，一般有木龙骨和金属龙骨。为节约木材、提高防火性能，现多用金属龙骨。

根据龙骨的承受荷载不同，一般有轻型、中型和重型龙骨之分。轻型龙骨不能承受上人荷载，中型龙骨上铺走道板能承受上人荷载，重型龙骨能承受上人荷载、集中荷载，如有超重荷载应设永久检修走道等设施。

根据龙骨的构造连接方式不同，有 U 形龙骨、T 形龙骨和扣板龙骨的铝合金方板吊顶龙骨及铝合金条板吊顶龙骨。

（2）龙骨的截面形式和规格：

1）木龙骨。主搁栅木龙骨多用矩形，截面尺寸为 50mm×70mm 或 50mm×50mm，次搁栅木龙骨也多用矩形，截面尺寸为 50mm×50mm 或 40mm×40mm。

2）金属龙骨和连接件。金属龙骨根据截面形式不同，主要包括槽钢主龙骨，U 形龙骨，如图 10-63 所示；T 形龙骨，如图 10-64 所示；扣板龙骨中的铝合金条板吊顶龙骨，如图 10-65 所示；铝合金方板吊顶龙骨，如图 10-66 所示。

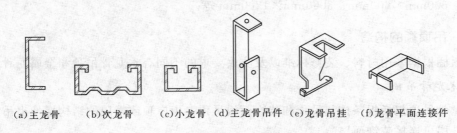

(a)主龙骨　(b)次龙骨　(c)小龙骨　(d)主龙骨吊件　(e)龙骨吊挂　(f)龙骨平面连接件

图 10-63　U 形龙骨

(a)主龙骨 (b)次龙骨　(c)边龙骨　(d)小龙骨 (e)主龙骨吊件 (f)龙骨吊挂

图 10-64　T 形龙骨

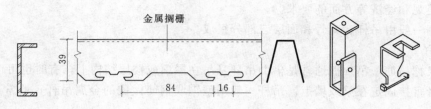

图 10-65 铝合金条板吊顶龙骨

3. 面层

（1）面层的类型和特点。根据材料和构造不同，有各种人造板和金属板之分。

1）人造板：包括石膏板：有普通纸面石膏板、石膏装饰吸声板等，它具有质轻、防火、吸声、隔热和易于加工等优点；矿棉装饰吸声板：具有质轻、吸声、防火、保温、

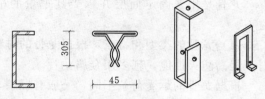

图 10-66 铝合金方板吊顶龙骨

隔热和施工方便等优点；塑料板：有钙塑泡沫装饰吸声板、聚氯乙烯塑料装饰板、聚苯乙烯泡沫塑料装饰吸声板等，它具有质轻、隔热、吸声、耐水和施工方便等优点；埃特板具有吸音防潮等优点。

2）金属板：包括铝板、铝合金型板、彩色涂层薄钢板和不锈钢薄板等。根据形式不同，有条形、方形、长方形、折棱形等平面形式，并可做成各种不同的截面形状，板的外露面可作搪瓷、烤漆、喷漆等表面处理。根据表面色彩效果不同，有古铜色、青铜色、金黄色、银白色等颜色，色彩丰富。

（2）面层的规格。常用的面层材料的规格尺寸有 300mm×600mm、500mm×500mm、600mm×600mm、3000mm×1200mm 等。

10.6.2 吊顶棚的构造

吊顶棚根据采用材料、装修标准以及防火要求的不同有木龙骨吊顶和金属龙骨吊顶。

1. 木龙骨吊顶

木龙骨吊顶包括板条抹灰吊顶和装饰面板吊顶，由屋顶或楼层的结构层伸出吊杆连接木龙骨基层再连接装饰面层。

（1）吊杆与屋顶的连接。吊杆与屋顶和楼层结构层的连接固定方式有多种，如图 10-67 所示。吊杆与屋顶或楼层的钢筋混凝土结构层的连接固定，通常在钢筋混凝土结构层的板缝中伸出吊杆，或设预埋件、膨胀螺栓以及钉子固定吊杆，在吊杆上通过焊接或绑扎连接吊筋。吊杆与钢网架的固定连接，通常在网架节点上绑扎连接 $\phi6 \sim \phi8$ 的吊筋。坡屋顶中在屋架或檩条上连接吊杆，木龙骨吊顶也可用木吊杆直接连接主龙骨。

（2）木龙骨吊顶的构造。吊筋间距一般为 900～1000mm。吊筋下固定主龙骨，主龙骨间距不大于 1500mm，次龙骨垂直于主龙骨单向布置，次龙骨间距根据装饰面层的规格确定，间距通常为 400mm、450mm、500mm、600mm。当采用木板条抹灰时，其间距用 400mm 以利于钉抹灰板条；当采用胶合板饰面时，间距多用 450mm；当采用各种装饰吸

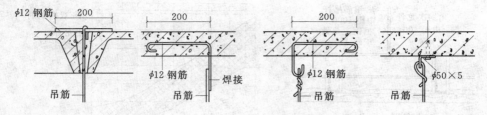

图 10-67 吊杆与屋顶的连接

声板、石膏板、钙塑板等板材时，间距多用 500mm；当采用纤维板作面层时，间距多用 600mm。木龙骨吊顶构造如图 10-68 所示。木龙骨吊顶因基层材料的可燃性和安装连接不易确保水平，极少用于一些重要的工程或防火要求较高的建筑。

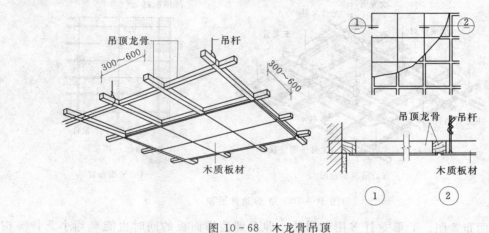

图 10-68 木龙骨吊顶

2. 金属龙骨吊顶

金属龙骨吊顶包括钢板网抹灰吊顶和装饰面板吊顶。其中装饰面板吊顶包括 U 形龙骨吊顶、T 形龙骨吊顶和扣板龙骨吊顶，扣板龙骨吊顶又包括铝合金方板吊顶和铝合金条板吊顶。

（1）钢板网抹灰吊顶。钢板网抹灰吊顶的主龙骨多为型钢，其型号和间距应视荷载大小而定，次龙骨一般为角钢，在次龙骨下加铺一道钢筋网，再设置抹灰层。这种吊顶的防火性能和耐久性好，可用于防火要求较高的建筑，如图 10-69 所示。

（2）装饰面板吊顶。金属龙骨装饰面板吊顶主要由金属龙骨基层与装饰面板所构成。金属龙骨由吊筋、主龙骨、次龙骨和横撑龙骨等组成。吊筋一般用 $\phi6 \sim \phi8$ 双向中距900～1200mm 的吊筋，吊筋与屋顶和楼层结构层的连接方式同木龙骨吊顶。吊筋中距 900～1200mm。然后，在吊筋的下端悬吊吊顶龙骨。

1）金属龙骨的排列构造：金属龙骨的排列布置方式是根据装饰面层的要求效果确定的，对应面层板缝的密缝、离缝和面板的排列错缝、对缝形成不同的布置方式。U 形龙骨多用于暗装，只能看到装饰面板看不到龙骨，轻钢 U 形龙骨一般由大龙骨、中龙骨和小龙骨及配件组成，如图 10-70（a）所示为 U 形龙骨吊顶示意图，如图 10-70（b）所

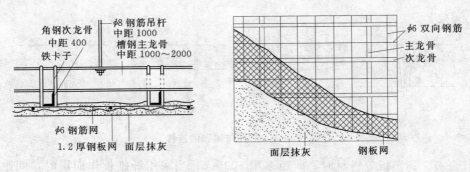

图 10-69 钢板网抹灰吊顶

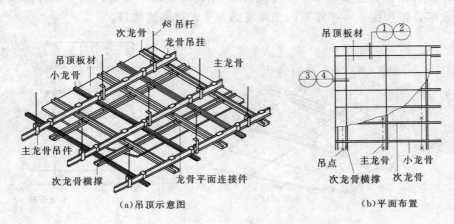

（a）吊顶示意图　　　　（b）平面布置

图 10-70　U形龙骨吊顶

示为其平面布置图。T形龙骨多用于明装，即看到装饰面板的同时也能看到小龙骨等构造，轻钢和铝合金T形龙骨一般由大龙骨、中龙骨、小龙骨、边龙骨及配件组成，如图 10-71（a）所示为 T 形龙骨吊顶示意图，如图 10-71（b）所示为其平面布置图。铝合金板、不锈钢板、镀锌钢板等扣板龙骨多用于金属面板的装饰效果，金属扣板龙骨根据板材形状不同对应成各种不同形式的夹齿，以便与板材连接，如图 10-72 所示为条板吊顶示意图。龙骨之间用配套的吊挂件或连接件连接。

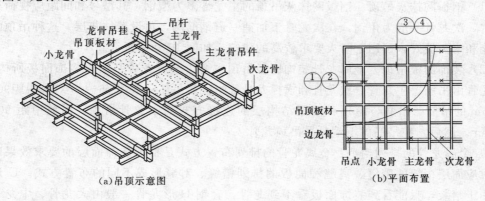

（a）吊顶示意图　　　　（b）平面布置

图 10-71　T形龙骨吊顶

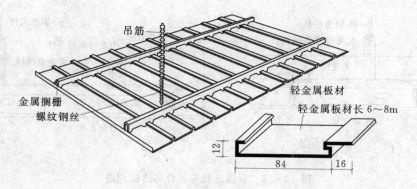

图 10-72　金属扣板龙骨（条板）吊顶

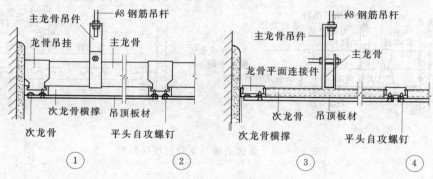

图 10-73　U 形龙骨连接构造

2）装饰面板与龙骨的连接构造：装饰面板与 U 形龙骨的连接可用沉头自攻螺钉或胶黏剂固定在次龙骨、小龙骨或龙骨横撑上，如图 10-73 所示。装饰面板与 T 形龙骨的连接，多放置在 T 形龙骨的翼缘上，如图 10-74 所示。对应扣板龙骨的金属面板可用螺钉、自攻螺钉或膨胀铆钉，但多用专用卡具固定于吊顶的金属龙骨上。如图 10-75 所示为铝合金方板 0.8～1mm 厚与龙骨的连接构造，如图 10-76 所示为铝合金条板 0.5～0.8mm 厚与龙骨的连接构造。金属面板吊顶自重轻、构造简单、组装灵活、安装方便、装饰效果好等优点，缺点为造价较高。

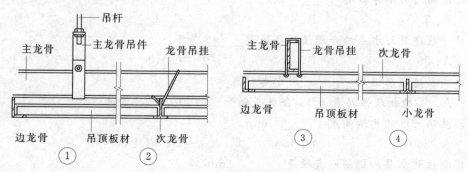

图 10-74　T 形龙骨连接构造

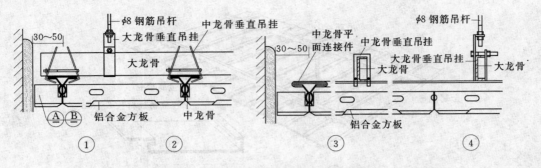

图 10-75　金属方板与龙骨的连接构造

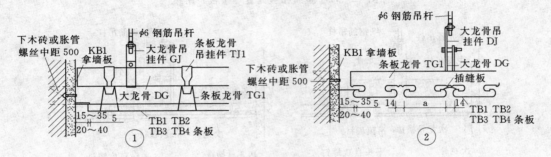

图 10-76　金属条板与龙骨的连接构造

？习题与实训

1. 选择题

(1) 屋顶为满足承重作用，要具有一定的_____。

    A、强度　　　　　　　B、保温　　　　　　　C、刚度

(2) 屋顶天沟、檐沟的纵向坡度不应小于_____。

    A、1%　　　　　　　　B、0.1%　　　　　　　C、0.5%

(3) 屋面的防水等级有_____级。

    A、5　　　　　　　　　B、4　　　　　　　　　C、3

(4) 一般建筑防水层的合理使用年限是_____年。

    A、25　　　　　　　　B、15　　　　　　　　C、10

(5) 高层建筑应选用_____防水卷材。

    A、高聚物改性沥青　　B、合成高分子　　　　C、三毡四油

(6) 屋顶泛水的构造高度_____mm。

    A、250　　　　　　　B、150　　　　　　　　C、刚度50

(7) 刚性防水层的钢筋网直径是_____mm。

    A、4～6　　　　　　　B、8～10　　　　　　　C、刚度2～4

(8) 刚性防水层的钢筋网在分格缝处应_____。

A、断开　　　　　　　B、连接　　　　　　　C、焊接

(9) 炉渣、矿渣和膨胀珍珠岩保温材料应设置在防水层的_____。

　　　A、上面　　　　　　　B、下面　　　　　　　C、中间

2. 填空题

(1) 形成屋顶坡度的方法_____、_____。

(2) 屋顶常用有组织外排水的方式_____、_____、_____。

(3) 影响屋顶坡度大小的因素有_____、_____、_____、_____等。

(4) 有组织外排水的方式有_____、_____、_____。

(5) 屋顶隔热的措施有_____、_____、_____、_____等。

(6) 吊杆与屋顶的连接方式有_____、_____、_____等。

(7) 吊顶主要由_____、_____、_____三部分组成。

3. 简答题

(1) 简述本地区不上人屋顶的常用构造。

(2) 提高平屋顶保温、隔热性能的措施有哪些？

(3) 屋顶有哪些类型？其作用是什么？

(4) 平屋顶有哪些特点？其主要构造组成有哪些？

(5) 平屋顶排水组织有哪些类型？各有什么优缺点？

(6) 什么是刚性防水？什么是柔性防水？其优缺点各是什么？

(7) 保温屋顶为什么要设隔气层？

(8) 坡屋顶的承重结构的主要做法有哪几种？其适用范围如何？

(9) 坡屋顶如何进行坡面组织？其要求是什么？

(10) 坡屋顶在檐口、山墙等处有哪些构造形式？如何进行防水及泛水处理？

(11) 吊顶根据构造方式不同有哪些类型？其优缺点各是什么？

(12) 保温屋顶保温层的厚度如何确定？

4. 实例分析题

(1) 分析学院建管系教学楼屋顶的构造。

(2) 分析综合教学楼语音教室屋顶漏水的原因。

5. 设计题

(1) 设计本地某多层住宅楼的屋顶排水方案。如栋长 96m，栋深 13m 的矩形建筑平面。

(2) 设计上述屋顶的檐口构造。

第11章 门 窗

本章要点

1. 掌握门窗的作用、形式和适用范围。
2. 熟悉门窗的构造。

11.1 概 述

门和窗是建筑物的重要组成部分,也是主要的围护构件。

11.1.1 门窗的作用

1. 门的作用

(1) 通行和疏散:这是门的主要作用。门是人们进出室内外和各房间的通行口,它的大小、数量、位置开启方向均应满足设计规范的要求。当有火灾、地震等紧急情况发生时,人们也必须经门尽快离开危险地带,门起到安全疏散的作用。

(2) 光通风:玻璃门或门上设置的亮子(小玻璃窗),可以作为房间的辅助采光,也是窗与门组织房间通风的主要配件。

(3) 围护作用:门是房间保温、隔声、防火防盗及防各种自然灾害的重要配件。

(4) 美观:门是建筑物入口的重要组成部分,因此,门设计的好坏直接影响建筑立面效果。

2. 窗的作用

(1) 采光通风:这是窗的主要作用。各类房间都需要一定的照度,也需要有自然的通风,因此窗的位置及数量应满足设计规范的要求。

(2) 围护作用:窗不仅可以通风、调节室温,还可以起到避免自然界风、雨、雪的侵袭,防盗等围护作用。

(3) 观察和传递:通过窗可以观察室外情况和传递信息,有时还可以传递小物品,如售票、取药等。

(4) 装饰:窗和门一样是建筑立面的重要组成部分,占整个建筑立面比例较大,对建筑风格起到至关重要的作用。如窗的大小、位置、疏密、色彩、材质等直接体现了建筑的风格。

在现代建筑中,随着新材料、新技术的不断运用,门窗的功能也在不断扩展,门窗不再局限于传统功能,还有标识、防爆、抗击波等功能。

11.1.2　门窗的分类

1. 门的分类

门根据开启方式、所用材料及使用要求等可进行如下分类：

（1）根据开启方式分：平开门、弹簧门、推拉门、折叠门、转门、卷帘门等。如图 11－1 所示。

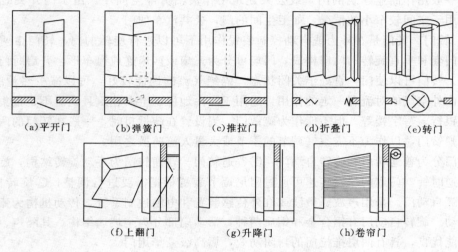

(a)平开门　　(b)弹簧门　　(c)推拉门　　(d)折叠门　　(e)转门

(f)上翻门　　　　(g)升降门　　　　(h)卷帘门

图 11－1　门的开启形式

1）平开门。平开门是水平开启的门，它的合页装于门扇的一侧与门框相连，使门扇围绕合页轴转动。其门扇有单扇、双扇，向内开和向外开之分。平开门构造简单、开启灵活，制作安装简便维修容易，是建筑中最常见、使用最广泛的门。但其受力状态较差，如果门扇较宽容易产生下垂或扭曲变形。

2）弹簧门。弹簧门（又称摇门）是将平开门改用弹簧合页与门樘结合，开启后自动关闭的门。弹簧门可以单向或双向开启，使用方便、美观大方，构造比平开门稍复杂。弹簧门有单面弹簧、双面弹簧和地弹簧之分，单、双面弹簧门的合页安装在门侧边，地弹簧的轴安装在地下，顶面与地面相平，开启时较隐蔽。单面弹簧门常用于需要有温度调节及要遮挡气味的房间，如厨房、卫生间等。双面弹簧和地弹簧门常用于公共建筑的门厅、过厅以及出入人流较多、使用较频繁的房间。弹簧门不适用于幼儿园、中小学出入口处，以保证少儿使用安全。弹簧门也不可以用作防火门。弹簧门上一般安装玻璃，以方便其两边的出入者能够互相观察到对方的行为，以免发生相互碰撞情况。

3）推拉门。推拉门在门顶或门底装导向装置，开启时门扇沿轨道向左右滑行，通常为单扇和双扇，开启时门扇可以藏在夹墙内或贴在墙面外，不占地或少占地。推拉门制作简便、受力合理、不易变形，适应各种大小洞口，但在关闭时难以密封，构造较复杂，安装要求较高，较多用作工业建筑中的仓库和车间大门。在民用建筑中，常用轻便推拉门分隔内部空间。

4）折叠门。折叠门由多扇门构成，各门扇的宽度较小，每扇门宽度 500～1000mm，一般以 600mm 为宜，将几扇门连接在一起，构造较复杂。折叠门关闭时，可封闭较大的面积，开启时，几个门扇相互折叠在一起，较节约空间。折叠门可分为侧挂折叠门和推拉式折叠门。侧挂折叠门与普通平开门相似，使用普通铰链相连而成，一般只能挂两扇。若遇到宽大的门洞，侧挂门扇超过两扇时，则须使用特制铰链。推拉式折叠门与推拉门构造相似，在门顶或门底装滑轮及导向装置，每扇门之间以铰链相连，开启时门扇通过滑轮沿着导向装置移动带动门扇折叠，可适用于较大洞口。折叠门开启时占用空间较少，但构造复杂，一般用作商业建筑的门，或公共建筑中作灵活分隔空间用。由于门开关时节约空间，也用于空间较窄小的情况，如卫生间的门，公共汽车的门。

5）转门。转门是在外力或自动控制装置作用下可以进行旋转的门，转门由两个固定的弧形门套和垂直旋转的门扇构成，门扇可分为三扇或四扇连成风车形，开启时门扇绕竖轴旋转。转门可以使门一直处于关闭状态，隔绝气流的性能较好，可以减少热量的损失，对防止内外空气的对流有一定的作用，适用于寒冷地区、空调建筑且人流不是很集中的情况，如银行、写字楼等，但不能作为疏散门。当设置在疏散口时，一般在转门的两旁另设平开或弹簧门，以作为不需空气调节的季节或大量人流疏散之用。

转门分为普通转门和旋转自动门：①普通转门。普通转门为手动旋转结构，旋转方向通常为逆时针，门扇的惯性转速可通过阻尼调节装置根据需要进行调整；②旋转自动门。亦称圆弧自动门。采用声波、微波或红外传感装置和电脑控制系统，传动机构为弧线旋转往复运动。旋转自动有铝合金和钢质两种，活动扇部分为全玻璃结构。其隔声、保温和密闭性能优良，具有两层推拉门的封闭功效，属高级豪华用门。

6）卷帘门。卷帘门是用很多冲压成型的金属页片连接而成，页片之间用铆钉连接，另外还有导轨、卷筒、驱动机构和电气设备等组成部件，页片上部与卷筒连接。开启时页片沿着门洞两侧的导轨上升，卷在卷筒上。传动装置有手动和电动两种，有的启闭可用遥控装置。卷帘门开启时能充分利用上部空间，适用于各种大小洞口，特别是高度大、不需要经常开关的门洞，例如商店的大门及某些公共建筑中用作防火分区的构件等。卷帘门加工制作复杂、造价较高。

（2）根据门所使用的材料分：木门、钢门、铝合金门、塑钢门、玻璃钢门等；木门应用较广泛，其特点是密封性好、保温性好、自重轻、造价较低，但耗费木材；钢门多为防盗门，铝合金门目前应用较多，一般适用于较大洞口处；玻璃钢门则多用于大型建筑和商业建筑的出入口，造型美观大方但是成本较高。

（3）根据门的使用要求分：普通门、百叶门、保温门、防火门、隔声门、防盗门、防爆门等。这些门应根据建筑使用要求选用。通常是将防盗、防火、保温、隔声等要求综合，形成多功能门。

2. 窗的分类

窗的形式一般根据开启方式定。开启方式主要由窗扇铰链安装的位置和转动方式决定。开启方式一般有平开窗、固定窗、推拉窗、旋转窗、百叶窗等形式。如图 11 - 2 所示。

（1）推拉窗。推拉窗是双层窗扇沿导轨或滑槽进行推拉启闭的一种窗。推拉窗分水平推拉和垂直推拉两种，水平推拉窗一般在窗扇上下设滑轨槽，构造简单，是常用的形式。垂直推拉窗需要升降及制约措施，构造复杂、采用较少。推拉窗开关时不占室内空间，水

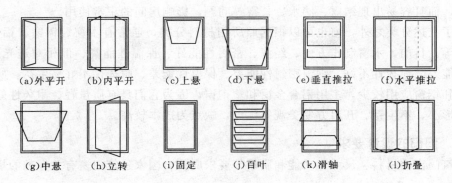

(a)外平开　(b)内平开　(c)上悬　(d)下悬　(e)垂直推拉　(f)水平推拉

(g)中悬　(h)立转　(i)固定　(j)百叶　(k)滑轴　(l)折叠

图 11-2　窗的开启方式

平推拉窗扇受力均匀，窗扇尺寸可以较大，有利于采光。但推拉窗可开面积最大不超过半窗面积，通风面积受限制，五金件较贵。

（2）平开窗。平开窗同平开门，它的铰链安装在窗扇一侧与窗框相连，向外或向内水平开启。有单扇、双扇、多扇之分，构造简单，五金件便宜，开启灵活，制作维修方便，使用较为普遍。平开窗可以内开或外开。外开窗不占室内空间，但安装、修理和擦洗都不方便，且易受风的袭击而损坏，不宜在高层建筑中使用。内开窗制作、安装、维修、擦洗方便，受风雨侵袭被损坏的可能性小，但占用室内空间。

（3）固定窗。窗的玻璃直接嵌固在窗框上、不能开启的窗为固定窗。固定窗构造简单，密闭性好，多与门亮子和开启窗配合使用，不能通风，可供采光和眺望之用。

（4）旋窗。根据铰链和转轴位置的不同，可分为上旋窗、中旋窗、下旋窗和立旋窗。

1）上旋窗窗轴位于窗扇上方，向外开启，防雨好，受开启角度限制，通风效果较差。多用作外门上的亮子。

2）下旋窗窗轴位于窗扇的下边，向内开启，通风较好，不防雨，开启时占用室内空间。一般用于内墙高窗及内门上亮子。

3）中旋窗是在窗扇两边中部装水平转轴，开启时窗扇绕水平轴旋转，窗扇上部向内，下部向外，对挡雨、通风有利，并且开启易于机械化，故常用作大空间建筑的高侧窗，也可用于外窗或用于靠外廊的窗。

4）立旋窗。立旋窗是窗扇绕上下中部垂直轴旋转的窗。立旋窗开启方便，可根据风向调整窗扇开启的方向，利于通风，但防雨和密闭性较差且构造复杂。适合于特殊形状如圆形、菱形的窗。

（5）百叶窗。百叶窗由斜放的木片或金属片组成。主要用于遮阳、防雨及通风，采光性能较差，多用于有特殊要求的部位，如卫生间的窗户。百叶窗的百叶板有活动和固定两种。活动百叶板常作遮阳和通风之用，易于调整；固定百叶窗常用于山墙顶部作为通风之用。

（6）飘窗。飘窗就是飘出的窗子，一般呈矩形或梯形向室外凸起。它三面都装有玻璃，窗台高度一般较低，既有大面积的玻璃采光，又有宽敞的窗台，在视觉上可以延伸室内空间。但是飘窗的面积越大，对冬季对保温越不利；而夏季透过的太阳热辐射过多，还会增加空调的耗电量。因此设置飘窗时，飘窗的保温性能必须予以保证，否则不仅造成能源浪费，而且容易出现结露、淌水、长霉等问题，影响房间的正常使用。

除了上述分类之外，窗也可以根据照所用材料分类，通常有木窗、钢窗、铝合金窗、塑钢窗等。目前，木窗制作方便、经济、密封性能好、保温性能高、但相对透光面积小，防火性能差、耐久性不好。钢窗密封性能差、保温性能差、耐久性不好易生锈。所以，目前木窗和钢窗应用较少，多用铝合金窗和塑钢窗，因为它们具有质量轻、耐久性好、刚度大、变形小、不生锈、开启方便美观等优点，缺点为成本较高。

11.1.3　门窗的设计要求

建筑门窗的材料、尺寸、功能和质量等要求应符合国家建筑门窗有关标准的规定。

1. 满足使用的要求

门窗的数量、大小、位置、开启方向等首先要满足使用方便舒适、安全的要求。门的设计尺寸必须符合人员通行的正常要求，窗的设计要考虑采光通风及良好的室内环境，门窗构造应坚固耐久、耐腐蚀，便于维修和清洁。如外门构造应开启方便；手动开启的大门扇应有制动装置；推拉门应有防脱轨的措施；开向疏散走道及楼梯间的门扇在开启时，不应影响走道及楼梯平台的疏散宽度；高层建筑应采用推拉窗，如采用外开窗，则须有牢固窗扇的措施；开向公共走道的窗扇，距地面高度不低于 2m，窗台低于 0.8m 时，应采取防护措施。

2. 采光和通风的要求

根据照建筑物的照度标准，建筑门窗应当选择适当的形式以及面积。窗的面积应符合照度方面的要求，长方形窗构造简单，采光数值和采光均匀性方面均较好，是最常用的形状。同时采光效果还与宽、高的比例有关，一般竖立长方形窗适用在进深大的房间，这样阳光直射入房间的最远距离较大；正方形窗则可用于进深较小的房间；而横置长方形窗可用于进深浅的房间或者是需要视线遮挡的高窗，如卫生间等。窗户的组合形式对采光效果也有影响。窗与窗之间由于窗间墙会产生阴影，一樘窗户所通过的自然光量比同样面积由窗间墙隔开的相邻的两樘窗户所通过的光量为大，因此在理论上最好采用一樘宽窗来满足采光要求。比如，同样高度，一樘宽度 2100mm 的窗户就比并列的三樘 700mm 宽的窗户采光量大 40%。

自然通风是保证室内空气质量的最重要因素。在进行建筑设计时，必须注意选择有利于通风的窗户形式和合理的门窗位置，以获得空气对流。

3. 防风雨、保温、隔声的要求

门窗大多经常开关，构件间缝隙较多，再加上开关时的震动，或者由于主体结构的变形，门窗与建筑主体结构间容易出现裂缝。这些缝隙或裂缝有可能造成雨水风沙及烟尘的渗漏，也对建筑的隔热、隔声带来不良影响，因此，门窗较之其他围护构件在密闭性方面的要求更高。同时，门窗不容易通过添加保温材料来提高其热工性能，因此选用合适的门窗材料及改进门窗的构造方式，对改善整个建筑物的热工性能、减少能耗，起着重要的作用。

4. 建筑视觉效果的要求

门窗的数量、形状、组合、材质、色彩是建筑立面造型中非常重要的部分。造型要与整体建筑风格一致，美观大方，特别是在一些对视觉效果要求较高的建筑中，外墙门窗更是立面设计的重点。其制品规格形式、框料和玻璃的色彩与质感，门窗组合所构成的平面或立体图案以及它们的视觉组合特性同建筑外墙饰面相配合而产生的视觉效果，往往十分强烈地展示着建筑设计所追求的艺术风格。

5. 适应建筑工业化生产的需要

门窗设计中要考虑门的标准化和互换性，规格类型应尽量统一，并符合现行国家标准的有关规定，以降低成本和适应建筑工业化生产需要。

另外，在保证其主要功能和经济条件的前提下，还要求门窗坚固、耐久、灵活、便于清洗、维修等。

11.1.4　门窗代号

（1）门的代号为 M，窗的代号为 C。

（2）门窗用料代号如下：

钢——G；钢（实腹料）——G（S）；钢（空腹料）——G（K）；不锈钢——G（B）；钢木——GM；木——M；铝——L；铝合金——L（H）；塑料——S；钢筋混凝土——H；钢筋混凝土木——HM；钢筋混凝土钢——HG。

（3）门窗代号根据需要可组合使用，代号组合顺序为：用途—形式—开启—构造—材料—共用附件，组合时采用各代号的第一个字母，在组合词最后加 M 或 C 分别表示门或窗，如表 11-1 所示。例如：SPPMM 表示防风沙平开拼板木门，即由用途 S（防风沙）、开启 P（平开）、构造 P（拼板门）、材料 M（木）、门的代号（M）组成。如表 11-1 所示铝合金门窗代号。

表 11-1　　　　　　　　　铝合金门窗代号

类　别	代　号	类　别	代　号
平开铝合金门	PLM	固定铝合金窗	GLC
推拉铝合金门	TLM	平开铝合金窗	PLC
地弹簧铝合金门	DHLM	上悬铝合金窗	SLC
固定铝合金门	GLM	中悬铝合金窗	CLC
折叠铝合金门	ZLM	下悬铝合金窗	XLC
平开自动铝合金门	PDLM	保温平开铝合金窗	BPLC
		立转铝合金窗	LLC
推拉自动铝合金门	TDLM	推拉铝合金窗	TLC
圆弧自动铝合金门	YDLM	固定铝合金天窗	GLTC
卷帘铝合金门	JLM		
旋转铝合金门	XLM		

11.1.5　门窗的图示方法

根据照有关的制图规范规定，建筑平面图中，一般用弧线或直线表示开启过程中门扇转动或平移的轨迹。但窗的开启方式一般只能在建筑立面图上表达。建筑立面图中，实线表示外开、虚线表示内开，开启方向线相交的一侧为安装合页（铰链）的一侧。推拉门窗用箭头表示开启方向如图 11-3 所示。

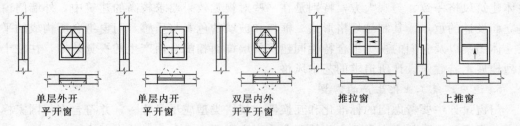

| 单层外开
平开窗 | 单层内开
平开窗 | 双层内外
开平开窗 | 推拉窗 | 上推窗 |

图 11-3 窗的表示方法

11.2 门 的 构 造

11.2.1 门的尺度

门的尺度通常是指门洞的高宽尺寸。门作为交通疏散通道，主要考虑到人体尺度、人流量、搬运家具、设备所需高度尺寸等要求，有时还有其他一些需要，如有的公共建筑的大门因为要与建筑物的比例协调或造型需要，加大了门的尺度，有的内门则要考虑透光通风的问题。同时门的尺度要符合《门窗洞口尺寸系列标准》的规定。

门的洞口尺寸也就是门的标志尺寸，一般情况下这个标志尺寸应为门的构造尺寸与缝隙尺寸之和。构造尺寸是门生产制作的设计尺寸，它应小于洞口尺寸。缝隙尺寸是为门安装时的需要及胀缩变化而设置的，而且根据洞口饰面的不同而不同，一般在 15~50mm 范围内。

门的常用尺度如下：

门的高度尺寸一般以 300mm 为模数，特殊情况下可以以 100mm 为模数。常见的有 2000mm、2100mm、2400mm、2700mm、3000mm、3300mm、其中 2000mm、2100mm 一般为无亮子门，2400mm、2700mm、3000mm、3300mm 一般为有亮子门。一般居住建筑门扇的高度约 2000~2200mm，公共建筑门扇的高度约为 2100~2300mm。如门设有亮子时，亮子高度一般为 300~600mm，则门洞高度为门扇高加亮子高，再加门框及门框与墙间的缝隙尺寸，即门洞高度一般为 2400~3000mm。公共建筑大门的高度可视需要适当提高。

门的宽度根据通行人流量及家具物品的大小确定。门的宽度尺寸一般以 100mm 为模数，大于 1200mm 时以 300mm 为模数。常见的有：750mm、900mm、1000mm、1200mm、1500mm、1800mm、2400mm、2700mm、3000mm。其中 750mm、900mm、1000mm 为单扇门；1100mm 为大小扇门；1200mm、1500mm、1800m 为双扇门；2400mm、2700mm、3000mm 一般为四扇门。

为了使用方便，一般民用建筑门均编制成标准图，在图上注明类型及有关尺寸，设计时可根据需要直接选用。

11.2.2 平开木门的构造

门一般由门框、门扇、亮子、五金配件及附件组成。如图 11-4 所示。

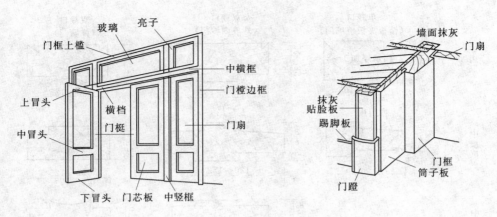

图 11-4 木门的组成

门框是门扇、亮子与墙洞的联系构件，起固定作用，还能控制门窗扇启闭的角度。门扇是门的可自由开关的部分。亮子又称腰头窗，在门上方，为辅助采光和通风之用，有平开、固定及上中下悬几种。门的五金配件在门窗各组成部件之间以及门窗与建筑主体之间起到连接、控制以及固定的作用。附件有贴脸板、筒子板等。

1. 门框

门框又称门樘，一般由两根竖直的边框和上框组成，当门带有亮子时，还有中横框，3 扇门以上则需加设中竖框，各框之间采用榫连接。考虑到使用方便，门大多不设下框，俗称门槛。上框、中横框、下框分别是门框的上框料、门框的中间横料及门框的下框料。边框中竖框分别是门框的边框料、门框的中间竖料。各种类型木门的门扇样式、构造做法不尽相同，但门框却基本一样。

(1) 门框的断面尺寸与形式：门框的断面尺寸与形式要有利于门的安装，具有一定的密闭性。门框的断面尺寸与门的总宽度、门扇类型、厚度、重量及门的开启方式等有关。门框的断面形式与门的类型、门扇数有关。

为使门框与门扇之间开启方便，门扇密闭，门框上要有裁口（铲口）。根据门扇数与开启方式的不同，裁口的形式可分为单裁口和双裁口两种。单裁口用于单层门，双裁口用于双层门或弹簧门。宽度要比门扇宽度大 1～2mm，以便于安装和门扇开启。裁口深度一般为 8～10mm。在简易或临时的建筑工程中，也可用裁口条，以利节省用料。

为了减少靠墙一面的门框因受潮或干缩时出现裂缝和变形，应在该面开 1～2 道背槽（灰口）以免产生翘曲变形，同时也利于门框的嵌固。背槽的形状可为矩形或三角形，深度约 8～10mm，宽约 12～20mm。

门框的断面尺寸考虑制作时刨光损耗，毛断面尺寸应比净断面尺寸大些，一般单面刨光根据 3mm、双面刨光根据 5mm 计算，因此，门框的毛料尺寸，大门一般为（60～70）mm×（140～150）mm，内门可为（50～70）mm×（100～120）mm，有纱门时宽度不宜小于 150mm。如图 11-5 所示。

(2) 门框的连接构造有两 种：塞口和立口。塞口（又称塞樘子），是在砌墙时先留出洞口，在抹灰前将门窗框安装好。立口（又称立樘子），是在砌墙前即用支撑先立门窗框

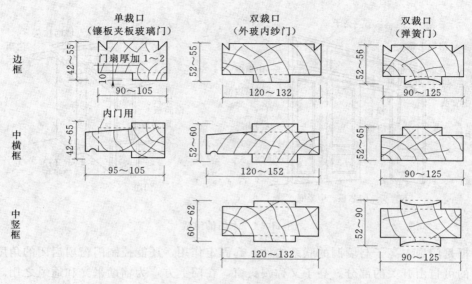

	单裁口 (镶板夹板玻璃门)	双裁口 (外玻内纱门)	双裁口 (弹簧门)
边框	门扇厚加 1~2 90~105	120~132	90~125
中横框	内门用 95~105	120~152	90~125
中竖框		120~132	90~125

图 11-5 门框的断面形式与尺寸

然后砌墙。

（3）门框在墙洞口中的安装位置，视使用要求和墙的材料与厚度不同而不同，有内平、居中、外平三种。

2. 门扇

门扇的类型主要有镶板门、夹板门、纱门、百叶门、拼板门扇等。

（1）镶板门。镶板门应用最广泛，镶板门由垂直构件边梃，水平构件上冒头、中冒头（可有数根）、下冒头组成骨架，内装门心板或玻璃构成。边梃是门扇的边料，上冒头、中冒头、下冒头分别是门扇的上横料、中横料、下横料，镶板门构造简单，加工制作方便，适用于一般民用建筑作内外门。

门扇的边梃与上、中冒头的断面尺寸一般相同，厚度为 40~45mm，宽度为 100~120mm。为了减少门扇的变形，下冒头的宽度一般加大至 160~250mm。

门心板一般采用 10~12mm 厚的木板拼成，也可采用胶合板、硬质纤维板、塑料板、玻璃、百叶等。当采用玻璃时，即为玻璃门，可以是半玻镶板门或全玻璃门。门心板改为金属纱或百叶则为纱门或百叶门。玻璃、门心板及百叶可以根据需要组合，如上部玻璃，下部门心板；也可上部木板，下部百叶等镶板门、玻璃门、纱门和百叶门的立面形式如图 11-6 所示。

（2）夹板门。夹板门由内部骨架和外部面板组成。面板和骨架形成一个整体，共同抵抗变形。夹板门利用小料、短料做骨架，一般采用厚度约为 30mm，宽 30~60mm 的木料边框，中间的肋条用厚度约 30mm，宽 10~25mm 的木条，可以单向排列、双向排列或密肋形式，间距一般为 200~400mm，安装门锁处需加锁木。为使门扇内通风干燥，避免因内外温湿度差产生变形，在骨架上需做通气孔。为节约木材，也有用蜂窝形浸塑纸来代替肋条的。做面板一般采用胶合板、硬质纤维板或塑料板，可整张或拼花粘贴，也可预先在工厂压制出花纹。这些面板不宜暴露于室外，因而夹板门不宜用于外门。因为开关门、碰

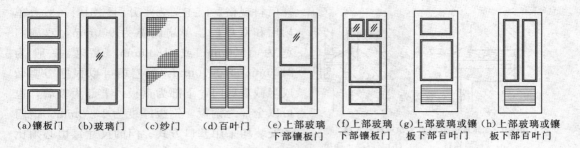

| (a)镶板门 | (b)玻璃门 | (c)纱门 | (d)百叶门 | (e)上部玻璃下部镶板门 | (f)上部玻璃下部镶板门 | (g)上部玻璃或镶板下部百叶门 | (h)上部玻璃或镶板下部百叶门 |

图 11-6　镶板门、玻璃门、纱门和百叶门的立面形式

撞等容易碰坏面板，常采用硬木条嵌边或木线镶边等措施保护面板。根据使用功能上的需要，夹板门亦可加做局部玻璃或百叶。其特点是：自重轻、用料省、外型简洁，便于工业化生产，在民用建筑中应用广泛。

（3）拼板门扇。拼板门扇构造类似于镶板门，只是芯板规格较厚，一般为 15～20mm，坚固耐久、自重大、中冒头一般只设一个或不设，有时不用门框，直接用门铰链与墙上预埋件连接。

近年来还流行用钢、木组合材料制成钢木门。用于防盗时，还可用型钢做成门框，门扇采用钢骨架外用 1.5mm 厚钢板经高频焊接在钢骨架上，内设若干个锁点。

3. 五金配件

五金配件的用途是在门窗各组成部件之间以及门窗与建筑主体之间起到连接、控制以及固定的作用，以适应现代工业化批量生产的要求。主要有铰链、插销、把手、门锁、闭门器和定门器等配件。

11.2.3　钢门构造

钢门是用型钢或薄壁空腹型钢在工厂制作而成。它符合工业化、定型化与标准化的要求。在强度、刚度、防火、密闭等性能方面，均优于木门，但在潮湿环境下易锈蚀、耐久性差。

1. 钢门料

（1）实腹式。实腹式钢门料是最常用的一种，有各种断面形状和规格。一般门可选用 32 及 40 料，32、40 等表示断面高为 32mm、40mm。

（2）空腹式。空腹式钢门分沪式和京式两种。断面高度亦有 25mm、32mm 等规格，用 1.5～2.5mm 厚的低碳钢，经冷轧而成为各种中空形薄壁型钢。它与实腹式门料比较，具有更大的刚度、外形美观、重量轻，可节约钢材 40% 左右。但由于壁薄、耐腐蚀性差，不宜用于湿度大、腐蚀性强的环境。

2. 基本钢门

为了使用、运输方便，通常将钢门在工厂制作成标准化的门窗单元。这些标准化的单元，即是组成一樘门的最小基本单元，称为基本钢门。设计者可根据需要，直接选用基本钢门，或用这些基本钢门组合出所需大小和形式的门。

（1）实腹式基本钢门。为不使基本钢门产生过大变形而影响使用，基本钢门的高度一般不超过 2400mm。具体设计时应根据面积的大小、风荷载情况及允许挠度值等因素来选

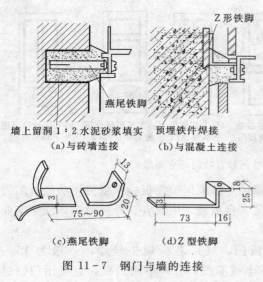

墙上留洞1:2水泥砂浆填实 预埋铁件焊接
（a）与砖墙连接 （b）与混凝土连接

（c）燕尾铁脚 （d）Z型铁脚

图11-7 钢门与墙的连接

择门料规格。门主要为平开门。钢门一般分单扇门和双扇门。单扇门宽为900mm，双扇门宽为1500mm或1800mm，高度一般为2100mm或2400mm。钢门扇可以根据需要做成半截玻璃门，下部为钢板，上部为玻璃，也可以全部为钢板。钢板厚度为1～2mm。钢门的安装均采用塞口方式。门的尺寸每边必须比洞口尺寸小15～30mm，视洞口处墙面饰面材料的厚薄定。框与墙的连接是通过框四周固定的燕尾铁脚，伸入墙上的预留孔，用水泥砂浆锚固（砖墙时），或将铁脚与墙上预埋件焊接（混凝土墙时），钢门与墙的连接如图11-7所示。铁脚每隔500～700mm一个，最外一个距框角180mm。

（2）空腹式基本钢门。空腹式钢门的形式及构造原理与实腹式钢门一样，只是空腹式窗料的刚度更大，因此门扇尺寸可以适当加大。

（3）组合式钢门。当钢门的高、宽超过基本钢门尺寸时，就要用拼料将门进行组合。拼料起横梁与立柱的作用，承受门的水平荷载。拼料与基本门之间一般用螺栓或焊接相连。当钢门很大时，特别是水平方向很长时，为避免大的伸缩变形引起门损坏，必须预留伸缩缝，一般是用两根L56×36×4的角钢用螺栓组成拼件，角钢上穿螺栓的孔为椭圆形，使螺栓有伸缩余地。拼料与墙洞口的连接一定要牢固。当与砖墙连接时，采用预留孔洞，用细石混凝土锚固。与钢筋混凝土柱和梁的连接，采用预埋铁件焊接。普通钢门特别是空腹式钢门易锈蚀，需经常进行表面油漆维护。

（4）彩板门。彩板门最早是由20世纪80年代初意大利塞柯公司生产的。目前，已在世界上50余个国家的建筑中采用。它是以彩色镀锌钢板经机械加工而成的门。它具有质量轻、强度高、采光面积大、防尘、隔声、保温密封性好、造型美观、色彩绚丽、耐腐蚀等特点。彩板门断面形式复杂种类较多，通常在出厂前就已将玻璃、合页、执手等各种附件全部安装完毕，所以在施工现场只需进行成品安装。彩板门目前有两种类型，即带副框和不带副框的两种。当外墙面为花岗石、大理石等贴面材料时，常采用带副框的门。当室外装饰面层为水泥砂浆抹面时，则大多选用无副框彩板门。

11.2.4 铝合金门

我国在建筑业中应用铝合金起步较晚，铝合金门窗应用在建筑业始于20世纪70年代末。目前铝合金门仍是常用门之一。

1. 铝合金门的特点

（1）轻质高强。铝合金门用料省、自重轻，比钢门轻50%左右。而且由于是空腹薄壁型材，故具有良好的力学性能。

（2）性能好。密封性好，气密性、水密性、隔声性、隔热性都比钢、木门有显著的提高。因此，铝合金门更适用于多台风、多暴雨、多沙尘地区的建筑。

（3）耐腐蚀、坚固耐用。铝合金门不需要涂涂料、氧化层不褪色、不脱落、表面不需要维修，强度高，刚性好、坚固耐用、开闭轻便灵活、无噪声、安装速度快。

（4）色泽美观。铝合金门框料型材表面经过氧化着色处理后，既可保持铝材的银白色，又可以制成各种柔和的颜色或带色的花纹，如古铜色、暗红色、黑色、银白色等颜色。

2. 铝合金门的设计要求

（1）应根据使用和安全要求确定铝合金门的风压强度性能、雨水渗漏性能、空气渗透性能综合指标。

（2）组合门设计宜采用定型产品门作为组合单元。非定型产品的设计应考虑洞口最大尺寸的选择和控制。

（3）外墙门的安装高度应有限制。

3. 铝合金门框料系列

系列名称是以铝合金门框的厚度构造尺寸来区别各种铝合金门的称谓，例如：平开门门框厚度构造尺寸为50mm宽，即称为50系列铝合金平开门。实际工程中，通常根据不同地区、不同性质的建筑物的使用要求选用相适应的门框。

4. 铝合金门安装

铝合金门是表面处理过的铝材经下料、打孔、铣槽、攻丝等加工，制作成门框料的构件，然后与连接件、密封件、开闭五金件一起组合装配成门。

铝合金门装入洞口应横平竖直，外框与洞口应弹性连接牢靠，不得将门外框直接埋入墙体，以防止碱对门框的腐蚀。

一般铝合金门安装时，将门框在抹灰前立于门洞处，与墙内预埋件对正，然后用木楔将三边固定。经检验确定门框水平、垂直、无翘曲后，用连接件将铝合金框固定在墙（柱、梁）上，连接件固定可采用焊接、膨胀螺栓或射钉等方法。

门框与墙体等的连接固定点，每边不得少于两点，且间距不得大于 0.7m。在基本风压大于等于 0.7kPa 的地区，不得大于 0.5m；边框端部的第一固定点距端部的距离不得大于 0.2m。

11.2.5 塑料门

塑料门是一种继钢门、铝合金门之后发展起来的一种新型建筑门。塑料门根据所采用的材料不同，常分为以下几种类型：钙塑门、玻璃钢门、改性聚氯乙烯塑料门等。

钙塑门（又称硬质 PVC 门）是以改性硬质聚氯乙烯（简称 UPVC）为主要原料，加上一定比例的稳定剂、着色剂、填充剂、紫外线吸收剂等辅助剂，经挤出机挤出成型为各种断面的中空异型材。经切割后，在其内腔衬以型钢加强筋，用热熔焊接机焊接成型为门框扇，配装上橡胶密封条、压条、五金件等附件而制成的门，有较高的刚度，故亦称塑钢门。塑料门线条清晰、挺拔、造型美观、表面光洁细腻，不但具有良好的装饰性，而且有良好的隔热性和密封性。其气密性为木门的 3 倍，铝合金门的 1.5 倍，热损耗为金属门的1/1000，隔声效果比铝合金门高 30dB 以上。同时塑料本身具有耐腐蚀性能，不用涂涂料，可节约施工时间及费用，因此在国内发展很快，在建筑业上也得到大量的应用。

11.2.6 特种门

特种门是指具有特殊用途、特殊构造的门，如防火门、防火保温门、感应式自动门、防盗门等。

1. 防火门

防火门是典型的特殊功能门。在建筑防火分区之间，需要设置既能保证通行又可分隔不同防火分区的建筑构件即为防火门，在多层以上及重要建筑物中均需设置。防火门主要控制的环节是材料的耐火性能及节点的密封性能。防火门根据耐火等级分三个等级。甲级门的耐火极限为 1.2h，乙级门为 0.9h，丙级门为 0.6h。

常见的防火门有木质和钢质两种。

（1）木质防火门。选用优质杉木制做门框及门扇骨架，材料均经过难燃浸渍处理，门扇内腔填充高级硅酸铝耐火纤维，双面衬硅钙防火板。考虑到木材受高温会炭化而放出大量气体，应在门扇上设泄气孔。

（2）钢质防火门。门框及门扇面板可采用优质冷轧薄钢板，根据不同的耐火等级填充相应的耐火材料，门扇也可采用无机耐火材料。根据需要装配轴承合页、防火门锁、闭门器、电磁释放开关和夹丝玻璃等，双开门还配有暗插销和关门顺序器等，与防火报警系统配套后，可自动报警、自动关门、自动灭火，防止火势蔓延。在大面积的建筑中则经常使用防火卷帘门，这样平时可以不影响交通，而在发生火灾的情况下，可以有效地隔离各防火分区。

钢质防火门门框与门扇必须配合严密，门扇关闭后，配合间隙小于 3mm；防火门表面应平整，无明显凹凸现象，焊点牢固，门体表面无喷花和斑点等。

防火门可分为一般开关和自动关闭两种。民用建筑中多用一般开关，自动开关多用于工业建筑。自动防火门是将门上导轨做成 5%～8% 的坡度，火灾发生时，易熔合金片熔断后，重锤落地，门扇依靠自重下滑关闭。当洞口尺寸较大时，可做成两个门扇相对下滑。

目前国内生产的防火门，其宽度、高度均采用国家建筑中常用的尺寸。防火门在运输、装卸中应轻抬轻放，避免可能产生的变形。

2. 保温门、隔声门

保温门要求门扇具有一定热阻值和门缝密闭处理，故常在门扇两层面板间填以轻质、疏松的材料（如玻璃棉、矿棉等）。隔声门的隔声效果与门扇的材料及门缝的密闭有关，隔声门常采用多层复合结构，即在两层面板之间填吸声材料，如玻璃棉、玻璃纤维板等。一般保温门和隔声门的面板常采用整体板材（如五层胶合板、硬质木纤维板等），不易发生变形。门缝密闭处理对门的隔声、保温以及防尘有很大影响，通常采用的措施是在门缝内粘贴填缝材料，如橡胶管、海绵橡胶条、泡沫塑料条等。还应注意裁口形式，斜面裁口比较容易关闭紧密，可避免由于门扇胀缩而引起的缝隙不密合。

3. 感应式自动门

是一种应用感应技术，通过微型计算机逻辑记忆、控制及机电执行机构使门体能够自动启闭的门系统。当人或其他活动目标进入传感器工作范围，门扇则自动开启；当人或其他活动目标离开感应区，门扇则自动关闭，完全不用人工操作，所以将它称作感应式自动门。感应式自动门发展迅速，应用日趋广泛。目前，主要应用于宾馆、酒店、金融机构、商厦、医院、机场候机厅等场所的厅门等，给人以豪华、方便的感受。

（1）感应式自动门的特点：

1）运行平稳，动作协调，通行效率高。感应式自动门采用直流电动机驱动，启闭速度快。门体运行中根据设定值，速度快慢两种速度自动变换，使门扇的启动、运动、停止均能做到平稳、协调。特别是当门扇快速关闭临近终点时，能自动变慢实现轻柔合缝。出入顺畅，通行效率高。

2）运行安全可靠。感应式自动门在关闭过程中遇到人或物等障碍时，自控电源会迅速停机，门体自动后退，呈开启状，可防止门体夹人，确保人与物的安全。

3）具有自动补偿功能。感应式自动门在运行中如因外界风力加大或其他原因而使门运行阻力增加时，自动门的补偿机构会自动提高驱动力，以补偿外界环境变化需求。

4）密闭性能好。感应式自动门可快速自动关闭且门体开启宽度可以调节，增加密闭性。

5）自动启闭，使用方便。感应式自动门用微机控制门体启闭及速度，运行安静，使用方便。断电后尚可手动，轻便灵活。为防止通行者静止在感应区域而使门扇开启失控，配备了静止时控装置，即通行者静止不动在 3～5s 以上，门扇自动关闭。

（2）感应式自动门的类型：

1）根据自动门开启方式分类：

a. 平面推拉式自动门。平面推拉式自动门门体为平面形，运行时门体平行移动。门体向左平移时开启称左开门，向右开启为右开门。

b. 圆弧面推拉式自动门。圆弧面推拉式自动门门体为圆弧形，运行时门体作圆弧形平移。此种门豪华气派，出入舒适，但造价昂贵。

c. 平开式自动门。平开式自动门门体沿垂直的门轴（门铰链）作旋转运动，实现门的启闭。门体作顺时针旋转开启的称右开门，门体作逆时针旋转开启的称左开门。

2）根据自动门体材料分类：

a. 铝合金门体。轻便，耐腐蚀、价廉，早期应用较多。

b. 钢制门体。坚固耐用，防护性能好，多用于厂房、仓库。

c. 玻璃门体。为无框玻璃如平板玻璃、钢化玻璃、饰面玻璃等。透明、美观，应用广泛。

d. 不锈钢门体。豪华美观，防护性能好，可用于住宅及保密室、手术室等。

4. 防盗门

用金属材料制作，由专门的工厂加工成成品，在现场进行安装。在指定的侵袭、破坏工具作用下，根据防盗门最薄弱环节能够抵抗非正常开启的净工作时间的长短可将防盗门产品分成 A、B、C 三个等级。A 级非正常开启净工作时间为 15min；B 级非正常开启净工作时间为 25min；C 级非正常开启净工作时间为 40min。

（1）常见的防盗门类型：

1）推拉栅栏式防盗门。门框上下用槽钢做导轨，两侧用槽钢做成边框。栅栏立柱用小型钢做成，上下有滑轮卡入导轨内，侧向推拉开启。

2) 平开式栅栏防盗门。门框和门扇的边框用金属压制而成，在门扇中加焊固定的铁栅栏和金属花饰，门扇与门框用铰链连接。

3) 平开封闭式浮雕防盗门。这是一种外表华丽、高雅的新型防盗门，门框用金属压制而成，门扇用金属板材压制出花饰。门框、扇采用多道高温磷化处理，表面用塑粉喷涂，色彩鲜艳，表面不需油漆。

4) 平开多功能豪华防盗门。采用优质冷轧钢板整体冲压成型，门扇内腔填充耐火保温材料，饰面采用静电喷涂工艺处理，具有防撬、防砸、防寒等功能，具有全方位锁闭、门铃传呼、电子密码报警等装置。

5) 平开对讲子母防盗门。平开对讲子母防盗门一般用于楼道或单元的大门，门框和门扇用优质冷轧钢板压制而成，表面采用多道高温磷化或静电喷涂工艺处理。门扇分大小两扇。小扇一边用铰链与门框连接；另一边的上下用螺栓与门框连接。大扇一边用铰链与门框连接；另一边安设拉手和门锁，在小门扇上锁闭、开启。小门扇上设置对讲系统来客可与住户通话。

（2）防盗门的技术要求：

1) 栅栏式、折叠式、推拉式防盗门只能用作为已有门体的外层防盗门。住宅用防盗门一般应采用平开式门。平开式防盗门单独使用时，除具有防盗功能外，还应符合防火保温、隔声规范的要求。

2) 平开式防盗门一般不开窗口，可在门扇上安装观察镜。

3) 在锁具安装部位应以锁孔为中心，在半径不小于 100mm 的范围内应有加强钢板防止门体被轻易穿透孔洞。

4) 折叠门的铆接应采用高强度铆钉。铆接质量应保证铆钉无中心线偏移现象。

5) 所有金属构件表面均应有防护措施，漆层应有防锈底漆。漆层应无气泡、表面无漆渣，电镀层在使用环境中不产生锈斑。

5. 金属转门

（1）金属转门主要有铝质、钢质两种型材结构，由转门和转壁框架组成。金属转门的特点：具有良好的密闭、抗震和耐老化性能，转动平稳，紧固耐用，便于清洁和维修，设有可调节的阻尼装置，可控制旋转惯性的大小。

（2）金属转门安装施工。首先检查各部分尺寸及洞口尺寸是否符合，预埋件位置和数量。转壁框架根据洞口左右、前后位置尺寸与预埋件固定，保证水平。装转轴，固定底座，底座下部要垫实，不允许下沉，转轴必须垂直于地平面。装圆转门顶与转壁，转壁暂不固定，便于调整与活扇之间隙；装门扇，保持 90°夹角，旋转转门，调整好上下间隙、门扇与转壁的间隙。

11.3 窗 的 构 造

11.3.1 窗的尺度

窗的尺度主要取决于房间的采光、通风、构造做法和建筑造型等要求，并要符合现行

《建筑模数协调统一标准》的规定。一般采用扩大模数 3M 数列作为洞口的标志尺寸，同时，窗的尺度还受到层高及承重体系以及窗过梁高度的制约以及建筑物造型的影响等。为使窗坚固耐久，一般平开木窗的窗扇高度为 800～1200mm，宽度不宜大于 500mm，上下悬窗的窗扇高度为 300～600mm，中悬窗窗扇高不宜大于 1200mm，宽度不宜大于 1000mm；推拉窗高宽均不宜大于 1500mm。对一般民用建筑用窗，各地均有通用图，需要时只要根据所需类型及尺度大小直接选用。

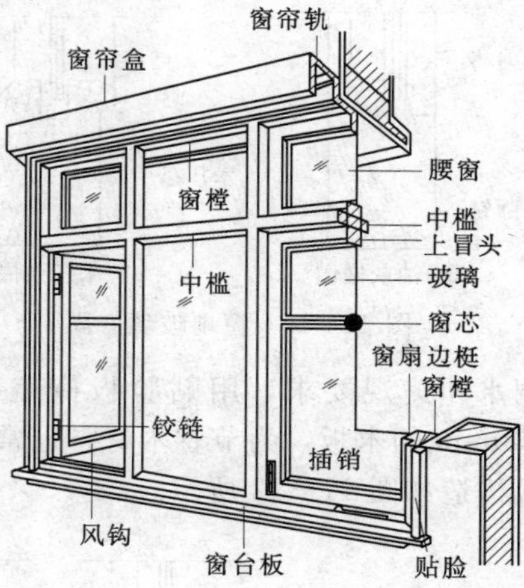

11.3.2　平开木窗构造

窗是由窗框、窗扇、五金配件及附件等组成。如图 11-8 所示。窗的构造和门大致相同。

图 11-8　木窗的组成

1. 窗框

窗框由边框、上框、下框组成，当窗尺度较大时，应增加中横框或中竖框。通常在垂直方向有两个以上窗扇时应增加中横框，如有亮子时须设中横框，在水平方向有三个以上的窗扇时，应增加中竖框。窗框的断面形状和尺寸主要考虑框与墙洞、窗扇结合密闭的需要，横竖框接榫和受力防止变形的需要，最小厚度处的劈裂等。窗框与门框一样，在构造上有裁口及背槽处理。裁口也有单裁口与双裁口之分。一般尺度的单层窗四周窗框的厚度常为 40～60mm，宽度为 70～95mm，中横和中竖框两面有裁口，断面尺寸应相应增大，可用加钉 10mm 厚的裁口条子而不用加厚框子木料的方法处理。

图 11-9　窗扇的构造

2. 窗扇

窗扇由上冒头、下冒头、边梃和窗芯组成，可安装玻璃、窗纱或百叶片。构造如图 11-9 所示。窗扇的上、下冒头、边梃和窗芯均设有裁口，以便安装玻璃或窗纱。裁口深度约 10mm，一般应设在外侧。木窗由于用榫接成框，装上玻璃后，重量增加，易产生变形，故不能太宽，单扇以不超过 450mm 为宜，且中间应加窗芯，以增加整体刚度。一般建筑中窗玻璃均镶于窗扇外侧（中式传统建筑多在内侧），即玻璃铲口面向室外，面向室内一侧应做成斜角或圆弧形，以免遮光和有利于美观。玻璃的安装一般用油灰（桐油灰）嵌固。为使玻璃牢固地安装与窗扇上，应先用小钉子将玻璃卡住，再用油灰嵌固。对于不会受雨水侵蚀的窗扇玻璃嵌固，也可用小木压条嵌固。如图 11-10 所示。

为使窗缝严密且易启闭，提高保温、防雨、防风沙和隔声效果，平开木窗的窗扇对口处需做成斜错口状，如要求较高时，还可在内侧或外侧或双侧加设盖口条。

3. 五金配件

平开木窗常用五金件有：铰链、插销、撑钩、执手（拉手）等，采用品种根据窗的大

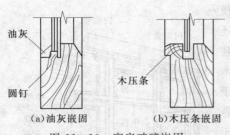

油灰
圆钉
（a）油灰嵌固

木压条
（b）木压条嵌固

图 11-10 窗扇玻璃嵌固

小和装修要求而定。

4. 附件

（1）披水板。披水板的作用是防止雨水流入室内，通常在内开窗下冒头和外开窗中横框处设置。下窗框的断面形式边框设积水槽和排水孔，有时外开窗下冒头也做披水板和滴水槽。披水构造见图 11-11 所示。

（2）贴脸板。为防止墙面与窗框接缝处渗入雨水和美观要求，用贴脸板掩盖接缝处产生的缝隙。贴脸板常用厚 20mm、宽 30～100mm 的木板，为节省木材，也常采用胶合板、刨花板或多层板、硬木饰面板等。贴脸板构造如图 11-12 所示。

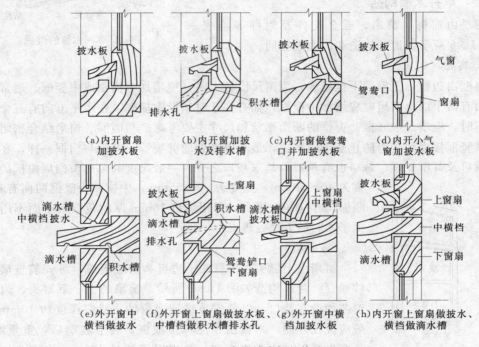

（a）内开窗扇加披水板

（b）内开窗加披水及排水槽

（c）内开窗做鸳鸯口并加披水板

（d）内开小气窗加披水板

（e）外开窗中横档做披水

（f）外开窗上窗扇做披水板、中槽档做积水槽排水孔

（g）外开窗中横档加披水板

（h）内开窗上窗扇做披水、横档做滴水槽

图 11-11 常用披水板的构造

（3）压缝条。压缝条一般采用 10～15mm 见方的小木条，用于填补密封窗框与墙体之间的缝隙，以利于保持室内温度。

（4）筒子板。室内装修标准较高时，往往在窗洞口的上边和两侧墙面均用木板镶嵌，与窗台板结合使用。

（5）窗台板。在窗的下框内侧设窗台板，木板的两端挑出墙面约 35mm，板厚约 30mm。当窗框位与墙中时，窗台板也可以

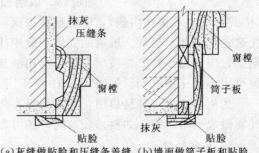

（a）灰缝做贴脸和压缝条盖缝 （b）墙面做筒子板和贴脸

图 11-12 贴脸板构造

用预制水磨石板或大理石板等。

5. 平开木窗的密封

常用的密封材料大多为弹性好且不易老化的橡胶、泡沫塑料、毛毡等现制或定型产品。密封条可安装在窗框上，也可分别安装在窗框与窗扇的对应部位。

11.3.3　彩板钢窗

彩板钢窗是以彩色镀锌钢板经机械加工而成的窗。它与彩板门的特点相同，目前有两种类型，即带副框和不带副框的两种。当外墙面为花岗石、大理石等贴面材料时，常采用带副框的窗。当外墙装修为普通粉刷时，常用不带副框的做法安装时，先用自攻螺钉将连接件固定在副框上，并用密封胶将洞口与副框及副框与窗樘之间的缝隙进行密封。当外墙装修为普通粉刷时，常用不带副框的做法，即直接用膨胀螺钉将门窗樘子固定在墙上。

11.3.4　铝合金窗

铝合金窗也是目前建筑中使用的基本窗型，其优缺点、安装方式均与跟铝合金门类似。

11.3.5　塑钢窗

塑钢窗也是以改性硬质聚氯乙烯（简称 UPVC）为主要原料，加上一定比例的稳定剂、着色剂、填充剂、紫外线吸收剂等辅助剂，经挤出机挤出成型为各种断面的中空异型材。其特点跟塑钢门一样，是我国目前大力推广使用的窗型。

11.3.6　特殊要求的窗

1. 固定式通风高侧窗

在我国南方地区，结合气候特点，创造出多种形式的通风高侧窗。它们的特点是：能采光、能防雨、能常年进行通风，不需设开关器，构造较简单，管理和维修方便，多在工业建筑中采用。

2. 防火窗

防火窗必须采用钢窗或塑钢窗，镶嵌铅丝玻璃以免破裂后掉下，防止火焰窜入室内或窗外。

3. 保温窗、隔声窗

保温窗常采用双层窗及双层玻璃的单层窗两种。双层窗可内外开或内开、外开。双层玻璃单层窗又分为：①双层中空玻璃窗，双层玻璃之间的距离为 3～5mm，窗扇的上下冒头应设透气孔；②双层密闭玻璃窗，两层玻璃之间为封闭式空气间层，其厚度一般为 4～12mm，充以干燥空气或惰性气体，玻璃四周密封。这样可增大热阻、减少空气渗透，避免空气间层内产生凝结水。

若采用双层窗隔声，应采用不同厚度的玻璃，以减少吻合效应的影响。厚玻璃应位于声源一侧，玻璃间的距离一般为 80～100mm。

4. 天窗

天窗是指设在屋面上各种形式的窗，主要多见于工业厂房中，功能主要为采光和通风。根据照剖面形式可分为：

（1）平天窗：在建筑物屋顶部位，采光口直接对着天空的天窗。常见的类型有采光板、采光罩、采光带等几种。

（2）气楼式天窗：局部取消屋面板，在此部位用天窗架支起高出屋面主体的小屋面，利用其两侧的侧窗采光和通风。

（3）下沉式天窗：利用分别布置在屋架上下弦上的屋面板间的高差而构成的天窗，根据照断面形式，可分为两侧下沉式、横向下沉式、中井式、边井式四种类型。

？习题与实训

1. 填空题

（1）木窗代号是_____、钢窗代号是_____，门的代号是 M。

（2）常用于民用建筑的平开木门扇有_____、_____和_____三种。

（3）门窗根据其制作的材料可分为：_____、_____、_____、_____等。

（4）门的主要功能是_____、窗主要供_____，它们均属建筑的_____。

（5）不同使用性质的房间应采用不同类型的门：如教室门应为_____、寒冷地区公共建筑的外门为_____、仓库大门为_____。

（6）窗的开启方式有_____、_____、_____、_____。

（7）平开门由_____、_____、_____、_____、_____组成

（8）门框的安装根据施工方式可分为_____、_____两种。

（9）常见的木门门扇可分为_____、_____。

（10）窗是由_____、_____、_____、_____等组成。

（11）设在_____的窗为天窗。

2. 选择题（单项或多项选择）

（1）在住宅建筑中无亮子的木门其高度不低于_____ m。

    A、1600   B、1800   C、2100   D、2400

（2）居住建筑中，使用最广泛的木门为_____。

    A、推拉门   B、弹簧门   C、转门   D、平开门

（3）门根据开关方式可分为多种形式，其中最常用的是_____。

    A、推拉门   B、弹簧门   C、平开门   D、折叠门

（4）设计中为了减少窗的类型，窗的宽度（洞口宽度）通常以_____ m 为基本模数。

    A、3   B、1   C、6   D、2

（5）木门框的安装有_____和_____两种形式。

    A、多框法   B、塞口法   C、分框法   D、立口法

    E、叠合框法

（6）住宅入户门、防烟楼梯间门、寒冷地区公共建筑外门应分别采用何种开启方式_____

    A、平开门、平开门、转门   B、推拉门、弹簧门、折叠门

C、平开门、弹簧门、转门　　　　D、平开门、转门、转门

(7) 下列陈述正确的是_____

A、转门可作为寒冷地区公共建筑的外门

B、平开门是建筑中最常见、使用最广泛的门

C、转门可向两个方向旋转，故可作为双向疏散门

D、车间大门因其尺寸较大，故不宜采用推拉门

(8) 下列窗应采用何种开启方式：卧室的窗、车间的高侧窗、门上的亮子：_____

A、平开窗、立转窗、固定窗　　　B、推拉窗、悬窗、固定窗

C、平开窗、固定窗、立转窗　　　D、推拉窗、平开窗、中悬窗

(9) 木窗的窗扇是由_____组成。

A、上、下冒头、窗芯、玻璃　　　B、边框、上下框、玻璃

C、边框、五金零件、玻璃　　　　D、亮子、上冒头、下冒头、玻璃

(10) _____开启时不占室内空间，但擦窗及维修不便；_____擦窗安全方便，但影响家具布置和使用；_____可适应保温、洁净、各深隔声等要求。

A、上悬窗、内开窗、固定窗　　　B、外开窗、内开窗、双层窗

C、立转窗、中悬窗、推拉窗　　　D、外开窗、立转窗、固定窗

(11) 请选出正确的选项：_____

A、外开窗擦窗安全、方便、窗扇受气候影响小

B、常用双层窗有内外开窗、双层内开窗

C、为适应保温、隔声、洁净等要求，内开窗广泛用于各类建筑中

D、外开窗不影响室内空间的使用，比内开窗用途更广泛

(12) 下列所述，哪一点是钢门窗的优点：_____

A、在潮湿环境下易锈蚀，耐久性差

B、强度高，刚度好

C、密闭性能与防水性能较好

D、易满足定型化、标准化要求，款式比木门窗多

(13) 拼料与基本钢门窗之间一般用_____的方法连接。

A、螺栓或焊接　　B、焊接或粘贴　　C、铆接　　D、螺栓或铆接

(14) 彩板钢门窗的特点是：_____

A、易锈蚀，需经常进行表面油漆维护

B、密闭性能较差，不能用于有洁净、防尘要求的房间

C、质量轻、硬度高、采光面积大

D、断面形式简单，安装快速方便

(15) 彩板钢门窗有两种类型：_____

A、带副框和不带副框的两种　　B、有拼料和没有拼料的两种

C、带边梃和不带边梃的两种　　D、平开窗和推拉窗两种

(16) 带副框的彩板钢门窗适用于下列哪种情况：_____

A、外墙装修为普通粉刷时

B、外墙面是花岗石、大理石等贴面材料时

C、窗的尺寸较大时

D、采用立口的安装方法时

(17) 下列_____是对铝合金门窗的特点的描述：_____

A、表面氧化层易被腐蚀，需经常维修

B、色泽单一，一般只有银白和古铜两种

C、气密性、隔热性较好

D、框料较重，因而能承受较大的风荷载

(18) 下列描述中，_____是正确的。

A、铝合金窗因其优越的性能，常被应用为高层甚至超高层建筑的外窗

B、50系列铝合金平开门，是指其门框厚度构造尺寸为50mm

C、铝合金窗在安装时，外框应与墙体连接牢固，最好直接埋入墙中

D、铝合金框材表面的氧化层易褪色，容易出现"花脸"现象

(19) 从水密、气密性能考虑，铝合金窗玻璃的镶嵌应优先选择_____

A、干式装配　　B、湿式装配　　C、混合装配

(20) 铝合金门窗_____。

A、外墙门窗的安装高度应有限制

B、不需要涂涂料，氧化层不褪色、不脱落，表面不需要维修

C、铝合金窗在安装时，外框应与墙体连接牢固，最好直接埋入墙中

D、用料省、质量轻，较钢门窗轻50%左右

(21) 请选出错误的一项：_____

A、塑料门窗有良好的隔热性和密封性

B、塑料门窗变形大，刚度差，在大风地区应慎用

C、塑料门窗耐腐蚀，不用涂涂料

D、对的是A

3. 简答题

(1) 铝合金门窗的特点是什么？简述铝合金门窗的安装要点。

(2) 简述门和窗的作用。

(3) 平开门有何优点？

(4) 门根据其开启方式通常有哪几种？

(5) 弹簧门有何有优缺点？

(6) 推拉门有何优缺点？

(7) 转门有何优缺点？

(8) 门的尺度由哪些因素决定？

(9) 悬窗有哪三种？各有何特点？

(10) 在何种情况下可采用固定窗？

(11) 窗的尺度主要取决于哪些因素？

(12) 镶板门与夹板门在组成上有何区别？

(13) 平开木窗中，外开窗、内开窗有何区别？各有何优缺点？

(14) 基本钢门窗有哪几种形式？设计时应根据哪些因素来选择窗料规格？

(15) 什么是彩板钢门窗？它有什么特点？

(16) 简述铝合金门窗的特点。

(17) 铝合金门窗在设计中应注意哪些问题？

(18) 简述铝合金门窗的安装方法。

(19) 什么是塑钢门窗？它与全塑门窗相比，有何优点？

(20) 简述塑料门窗的优点。

(21) 木门窗、金属门窗、塑料门窗哪个最有发展前途？试阐述理由。

第12章 变 形 缝

本章要点

1. 掌握变形缝的作用、类别和设置条件。
2. 掌握变形缝的构造。

12.1 概 述

建筑物由于受气温变化、地基不均匀沉降以及地震等因素的影响，使结构内部产生附加应力和变形，建筑物将会破坏，产生裂缝甚至倒塌，影响建筑物的品质，无法保证正常使用。针对这一情况，有两种解决办法：一是加强建筑物本身的整体性，使建筑具有足够的强度与刚度抵抗破坏应力，不产生裂缝；二是在这些变形敏感部位将结构断开，留出一定的缝隙，保证各部分建筑物在这些缝隙中有足够的变形宽度而不造成建筑物的破坏。这种为防止建筑物在外界因素作用下，结构内部产生附加变形和应力，导致建筑物开裂、碰撞甚至破坏而预留的构造缝称为变形缝。变形缝包括伸缩缝、沉降缝和抗震缝。变形缝应按设缝的性质和条件设计，使其在产生位移或变形时不受阻，不被破坏，并不破坏建筑物；变形缝的构造和材料应根据其部位需要分别采取防排水、防火、保温、防老化、防腐蚀、防虫害和防脱落等措施。

12.2 伸 缩 缝

12.2.1 伸缩缝的设置

伸缩缝是为防止建筑物由于受温度变化影响引起建筑材料热胀冷缩，导致建筑构件开裂而设置的构造缝。

伸缩缝是将基础以上的建筑构件全部分开，并在两个部分之间留出适当的缝隙，以保证伸缩缝两侧的建筑构件能在水平方向自由伸缩。

伸缩缝的间距根据建筑材料和结构类型确定。《砌体结构设计规范》（GB 50003—2001），《混凝土结构规范》（GB 50010—2002）对建筑的变形缝的规定见表 12 - 1 为砌体建筑伸缩缝的最大间距。表 12 - 2 为钢筋混凝土结构伸缩缝的最大间距。

由于因温度变化对建筑物的影响，也可采用附加应力钢筋，加强建筑物的整体性，来抵抗可能产生的温度应力，使建筑少设缝或不设缝。但需经过计算确定。

表 12-1　砌体建筑伸缩缝的最大间距　　　　　　　　　　　　　单位：m

屋顶或楼板层的类别		间　距
整体式或装配整体式钢筋混凝土结构	有保温层或隔热层的屋顶、楼板层	50
	无保温层或隔热层的屋顶	40
装配式无檩体系钢筋混凝土结构	有保温层或隔热层的屋顶、楼板层	60
	无保温层或隔热层的屋顶	50
装配式有檩体系钢筋混凝土结构	有保温层或隔热层的屋顶	75
	无保温层或隔热层的屋顶	60
瓦材屋顶、木屋顶或楼板、轻钢屋顶		100

注　1. 层高大于 5m 的混合结构单层房屋，其伸缩缝间距可按表中数值乘以 1.3 采用，但当墙体采用硅酸盐砖、硅酸盐砌块和混凝土砌块砌筑时，不得大于 75m。

　　2. 严寒地区不采暖温差较大的建筑且变化频繁地区，建筑的伸缩缝间距，应按表中数值于以适当减少后采用。

　　3. 伸缩缝内应嵌以轻质可塑材料，必须使缝隙能起伸缩作用。

表 12-2　　　　　　　钢筋混凝土结构建筑伸缩缝的最大间距　　　　　　　　　单位：m

项次	结　构　类　型		室内或土中	露　天
1	排架结构	装配式	100	70
2	框架结构	装配式	75	50
		现浇式	55	35
3	剪力墙结构	装配式	65	40
		现浇式	45	30
4	素混凝土结构	装配式	40	30
		现浇式（配有构造钢筋）	30	20

12.2.2　伸缩缝构造

伸缩缝要求把建筑物的墙体、楼板层、屋顶等地面以上部分全部断开，基础部分因埋于地下受温度变化影响较小，不需断开。缝宽一般在 20～40mm。

1. 墙体伸缩缝的构造

(1) 墙体伸缩缝的形式有平缝、错口缝或企口缝如图 12-1 所示。

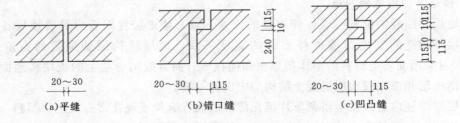

图 12-1　墙体伸缩缝的形式

（2）为防止外界自然条件对墙体及室内环境的侵袭，外墙伸缩缝外侧常用沥青麻丝或木丝板及泡沫塑料条、橡胶条、油膏等有弹性的防水材料塞缝，当缝隙较宽时，缝口可用镀锌铁皮、彩色薄钢板、铝皮等金属调节片作盖缝处理如图 12-2 所示。外墙伸缩缝内侧和内墙可用具有一定装饰效果的金属片、塑料片或木盖缝条覆盖如图 12-3 所示。所有填缝及盖缝材料和构造应保证结构在水平方向自由伸缩而不产生破坏。

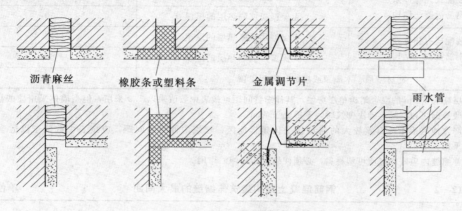

沥青麻丝　　　橡胶条或塑料条　　　金属调节片　　　　　　　雨水管

图 12-2　外墙伸缩缝外侧构造

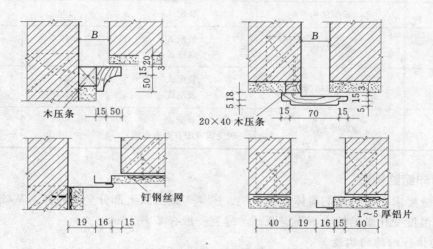

图 12-3　外墙伸缩缝内侧和内墙

2. 楼地层伸缩缝的构造

楼地层伸缩缝的位置与墙体伸缩缝的位置一致。楼地层伸缩缝应贯通楼层各层和地层，楼层伸缩缝的宽度与墙体伸缩缝的宽度一致，地层结构层伸缩缝的宽度不小于20mm。对采用沥青类材料的整体楼地面和铺在砂、沥青胶结合层上的板块楼地面，可只在楼板结构层和顶棚或地层混凝土结构层中设伸缩缝。

楼层伸缩缝内通常设金属调节片填充传统的沥青麻丝或现在常有的泡沫塑料，地表面用金属板或石材板封盖，并用沥青胶嵌缝。楼板层的顶棚用木盖条或金属条盖缝。地层同楼层的上部处理。构造如图 12-4 所示。

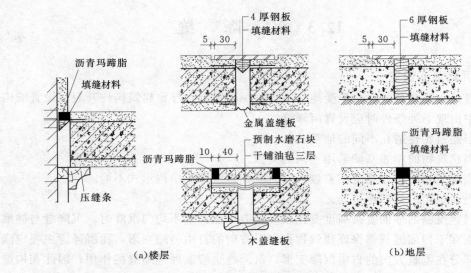

图 12-4 楼地层伸缩缝的构造

3. 屋顶伸缩缝的构造

屋顶伸缩缝主要有两种方式：一是在屋顶同一标高处；二是墙与屋顶高低错落处。不上人屋面，一般可在伸缩缝处加砌矮墙，并做好屋面防水和泛水处理．其基本要求同屋顶泛水构造，不同之处在于盖缝处应能允许自由伸缩而不造成渗漏。上人屋面则用嵌缝油膏嵌缝并做好泛水处理。屋顶伸缩缝构造如图 12-5 所示。传统的采用镀锌铁皮已改用涂层、涂塑薄钢板或铝皮甚至用不锈钢皮和水泥钉、膨胀螺钉等来代替。构造原则不变，而构造形式却有进一步发展。

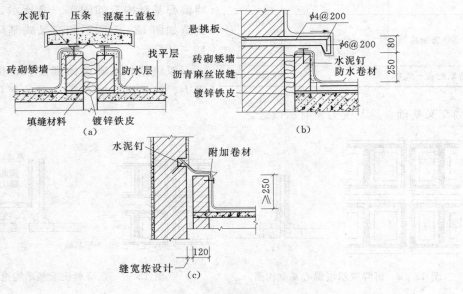

图 12-5 屋顶伸缩缝构造

12.3 沉 降 缝

12.3.1 沉降缝的设置

沉降缝是为防止建筑物由于受地基不均匀沉降影响，导致建筑构件开裂而设置的构造缝。建筑中出现下列条件时应设置沉降缝：

(1) 当建筑物建造在不同的地基上。

(2) 当建筑物的相邻基础采用不同的类型。

(3) 当建筑物的主体高度相差较大、荷载相差悬殊或结构形式不同。

(4) 当建筑物的新旧连接处。

(5) 当建筑物的平面复杂高度变化较多，有可能产生不均匀沉降时。沉降缝与伸缩缝最大的区别在于伸缩缝只需保证建筑物在水平方向的自由伸缩变形，而沉降缝主要应满足建筑物各部分在垂直方向的自由沉降变形，沉降缝也应兼顾伸缩缝的作用，因此在构造设计时应满足伸缩和沉降双重要求。

12.3.2 沉降缝的构造

沉降缝的宽度随地基情况和建筑物的高度不同而有所改变如表12-3。以实现建筑物的两侧的独立部分能自由沉降。建筑物沉降缝应从基础到屋顶全部断开，断开的构件主要包括基础、墙、楼地层、屋顶。

表12-3 沉降缝的宽度

地基情况	建筑物高度或层数	沉降缝宽度（mm）
一般地基	$H<5m$	30
	$H=5\sim10m$	50
	$H=10\sim15m$	70
软弱地基	2～3层	50～80
	4～5层	80～120
	5层以上	＞120
湿陷性黄土地基		≥30～70

1. 基础的沉降缝的构造

基础沉降缝的处理方法主要有三种，双墙偏心基础构造如图12-6所示、挑梁基础构造如图12-7所示和交叉式基础构造如图12-8所示。

双墙偏心基础整体刚度大，但基础偏心受力，并在沉降时产生一定的挤压力。采用双墙交叉基础，地基受力将有所改进。

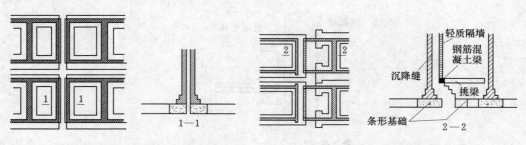

图12-6 沉降缝双墙偏心基础构造   图12-7 沉降缝挑梁基础构造

挑梁基础能使沉降缝两侧基础分开较大距离，相互影响较少，当沉降缝两侧基础埋深相差较大或新建筑与原有建筑毗连时，宜采用挑梁处理。

2. 地下室沉降缝的构造

地下室的变形缝《地下工程防水技术规范》（GB 50108—2001）规定，应满足密封防水、适应变形、施工方便、检修容易等要求。变形缝处混凝土结构的厚度不应小于 300mm。用于沉降的变形

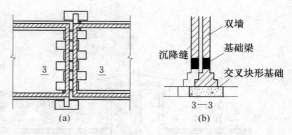

图 12-8 沉降缝交叉式基础构造

缝其最大允许沉降差值不应大于 30mm。当计算沉降差值大于 30mm 时应在设计时采取措施。用于沉降的变形缝的宽度宜为 20～30mm，用于伸缩的变形缝的宽度宜小于此值。地下室出现沉降缝时，地下室底板层为保持良好的防水性，应设置止水带的防水构造，止水带有橡胶止水带、塑料止水带及金属止水带等。止水带中间空心圆或弯曲部分须对准变形缝，以适应变形需要。地下室变形缝构造常采用内埋式如图 12-9 所示和可卸式如图 12-10 所示。

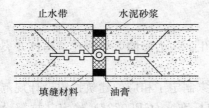

图 12-9 内埋式地下室沉降缝构造

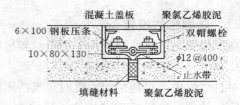

图 12-10 可卸式地下室沉降缝构造

3. 墙体沉降缝的构造

墙体沉降缝的构造类同于其伸缩缝的构造，不同的是在外墙的外侧将盖缝材料的形式和连接方法调整，如将盖缝的金属调节片分成两部分相互扣结，分别固定于沉降缝的两侧，使沉降缝两侧相互独立沉降，而不发生破坏。构造如图 12-11 所示。

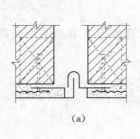
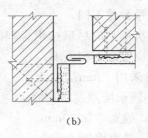
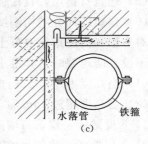

图 12-11 墙体沉降缝构造

4. 楼地层和屋顶沉降缝的构造

沉降缝构造的盖缝材料应使建筑物的分开两部分能各自独立发生不均匀沉降。楼地层和屋顶可用金属板盖缝。《屋面工程技术规范》（GB50345—2004）给出了应符合的细部构造要求，构造如图 12-12 所示。

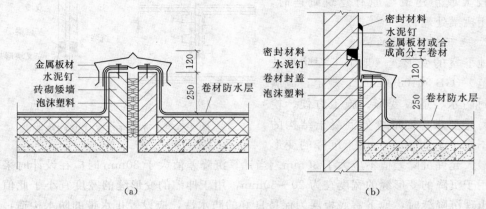

图 12-12　屋顶沉降缝构造

12.4　防　震　缝

12.4.1　防震缝的设置

防震缝是为防止建筑物由于受自然界地震而产生的应力影响，导致建筑构件开裂而设置的构造缝。

对自然界中不可避免的地震对建筑的影响，国家制定了相应的建筑抗震设计规范。所有建筑应按现行国家标准《建筑工程抗震设防分类标准》（GB50223）确定其抗震设防类别。各抗震设防类别建筑的抗震设防标准，均应符合此规范的要求。

《建筑抗震设计规范》2008，规定多层砌体房屋的结构体系，应符合的要求是，建筑有下列情况之一时宜设置防震缝，缝两侧均应设置墙体，缝宽应根据烈度和房屋高度确定，可采用 50～100mm：

（1）建筑立面高差在 6m 以上。

（2）建筑有错层，且楼板高差较大。

（3）建筑各部分结构刚度、质量截然不同。

对多层和高层钢筋混凝土结构房屋，应尽量选用合理的建筑结构方案，不设防震缝。当必须设置防震缝时，其最小宽度应符合下列要求：

（1）当高度不超过 15m 时，可采用 70mm。

（2）当高度超过 15m 时，按不同设防烈度增加缝宽：

1）6 度地区，建筑每增高 5m，缝宽增加 20mm。

2）7 度地区，建筑每增高 4m，缝宽增加 20mm。

3）8 度地区，建筑每增高 3m，缝宽增加 20mm。

4）9 度地区，建筑每增高 2m，缝宽增加 20mm。

12.4.2　防震缝的构造

防震缝应沿建筑物全高设置，缝的两侧应布置双墙或双柱。使各部分结构都有较好的刚度。防震缝应与伸缩缝、沉降缝统一布置，并满足防震缝的设计要求。一般情况下，防震缝基础可不分开，但在平面复杂的建筑中，或建筑相邻部分刚度差别很大时，也需将基础分开。按沉降缝要求的防震缝也应将基础分开。

防震缝因缝隙较宽，应充分考虑盖缝条的牢固性以及适应变形的能力。建筑防震缝构造如图 12-13 所示。

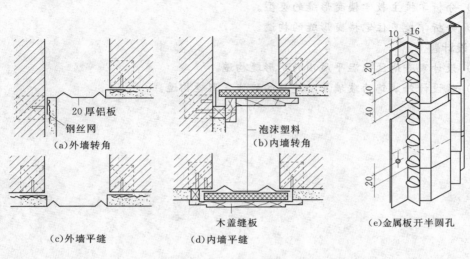

图 12-13　墙体防震构造

？ 习题与实训

1. 填空题

(1) 建筑物受_____、_____以及_____等影响，结构内部将产生附加应力和变形。

(2) 伸缩缝的间距根据_____和_____确定。

(3) 沉降缝要求把建筑物的_____、_____、_____、_____等_____断开。

(4) 建筑根据所起的作用不同变形缝可分为_____、_____和_____。

2. 选择题

(1) 为避免温度变化对建筑物的影响需设置_____缝。

　　A、防震　　　　　　B、沉降　　　　　　C、伸缩

(2) 变形缝中可填充_____材料。

　　A、沥青麻丝　　　　B、泡沫塑料　　　　C、水泥砂浆

(3) 沉降缝两侧的建筑构件能在_____方向自由变化。

　　A、水平　　　　　　B、垂直　　　　　　C、全方位

(4) 建筑有错层，且楼板高差较大应设置_____缝。

　　A、伸缩　　　　　　B、沉降　　　　　　C、防震

3. 简答题

(1) 建筑中出现什么条件时应设置沉降缝?

(2) 什么条件下建筑设置防震缝?

(3) 变形缝应满足什么构造要求?

4. 实例分析题

(1) 分析学校主教学楼变形缝的类型。

(2) 分析学校某住宅楼变形缝的构造。

5. 设计题

(1) 设计寒冷地区保温平屋顶的变形缝构造。

(2) 试设计外装饰为玻璃幕墙建筑的墙体变形缝构造。

第 13 章　建　筑　工　业　化

本章要点

1. 掌握建筑工业化的含义和基本特征。
2. 掌握建筑工业化的主要技术路线的特点。
3. 熟悉建筑工业化体系不同类型的设计要求和构造。

13.1　概　　述

回顾人类建造建筑物的历史，在相当长的时期内，都是采用手工的、分散的、落后的生产方式来建造建筑物，其建造速度慢、工人劳动强度高、人工及材料等资源消耗大、建筑施工质量低，建筑业的这种落后状态亟待改变，建筑业的工业化水平亟待提高。1974年，联合国经济社会事务部在《关于逐步实现建筑工业化的政府政策和措施指南》的报告中指出："工业化是本世纪不可逆转的潮流，它最终必将推行到地球上最不发达的地区。……拒绝工业化可能导致更加不发达"。由此可见，建筑工业化是大势所趋，这是发展建筑业的根本出路。

13.1.1　建筑工业化的基本概念及特征

建筑工业化，就是通过现代化的制造、运输、安装和科学管理的大工业生产方式，来代替传统的、分散的手工业生产方式。这主要意味着要尽量利用先进的技术，在保证质量的前提下，用尽可能少的工时，在比较短的时间内，用最合理的价格来建造符合各种使用要求的建筑。

实现建筑工业化，必须使之形成工业化的生产体系。也就是说，针对大量性建造的建筑物及其产品实现建筑部件的系列化开发，集约化生产和商品化供应，使之成为定型的工业产品或生产方式，以提高建筑物的建造速度和质量。建筑工业化的特征可以概括为设计标准化，构件工厂化，施工机械化，管理科学化。

1. 设计标准化

设计标准化是建筑工业化的前提。设计标准化包括采用专用体系和通用体系两大部分。专用体系是以建筑物整体作为标准化和定型化的研究对象，针对某一种使用功能的建筑物使用的专用构配件和生产方式所形成的成套建筑体系，其产品是定性的房屋。这种体系的优点是，对某一定型房屋来说，其构件规格品种少，便于批量生产；缺点是，一种专用体系往往不能满足多方面的要求，而大量专用体系又造成构件规格品种在总的数量上大大增加。通用体系是以通用构件为基础，进行多样化房屋组合的一种体系，其产品是定性构配件。这种体系的优点是，由于构配件可以互换、通用，设计易于做到多样化；构件的使用量大，便于组织专业化大批量生产。其构件的规格品种随比一种专用体系多，但在总的数量上却可大大减少。

2. 构件工厂化

构件工厂化是建筑工业化的核心。构件工厂化将建筑中量多面广、易于标准化设计的建筑构配件，由工厂进行集中批量生产，采用机械化手段，提高劳动生产率和产品质量，缩短生产周期。批量生产出来的建筑构配件进入流通领域成为社会化的商品，促进建筑产品质量的提高，生产成本的降低。最终，推动了建筑工业化的发展。

3. 施工机械化

施工机械化是建筑工业化的目标。建筑设计的标准化、构件生产的工厂化，使建筑机械设备和专用设备得以充分开发应用。专业性强、技术性高的工程可由具有专用设备和技术的施工队伍承担，使建筑生产进一步走向专业化和社会化。施工机械化应注意标准化、通用化、系列化，同时应既注意发展大型机械，也注意发展中小型机械。

4. 管理科学化

管理科学化是建筑工业化的关键。管理科学化，指的是生产要素的合理组织，即按照建筑产品的技术经济规律组织建筑产品的生产。提高建筑施工和构配件生产的社会化程度，也是建筑生产组织管理科学化的重要方面。针对建筑业的特点，一是设计与产品生产、产品生产与施工方面的综合协调，使产业结构布局和生产资源合理化；二是生产与经营管理方法的科学化，要运用现代科学技术和计算机技术促进建筑工业化的快速发展。

13.1.2 建筑工业化的起源与发展

建筑工业化步伐比其他工业迟缓得多。第二次世界大战后，当时英国、法国、德国、前苏联等欧洲国家由于饱受战争破坏而呈现严重的房荒。随着国民经济的恢复和发展，生产性和非生产性建筑的建设数量猛增而劳动力缺少，传统的建造方式已不能适应大规模建房的需要。形势迫使建筑业必须改变由于人工生产而导致的产品不定型、单体性生产、流动性大、受外部环境和气候条件影响大、生产周期长等缺点。因此，适应大规模、高速度建设的建筑工业化应运而生。

我国建筑工业化的起步更晚，直到 20 世纪 50～60 年代，预制构件才开始应用。由混凝土预制构件厂，按统一模数和标准设计生产的构配件，运到施工现场后，进行机械吊装建成建筑主体。优点是解决了人工在现场制作的缺点，带来工程施工速度加快；但不足之处是结构整体性削弱，接缝处理不当而产生渗漏、隔热问题，结构形式和外观设计单调，使城市建筑缺乏特色和美感。

20 世纪 70 年代，我国混凝土装配式预制构件的应用与研究更加普遍，并研究开发了混凝土大板建筑体系、框架轻板建筑体系等，钢结构网架在大跨度空间结构中也开始使用。

20 世纪 80 年代，随着垂直运输机械化和混凝土泵的使用，使现浇混凝土技术的应用更为广泛。利用大模板和滑升模板的现浇混凝土的建筑结构也大量应用。预制装配式混凝土构件建筑由于结构的整体性、抗震性和墙体防水问题未能很好地解决以及堆放场地大、经济性问题等诸原因，截至 20 世纪 80 年代末，仅我国北方局部地区仍在使用。

20 世纪 90 年代后，建筑工程中以现浇混凝土结构应用较多，而预制装配式混凝土构件仅用于单层工业厂房和民用建筑的局部构件。轻钢结构、钢结构在工业厂房、仓库、住宅、商场等民用建筑中开始得到应用。钢结构自重轻、整体性抗震性好，施工速度快，大大减轻工人的劳动强度，又具有环保、经济和美观的优点，建筑工业化开始向轻钢结构、钢结构方向发展。

13.1.3 建筑工业化的主要技术路线

1. 预制装配技术

预制装配式建筑的主要特点是构件在工厂制作，然后运送到现场，用机械或人工进行安装。该施工方法比传统方法可节省人工 25%～30%、降低造价 10%～15%、缩短工期 50%左右。由于构件是在有较好设备、一定的工艺流水线上加工生产，因而有利于广泛地采用预应力等技术，既节约生产原料，质量又稳定；还可以大量的利用工业废料，如采用粉煤灰矿渣混凝土，选用轻骨料混凝土。

2. 现浇工艺与预制装配相结合的技术

这种技术是梁、柱及框架构件均为现场浇筑，楼板、墙体及小构件采用预制。其优点是建筑物整体性强，平面布置灵活，简化大型构件的运输工作。例如：高层建筑中墙体、电梯井筒等采用滑模现浇工艺或大模板现浇工艺，楼板采用预制装配或装配整体式、叠合式楼板等。

3. 大模板和泵送混凝土技术

自 20 世纪 80 年代以来，我国的建筑业飞速发展，房屋跨度越来越大，高度越来越高，对建筑结构的抗风、抗震要求越来越高。建筑企业既要缩短工期，又要不影响房屋结构整体性，从而促使建筑技术和建筑装备不断更新，出现了钢管支撑、悬挑式和外挂式脚手板、钢模板、组合模板、大型的木工板和泵送混凝土等施工技术。特别是全国大中城市中木工板和泵送混凝土的推广应用，全面满足了建筑业发展的要求。

4. 多、高层建筑的钢结构技术

在 20 世纪 50～60 年代，钢结构一般用于单层大跨的厂房，更多用作钢结构屋架和桁架；20 世纪 70 年代以后，在大跨度的民用建筑中钢结构网架逐渐得到应用；20 世纪 90 年代后，随着我国钢铁业的迅猛发展，轻钢结构在钢结构多层厂房、仓库、住宅、办公、商场等民用多、高层建筑中逐渐开始广泛运用。

钢结构多、高层结构的优点是自重轻，便于运输和拼装，节省基础费用，增加使用面积，减轻工人劳动强度，缩短工期，抗震性能好，可重复使用等。缺点是防火和保温性能差，要增加防腐、防火材料和保温隔热材料的费用。

13.2　建筑工业化体系及构造

发展建筑工业化，主要有以下两种途径：一是发展预制装配式的建筑。这条途径是在加工厂生产预制构件，用各种车辆将构件运到施工现场，在现场用各种机械进行安装。这种方法的优点是：生产效率高，构件质量好，受季节影响小，可以均衡生产；缺点是：生产基地一次性投资大，在建造量不稳定的情况下，预制厂的生产能力不能充分发挥。其代表性的建筑类型有：砌块建筑、大板建筑、盒子建筑、装配式框架建筑、装配式排架建筑等。二是发展现浇或现浇与预制相结合的建筑。这条途径的承重墙、承重板采用大块模板、台模、滑升模板、隧道模等现场浇筑，而一些非承重构件仍采用预制方法。这种做法的优点是：所需生产基地一次性投资比全装配少，适应性大，节省运输费用，结构整体性好；缺点是：耗用工期比全装配长。其代表性的建筑类型有：大模板建筑、滑模建筑、升板建筑等。

13.2.1 预制装配式的建筑

预制装配式的建筑是用流水线生产产品的工业化方式来组装建造房屋用的预制构配件产品。根据建筑主体结构形式分为以下几种：

（1）砌块建筑。这是装配式建筑的初级阶段。

（2）大板建筑。这是装配式建筑的主导做法。

（3）装配式框架板材建筑。这类装配式建筑是以钢筋混凝土预制构件或轻型钢结构组成主体骨架结构，再用定型构配件装配其围护、分隔、装修及设备等部分而成的建筑。

（4）盒子建筑。这是装配化程度最高的一种形式。它以"间"为单位进行预制。

13.2.1.1 砌块建筑

砌块建筑是指用尺寸大于普通黏土砖的预制块材作为砌墙材料的一种建筑。砌块可用混凝土或工业废料（如矿渣、粉煤灰等）作原料，它可以是实心的或空心的，每块尺寸比普通黏土砖大得多，因而砌筑速度比砖墙快。房屋的其他构件，如楼板、楼梯、屋面板等均和砖混结构差不多。所以这种建筑的施工方法基本与砖混结构相同，只需要简单的机具即可。故砌块建筑具有设备简单、施工速度较快、节省人工、便于就地取材、能大量利用工业废料和造价低廉等优点。当然砌块建筑的工业化程度还不太高，但作为工业化建筑的一种初级形式还是必须的，有些地区为了珍惜良田好土，不占耕地，发展砌块建筑尤为重要。

1. 砌块建筑的类型与规格

砌块根据其构造形式通常分为实心砌块和空心砌块，根据其质量大小和尺寸大小可分为三类：小型砌块（20kg 以下）、中型砌块（20～350kg）、大型砌块（350kg 以上）。小型砌块可用手工砌筑，施工技术完全与砖混结构一样；中型砌块需要用轻便的小型吊装设备施工，楼板可用整间大小的混凝土结构或者采用条形楼板；大型砌块则需要比较大型的吊装设备，我国最常用的还是小型砌块和中型砌块。

2. 砌块建筑设计注意事项

砌块建筑在建筑设计上的要求是使建筑墙体各部分尺寸适应砌块尺寸，以及如何满足构造上的要求和房屋的整体性。因此设计时要考虑以下各种要求：

（1）建筑平面力求简洁规律，墙身的轴线尽量对齐，减少凸凹和转角。

（2）选择建筑参数时，要考虑砌块组砌的可能性。当确定砌块的规格尺寸时，应先研究常用参数和各种墙体的组砌方式。

（3）门窗的大小和位置、楼梯的形式和楼梯间的设计，也要与砌块组砌问题同时考虑。

（4）砌块建筑墙厚应满足墙体承重、保温、隔热、隔声等结构和功能要求。

（5）为了满足施工方便和吊装次数较少的要求，设计时应尽量选用较大的砌块。

（6）砌块的排列组砌，要满足构造的要求。

3．砌块建筑的构造要点

用砌块建造房屋和用砖建造房屋一样，必须将砌块彼此交错搭砌筑，以保证一定的整体性。但它也有和砖墙构造不一样的地方，那就是砌块的尺寸比砖大得多，必须采取加固措施。另外，砌块不能像砖那样只有一种规格并可以任意砍断，为了适应砌筑的需要，必须在各种规格间进行砌块的排列设计，这些就是砌块建筑与别的工业化建筑，乃至与砖混建筑的不同之处。砌块建筑的构造如图 13－1 所示。

（1）砌块的排列原则为排列力求整齐、有规律性，上下皮砌块应错缝，以保证墙体的强度和刚度。

（2）在每楼层的墙身标高处加设圈梁，圈梁通常与窗过梁合并，可现浇，也可预制成圈梁砌块，其断面尺寸应与砌块尺寸相协调，配筋按所在地区的要求选用。

（3）在外墙转角或内外交接处，应加设构造柱，采用钢筋网片、扒钉、转角砌块等连接做法。

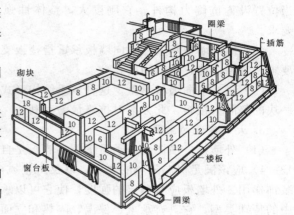

图 13－1 砌块建筑构造

（4）砌块建筑的水平缝与垂直缝均采用 20mm，若垂直缝大于 40mm 时，必须用 C10 细石混凝土灌缝。

（5）门窗过梁与窗台一般采用预制钢筋混凝土构件。

（6）门窗固定可以采用铁件锚固、膨胀木块固定，也可以采用膨胀螺栓固定。

（7）砌块建筑的外墙面亦作外饰面，也可采用带饰面的砌块，以提高墙面的防渗水能力和改善墙体的热工性能。

13. 2. 1. 2 大板建筑

大板建筑是大楼板、大墙板、大屋顶板的简称，其特点是除基础以外，地上的全部构件均为预制构件，是一种全装配式建筑，如图 13-2 所示。大板建筑是开发较早的预制装配式建筑，工艺是将成片的墙体及大块的楼板作为主要的预制构件，在工厂预制后运到现场安装。它的优点是适于大批量建造，构件工厂生产效率高、质量好，现场安装速度快，施工周期短，受季节性影响小，板材的承载能力高，可减少墙的厚度，减轻房屋自重，增加房间的使用面积。缺点是一次投资大，运输吊装设备要求高。

1．木板装配建筑的设计原则

木板装配建筑以住宅建筑为主，按小区规划设计，结合板式建筑的特点，创造良好的施工条件。建筑设计中，尽量做到纵、横墙对直拉通，使垂直荷载和水平荷载直接

图 13-2 大板建筑

传递；尽量使建筑物刚度分布均匀；形体力求简单；平、立面避免凹凸变化；突出墙面的构件尽量减少；合理设置变形缝；尽量减少开间和进深尺寸的参数，减少板材型号与规格。

2. 木板建筑的结构承重形式

从结构上分类，木板建筑结构承重属于剪力墙体系，主要竖向承重构件为墙，可分为：

（1）横向墙板承重。横向墙板承重指楼板支承在横墙上。在抗震区，应在纵向的适当位置设置抗侧力构件。它刚度大，整体性强；但因支承跨度小而不能满足大房间的要求。

（2）纵向墙板承重。纵向墙板承重指楼板支承在纵向墙上。它的刚度较差，应按规范要求设置横向墙，增加刚度。

（3）纵、横向墙板承重。这种承重结构形式是横、纵墙均是承重墙板，楼板采用一间一块的整间大楼板。此方案对抗震最为有利。

3. 大板建筑的主要构件

（1）外墙板。横向墙板承重下的外墙板是自承重或非承重的。外墙板（图 13-3、图 13-4）应该满足保温隔热的要求，以及防止风雨渗透等围护要求，同时也应考虑立面的装饰作用。外墙板应有一定的强度，使它可以承担一部分地震力和风力。山墙板是外墙板中的特殊类型，它具有承重、保温、隔热和立面装饰作用。

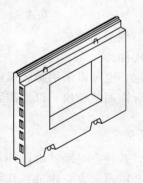

图 13-3 一般外墙板

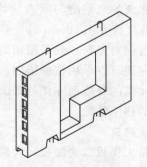

图 13-4 阳台处外墙板

外墙板可以用同一种材料制作的单一板，也可以有两种以上材料的复合墙板。复合墙板一般由承重层、保温层、装饰层等构造层次组成。

外墙面的顶部应有吊环，下部应留有浇筑孔，侧边应留键槽和环形筋。

（2）内墙板。横向内墙板是建筑物的主要承重构件，要求有足够的强度，以满足承重的要求。内墙板应具有足够的厚度，以保证楼板有足够的搭接长度和现浇的加筋板缝所需要的宽度。内墙板（图 13-5）一般采用单一材料的实心板，如混凝土板、粉煤灰矿渣混凝土板等。

（3）隔墙板。隔墙板（图 13-6）主要用于建筑物内部房间的分隔板，没有承重要求。为了减轻自重，提高隔音效果和防火、防潮性能，有多种材料可供选择，如钢筋混凝土薄板、加气混凝土板、碳化石灰板、石膏板等。

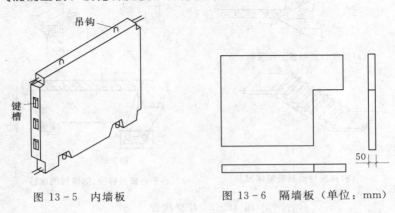

图 13-5　内墙板　　　　　　　图 13-6　隔墙板（单位：mm）

（4）楼板。楼板可以采用钢筋混凝土空心板，也可以采用整块的钢筋混凝土实心板，如图 13-7 所示。

楼板在承重墙上的设计搁置长度不应小于 60mm；地震区楼板的非承重边应伸入墙内不小于 30mm。在地震区，楼板与楼板之间、楼板与墙板之间的接缝，应利用楼板四角的连接钢筋与吊环互相焊接，并与竖向插筋锚接。此外，楼板的四边应预留缺口及连接钢筋，并与墙板的预埋钢筋互相连接后，浇筑混凝土。

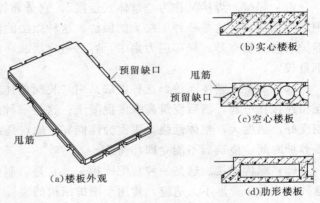

图 13-7　钢筋混凝土楼板形式

（5）阳台板。一般阳台板为钢筋混凝土槽形板，两个肋边的挑出部分压入墙内，并与楼板预埋件焊接，然后浇筑混凝土。阳台上的栏杆和栏板也可以做成预制块，在现场焊接。阳台板也可以由楼板挑出，成为楼板的延伸。

（6）楼梯。楼梯分成楼梯段和休息板（平台）两大部分。休息板与墙板之间必须有可靠的连接，平台的横梁预留搁置长度不宜小于 100mm。常用的做法可以在墙上预留洞槽或挑出牛腿以支承楼梯平台，如图 13-8 所示。

（7）屋面板及挑檐板。屋面板一般与楼板做法相同，仍然采用预制钢筋混凝土整间大楼板。挑檐板一般采用钢筋混凝土预制构件，其挑出尺寸应在 500mm 以内。

4．大板建筑的连接方法

节点的设计和施工是板材装配式建筑的一个突出问题。建筑的节点要满足强度、刚

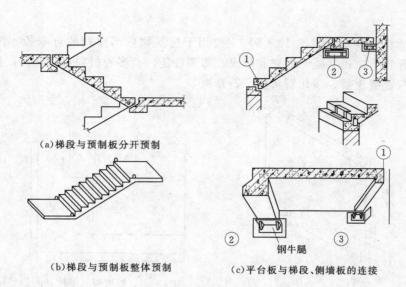

(a)梯段与预制板分开预制

(b)梯段与预制板整体预制　　　　(c)平台板与梯段、侧墙板的连接

图 13-8　楼梯构造

度、延性以及抗腐蚀、防水、保温等构造要求。节点的性能如何，直接影响整个建筑物的整体性、稳定性和使用年限。

（1）焊接。焊接又称为"整体式连接"。它是靠构件上预留的铁件，通过连接钢板或钢筋焊接而成。这是一种干接头的做法。这种做法的优点是：施工简单，速度快，不需要养护时间。缺点是：局部应力集中，容易造成锈蚀，对预埋件要求精度高、位置准确，耗钢量较大。

（2）混凝土整体连接。这种做法又叫"装配整体式连接"。它是利用构件与附加钢筋互相连接在一起，然后浇筑高强度混凝土。这是一种湿接头的做法。这种做法的优点是：刚度好，强度大，整体性强，耐腐蚀性能好。缺点是：施工时工序多，操作复杂，而且需要养护时间，浇筑后不能立即加荷载。

（3）螺栓连接。这是一种装配式接头。它是靠制作时预埋的铁件，用螺栓连接而成。这种接头对于变形不太适应，常用于围护结构的墙板与承重墙板的连接。这种接头要求精度高，位置准确。

5. 大板建筑的连接构造

大板建筑通过构件之间的牢固连接，形成整体。

（1）墙板与墙板的连接。墙板构件之间，水平缝坐垫 M10 砂浆。垂直缝浇灌 C15～C20 混凝土，周边再加设一些锚接钢筋和焊接铁件连成整体。墙板上端用钢筋焊接与预埋件连接起来，如图 13-9 所示。这样，当墙板吊装就位，上端焊接后，可使房屋在每个楼层顶部形成一道内外墙交圈的封闭圈梁。墙板下部加设锚接钢筋，通过垂直缝的现浇混凝土锚接成整体，如图 13-10 所示。

内墙板十字接头部位，顶面预埋钢板用钢筋焊接起来，如图 13-11 所示。中间和下部设置锚环和竖向插筋与墙板伸出钢筋绑扎或焊在一起，在阴角支模板，然后现浇 C20 混凝土连成整体，如图 13-12 所示。

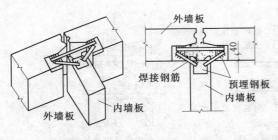

图 13-9　内外墙板上部连接

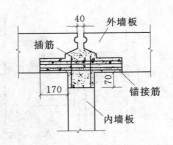

图 13-10　内外墙板下部锚接

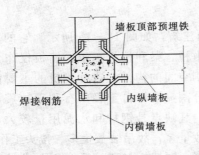

图 13-11　内纵、横墙板顶部连接

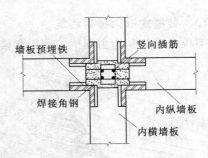

图 13-12　内纵、横墙板下部连接

（2）楼板与内墙板连接。上下楼层间，除在纵、横墙交接的垂直缝内设置锚筋外，还应利用墙板的吊环将上下层的墙板连接成整体。当楼板支承在墙板上时，除在墙板吊环处，楼板加设锚环外，在楼板的四角也要外露钢筋，吊装后将相邻楼板的钢筋焊成整体，如图 13-13 所示。

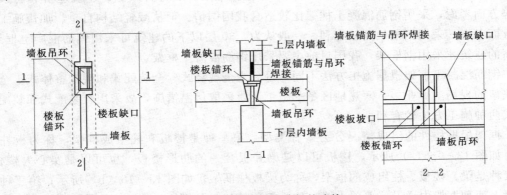

图 13-13　楼板与内墙板的连接

（3）楼板与外墙板连接。上下楼层的水平接缝设置在楼板板面标高处，由于内墙支承楼板，外墙自承重，所以外墙要比内墙高出一个楼板厚度。通常把外墙板顶部做成高低口，上口与楼板板面平，下口与楼板底平，并将楼板伸入外墙板下口，如图 13-14 所示。这种做法可使外墙板顶部焊接均在相同标高处，操作方便，容易保证焊接质量。同时又可使整间大楼板四边均伸入墙内．提高了房屋的空间刚度，有利于抗震。

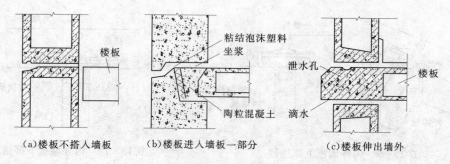

| （a)楼板不搭入墙板 | （b)楼板进入墙板一部分 | （c)楼板伸出墙外 |

图 13-14　楼板与外墙板连接

13.2.1.3　装框式框架板材建筑

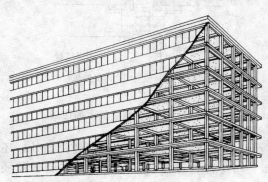

图 13-15　框架板材建筑

框架板材建筑是指由框架、墙板和楼板组成的建筑，如图 13-15 所示。它的基本特征是由柱、梁和楼板承重，墙板仅作为维护和分割空间的构件。这种建筑的主要优点是空间分割灵活，自重轻，有利于抗震，节省材料。其缺点是钢材和水泥用量较大，构件的总数量多，故吊装数量多、接头工作量大、工序多。框架板材建筑适合于要求具有较大空间的多、高层建筑，多层工业建筑，地基较软弱的建筑和地震区的建筑。

1. 框架结构类型

框架根据所用材料分为钢框架和钢筋混凝土框架。从材料来源、建筑造价和防火性能等方面考虑，采用钢筋混凝土框架比较适合我国国情。但从减轻结构自重、加快施工速度方面考虑，采用钢框架则较有利。一般认为，30 层以下的建筑可采用钢筋混凝土框架，更高的建筑才采用钢框架，我国目前主要采用钢筋混凝土框架。

钢筋混凝土框架根据施工方法不同，可分为全现浇式、全装配式和装配整体式。全现浇框架的现场湿作业多，寒热地区冬季施工还要采取保温措施，故采用全装配式和装配整体式两种施工方法较有利。

框架根据构件的组成情况分为 3 种类型。第一种是楼板和柱组成框架，称为板柱框架，如图 13-16 (a) 所示，楼板可以是梁和板合一的肋形楼板，也可以是实心大楼板；第二种是梁、楼板、柱组成的框架，称为梁板柱框架，如图 13-16 (b) 所示；第三种是在以上两种框架中增设一些剪力墙，称为框剪结构，如图 13-16 (c) 所示。加设剪力墙后，刚度比原框架增大若干倍，剪力墙主要承担水平荷载，故简化了框架的节点构造，所以框剪结构在高层建筑中采用较普遍。

2. 装配式钢筋混凝土框架的构件连接

框架的构件连接主要有梁与柱、梁与板、板与柱的连接。

(1) 梁与柱的连接。梁与柱通常在柱顶进行连接，最常用的是叠合梁现浇连接，其次是浆锚叠压连接。如图 13-17 (a) 所示为叠合梁现浇连接构造，叠合方法是把上下柱、

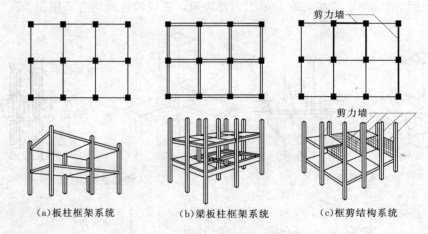

(a)板柱框架系统　　　　(b)梁板柱框架系统　　　　(c)框剪结构系统

图 13-16　框架结构类型

纵横梁的钢筋都伸入节点，加配箍筋后灌混凝土浇成整体。其优点是节点刚度大，故常用。如图 13-17（b）所示为浆锚叠压连接，将纵、横梁置于柱顶，上下柱的竖向钢筋插入梁上的预留孔中后，再用高强度砂浆将柱筋锚固，使梁柱连接成整体。

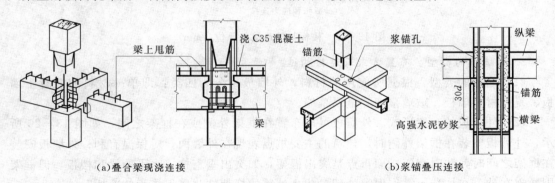

（a）叠合梁现浇连接　　　　　　　　　　（b）浆锚叠压连接

图 13-17　梁在柱顶连接

（2）梁与板的连接。为了使楼板与梁作整体连接，常采用楼板与叠合梁现浇连接，如图 13-18 所示，叠合梁由预制和现浇两部分组成，在预制梁上部留有箍筋，预制板安放在梁侧，沿梁纵向放入钢筋后浇筑混凝土，将梁和楼板连成整体。这种连接方式的优点是整体性强，并可减少梁占据的室内空间。

（3）楼板与柱的连接

在板柱框架中，楼板直接支承在柱上，其连接方法可用现浇连接、浆锚叠压连接和后张预应力连接，如图 13-19 所示，前两种连接方法与梁与柱连接是相同的，不再说明。后张预应力连接法是在柱上预留穿筋孔，预制大型楼板安装就位后，预应力钢丝索从楼板边槽和柱上预留孔中通过，待预应力钢丝张拉后，在楼板边槽中灌混凝土，等到混凝土强度达到 70% 时放松预应力钢丝索，便把楼板和柱连成整体。

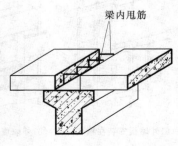

图 13-18　楼板与梁的连接

这种连接方法构造简单，连接可靠，施工方便快速，在我国各地均有采用。

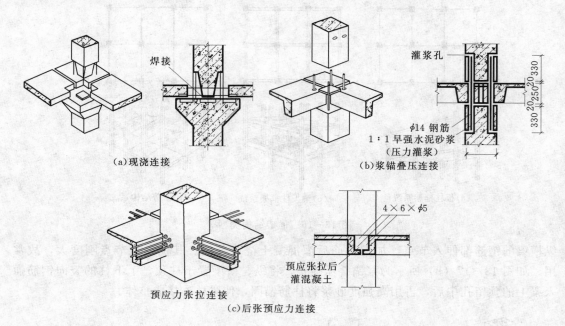

图 13-19　楼板与柱连接（单位：mm）

3. 外墙板的类型、布置方式及连接构造

（1）墙板的类型。根据所使用的材料，外墙板可分为四类：即单一材料的混凝土墙板、复合材料墙板、玻璃幕墙和金属幕墙。

（2）外墙板的布置形式。外墙板可以布置在框架外侧或在框架之间，如图 13-20 所示，外墙板安装在框架外侧时，建筑的主要重点表现在外墙面，对保温有利；外墙板安装在框架之间时，此时建筑立面重点是突出框架，如突出垂直柱、水平的梁和楼板，但框架则暴露在外，在构造上需作保温处理，防止外露的框架柱与楼板成为"冷桥"。

（3）外墙板与框架的连接。外墙板可以采用上挂和下承两种方式支承于框架柱、梁或楼板上。如图 13-21 所示，为各种外墙板与框架的连接构造。根据不同楼板类型和板材的布置方式，可采用焊接法、螺栓连接法、插筋锚固法等外墙板固定在框架上。

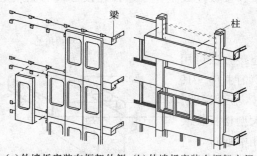

（a）外墙板安装在框架外侧　（b）外墙板安装在框架之间

图 13-20　外墙板立面处理示例

13.2.1.4　盒子建筑

盒子建筑是指由盒子状的预制构件组合而成的全装配式建筑，这种建筑始建于 20 世纪 50 年代，目前世界上已有几十个国家修建了盒子建筑。盒子建筑适用于住宅、旅馆、疗养院、学校等类型建筑，不仅用于多层房屋，还适用于高层建筑。

盒子建筑的主要优点：

（1）施工速度快，同大板建筑相比可缩短施工周期 50%～70%。

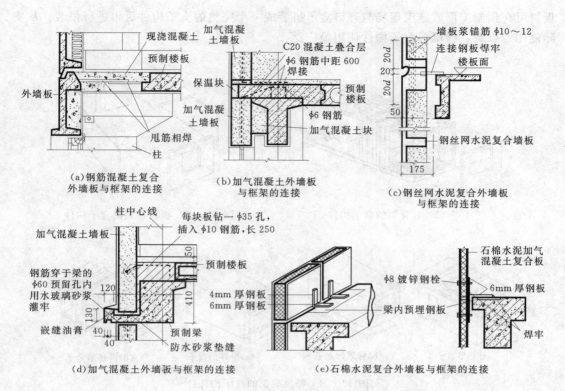

（a）钢筋混凝土复合
外墙板与框架的连接

（b）加气混凝土外墙板
与框架的连接

（c）钢丝网水泥复合外墙板
与框架的连接

（d）加气混凝土外墙板与框架的连接

（e）石棉水泥复合外墙板与框架的连接

图 13-21　外墙板与框架连接

（2）装配化程度高，修建的大部分工作，包括水、暖、电、卫等设备安装和房屋装修都移到工厂中完成，施工现场只余下构件吊装、节点处理，接通管线就能使用，现场用工量仅占总用工量的 20% 左右。

（3）混凝土盒子构件是一种空间薄壁结构，自重较轻，与砖混建筑相比，可减轻结构自重一半以上。

目前影响盒子建筑推广的主要原因是建造盒子构件的预制工厂投资较大，运输、安装需要大型设备，建筑的单方造价也较贵。

1. 盒子建筑的类型

盒子构件可以由钢、钢筋混凝土、铝、塑料、木材等制作，可分为有骨架的盒子结构和无骨架的盒子结构两类。有骨架的盒子构件通常用钢、铝、木材、混凝土作骨架，以轻型板材围合形成盒子，如图 13-22 所示。无骨架的盒子构件一般用钢筋混凝土制作，每个盒子可以分别由 6 块平板拼成，如图 13-23 所示。不过目前最常用的是采取整浇成型的办法，整浇成型的盒子构件可视为空间薄壁结构，由于刚度很大，承载能力强，壁厚仅为 30～70mm，节约材料，房间的有效使用空间也相应扩大了，所以应用最为广泛。生产整浇盒子时必须留 1～2 个面不浇筑，作为脱模之用。如图 13-24（a）所示为在盒子上面开口，顶板单独预制成一块板，称为杯形盒子；如图 13-24（b）所示是在盒子的下面开口，底板单独制作，称为钟罩形盒子；如图 13-24（c）、（d）所示是在盒子的两端或一端开口，端墙板（带窗洞或不带窗洞）单独加工，称为卧环形盒子。这些单独预制加工的板材可在预制工厂或施工现场与开口盒子拼装成一个完整的盒子构件后再进行吊装。从实际使用效果看，钟罩形盒子构件使用最广泛。

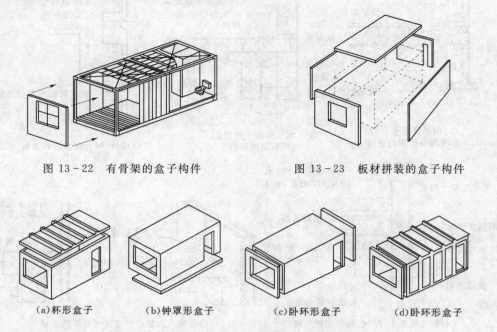

图 13-22　有骨架的盒子构件　　　　图 13-23　板材拼装的盒子构件

（a）杯形盒子　　　（b）钟罩形盒子　　　（c）卧环形盒子　　　（d）卧环形盒子

图 13-24　整浇成型的盒子构件

2. 盒子建筑的组装方式与构造

用盒子构件组装的建筑大体有以下几种方式：

（1）上下盒子重叠组装，如图 13-25（a）所示。用这种方式可建 12 层以下的房屋，因其构造简单，应用最为广泛。在非地震区建 5 层以下的房屋，盒子构件之间可不采取任何连接措施，依靠构件的自重和摩擦力来保持建筑物的稳定。当修建在地震区或层数较多时，可在房屋的水平或垂直方向采取构造措施。如采取施加后张预应力，使盒子构件相互挤压连成整体，也可用现浇通长的阳台或走廊将各盒子构件连成整体或者在盒子之间用螺栓连接，还可以采用类似像大板建筑的连接方法连接。

（2）盒子构件相互交错叠置，如图 13-25（b）所示。这种组装方式的特点是可避免盒子相邻侧面的重复，比较经济。

（3）盒子构件与预制板材进行组装，如图 13-25（c）所示。这种方式的优点可节省材料，设计布置比较灵活，其中设备管线多和装修工作量大的房间采用盒子构件，以便减少现场工作量；而大空间和设备管线少的那些房间则采用大板结构。

第二、第三种组装方式适用的层数与第一种相同。

（4）盒子构件与框架结构进行组装，如图 13-25（d）所示。盒子构件可搁置在框架结构的楼板上，或者通过连接件固定在框架的格子中。这种组装方式的盒子构件是不承重的，组装非常灵活。

（5）盒子构件与筒体结构进行组装，如图 13-25（e）所示。盒子构件可以支承在从筒体悬挑出来的平台上，或者将盒子构件直接从筒体上悬挑出来。

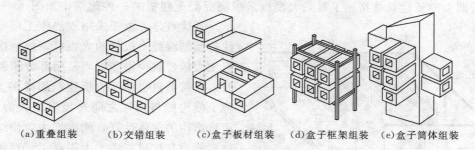

(a)重叠组装　　(b)交错组装　　(c)盒子板材组装　　(d)盒子框架组装　　(e)盒子筒体组装

图 13-25　盒子建筑组装方式

13.2.2　现浇或现浇与预制相结合的建筑

这条途径的承重墙、承重板采用大块模板、台模、滑升模板、隧道模和泵送混凝土技术等现场浇筑，而一些非承重构件仍采用预制方法。

泵送混凝土系指泵压作用下通过刚性或柔性管道将混凝土输送到所需的浇筑地点。混凝土泵送时，在泵压的推动下，混凝土以等速、柱塞状向前运动。混凝土内部的水泥浆或水泥砂浆在压力作用下被挤向外围，在泵芯柱与管壁之间形成一薄层水泥浆和水泥砂浆。在泵送时管壁处形成水膜层，成为管道内混凝土芯柱的润滑层。泵送混凝土几乎可用于所有的混凝土工程，下至桩基和水下工程，上至几百米高的摩天大楼。如上海杨浦大桥主塔的泵送高度为 208m，西班牙某水电站的最高泵送高度达 435m。

大模板和泵送混凝土技术辅以钢管支撑、钢管脚手架、外挂脚手架、悬挑脚手架技术，很容易实现多、高层建筑全现浇施工。它大大加强了混凝土结构的整体刚度和抗震性能，加上混凝土中添加早强剂、飞微膨胀剂，大大缩短了施工周期。由新中国成立初期现浇混凝土结构要 20 多天至一个月一层，缩短到现在的 5～7 天一层。而且对大面积的地下工程能够连续浇筑，不留施工缝。

现浇或现浇与预制相结合做法的优点是：所需生产基地一次性投资比全装配少，适应性大，节省运输费用，结构整体性好。缺点是：耗用工期比全装配长。这条途径包括以下几种类型：

（1）大模板建筑。不少国家在现场施工时均采用大模板。这种做法的特点是内墙现浇，外墙采用预制板、砌筑砖墙或浇筑混凝土。他的主要特点是造价低，抗震性能好。缺点是：用钢量大，模板消耗较大。

（2）滑模建筑。这种做法的特点是在浇筑混凝土的同时提升模板。采用滑升模板可以建造烟囱、水塔等构筑物，也可以建造高层住宅。他的优点是：减轻劳动强度，加快施工进度，提高工程质量，降低工程造价。缺点是：需要配置成套设备，一次性投资较大。

（3）升板建筑。这种做法的特点是：先立柱子，然后在地坪上浇筑楼板、屋顶板，通过特制的提升设备进行提升。只提升楼板的叫"升板"；在提升楼板的同时，连墙体一起提升的叫"升层"。升板和升层的优点是节省施工用地，少用建筑机械。

13.2.2.1 大模板建筑

所谓大模板建筑是指用工具式大模板来现浇混凝土楼板的一种建筑，如图13-26所示。其优点是：由于采用现浇施工，可不必建造预制混凝土板材的大板厂，故一次性投资比大板建筑少得多；当采用部分预制构件时，其需要量也不及大板建筑那样多。现浇施工使构件与构件之间连接方法大为简化，而且结构的整体性好，刚度增大，使结构的抗震能力与抗风能力大大提高了。现场施工可以减少建筑材料的多次转运，从而可使建筑造价比大板建筑低。当然大模板建筑也有一些缺点：如现场工作量大；在寒冷地区，

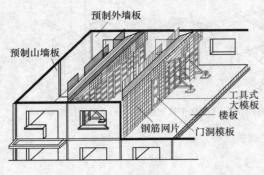

图13-26 大模板建筑

冬期施工需要采用电热模板升温，增加了能耗；水泥用量也偏高。但大模板建筑所需要的技术设备条件比大板建筑低，在我国大部分地区气候较温暖的情况下适应性强，所以在我国各地发展迅速，无论地震区和非地震区的多、高层建筑均可采用。

1. 大模板建筑类型

（1）根据材料种类分类。根据材料种类有全钢大模板、胶合板大模板、钢化玻璃大模板和热塑性塑料模板等。其中以全钢大模板和胶合板大模板应用最多。

1）全钢大模板。用型钢或方钢作为骨架，钢板作为面板。优点是：周转次数多，便于改制，整体刚度好，表面清洁方便等。缺点是：一次性钢材消耗量大，板面局部刚度小，易变形，改制费用高，折旧报销时间长，保养费用高，自重大，受起重设备制约等。

2）胶合板大模板。20世纪90年代，我国开始引进胶合板大模板，成为模板更新换代重要产品。它具有重量轻、省钢材、表面平整、构造简单、组合吊装方便等优点。尤其是酚醛树脂胶合板，具有防水性能好，强度高和多次使用等特性。胶合板大模板是用型钢或方钢通过螺栓连接组装成装配式骨架，改变了过去用电焊连接的方法，可灵活变换大模板的规格。面板用厚12～18mm涂塑多层板或不涂塑的多层板用螺栓与钢骨架固定。这类模板的最大优点是规格灵活，面板损坏后可以更换，对非标准的大模板工程尤为适用，用完后可在其他非标准的大模板工程或标准大模板工程中重新组装使用。

（2）根据模板的组拼方式分类。根据模板的组拼方式有整体式、拼装式和模数式组合大模板。

1）整体式大模板。一间（甚至两间）或一开间墙（甚至两开间墙）做成一块模板。目前国内多数属于此种。

2）拼装式。多用承重桁架或竖肋现场拼装。

3）模数式组合。用多个小钢模组合成大模板。

（3）根据构造方式分类。

1）平模。主要由板面系统、支撑系统和操作平台三部分组成，如图13-27所示。

2）小角模。为适应纵、横墙同时浇筑，在纵横相交处附加的一种模板，与平模配套使用，如图13-28所示。

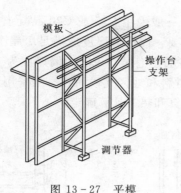

图 13-27 平模

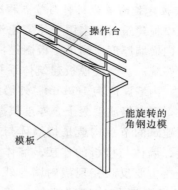

图 13-28 小角模

3) 隧道模。由两块横墙模板和一块纵墙模板整体组成，3 块大模板固定在一个钢骨架上，一个房间一个隧道模，如图 13-29 所示。

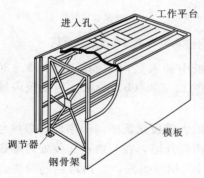

图 13-29 隧道模

（4）根据施工方式分类。根据施工方式把大模板建筑分为全现浇、现浇与预制装配结合两种类型。全现浇式大模板建筑的墙体和楼板均采用现浇方式，一般用台模和隧道模进行施工，技术装备条件较高，生产周期较长，但其整体性好，在地震区采用这种类型特别有利。如果将大模板建筑与大板建筑这两种不同的建造方式加以综合运用，便创造出了现浇与预制装配相结合的大模板建筑形式。例如楼板采用预制整间大楼板、墙体采用大模板现浇，或者只是内墙现浇，外墙仍用预制大墙板。现浇与预制相结合的方式对我国的生产现状更适合，运用起来也灵活，所以各地应用也较全现浇多些。现浇与预制相结合的大模板建筑又分为以下 3 种类型。

1) 内外墙全现浇。内外墙全部为现浇混凝土，楼板采用预制大楼板。其优点是内外墙之间为整体连接，使房屋的空间刚度增强了，但外墙的支模比较复杂，外墙的装修工作量也比较大，影响了房屋的竣工时间，一般多用于多层建筑，而较少用于高层建筑。

2) 内墙现浇外墙挂板。内墙用大模板现浇混凝土墙体，外墙用预制大墙板支承（悬挂）在现浇内墙上，楼板则用预制大楼板。这种类型简称为"内浇外挂"。其优点是外墙的装修可以在大板厂完成，缩短了现场施工期，同时外墙板在工厂可预制成复合板，外墙的保温和外装修问题较前一种方式更容易解决，并且整个内墙之间为整体浇筑，房屋的空间刚度仍可以得到保证。所以这种类型兼有大模板与大板两种建筑体系的优点，目前在我国高层大模板建筑中应用最为普遍。

3) 内墙现浇外墙砌砖。内墙采用大模板现浇，外墙用砖砌筑，楼板则用预制大楼板或条板，简称为"内浇外砌"。采用砖砌外墙的目的是砖墙比混凝土墙的保温性能好，而且又便宜，故在多层大模板建筑中曾经运用得较多。但是砖墙自重大，现场砌筑工作量大，延长了施工周期，所以在高层大模板建筑中很少采用这种类型。

2. 大模板建筑的墙体材料与节点构造

我国大模板建筑目前多用于住宅建筑，内墙一般采用 C15 或 C20 混凝土，或者用轻质混凝土。内横墙厚度应满足楼板搁置长度的需要，内纵墙厚度应满足房屋刚度的要求，两者厚度最好统一。当大模板建筑体系只用于多层住宅时，一般内墙厚度为 140mm。对于高层住宅，内墙厚应为 160mm。外墙厚度视材料和地区气候而定。当采用内外墙全现浇混凝土时，宜用轻质混凝土，厚度根据结构计算和热工计算确定。

大模板建筑的节点构造是指墙体与墙体的连接、墙体与楼板的连接。墙体与墙体的连接主要反映在现浇内墙与外挂墙板、现浇内墙与外砌砖墙的连接上。至于外挂板的板缝防水构造与大板建筑完全相同。

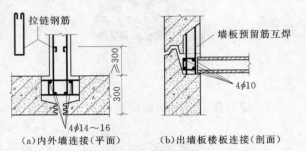

图 13-30　现浇内墙与外挂墙板连接

（1）现浇内墙与外挂墙板的连接。在"内浇外挂"的大模板建筑中，外墙板是在现浇内墙前先安装就位，并将预制外墙板的甩出钢筋与内墙钢筋绑扎在一起，在外墙板中插入竖向钢筋，如图 13-30（a）所示。上、下墙板的甩出钢筋也相互搭接焊牢，如图 13-30（b）所示。当浇筑内墙混凝土时这些接头连接钢筋便将内外墙锚固成整体。

（2）现浇内墙与外砌砖墙的连接。在"内浇外砌"的大模板建筑中，砖砌外墙必须与现浇内墙相互拉结才能保证结构的整体性。施工时，先砌砖外墙，在与内墙交接处砖墙砌成凹槽，如图 13-31（a）所示，并在砖墙中边砌砖边放入锚拉钢筋，立内墙钢筋时将这些拉筋绑扎在一起，待浇筑内墙混凝土时，砖墙的预留凹槽便形成一根混凝土的构造柱，将内外墙牢固地连接在一起。山墙转角处由于受力较复杂，虽然与现浇内墙无连接关系，仍应在转角处砌体内现浇钢筋混凝土构造柱，如图 13-31（b）所示。

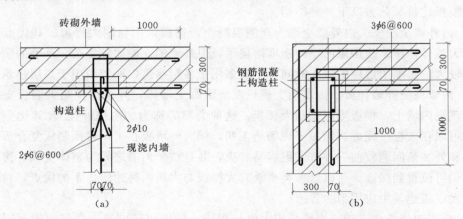

图 13-31　现浇内墙与外砌砖墙的连接

（3）现浇内墙与预制楼板的连接。楼板与墙的整体工作有利于加强房屋的刚度，所以楼板与墙体应有可靠的连接，具体构造如图 13-32 所示。

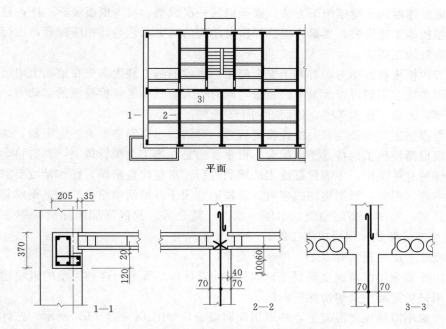

图 13-32 现浇内墙与预制楼板的连接

安装楼板时,可将钢筋混凝土楼板伸进现浇墙内 35~45mm,使相邻两楼板之间至少有 70~90mm 的空隙作为现浇混凝土的位置。楼板端头甩出的连接筋与墙体竖向钢筋,以及水平附加钢筋相互交搭;浇筑墙体时,在楼板之间形成一条钢筋混凝土现浇带将楼板与墙体连接成整体。若外墙采用砖砌筑时,应在砖墙内的楼板部位设钢筋混凝土圈梁,如图 13-32 中的 1—1 剖面节点构造。

13.2.2.2 滑模建筑

所谓滑模建筑是指用滑升模板来现浇墙体的一种建筑。滑模现浇墙体的工作原理是利用墙体内的钢筋作支承杆,将模板系统支承在钢筋上,并用油压千斤顶带动模板系统沿着支承杆慢慢向上滑移,边升边浇筑混凝土墙体,直至墙体浇到顶层才将滑模系统卸下来,如图 13-33 所示。

滑模施工具有以下优点:

(1)机械化程度高。液压滑模施工的整个施工过程只需要进行一次模板组装,整套滑模装置均利用机械提升,从而减轻了劳动强度,实现了机械化操作。

(2)结构整体性好。滑模施工中,混凝土分层连续浇筑,各层之间可不形成施工缝,因而结构整体性好,这也是滑模施工独特的优点。

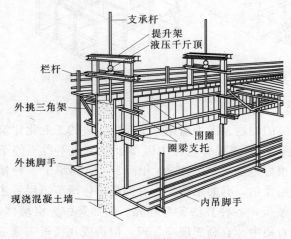

图 13-33 滑模示意图

（3）施工速度快。滑模施工方法，模板组装一次成型，减少模板装拆工序，且连续作业，竖向结构施工速度快。如果合理选择横向结构的施工工艺与其相应配套，进行交叉作业，可以缩短施工周期。

（4）节约模板和劳动力，有利于安全施工。滑模的施工装置事先在地面上组装，施工中一般不再变化，不但可以大量节约模板，同时极大地减少了装拆模板的劳动力，且浇筑混凝土方便，改善了操作条件，因而有利于安全施工。

采用滑模施工，模板装置一次性投资较多，对结构物立面造型有一定限制，结构设计上也必须根据滑模施工的特点予以配合。更重要的是在施工组织管理上，要有科学的管理制度和熟练的专业队伍，才能保证施工的顺利进行。滑模建造房屋，操作精度要求高，墙体垂直度不能有偏差，否则将酿成事故。滑模适宜用于外形简单整齐、上下壁厚相同的建筑物和构筑物，如多、高层建筑、水塔、烟囱、筒仓等。我国深圳国际贸易中心大厦高50层的主楼部分便是采用滑模施工的。

用滑模建造房屋通常有以下3种布置类型：

（1）内外墙全用滑模现浇混凝土，如图13-34（a）所示。这种类型的滑模建筑，外墙宜考虑用轻质混凝土来解决保温问题。

（2）内墙用滑模现浇混凝土，外墙用预制墙板，如图13-34（b）所示。这样有利于解决外墙的保温和装修，就像大板建筑的外墙板那样，墙板采用复合板，在预制工厂内就将外饰面做好，墙体内用加气混凝土等保温材料作保温层。

（3）用滑模浇筑楼电梯间等组成的核心筒体结构，其余部分用框架或大板结构，如图13-34（c）所示。这种类型多用于高层建筑，核心筒体主要承受水平荷载，框架则主要承受垂直荷载。

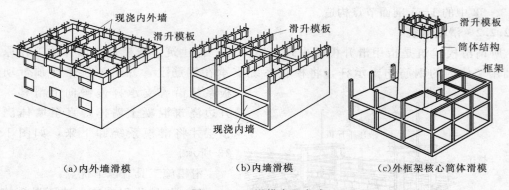

（a）内外墙滑模　　　　　（b）内墙滑模　　　　　（c）外框架核心筒体滑模

图13-34　滑模布置方式

滑模建筑的楼板如何施工是个亟待解决的课题。因为墙体施工是很先进的工业化建筑方法，速度很快，但楼板施工速度跟不上，在墙体滑升过程中因楼板施工而不得不停下来。目前楼板施工的方法虽多，但都不能很好地解决这一矛盾，图13-35列举了5种楼板施工方法。这5种方法的楼板施工有的用预制，有的用现浇，有的是墙体滑至顶层后才回过头来施工楼板，有的则是边滑边施工楼板，各种方法各有利弊。例如集中先滑墙体，然后再做楼板的方法使两种构件的施工相对集中，有利于现场管理；但房屋在楼板未施工前的刚度很差，楼层越高情况越严重，必须有严格的安全措施才行。边滑边施工楼板的方法对施工过程中房屋的安全有利，但楼板与墙体交叉施工使施工组织较复杂。总之可以根据各地的习惯采取不同的作法。

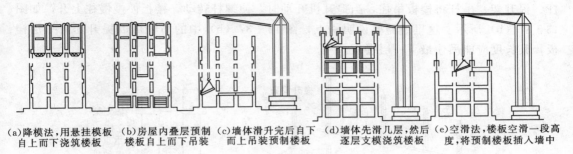

(a)降模法,用悬挂模板　(b)房屋内叠层预制　(c)墙体滑升完后自下　(d)墙体先滑几层,然后　(e)空滑法,楼板空滑一段高
　自上而下浇筑楼板　　　楼板自上而下吊装　　而上吊装预制楼板　　逐层支模浇筑楼板　　度,将预制楼板插入墙中

图 13-35　滑模建筑的楼板做法

13.2.2.3　升板建筑

所谓升板建筑是指利用房屋自身的柱子作导杆，将预制楼板和屋面板提升就位的一种建筑。用升板法建造房屋的过程与常规的建造方法不一样，图 13-36 所示为升级建筑的施工顺序。第一步是做基础，即在平整好的场地开挖基槽，浇筑柱基础。第二步是在基础上立柱子，大多采用预制柱。第三步是打地坪，先作地坪的目的是为了在上面叠层预制楼板。第四步是叠层预制楼板和屋面板，板与板之间用隔离剂分开，注意柱子是套在楼面和屋面板中的，楼板与柱交界处需留必要的缝隙。第五步是逐层提升，即将预制好的楼板和屋面板由上而下逐层提升。为了避免在提升过程中柱子失去稳定性而使房屋倒塌，楼屋面板不能一次就提升到设计位置，而是分若干次进行，要防止上重下轻。第六步是逐层就位，即从底层到顶层逐层将楼板和屋面板分别固定在各自的设计位置上。

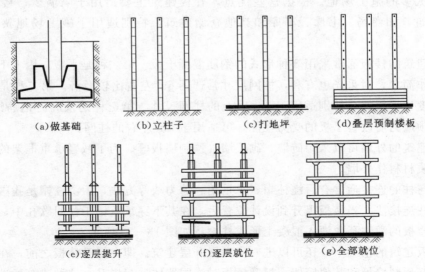

(a)做基础　　　(b)立柱子　　　(c)打地坪　　　(d)叠层预制楼板

(e)逐层提升　　　(f)逐层就位　　　(g)全部就位

图 13-36　升板建筑施工顺序

升板建筑的主要施工设备是提升机，每根柱子上安装一台，以便楼板在提升过程中均匀受力、同步往上升。提升机悬挂在承重销上，如图 13-37（a）所示，承重销是用钢作的，可以临时支承提升机和楼板，提升完毕后承重销就永远固定在柱帽中。提升机通过螺杆、提升架、吊杆将楼板吊住，当提升机开动时，使螺杆转动，楼板便慢慢往上升，如图 13-37（b）所示。这里还需要说明一点，图 13-37（b）中的吊杆可以提升任何一层楼板，其长度应能吊住最下一层楼板。

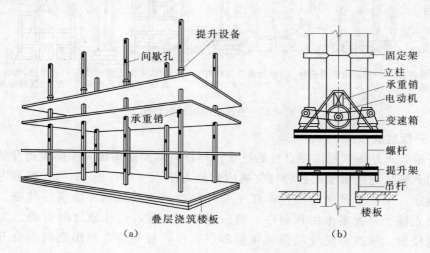

图 13-37 升板建筑

从以上介绍可以看出升板建筑有不少优点，因为是在建筑物的地坪上叠层预制楼板，利用地坪及各层楼面底模，可以大大节约模板；把许多高空作业转移到地面上进行，可以提高效率、加快施工进度；预制楼板是在建筑物本身平面范围内进行的，不需要占用太多的施工场地。根据这些优点，升板建筑主要适用于隔墙少、楼面荷载大的多层建筑，如商场、书库、车库和其他仓储建筑，特别适用于施工场地狭小的地段建造房屋。

升板建筑的楼板通常采用 3 种形式的钢筋混凝土板。第一种是平板，因上下表面都是平的，制作简单，对采光也有利，柱网尺寸常选用 6m 左右比较经济。第二种是双向密肋板，其刚度比平板好，特别适用于 6m 以上的柱网尺寸。第三种是预应力钢筋混凝土板，由于施加预应力后改善了板的受力性能，可适用于 9m 左右的柱网。

升板建筑的外墙可以采用砖墙、砌块墙、预制墙板等。为了减轻承重框架的负荷，最好选用轻质材料作外墙。

楼板与柱的连接通常有后浇柱帽、承重销、剪力块等方法，后浇柱帽是我国目前大量采用的板柱连接法。当楼板提升到设计位置后，在其下穿承重销于柱间歇孔中，绑扎柱帽钢筋后从楼板的灌注孔中灌入混凝土形成柱帽，如图 13-38 所示。

在升板建筑的基础上，还可以进一步发展升层建筑。即在提升楼板之前，在两层楼板之间安装好预制墙板和其他墙体，提升楼板时连同墙体一起提升。这种建筑可进一步简化工序，减少高空作业，加快施工速度，如图 13-39 所示。

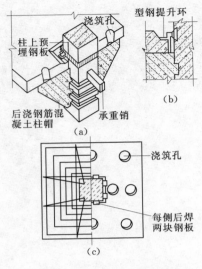

图 13-38 后浇柱帽构造

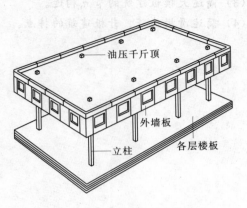

图 13-39 升层建筑

? 习题与实训

1. 选择题

(1) 建筑工业化的前提是_____。

    A、设计标准化   B、构件工厂化   C、施工机械化

(2) 预制装配式的建筑是用流水线生产产品的工业化方式来组装建造房屋用的预制构配件产品,其中装配化程度最高的一种形式是_____。

    A、砌块建筑   B、大板建筑   C、盒子建筑

(3) 砌块建筑根据每块砌块质量大小可分为三类:小型砌块、中型砌块、大型砌块,其中中型砌块每块质量为_____。

    A、20kg 以下   B、20～350kg   C、350kg 以上

(4) 大板建筑是大楼板、大墙板、大屋顶板的简称,是一种全装配式建筑,从结构上分类,板材建筑结构承重属于_____。

    A、框架体系   B、剪力墙体系   C、砖混体系

(5) 我国大模板建筑目前多用于_____。

    A、住宅建筑   B、公共建筑   C、工业建筑

2. 填空题

(1) 建筑工业化的特征可以概括为_____、_____、_____和_____。

(2) 发展建筑工业化,主要有以下两种途径:一是_____;二是_____。

(3) 大模板建筑根据施工方式分大模板建筑分为_____和_____两种类型。

3. 简答题

（1）简述砌块建筑构造要点。

（2）简述装配式钢筋混凝土框架的构件连接方法。

（3）简述大模板建筑的节点构造。

（4）简述滑模建筑、升板建筑的特点。

第14章 新型建筑

本章要点

1. 了解膜结构建筑的特点。
2. 掌握膜结构建筑的选型。
3. 熟悉膜结构建筑的构造。

14.1 概 述

膜结构建筑因其简洁、优美的曲面造型和卓越的光学、力学、保温、耐火、防水、自洁等性能被誉为 21 世纪的建筑。膜结构工程是集建筑学、结构力学、精细化工、材料科学与计算机科学为一体的高科技工程，在发达国家应用已有 60 年的历史，发展势头强劲。在中国近几年也得到迅速发展。2008 年奥运建筑的"水立方"，就是膜结构在体育建筑中的应用。

14.2 膜结构建筑的构造组成

膜结构建筑的构造组成主要包括膜材和支撑构件。

14.2.1 膜材及性能

1. 膜材

膜材是由高强度纤维织成的基材和聚合物涂层构成的复合材料。膜材通常的基本构成如图 14-1 所示，主要包括基材、涂层、表面涂层以及胶黏剂等。基材是由聚酯纤维或玻璃纤维织成的高强度织物，是膜材的主要组成部分，决定膜材的力学特性。涂层保护基材，并且具有自洁、抗污染、耐久性等作用。涂层可为单层单面、多层单面或双面。对多层涂层，基底涂层主要起保护基材的作用，表面涂层起自洁、抗老化等作用。基材、各涂层以及面层之间用胶黏剂胶合。胶黏剂主要有聚亚胺脂和聚碳酸酯，聚亚胺脂造价低，而聚碳酸酯抗紫外线能力强，因而两者各适合室内、外膜。涂层织物膜材是目前的主要建筑膜材，非涂层织物膜材可用于室内或临时性帐篷等。

2. 膜材的性能

(1) 力学性能。中等强度的 PVC 膜材，其厚度仅 0.61mm，但它的拉伸强度相当于钢材的一半。中等强度的 PTFE 膜材，其厚度仅 0.8mm，但它的拉伸强度已达到钢材的水平。膜材的弹性模量较低，这有利于膜材形成复杂的曲面造型。

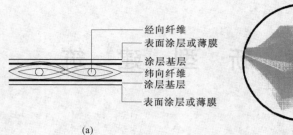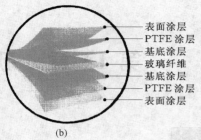

图 14-1 膜结构材料

（2）光学性能。膜材料可滤除大部分紫外线，防止内部物品褪色。其对自然光的透射率可达 25%，透射光在膜结构内部产生均匀的漫射光，无阴影和眩光，具有良好的显色性，夜晚在周围环境光和内部照明的共同作用下，膜结构表面发出自然柔和的光辉，令人陶醉。

（3）声学性能。一般膜结构对于低于 60Hz 的低频几乎是透明的，对于有特殊吸音要求的结构可以采用具有 fabrasorb 装置的膜结构，这种组合比玻璃具有更强的吸音效果。

（4）防火性能。广泛使用的膜材料能很好地满足对于防火的需求，具有卓越的阻燃和耐高温性能。

（5）保温性能。单层膜材料的保温性能与半砖墙相同，优于玻璃。同其他材料的建筑一样，膜建筑内部也可以采用其他方式调节其内部温度。例如：内部加挂保温层，运用空调采暖设备等。

（6）自洁性能。PTFE 膜材和经过特殊表面处理的 PVC 膜材具有很好的自洁性能，雨水会在其表面聚成水珠流下，使膜材表面得到自然清洗。

3. 常用的膜材

用于膜结构建筑的膜材料有很多种，常用的膜材 CECS158：2004《膜结构技术规范》给定了类别代码和构成，见表 14-1，介绍了最常用的 PTFE 膜材、PVC 膜材两大类以及仅有一层的 ETFE 膜材。

表 14-1　　　　　　　　　　　　常用膜材的类别代号和构成

类　别	代　号	基　材	涂　层	面　层
G	GT	玻璃纤维	聚四氟乙烯 PTFE	
P	PCF	聚酯纤维	聚氯乙烯 PVC	聚偏氟乙烯 PVF
	PCD	聚酯纤维	聚氯乙烯 PVC	聚偏二氟乙烯 PVDF
	PCR	聚酯纤维	聚氯乙烯 PVC	聚丙烯 Acrylic

注　GT 称 G 类，为不燃类膜材；PCF、PCD、PCA 统称 P 类，为阻燃类膜材。

（1）PTFE 膜材是 Poly（聚合）、Tetra（四）、Flour（氟）、Ethylene（乙烯）4 个英文的缩写。PTFE 膜材料一般由高强极细玻璃纤维（3μm）编织成的基材上下涂附聚四氟乙烯树脂而形成的复合材料。聚四氟乙烯本身具有很好的化学稳定性，因此不需要任何其他的面层保护。一般 PTFE 膜材料不受紫外光的影响，使用寿命在 25 年以上，具有很好的自洁性，耐火 A1 级。根据膜材料厚度（0.37～1.00mm）不同，其抗拉强度为 4800/3300N/5cm～11000/9000N/5cm；具有高透光性，透光率为 10％～22％，并且透过膜材料的光线是自然散漫光，不会产生阴影，也不会发生眩光；对太阳能的反射率为 73％，所以热吸收量很少。即使在夏季炎热的日光的照射下室内也不会受太大影响。正是因为这种划时代性的膜材料的发明，才使膜结构建筑从人们想象中的帐篷或临时性建筑发展成现代化的永久性建筑。PTFE 膜材品质卓越，价格也较高。

（2）PVC 膜材是 Poly（聚合）、Vinyl（乙烯）、Chloride（氯）3 个英文的缩写。PVC 膜材料一般由高强聚酯纤维为基材，上下涂附聚氯乙烯涂层，为保护聚氯乙烯涂层在阳光下的化学稳定性；在涂层的表面涂附化学性能相对稳定的聚偏二氟乙烯（PVDF）涂层，从而提高了 PVC 膜材料的耐久性和自洁性。价格相应略高于纯 PVC 膜材。又称为 PVDF 膜材料。另一种涂有 TiO_2（二氧化钛）的 PVC 膜材料，具有极高的自洁性。还有聚丙烯（Acrylic）等。一般来说 PVC 膜材料使用寿命可达 20 年以上，具有一定的自洁性，耐火 B1 级，根据膜材料厚度（0.5～1.14mm）不同其抗拉强度为 2500/2200N/5cm～10000/8000N/5cm，透光率为 5.5％～12％，内层膜材料透光率可达到 50％以上。

（3）ETFE 是 Ethylene（乙烯）、Tetra（四）、Flour（氟）、Ethylene（乙烯）4 个英文的缩写。ETFE 膜材料没有任何布基，仅由一层乙烯四氟乙烯薄膜构成，乙烯氟乙烯本身具有很好的化学稳定性，不需要任何其他的面层保护。但投资和维护造价都高。

4. 膜材造型

膜结构建筑的造型可以根据创意形成任意形状，如图 14-2 所示。复杂的膜结构建筑是由各种符合膜受力特点的基本造型组合的。膜结构的基本组合单元有双曲抛物面膜、马鞍形双曲面膜、锥形双曲面膜、拱支撑张拉膜、脊谷性张拉膜、整体张拉膜、充气膜等。

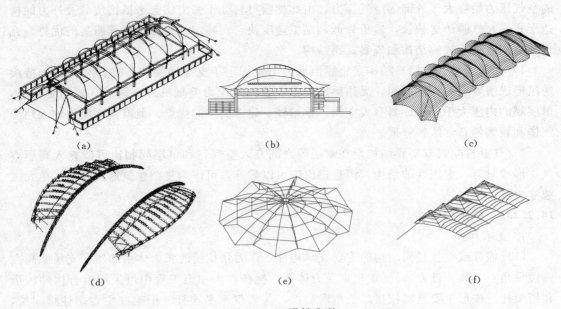

(a)　　　　　　　　　(b)　　　　　　　　　(c)

(d)　　　　　　　　　(e)　　　　　　　　　(f)

图 14-2　膜材造型

14.2.2 膜的支撑结构

膜结构材料无定形，只有维持张力平衡的形状才是稳定的造型，可充分发挥膜结构材料抗拉强度高的特点，因此膜结构的选型应根据建筑造型需要和支撑条件等，通过综合分析确定。

14.2.2.1 膜结构选型

膜结构可选用的形式有整体张拉式膜结构、骨架支撑式膜结构、索系支撑式膜结构和空气支撑膜结构等，或由以上形式组合成的结构。不同的结构特点，具有不同表现形式，应用不同的建筑。

（1）整体张拉式膜结构可由桅杆等支撑构件提供吊点，并在周边设置锚固点，通过预张拉而形成稳定的体系。是由稳定的空间双曲张拉膜面、支承桅杆体系、支承索和边缘索等构成的结构体系。张拉膜结构由于具有形象的可塑性和结构方式的高度灵活性、适应性，所以此种方式的应用极其广泛。张拉膜结构又可分为索网式、脊索式等。张拉膜结构体系富于表现力、结构性能强，但造价稍高，施工要求也高。

（2）骨架支撑式膜结构应由钢构件或其他刚性构件作为承重骨架，在骨架上布置按设计要求张紧的膜材。是膜材依靠具有稳定性、完整性的钢或其他材料构成的刚性骨架，经张拉而构成的骨架式膜结构。骨架式膜结构体系造价低于张拉式膜结构体系。形态有平面形，单曲面形和以鞍形为代表的双曲面形。

（3）索系支撑式膜结构应由空间索系作为主要承重构件，在索系上布置按设计要求张紧的膜材。

（4）空气支撑膜结构应具有密闭的充气空间，并应设置维持内压的充气装置，借助内压保持膜材的张力，形成设计要求的曲面。向由膜结构构成的空间内充入空气，保持内部的空气压力始终大于外部的空气压力，由此使膜材料处于张力状态来抵抗负载及外力的构造形式。充气膜历史较长，造价较低，施工速度快，在特定的条件下有其明显的优势。充气膜结构有气承式膜结构和气囊式膜结构。

1）气承式膜（单层）结构是将膜面周边闭合固定于支撑结构或基础，利用风机持续送风形成所要求的空间曲面，无须梁柱支承，靠内外压力差抵抗外部荷载。如同肥皂泡，单层膜的内压大于外压。具有大空间、重量轻、建造简单的优点。但需要不断地输入超压气体和频繁的日常维护管理。

2）气囊自立式双层膜结构是在双层膜之间充入空气，和单层膜相比可以充入高压空气，形成具有一定刚性的结构。而且进出口可以敞开，可作为复杂建筑形式的基本单元或独立自成主体。

14.2.2.2 膜结构构件

1. 支承杆件

（1）桅杆或立柱是膜结构的主要支承构件，作为张拉膜的张力体系的压杆支承膜高点或边界角点（高、低点），形成稳定受力体系。桅杆在大中型工程中可采用组合构件梭形和桁架柱。梭形主要是脚铰接，三角形截面，一般仅水平连杆。桁架柱主要是柱脚固接，三角形、矩形、方形断面，力求仅水平连杆，可加斜连杆。大型梭形截面钢管是脚铰接，变截面钢管铸造。高耸桅杆一般宜为铰接支承，体系对称，或由拉索维持平衡，避免巨大弯矩而必须采用高耸塔桅形式。桅杆形式十分灵活，在中小型工程中，一般以实截面型材为主，包括圆管、矩形管、方管、H形、双腹板H形，14.0m以上时也可采用三角形截面组合形式桅杆。

（2）索杆由拉索或高强钢棒、刚性杆和必要的边界约束构成有机的稳定结构体系。刚性杆有钢管压杆、压杆组合构件等。

2．连接拉索

（1）拉索是具有一定预张力的受拉构件。拉索可采用热挤聚乙烯高强钢丝拉丝、钢绞线、钢丝绳等。是膜结构的重要结构性构件，特别是张拉膜结构，包括膜外自由张拉索和膜内拉索。为适应不同的工作环境与受力特性，钢索具有不同的钢索材质、构造形式、制作工艺。同时应满足柔韧性、弹性、延性、耐腐蚀性等要求。

（2）钢索是受拉力构件的统称，包括单根或多根钢筋、单股或多股钢丝组成的各类钢丝索、钢丝绳、缆索。

钢丝索由多根钢丝绕芯（常为单根中心钢丝）按照特定方式紧密排列而成的索股、钢索、缆索，包括两类平行钢丝索和螺旋形钢丝索。平行钢丝索是指钢丝横截面紧密排列、纵向相互平行构成的索股、钢索、缆索，如图14-3所示。直径较小时，用于进一步构成平行钢索，一般称为索股；直径较大时，直接用于结构工程，一般称为平行钢丝索、缆索。螺旋钢丝索是指钢丝紧密排列、纵向按照螺旋线旋转（2°～4°）/m捻成的索股、钢索、缆索，如图14-3所示。直径较小时，用于进一步构成钢丝绳，一般称其为索股，直径较大时，直接用于结构工程，一般称为螺旋钢丝索、缆索。

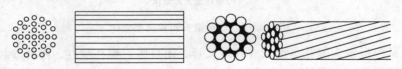

图14-3　钢丝索

钢丝绳如图14-4所示，是由多根索股按一定规则紧密排列，并绕索芯按照特定方向捻绕而成的钢索，常称为钢绞索。捻绕一周长度约9～12倍索股直径。愈细捻绕愈长，强度、模量愈大。其中钢丝是由各种材质钢棒（钢筋条）冷拉挤压成圆形或非圆形的高强金属丝，是构成任何钢索的最基础线材。钢丝绳（钢绞索）是应用最广泛的钢索形式，由索芯、索股构成。钢丝绳索芯主要有纤维芯、独立钢丝绳芯、钢丝索。索股就是直径较小的钢丝索，分为螺旋形和平行钢丝索两类。

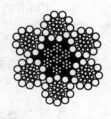

图14-4　钢丝绳

3．膜结构索头

为满足构件间的连接，膜结构索头主要有压接基本索头和浇铸锚具典型索头。

压接索头基本形式有开口叉耳、闭口眼、螺杆丝杠，如图14-5所示。压接基本索头可与调节器组合成常见的4种典型索体，如图14-6所示，有两端螺杆索体、一端螺杆一端开口叉耳索体、两端开口叉耳加调节螺杆索体、螺杆加叉耳索体，可保证索体具有至少一个螺母调节，实现一定的可调范围。两端螺杆接叉耳、一端螺杆接叉耳一端固定叉耳的索体，在玻璃结构拉索、膜外索结构中常用，其特点是索体简洁，调节量较小，压接索头较小，形式简洁、美观，制作容易，造价较低。

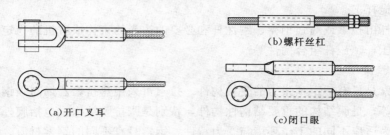

(a)开口叉耳　　　(b)螺杆丝杠　　　(c)闭口眼

图 14 - 5　压接索头基本形式

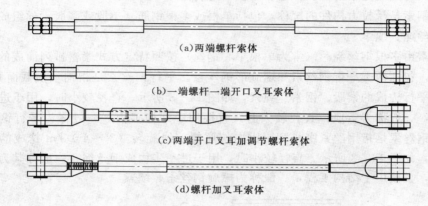

(a)两端螺杆索体

(b)一端螺杆一端开口叉耳索体

(c)两端开口叉耳加调节螺杆索体

(d)螺杆加叉耳索体

图 14 - 6　压接索头四种典型索体

浇铸锚具典型索头的基本形式有开口叉耳、闭口眼、螺杆丝杠。螺杆丝杠可为内螺纹或外螺纹，如图 14 - 7 所示。4 种典型索头可实现多种结构索体，与各种外部构造以及索段连接。浇铸锚具可锚固受力较大的钢索。当钢索较小时仍可用调节器。当钢索较大、拉力大时，其调节机制常为桥式锚具，分开口和闭口两种形式，如图 14 - 8 所示，可用于大型工程中。

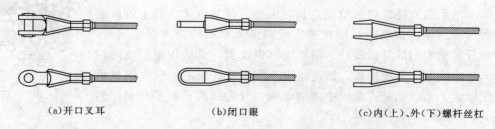

(a)开口叉耳　　　(b)闭口眼　　　(c)内(上)、外(下)螺杆丝杠

图 14 - 7　浇铸锚具典型索头基本形式

钢棒作为膜外拉杆、吊杆等，其端头与索体基本形式相似，如图 14 - 9 所示，节点板与钢棒间采用焊接，保证受力强度，构造简洁，可现场制作，方便简单，造价低。中间套筒可满足较长拉杆增长连接，同时可调整长度满足施工需要。

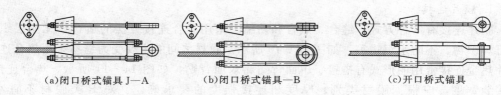

(a)闭口桥式锚具 J—A   (b)闭口桥式锚具—B   (c)开口桥式锚具

图 14-8　浇铸桥式锚具

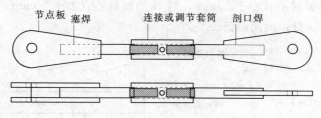

图 14-9　钢棒拉杆节点与形式

14.3　膜　结　构　构　造

膜结构构造形式种类繁多，根据作用与连接关系可分为膜材连接、膜柔性边界和膜刚性边界。根据位置与构造形式可分为定点、脊线、谷线和角隅点等。

膜结构的连接构造要满足一般规定：

（1）膜结构的连接构造应保证连接的安全、合理、美观。

（2）膜结构的连接件应具有足够的强度、刚度和耐久性，应不先于所连接的膜材、拉索或钢构件破坏，并不产生影响结构受力性能的变形。

（3）连接处的膜材应不先于其他部位的膜材破坏。

（4）膜结构的连接件应传力可靠，并减少连接处应力集中。

（5）膜结构的节点构造应符合计算假定。必要时，应考虑节点构造偏心对拉索、膜材产生的影响。

（6）连接构造设计时应考虑施加预张力的方式、结构安装允许偏差，以及进行二次张拉的可能性。

（7）在膜材连接处应保持高度水密性，应采取必要的构造措施防止膜材磨损和撕裂。

（8）对金属连接件应采取可靠的防腐蚀措施。

（9）在支承构件与膜材的连接处不得有毛刺、尖角、尖点。

14.3.1　连接构造

14.3.1.1　膜材连接

膜材之间连接缝的布置，应根据建筑体型、支承结构位置、膜材主要受力方向以及美观效果等因素综合确定。

膜材连接主要包括膜片连接和膜片加劲补强。

1. 膜片连接

膜片连接有 3 种方式：缝合、热合和黏结。采用缝合连接方法的适合于无涂层织物、不可焊织物、不防水织物等，如图 14 - 10 所示。膜材之间的主要受力缝易采用热合连接。膜片热合连接常用的形式有搭接、单面背贴和双面背贴，如图 14 - 11 所示。热合连接的搭接缝宽度，应根据膜材类别、厚度和连接强度的要求确定。对 P 类膜材不宜小于 40mm，对 G 类膜材不宜小于 75mm。对小跨度建筑、临时建筑以及建筑小品，膜材的搭接缝宽度，对 P 类膜材不宜小于 25mm，对 G 类膜材不宜小于 50mm。这种连接方式工业化程度高、易保证质量，应用广泛。

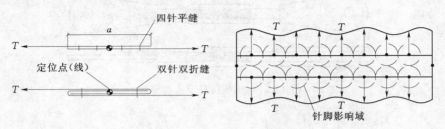

图 14 - 10　膜片连接缝合连接

膜片机械连接方法主要有螺栓压板、束带和拉链等。螺栓压板连接如图 14 - 12 所示，常用于大件膜现场连接，螺母须拧紧产生足够的摩擦力，使边索与压板吻合可靠传递压力，既可错位搭接，也可平齐搭接。膜孔比螺栓大 2～3mm；铝合金压板长 300～500mm，宽 40～80mm，厚 5～10mm，螺栓间距 75～150mm。

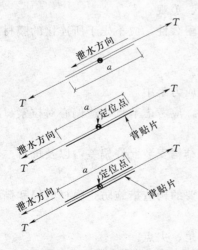

图 14 - 11　膜片热合连接

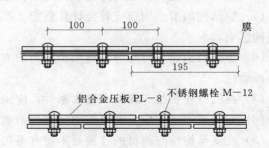

图 14 - 12　膜片螺栓压板连接

当膜面在 15m 或更大距离内无支承时，宜增设加强索对膜材局部加强。对空气支承膜结构和整体张拉式膜结构，加强索的钢索缝进膜面内，或钢索设在膜面外。

2. 膜片加劲补强

膜角隅和锥顶点附近受力大，且作用力复杂，常应作加劲膜片，加劲膜片的范围根据受力分析确定。锥顶可加劲圆环如图 14 - 13 （a）所示，较小圆环外再加辐射条带如图

14－13 (b)所示，角隅节点加劲如图14－13 (c)所示。补强膜片应与缺陷形状接近，常为圆形、矩形和多边形，加劲膜片至少要比撕裂缝边缘、损伤边缘大 50mm 以上，如图 14－14 所示。

(a)锥顶可加劲圆环　(b)圆环外加辐射条带　(c)角隅节点加劲

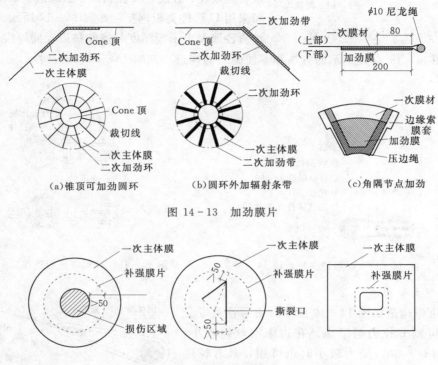

图 14－13　加劲膜片

图 14－14　补强膜片

14.3.1.2　膜柔性边界构造

膜柔性边界主要是膜与柔性索连接的各种构造，常用的连接有膜套、U 形件、束带、边缘排水等，根据膜材、边缘曲率、受力大小、预张力导入机制等决定。

1. 膜套连接

膜面受力较小，钢丝绳直径较小，常为压接索头，可用如图 14－15 所示的整体式膜套构造。膜比较硬、柔韧性较差，加工边缘膜套较困难、不易保证品质，可采用如图 14－16 所示的分离式膜套构造。

(a)　(b)　(c)

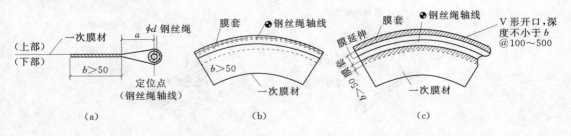

图 14－15　整体式膜套构造

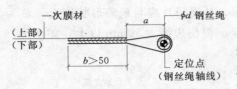

图 14-16 分离式膜套构造

2. U 形件夹板连接

对于膜受力大、边缘索直径较大、长度较长，索头锚具为热铸或冷铸，索头尺寸大，难于直接穿膜套；或者膜较硬、较脆，膜套制作、边缘索安装不便，都可采用 U 形件夹板连接，如图 14-17 所示。当钢丝绳直径远大于压板厚度和橡胶垫以及膜厚度之和时，可采用如图 14-18 (a) 所示的方法和方便施工的构造，如图 14-18 (b) 所示。

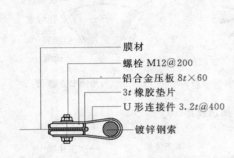

图 14-17 U 形件夹板连接一

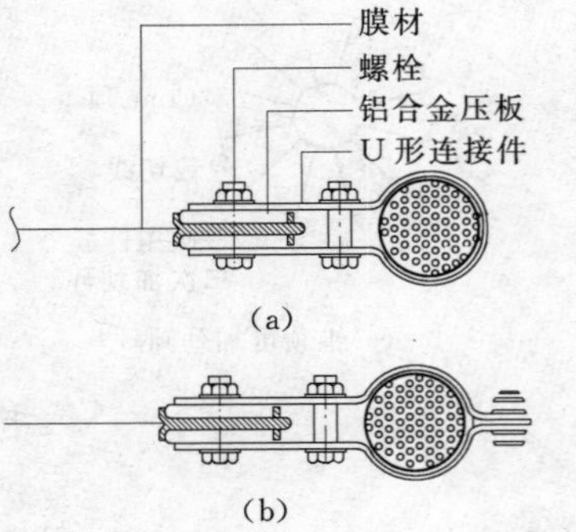

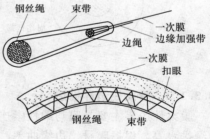

图 14-18 U 形件夹板连接二

3. 典型束带构造

典型束带构造如图 14-19 所示，由柔性系带交叉缠绕，可调节拉力与形态。在边缘钢丝绳较小，如不大于 $\phi 24 \sim 30$，受力较小时也可用，具有较广泛的应用面。系带可为尼龙绳、聚酯、钢芯 PE 索。

4. 排水构造

膜边缘常为空间曲线，特别是柔性索边界，其排水、导水不如刚性水沟排水。对排水要求较低、汇水面积小、落水高度小时，可采用自由散水。但对排水要求较高、汇水面积较大、落水高度大时，可采用如图 14-20 所示的边缘导水构造，实现有组织排水。

图 14-19 典型束带构造

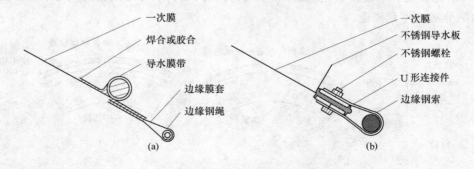

图 14-20 边缘导水构造

14.3.1.3 膜刚性边界构造

膜刚性边界是最为基本的膜连接形式，应用于各类膜材和不同规模的膜建筑，包括与周围和内部结构的连接，如混凝土、钢结构、木结构、铝合金结构等，可采用普通钢焊接、不锈钢哑焊、挤塑铝型材等。

1. 钢筋混凝土边界

如图 14-21（a）所示是膜在高点不可调整与混凝土连接的防水构造。引水板可为白铁皮、铝合金、不锈钢、复合板，承板可为角钢或焊接钢板，锚栓可为化锚或铁膨胀螺丝。

如图 14-21（b）所示是低点边缘膜与混凝土连接的防水构造，适合大拉力、大件膜，锚栓预留充足可二次调整张拉，安装调试完后切掉超长段。膜直接由双角钢固定夹持、支承，然后由双排锚栓连接，构造简单、受力合理。二次膜可密封、防水，宜用于张拉膜、气承式膜。

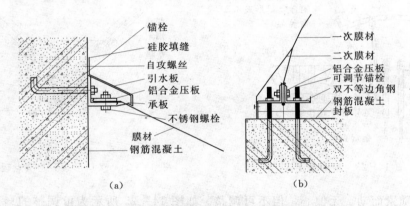

（a）　　　　　　　　　　　　（b）

图 14-21　钢筋混凝土边界连接构造

2. 钢构边界连接构造

钢构边界连接构造应用最多，具体形式丰富。如图 14-22 所示为固定节点连接，适应结构弯管，膜边高，可防水。如膜边为低点，能自然泄水，可以不设计二次防水膜及构造。

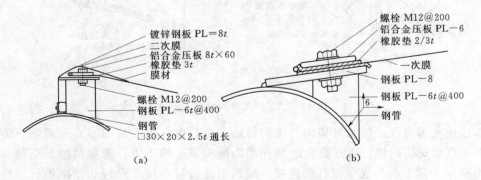

（a）　　　　　　　　　　　　（b）

图 14-22　钢构边界连接构造

14.3.2 膜角隅连接构造

膜角隅连接构造复杂，大体可分为柔性角和刚性角，以及柔性和刚性混合角。

1. 柔性膜角点

柔性膜角点由柔性边界交叉合成连接。调整膜角拉索和定位点使膜角度的展开面角度和曲面空间角度一致，同时使膜切片弧长与设计膜角扇形板相应弧长相等，使膜角有效张拉。柔性膜角点根据实际情况连接类型繁多，以下仅列通常使用的几个例子，如图14-23所示，由扇形板连接，边缘索、张拉索端都可张拉，无偏心及扭矩，通过调节螺栓张拉膜角，扇形板系铸造，适合拉力较大的膜角连接。如图14-24所示为叉口形索头与节点板螺栓连接，膜角拉索、边缘索的索头皆为叉口形式与节点板螺栓连接，膜角可切面转

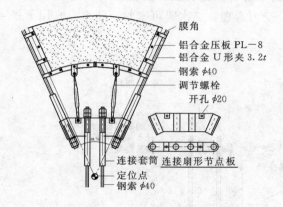

图 14-23　扇形板连接

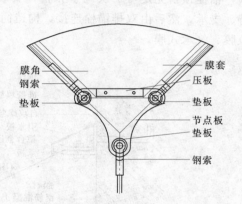

图 14-24　叉口形索头与节点板螺栓连接

动，法向可随索而动，无偏心，但不可调整。如图14-25所示为可调整的扇形板连接，膜角边缘索的螺杆端部与扇形板连接可调整张拉。张拉螺杆可径向张拉调节、偏心，并由

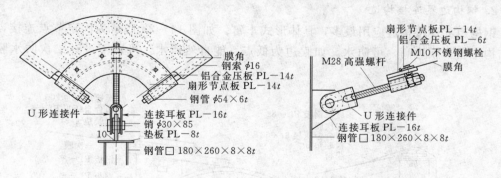

图 14-25　可调整的扇形板连接

U形件连接支承构件，膜角可切向与法向转动。张拉螺杆位于扇形节点和膜的下方，便于在下部直接安装调整。高点膜角的螺杆和扇形板置于膜下方，避免锈迹污染膜。如图14-26所示为扇形板与支承桅杆的连接，膜角由连接板连接扇形板和支承桅杆（柱）焊接，无偏心，膜角可法向转动，后平衡张拉索张拉调节，柱常用活动铰接，边缘索螺杆端

可调节。

2. 刚性膜角点

刚性边界膜角连接构造不能有效张拉膜角，容易褶皱，如图 14-27（a）所示；当双向为可调节膜边界时可设双向张拉件，如图 14-27（b）所示；当建筑容许时，可将膜角裁切为圆弧或直边，对锐角（尖角），可增加弧形节点板或三角板过渡，然后连接膜角，如图 14-27（c）所示。

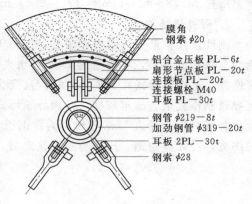

图 14-26　扇形板与支承桅杆连接

14.3.3　膜脊谷连接构造

膜片之间在高点的接合线称为膜脊，膜片之间在低点的接合线称为膜谷。由钢索、束带等构成柔性膜脊、膜谷连接构造，由刚性构件支承为刚性膜脊、膜谷连接构造。膜脊谷交角可为锐角、钝角。

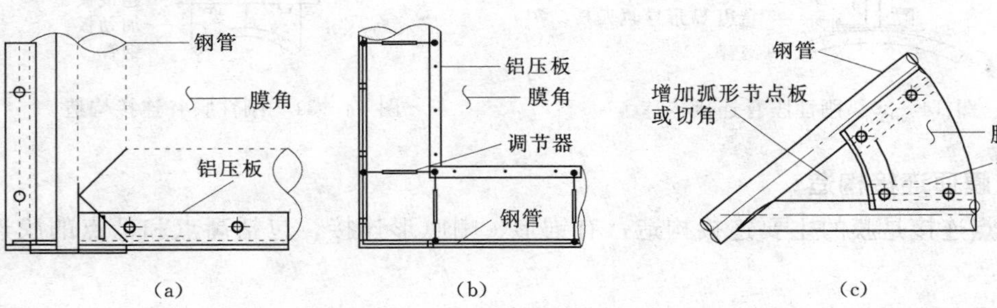

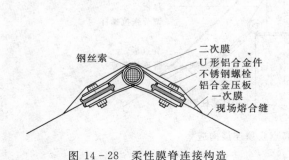

图 14-27　刚性边界膜角连接构造

1. 柔性连接构造

柔性连接构造分为膜脊和膜谷。如图 14-28 所示的柔性膜脊连接构造，U 形铝合金连接件@（200～400）mm，铝合金压板（6～10）mm×（50～60）mm×（190～200）mm，不锈钢螺栓 M（10～12）@200mm，钢索可无索套，适合膜受力较大的膜脊，现场接合膜片，钝角。如图 14-20 所示为柔性膜谷连接构造，适合于受力较大的情况和现场

图 14-28　柔性膜脊连接构造

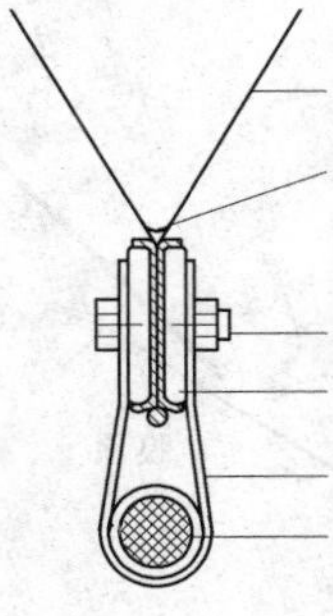

图 14-29　柔性膜谷连接构造

连接。其中 U 形连接件@（200～400）mm，铝合金压板厚 5～8mm、宽 40～60mm，不锈钢螺栓 M（8～12）mm@（75～200）mm，必须设防水膜，且宜工厂焊合。

2. 刚性连接构造

刚性连接构造分为膜脊和膜谷。如图 14-30 所示的刚性膜脊连接构造，采用双导轨铝合金挤塑型夹具，亦由卷边 U 形导轨夹具与主结构连接。导轨型夹具防水性好，膜气密性佳，适合气囊式膜、ETFE 等，且受力不大，便于安装。导轨曲率愈小愈容易安装，但导轨制作复杂、成本较高。常用导轨形式为单轨、双轨，也可组合多轨，材质为轻铝合金或合成材料。卷边 U 形导轨可为薄钢板卷或扎制而成。如图 14-31 所示的刚性膜谷连接构造，可先将角钢、压板与膜连接之后，再与板栓接。

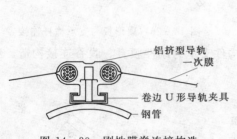

图 14-30　刚性膜脊连接构造

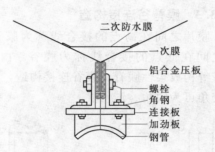

图 14-31　刚性膜谷连接构造

14.3.4　膜顶连接构造

膜顶点连接是膜的主要连接构造，有锥形、喇叭形连接，包括高点和低点的膜连接构造。

1. 高点膜顶连接构造

高点膜顶连接构造如图 14-32 所示，膜面张拉锥顶与刚性吊环连接，刚性吊环由调节张拉螺杆与桅杆或柱连接，适宜大中型膜顶。其中吊环可为圆钢管、钢板、组合形式等，调节张拉螺杆对称布置，不少于 3 个，或用钢索、束带等构造。

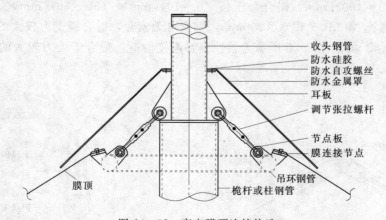

图 14-32　高点膜顶连接构造

2. 低点膜顶连接构造

低点膜顶连接构造如图 14-33 所示，采用螺杆向下张拉锚固，集中组织排水，可升降调整，适合较大的膜锥曲面。螺杆环向对称均匀设置，设置个数宜大于 3 个。螺杆外可包建筑装饰材料，如铝塑板等。当膜顶较小或张拉室内装饰膜等，因其受力较小，可用单螺杆或束带等张拉。

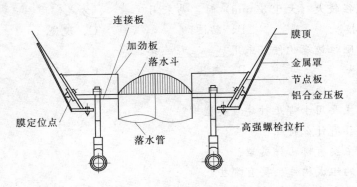

图 14-33　低点膜顶连接构造

14.3.5　膜基座连接构造

膜基座连接根据受力不同，有压力支座连接和拉力支座连接，膜基座连接分拉索、桅杆（柱）。拉索基座连接与索头形式对应，当索头为开口叉耳、闭口眼，则基座为单、双耳板。连接耳板应与拉索同平面，耳板与索头开口配合可按 C 级螺栓标准，间隙小于 2～5mm，保证连接销或螺栓受纯剪切力，非弯剪变形。当节点板较厚时，可增对称垫板，或变厚铸造。螺栓或销按 C 级螺栓标准与节点板连接。拉索锚锭的抗拔承载力应根据锚锭形式、地基条件等，经现场勘察和土质试验确定。

桅杆或柱脚连接构造应符合受力要求，柱脚分刚性固接、铰接；铰接又包括平面铰、球铰。固接能有效抵抗弯矩，约束转动。当受力较小，锚栓和适当加劲板可视为固接；当受力较大，需柱靴等构造才可保证固接。对铰接，当受力较小、平面转动为主，面外受力较小，可由桅杆脚单耳板用螺栓或销连接。当轴压力较大，可用双耳板；当轴压力很大，为完全释放各方向弯矩，避免平面铰时面外变形产生较大面外弯矩而节点无法承受，采用球形柱脚。

？ 习题与实训

1. 填空题

（1）膜材是由_____和_____构成的复合材料。

（2）常用的两类膜材是_____膜和_____膜。

（3）膜连接构造主要有_____和_____。

（4）压接索头基本形式有_____、_____和_____。

2. 选择题

（1）对排水要求较高的膜结构建筑可采用_____排水构造。

      A、边缘导水   B、自由落水   C、膜锥面

（2）膜材之间的主要受力缝易采用_____连接。

      A、缝合   B、热合   C、黏结

（3）钢索直径较大（大于 30mm）时，易采用_____方式锚固。

      A、压接   B、黏接   C、现浇

（4）膜材与刚性边缘构件可采用_____连接。

      A、索头   B、夹具   C、连接环

3. 简答题

（1）膜结构主要用于哪几种建筑类型中？

（2）膜结构具有什么特点？

（3）膜结构主要有哪几种类型？

（4）膜结构的组成构件主要有哪些？

（5）膜结构的主要连接构造应注意什么问题？

第15章 工业建筑设计概论

本章要点

1. 了解工业建筑的类别。
2. 掌握工业建筑的特点及设计要求。

15.1 工业建筑的类别

工业建筑是指从事工业生产及直接为生产服务的各类房屋。直接从事生产的主要生产房屋、辅助生产房屋常被称为"厂房"或"车间"。随着工业生产规模的扩大，生产工艺日渐复杂，大型工业厂房可归纳为以下几种类别。

15.1.1 根据用途分类

（1）主要生产厂房。是指进行产品的备料、加工、装配等主要工艺流程的厂房，如机械制造工厂的铸造车间、锻造车间、冲压车间、铆焊车间、电镀车间、热处理车间、机械加工车间和机械装配车间等。

（2）辅助生产厂房。是指不直接加工产品，为主要生产车间服务的厂房。如机械制造工厂的机械修理车间、电机修理车间、工具车间、模型车间等。

（3）动力用厂房。是为全厂生产提供能源与动力的场所。如变电所、发电站、锅炉房、煤气站、氧气站、乙炔站等。

（4）贮藏用房。是指储存原材料、半成品与成品的房屋，一般称仓库。如机械制造工厂的金属料库、砂料库、木材库、炉料库、燃料库、油料库、易燃易爆材料库、半成品与成品库等。

（5）运输用房。是指管理、储存及检修交通运输工具用的房屋。如汽车库、机车库、消防车库、电瓶车库、起重车库等。

（6）其他建筑。如水泵房、污水处理站等。

中、小型工厂则仅有上述类别厂房的局部或个别厂房。

15.1.2 根据生产状况分类

（1）冷加工车间。是指在正常温度、湿度条件下进行生产操作的车间。如机械加工车间、装配车间、机修车间等。

（2）热加工车间。是指需在高温状态下进行生产，并在生产过程中会散发大量热量、粉尘或有害气体的车间，如炼钢车间、轧钢车间、铸造车间、冶炼车间等。

（3）恒温恒湿车间。是指需在恒定的温度和湿度条件下进行生产的车间。如精密机械车间、棉纺车间、酿造车间等。

（4）洁净车间。是指需在无菌、无尘的高度洁净条件下进行生产的车间。如制药车间、精密仪表加工车间、集成电路车间、食品加工车间、化妆品生产车间等。

（5）其他状况车间。如有大量腐蚀性物质的车间、有爆炸可能性的车间、有放射性物质的车间、防电磁波干扰的车间等。

车间内部生产状况是确定厂房平、立、剖面及围护结构形式和构造的主要因素之一，设计时应予重点考虑。

15.1.3 根据厂房层数分类

（1）单层厂房。是指层数为1层的厂房。广泛应用于设有大型生产设备、振动设备、地沟、地坑或重型起重运输设备的生产车间，如冶金车间、机械制造车间等。单层厂房按跨数的多少可分为单跨厂房（如图15-1所示）与多跨厂房（如图15-2所示）。

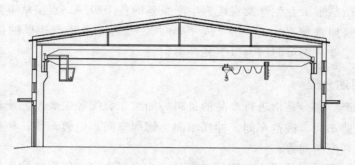

图15-1　单层单跨厂房

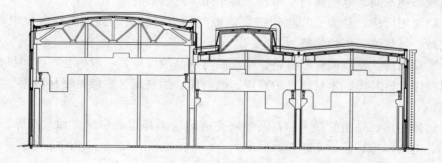

图15-2　单层多跨厂房

（2）多层厂房。是指2层及2层以上的厂房，如图15-3所示。对于垂直方向组织生产及工艺流程的生产企业、设备及产品较轻的企业具有较大的适应性，如电子、食品、化工、精密仪器等轻工业部门。

（3）混合层数厂房。是指由不同层数组合而成的厂房，如图15-4所示。多用于生产设备类型及尺度不一的厂房，如热电厂、化工厂等。

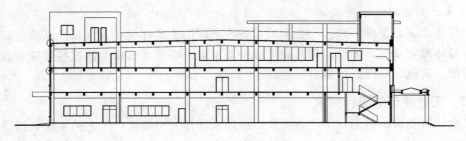

图 15 - 3 多层厂房

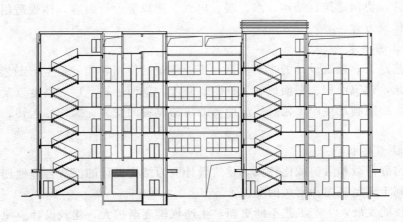

图 15 - 4 混合层数厂房

15.2 工业建筑的特点及设计要求

15.2.1 工业建筑的特点

由于生产工艺复杂、生产环境要求多样，和民用建筑相比，工业厂房在设计配合、使用要求、室内通风与采光、屋面排水及构造等方面具有以下特点。

1. 厂房的生产工艺布置决定了厂房平面布置和形状

厂房的建筑需在工艺设计的基础上，按照从原料进入车间、加工制成半成品或成品送出车间所形成的生产顺序、运输路线以及生产设备布置方法进行设计，为产品生产及工人劳动创造良好的环境。

2. 工业厂房内部空间大、柱网尺寸大、结构承载力大、屋顶面积大，构造复杂

由于大多数厂房生产要求设备多、体量大，各部分生产关系密切，并有多种起重及运输设备通行，致使厂房内形成较大的柱网尺寸和较大、较高的通畅空间。

厂房要求结构构件承受较大的荷载，有时伴有较大的振动，如吊车的起动和停止。因此，工业厂房对结构承载力要求较高。

由于厂房内部空间大，形成较大的屋顶面积，特别是在多跨厂房及热加工车间中，为满足室内采光、通风等要求，屋顶上通常设有天窗。同时还有屋顶的防水和排水问题，导致屋顶结构复杂。

3. 生产工艺的特殊要求

由于生产工艺复杂多样，往往形成了各种不同的生产环境。为保证产品质量、保护生产工人身体健康及生产安全，厂房设计中常要采取一些技术措施解决这些特殊问题。如防尘、防振、防磁、防爆、恒温恒湿等。

15.2.2 工业建筑的设计要求

工业建筑要以满足工业生产为前提，根据设计任务书和生产工艺的要求，设计厂房的平面形状、柱网尺寸、剖面形式、建筑体型；合理选择结构方案和围护结构的类型，进行细部构造设计；协调建筑、结构、水、暖、电气、通风等设计内容，体现适用、安全、经济、美观的建筑方针。

1. 生产工艺要求

生产工艺是工业建筑设计的主要依据，工业建筑的使用功能就是生产工艺对建筑提出的要求。因此，建筑面积、平面形状、柱距、跨度、剖面形式、厂房高度以及结构方案和构造措施等，必须满足生产工艺及厂房所需的机器设备的安装、操作、运转、检修等方面的要求。

2. 建筑技术要求

由于厂房静荷载和活荷载比较大，建筑设计应为结构设计的经济合理性创造条件，使结构设计更利于满足坚固和耐久的要求。

随着科技的发展，生产工艺不断更新，生产规模逐渐扩大，建筑设计应使厂房具有较大的通用性和改建扩建的可能性。

应严格遵守 GBJ6—86《厂房建筑模数协调标准》及 GBJ2—86《建筑模数协调统一标准》的规定，合理选择厂房建筑参数（柱距、跨度、柱顶标高等），以便采用标准的、通用的结构构件，使设计标准化、生产工厂化、施工机械化，从而提高厂房建筑工业化水平。

3. 建筑经济要求

应根据工艺要求、技术条件等，确定采用单层或多层厂房。

可以将若干个车间（不一定是单跨车间）合并成联合厂房，占地较少，外墙面积相应减小，缩短了管网线路，使用灵活，能满足工艺更新的要求，对现代化连续生产极为有利。

在满足生产工艺要求的前提下，设法缩小建筑体积，充分利用建筑空间。合理减少结构面积，提高使用面积。

在不影响厂房的坚固、耐久、生产操作、使用要求和施工速度的前提下，应尽量降低材料的消耗，从而减轻构件的自重和降低建筑造价。

结合当地的材料供应情况，施工机具的规格和类型以及施工人员的技能来选择施工方案，设计方案应便于采用先进的、配套的结构体系及工业化施工方法。

4. 卫生及环境要求

采光条件应与厂房所需采光等级相适应，以保证厂房内部工作面上的照度；应有与室内生产状况及气候条件相适应的通风措施。

能及时排除生产余热、废气，提供正常的卫生、工作环境。

应采取净化、隔离、消声、隔声等措施，防止散发出的有害气体、有害辐射、严重噪声等污染。

美化室内外环境，注意厂房内部的水平绿化、垂直绿化及色彩处理。

 习题与实训

1. 填空题

(1) 大型工业厂房按用途分＿＿＿＿＿＿、＿＿＿＿＿＿、＿＿＿＿＿＿、＿＿＿＿＿＿、＿＿＿＿＿＿及其他建筑。

(2) 厂房的＿＿＿＿＿＿决定了厂房平面布置和形状。

(3) 厂房建筑参数（柱距、跨度、柱顶标高等），应严格遵守＿＿＿＿＿＿及＿＿＿＿＿＿的规定合理选择。

2. 选择题

(1) 在正常温度、湿度条件下进行生产操作的车间是（　　）。

A、加工车间　　　B、冷加工车间　　　C、洁净车间　　　D、恒温恒湿车间

(2) 下列车间按生产状况分，属于洁净车间的是（　　）。

A、铸造车间　　　B、精密机械车间　　　C、食品加工车间　　　D、轧钢车间

3. 简答题

(1) 工业建筑的特点是什么？

(2) 工业建筑的设计要求有哪些？

第16章 单层厂房设计

本章要点

1. 掌握单层厂房平面设计的影响因素。
2. 掌握生产工艺对平面设计的影响。
3. 掌握单层厂房柱网的选择及定位轴线的标注方法。
4. 掌握单层厂房的剖面设计要求。
5. 掌握厂房高度的确定。
6. 了解单层厂房的立面设计的影响因素。
7. 熟悉立面设计的方法。

16.1 概 述

工厂生产的基本管理单位是生产车间，一般由以下内部空间组成：

(1) 生产工段。是加工产品的主体部分。

(2) 辅助工段。是为生产工段服务的部分。

(3) 库房部分。是存放原料、材料、半成品、成品的地方。

(4) 行政办公生活用房。如办公室、更衣室、卫生间等。

但是，有的厂房里不止一个车间，也有一个车间的几个组成部分布置在不同的厂房。所以，对于一栋厂房建筑来说，采用什么形式组织及布置各工段和房间以适应生产要求和建筑设计的要求，应根据生产性质、生产规模、工艺特点以及总平面布置等因素决定。

设计应在分析建设单位提供的任务书的基础上，按工艺专业人员提出的生产工艺要求，确定厂房的平面形状和组合方式、柱网尺寸、剖面形式、层高和层数、建筑体型，确定合理的结构方案和围护结构类型，完成细部设计，协调建筑与结构和设备各专业之间的关系，最终完成全部设计任务。

16.2 单层厂房的平面设计

单层厂房的平面设计需考虑以下几方面的影响因素：总平面设计、生产工艺、运输设备、平面形式、柱网选择。

16.2.1 总平面设计对平面设计的影响

总平面设计是根据生产工艺流程、原料及成品运输、防火、气象、地形、地质、环保卫生等条件来进行设计。总平面图中要确定建筑物的平面尺寸、建筑物与建筑物、构筑物之间的平面及空间关系；合理组织人流、货流、避免交叉和迂回；设置厂内道路，保证交通运输及消防要求；布置工程管线，进行厂区竖向设计及绿化美化等；考虑气候环境的影响和厂区室内外的环境设计。因此，厂房平面设计是在总平面设计的规定相影响下进行的，主要表现在人流、货流组织、地形和气候等方面。厂房的平面设计要以总平面设计为依据。

1. 厂区人流、货流组织对平面设计的影响

工厂的工艺流程使生产厂房与生产厂房之间、生产厂房与仓库之间存在着人流和货流的联系，这将影响厂房平面设计中门的位置、数量及尺寸。厂房的出入口位置应便于原材料的运进和成品的运出，门的尺寸应满足运输工具安全通行的要求。同时，人流出入口或厂房生活间应靠近厂区人流主干道，方便人流上下班。设计时应减少人流和货流交叉和迂回，运行路线要通畅、短捷。

2. 地形的影响

地形坡度的大小对厂房的平面形式有着直接影响。当场地地形变化较大时，为了节约投资，减少土方量，在生产工艺允许的前提下，使厂房平面形式与地形相适应。如图16-1所示铸铁车间，平面设计利用地形，将厂房建在坡地上，工艺流程自上而下布置，将厂房室内地坪设置不同的标高，既能减少挖填土方量，又能适应利用物料自重进行运输的生产需要。

图 16-1　铸铁车间横剖面图

3. 气象条件的影响

厂址所在地的气象条件中日照和风向是影响厂房朝向的主要因素，随地区气候条件而异。在炎热地区，为使厂房夏季有良好的自然通风，厂房宽度不宜过大，平面最好采用长条形，朝向接近南北向，厂房长轴与夏季主导风向垂直或大于 45°，Ⅱ形平面的开口应朝向迎风面，并在侧墙上开窗和大门，组织厂房内的穿堂风。寒冷地区，厂房的长轴应平行于冬季主导风向，并在迎风面的墙面尽量少开或不开门窗，避免寒风对室内气温的影响。

16.2.2　生产工艺对平面设计的影响

生产工艺是工业建筑设计的重要依据之一，单层厂房平面及空间组合设计，是在工艺设计及工艺布置的基础上进行的。主要包括下面 5 个内容：

(1) 根据生产的规模、性质、产品规格等确定的生产工艺流程。

(2) 选择和布置生产设备和起重运输设备。

(3) 划分车间内部各生产工段及其所占面积。

(4) 初步拟定厂房的跨间数、跨度和长度。

(5) 提出生产对建筑设计的要求，如采光、通风、防震、防尘、防辐射等。

平面设计受生产工艺的影响表现在生产工艺流程的影响。

生产工艺流程是指某一产品的加工制作过程，即由原材料按生产要求的程序，逐步通

过生产设备及技术手段进行加工生产，并制成半成品或成品的全部过程。不同类型的厂房，由于其产品规格、型号等不同，生产工艺流程也不相同。单层厂房里，工艺流程基本上是通过水平生产、运输来实现的。平面设计必须满足工艺流程及布置要求，使生产线路短捷、不交叉、少迂回，并具有变更布置的灵活性。

以金工车间为例，其主要工艺流程包括机械加工及装配两个主要生产工段，如图16-2所示。

图16-2 金工车间工艺流程图

按照生产工艺流程，常用的厂房平面组合方式可采用以下3种（仍以金工车间为例），如图16-3所示。

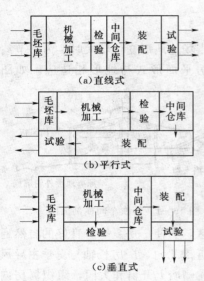

图16-3 金工车间平面组合方式

（1）直线式。毛坯由厂房一端进入，加工装配后的成品由厂房另一端运出，如图16-3（a）所示。直线式的特点是零件可直接用吊车运送到加工和装配工段，生产线路简捷，连续性好。这种布置方式运用于规模不大，吊车负荷较轻的车间。采用这种布置的厂房平面可全部为平行跨，具有建筑结构简单，扩建方便的特点。但厂房平面形成窄条状，外墙面大，不够经济。

（2）平行式。毛坯由厂房一端进入，加工装配后的成品由厂房同一端运出，如图16-3（b）所示。平行式的特点是零件从加工到装配的生产线路运输距离较长，须采用传送带、平板车等越跨运输设备。这种布置方式常用于汽车、拖拉机等装配车间，平面也具有建筑结构简单，便于扩建等优点。

（3）垂直式。毛坯由厂房纵跨一端进入，加工装配后的成品由厂房横跨一端运出，如图16-3（c）所示。垂直式的特点是零件从加工到装配的运输线路较短捷，但须设越跨的运的设备（如平板车、辐道、传送带等）。装配跨中可设吊车进行运输。在加工工段中可将较重、较大的加工部件布置在靠近材料入口一侧，以便相对地缩短重型部件的运距。这种厂房平面结构较为复杂，但在大、中型车间中由于工艺布置和生产运输有较大优越性。

不同性质的厂房，在生产操作时会出现不同的生产状况，如噪声、余热、灰尘及有害气体散发等，在生产操作时对所需的生产条件也不同，因此应根据它所在地区的气象条件，结合生产状况来综合考虑采光、通风、温湿度、洁净度等。

生产设备的大小和布置方式及设备的进出和安装要求也会直接影响到厂房的平面布局、跨度大小和跨间数，同时也会影响大门尺寸和柱距尺寸等。

总之，在满足生产工艺的基础上，厂房平面形式应规整、简洁，以便尽量节省占地面积、节能、简化构造。厂房的跨度、柱距应符合GBJ6—86《厂房建筑模数协调标准》，使预制构件的生产满足工业化的要求，使厂房具有较大的通用性。

16.2.3　运输设备对平面设计的影响

根据生产工艺的要求，为了运送原材料、半成品、成品及安装、检修、操作和改装设备，厂房内须设置相应的起重运输设备。下面介绍几种常见的起重运输设备类型。

1. 吊车

吊车是单层厂房中广泛采用的起重设备，主要有 3 种类型。

（1）单轨悬挂式吊车（如图 16-4 所示）。由单轨和电动（或手动）葫芦两部分组成。单轨一般为工字形钢轨，固定在屋顶承重结构下部，在钢轨下冀缘上设可移动的滑轮组（俗称神仙葫芦），沿轨道运行，利用滑轮组升降起重。起重量一般在 3t 以下，最多不超过 5t。

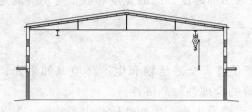

图 16-4　单轨悬挂式吊车

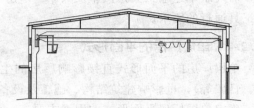

图 16-5　支座式梁式吊车

（2）梁式吊车。由梁架和电动（手动）葫芦组成。包括悬挂式与支座式两种类型。悬挂式是在屋架承重结构下悬挂钢轨，钢轨布置为两行直线，在钢轨上设有可滑行的工字形梁架，电动葫芦设在梁架上。运送物件时，梁架沿厂房纵向移动，电动葫芦沿厂房横向移动。支座式（如图 16-5 所示）是在排架柱上设牛腿，牛腿上支承吊车梁，吊车梁上安装钢轨，钢轨上设有可滑行的梁架，梁架上装有可滑行的滑轮组，梁架沿厂房纵向运行，滑轮组沿厂房横向运行。梁式吊车起重量一般不超过 5t。

（3）桥式吊车（如图 16-6 所示）。由桥架和起重行车（也称小车）两大部分组成。桥架由两榀桁架或梁组成，支承在吊车梁的轨道上，沿厂房纵向运行；小车支承在两榀桁架的轨道上，沿厂房横向运行。小车上设有可起吊的滑轮，在桥架及小车运行范围内的物体均可起吊。桥式吊车的起重量为 5t 至数百吨，均在操作室内操作。

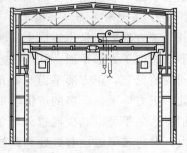

图 16-6　桥式吊车

2. 地面运输设备

（1）平板车。用于运输各种设备和条状、板状、块状材料，行驶于轨道上，轨距有 600mm、750mm 及 900mm 几种。

（2）移动式胶带运输机。用于由低处向高处运输块状或散状材料，倾角不大于 20°。移动式胶带运输机输送长度一般为 5m，7.2m，10m，相应输送最大高度为 1.7m，2.5m，3.2m；最大运送长度为 20m，输送最大高度为 6.8m。

（3）电动平板车。适用于车间内部或车间与车间之间的运输，轨距有两种：窄轨

762mm，标准轨 1435mm。轨距 762mm 的平板车载重量为 5t 及 10t，轨距 1435mm 的平板车载重量为 5～200t。

（4）电瓶车。既可装载货物，又可作牵引用。其动力为蓄电池，最小转弯半径 3.69m. 最小通道宽度 2.5m。

（5）叉式装卸车。既可装货，又可卸货，使用灵活，常用于仓库。

（6）载重汽车。主要用于近距离运输，也可用于车间与车间之间的运输。

（7）火车。适用于远距离运输和运输量很大的厂房。

3. 起重运输设备与厂房平面设计的关系

运输设备会直接影响厂房的平面布置和平面尺寸等。垂直起重的主要设备吊车，支承在吊车梁上，吊车梁支承在排架柱的牛腿上，因此，在确定厂房跨度时需考虑吊车的跨度；对外水平运输工具是汽车及火车。厂房平面中的跨度、门的宽度和数量等均应满足运输工具通行的要求。

16.2.4 单层厂房的平面形式

单层厂房的平面形式直接影响厂房的生产条件、交通运输和生产环境（如采光、通风、日照等），也影响建筑结构、施工及设备等的合理性与经济性。

确定单层厂房平面形式的因素主要有：生产规模大小、生产性质、生产特征、工艺流程布置、交通运输方式以及土建技术条件等。

常用的平面形式有：

1. 矩形平面 ［如图 16-7 (a)，(b)，(c) 所示］

单跨矩形平面为最基本的组合单元。单层厂房常采用平行多跨组合平面，组合方式应随生产工艺流程的布置而异。适应直线式、平行式的生产工艺流程的需求。这种平面形式的优点是运输路线简捷，工艺联系紧密，工程管线较短；形式规整，占地面积少；如整个厂房为等高等跨且轨顶标高相同时，则结构、构造简单，可取得施工快，造价低的效果。矩形平面一般适用于冷加工或小型热加工厂房。

2. 正方形平面 ［如图 16-7 (d) 所示］

正方形平面是由矩形平面演变而来的，当矩形平面纵横边长相等或接近，就形成正方形或近似正方形平面。从经济方面分析此种平面形式较优越，如图 16-8 所示，在面积相同的情况下，正方形平面与矩形平面、L 形平面相比，节约外围结构的周长约 25％。因此，正方形平面厂房的造价较矩形、L 形平面厂房的造价低。正方形平面厂房由于外墙面积少，冬季可以减少通过外墙的热量损失，节省燃料；夏季可以减少太阳辐射热传入室内，对防暑降温也有好处。此外，正方形平面通用性强，有利于抗震，近年来在国外发展较快，特别是在机械工业中应用较广。

3. L 形、﹝形、ɯ 形平面 (如图 16-7 (e)，(f)，(g) 所示)

工业厂房的生产特征对厂房的平面形式影响很大。有些热加工车间如炼钢、轧钢、铸工、锻工等车间，生产过程中会散发出大量的烟尘和余热，使生产环境恶化。在平面设计中为了提高生产效率，就必须使厂房具有良好的自然通风条件，迅速排除这些余热和烟尘。为此，厂房不宜太宽，应形成 L 形、﹝形、ɯ 形平面。这 3 种平面形式的特点是外墙

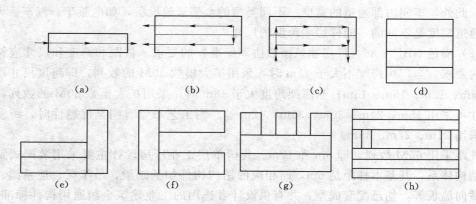

图16-7 单层厂房的平面形式示意图

较长，厂房各跨宽度不大，外墙上可多设门窗，使厂房内有较好的自然通风和采光条件，从而改善了室内劳动生产条件。但此3种平面由于各跨相互垂直，在垂直相交处结构、构造处理均较复杂；又因外墙较长，厂房内各种管线也相应增长，故造价较矩形平面形式高。

图16-8 平面形式比较

16.2.5 单层厂房的柱网选择

　　厂房承重柱在平面上排列时所形成的网格称为柱网。柱网的尺寸是由柱距和跨度组成的。如图16-9所示，单层厂房柱网尺寸示意图中，平行于厂房长度方向的定位轴线称纵向定位轴线，垂直于厂房长度方向的定位轴线称横向定位轴线。纵向定位轴线之间的距离称为跨度，横向定位轴线之间的距离称为柱距。柱网的选择实际就是选择柱距和跨度，其尺寸必须符合国家规范 GBJ6—86《厂房建筑模数协调标准》的有关规定。

　　工艺设计人员应根据工艺流程和设备布置特征对柱距和跨度提出要求，在此基础上，依据建筑及结构设计标准，最终确定厂房的柱距和跨度。柱网的选择应依据以下原则：

　　（1）满足生产工艺的要求。柱距和跨度尺寸要满足生产工艺的要求，如生产设备的大小及布置方式、材料及加工件的运输、生产操作和维修设备所要求的空间都会影响柱距和跨度

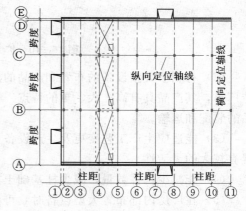

图16-9 单层厂房柱网尺寸示意图

尺寸。此外，车间内部通道的宽度、不同类型的水平运输设备，如电瓶车、汽车、火车等所需通道宽度是不同的，同样影响跨度的尺寸。

（2）满足 GBJ6—86《厂房建筑模数协调标准》的要求。柱距和跨度和尺寸应符合模数制的要求。当厂房跨度不大于 18m 时，采用扩大模数 30M 的数列，即跨度尺寸可采用 6m、9m、12m、15m、18m；当屋架跨度大于 18m 时，采用扩大模数 60M 的数列，即跨度尺寸可采用 18m、24m、30m、36m、42m 等。当工艺布置有明显优越性时，跨度尺寸亦可采用 21m、27m、33m。

柱距采用 60M 数列，即 6m 和 12m。我国单层工业厂房设计主要采用装配式钢筋混凝土结构体系，其基本柱距是 6m，而相应的结构构件如基础梁、吊车梁、连系梁、屋面板、横向墙板等，均已配套成型，并有供设计者选用的工业建筑全国通用构件标准图集，设计、制作、运输、安装都积累了丰富的经验。

（3）提高厂房的通用性和合理性。随着科学技术的发展，厂房内部的生产工艺、生产设备、运输设备等也在不断地变化、更新。为了使厂房能适应这种变化，厂房应有相应的灵活性和通用性。所以，宜采用扩大柱网，也就是扩大厂房的跨度和柱距。常用扩大柱网（跨度×柱距）为 12m×12m、15m×12m、18m×12m、24m×12m、18m×18m、24m×24m 等。

扩大柱网的优点是：

（1）可以提高厂房面积的利用率。为使设备基础与柱基础不致相碰撞，需在柱周围留出一定的距离。在 6m 柱距的厂房中，每一柱距内只能布置 1 台机床，若将柱距扩大到 12m，则每一柱距内可布置 3 台机床，提高了面积利用率，减少了柱子占用的结构面积，如图 16-10 所示。

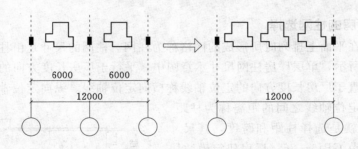

图 16-10　扩大柱距后增加设备布置

（2）有利于大型设备的布置和产品的运输。现代工业企业中，如重型机械厂、飞机制造厂等，其产品具有高、大、重的特点。柱网愈大，越能满足生产设备的布置要求以及产品的装配和运输。

（3）能适应生产工艺变更及生产设备更新的要求。柱网扩大后，使生产工艺流程的布置有较大的灵活性。

（4）能减少构件数量，减少柱基础土方工程量，施工进度也将明显加快。

（5）在厂房内部布置大型设备时，可将中列柱距扩大，边列柱仍保持 6m 柱距，如图 16-11 所示。

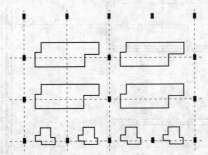

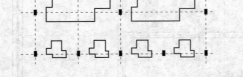

图 16-11　中列柱距扩大有利于布置大型设备　　　　图 16-12　托架

单层厂房采用扩大柱网后，承重方案有两种：

（1）有托架方案（如图 16-12 所示）。边列柱柱距 6m，中列柱柱距不小于 12m 时，在中列柱柱间设置托架梁，在梁中部承托屋架，使屋架间距仍为 6m，其他配套构件尺度也为 6m。此方案施工技术要求不高。

（2）无托架的方案。边列柱和中列柱柱距均为 12m，其他配套构件尺度也为 12m。此方案结构形式简单，配套构件数量少，工业化水平较高。方形柱网具有更大的通用性和灵活性，可以纵横布置生产线和设备。

选择方案时，主要取决于施工技术水平和结构设计要求。在实现建筑工业化时，以采用无托架方案为宜。

16.3　单层厂房的定位轴线

单层厂房定位轴线是确定厂房主要承重构件位置及其标志尺寸的基准线，同时也是厂房施工放线和设备定位的依据。为了满足建筑工业化的需求，应使厂房建筑主要构配件的几何尺寸达到标准化和系列化，减少构件类型，增加构件的互换性和通用性，厂房定位轴线的确定应执行 GBJ6—86《厂房建筑模数协调标准》的有关规定。

定位轴线的划分是在柱网布置的基础上进行的。通常把平行于厂房长度（即垂直于屋架）的定位轴线称为纵向定位轴线，厂房纵向定位轴线之间的距离是跨度。垂直于厂房长度方向（即平行于屋架）的定位轴线称为横向定位轴线，厂房横向定位轴线之间的距离是柱距。轴线的标注以建筑平面图为准，从左至右按 1、2、3、…顺序进行编号；由下而上按 A、B、C、…顺序进行编号。编号时不用 I、O、Z 3 个字母，以免与阿拉伯数字 1、0、2 相混（如图 16-13 所示）。

16.3.1　横向定位轴线

单层厂房的横向定位轴线主要用来标注纵向构件，如屋面板、吊车梁、连系梁、基础梁的标志尺寸及其与屋架（或屋面梁）之间的相互关系。确定横向定位轴线应主要考虑工艺的可行性、结构的合理性和构造的简单可行性。

1. 中列柱与横向定位轴线的联系

除厂房两端的边列柱外，屋架（或屋面梁）支承在柱子的中心线上，中列柱的横向定

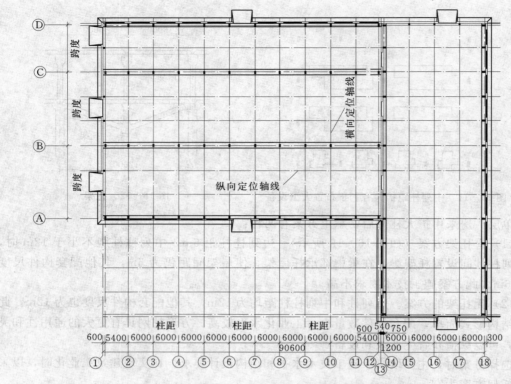

图 16-13　单层厂房平面柱网布置及定位轴线划分

位轴线与柱的中心线相重合（如图 16-14 所示）。横向定位轴线之间的距离即是柱距，在一般情况下，也就是屋面板、吊车梁在长度方向的标志尺寸。这样规定能使厂房构造简单、施工方便，有利于构配件通用及互换。

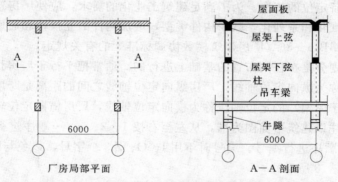

图 16-14　中列柱与横向定位轴线的联系

2. 伸缩缝、防震缝与横向定位轴线的联系

温度伸缩缝和防震缝处采用双柱双屋架（如图 16-15 所示），可使结构和建筑构造简单。为了保证缝的宽度的要求，该处应设两条横向定位轴线，并且两柱的中心线应从定位轴线向缝的两侧各移 600mm。两条定位轴线间的插入距离 A 值，等于伸缩缝或防震缝的缝宽 c（c 值按有关规范规定）。该处两条横向定位轴线与相邻横向定位轴线之间的距离与其他柱距保持一致。

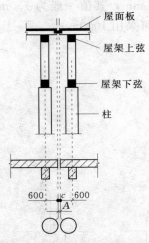

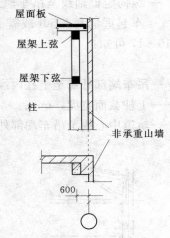

图 16－15　伸缩缝、防震缝与横向
　　　　　定位轴线的联系

图 16－16　非承重山墙与横向定位
　　　　　轴线的联系

3. 山墙与横向定位轴线的联系

按受力情况，可将单层厂房的山墙分为非承重墙和承重墙，其横向定位轴线的划分方法如下：

（1）山墙为非承重墙时，横向定位轴线与山墙内缘重合，并与屋面板（无檩体系）的端部形成"封闭"式联系（如图 16－16 所示）。端部柱的中心线从横向定位轴线内移600mm，与横向伸缩缝、防震缝柱子内移 600mm 相统一，以便减少吊车梁、屋面板等构件类型。为增强厂房纵向刚度，保证山墙稳定性，应设山墙抗风柱。将端部柱内移也便于设置抗风柱。抗风柱的柱距可采用 15M 数列，如 4500mm、6000mm、7500mm 等。为了使连系梁、基础梁等构件可以通用，山墙抗风柱柱距宜与厂房柱距统一，采用 6000mm。

（2）山墙为砌体承重墙时，墙体内缘与横向定位轴线的距离按砌体的块材类别为半块或半块的倍数，或墙体厚度的一半，如图 16－15 所示中的 A 值。

16.3.2　纵向定位轴线

单层厂房的纵向定位轴线主要用来标注厂房横向构件如屋架（或屋面梁）长度的标志尺寸，确定屋架（或屋面梁）、排架柱等构件间的相互关系。纵向定位轴线的具体位置应使厂房结构和吊车的规格协调，保证吊车与柱之间留有足够的安全距离，必要时，还应设置检修吊车的安全走道板。

1. 外墙、边柱与纵向定位轴线的联系

在有吊车的厂房设计中，由于屋架（或屋面梁）和吊车的设计生产制作都是标准化的，GBJ6—86《厂房建筑模数协调标准》对吊车规格与厂房跨度的关系有以下协调要求（如图 16－17 所示）：

$$L_K = L - 2e \tag{6-1}$$

式中　L_K——吊车跨度，即同一跨内吊车的两条轨道中心线的距离，m；

　　　　L——厂房跨度，即纵向定位轴线之间的距离，m；

e——纵向定位轴线至吊车轨道中心线的距离，mm，其值一般为 750mm，当吊车起重量大于 50t 或需设安全走道板时，可采用 1000mm。

由图 16-17 可知：

$$e=h+K+B \tag{6-2}$$

式中　K——吊车端部外缘至上柱内缘的安全距离，mm；

　　　h——上柱截面宽度，mm；

　　　B——轨道中心线至吊车端部外缘的距离，mm。

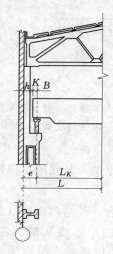

图 16-17　外墙、边柱与纵向
定位轴线的联系

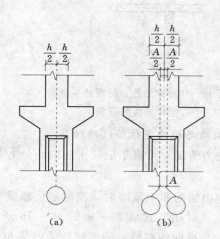

图 16-18　等高跨中柱与纵向定位
轴线的联系

2. 中柱与纵向定位轴线的联系

在多跨厂房中，中柱有平行等高跨和平行不等高跨两种形式。

（1）等高跨中柱与纵向定位轴线。当厂房为平行等高跨时，通常设置单柱和一条定位轴线，柱的中心线一般与纵向定位轴线相重合［如图 16-18（a）所示］。上柱截面宽度 A一般为 600mm，以满足屋架的支承长度的要求。此法上柱不带牛腿，构造简单。

当等高跨两侧或一侧的吊车起重量大于 30t、厂房柱距大于 6m 或构造要求等原因，为了满足吊车安全运行的要求时，中柱仍然可以采用单柱，但需设两条定位轴线。两条定位轴线之间的距离称为插入距，用 A 表示，采用 3M 数列。此时，柱中心线一般与插入距中心线相重合［如图 16-18（b）所示］。

如果因设插入距而使上柱不能满足屋架支承长度要求时，上柱应设小牛腿。

（2）高低跨中柱与纵向定位轴线。

1）设一条定位轴线。当厂房为平行不等高跨，且采用单柱时，高跨上柱外缘一般与纵向定位轴线相重合［如图 16-19（a）所示］。

2）设两条定位轴线。当上柱外缘与纵向定位轴线不能重合时，应设两条定位轴线。高跨定位轴线与上柱外缘之间设联系尺寸 D，为简化构造，低跨定位轴线与高跨定位轴线之间的插入距等于联系尺寸［如图 16-19（b）所示］。

当高跨和低跨均为封闭结合，而两条定位轴线之间设有封墙时，则插入距应等于墙厚 B [如图 16 – 19（c）所示]。

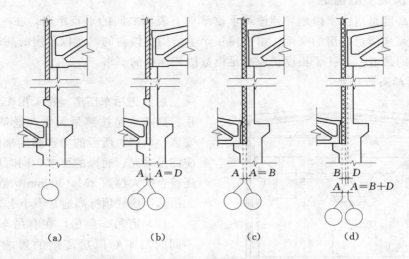

图 16 – 19　无变形缝的平行高低跨中柱与纵向定位轴线的联系

当高跨为非封闭结合，且高跨上柱外缘与低跨屋架端部之间设有封墙时，则两条定位轴线之间的插入距等于墙厚 B 与联系尺寸 D 之和 [如图 16 – 19（d）所示]。

3. 纵横跨连接处柱与定位轴线的联系

有纵横跨的厂房，由于纵跨和横跨的长度、高度、吊车起重量都可能不相同，为了简化结构和构造，设计时常将纵跨和横跨的结构分开，并在两者之间设置伸缩缝、防震缝、沉降缝。纵横跨连接处设双柱、双定位线。两定位轴线之间设插入距 A（如图 16 – 20 所示）。

当纵跨的山墙比横跨的侧墙低，长度小于或等于墙时，则可采用双柱单墙处理，插入距 A 为砌体墙度与变形缝宽度之和。当横跨为非封闭结合时，仍采用单墙处理（如图 16 – 20 所示）。

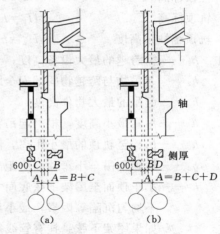

图 16 – 20　纵横跨连接处定位轴线的划分

16.4　单层厂房的剖面设计

生产工艺对剖面设计有很大的影响，生产设备的体型大小、加工产品的体量与重量、起重设备的类型和起重量都直接影响厂房的剖面形式。单层厂房的剖面设计是在工艺设计和平面设计的基础上，着重解决厂房在垂直空间方面如何满足生产工艺的各项要求。

剖面设计应主要满足以下要求：满足生产需要的高度；良好的天然采光和自然通风；

合理的屋面排水组织。

16.4.1　厂房高度的确定

厂房的高度是指由室内地坪到屋顶承重结构下表面之间的垂直距离，在一般情况下，常以柱顶标高来衡量厂房的高度。由于屋顶承重结构是倾斜的，所以厂房的高度应算到屋顶承重结构的最低点，柱子长度仍应满足模数协调标准的要求。

1. 柱顶标高的确定

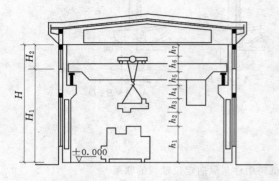

图 16-21　厂房高度的组成示意图

（1）无吊车厂房。在无吊车厂房中，柱顶标高通常是按照最大生产设备及其使用、安装、检修时所需的净空高度来确定的，且应满足采光、通风的要求，同时柱顶标高度还符合扩大模数 3M（300mm）数列的规定。无吊车厂房柱顶标高通常不小于 3.9m。

（2）有吊车厂房。在有吊车的厂房中，不同的吊车对厂房高度的影响各不相同。以采用梁式或桥式吊车的厂房为例，如图 16-21 所示：

柱顶标高	$H=H_1+H_2$	(16-3)
轨顶标高	$H_1=h_1+h_2+h_3+h_4+h_5$	(16-4)
轨顶至柱顶高度	$H_2=h_6+h_7$	(16-5)

式中　h_1——需跨越的最大设备高度；

h_2——起吊物与跨越物间的安全距离，一般为 400～500mm；

h_3——起吊的最大物件高度；

h_4——吊索最小高度，根据起吊物件的大小和起吊方式决定，一般大于 1m；

h_5——吊钩至轨顶的最小距离，由吊车规格表中查得；

h_6——轨顶至吊车小车顶面的距离，由吊车规格表中查得；

h_7——小车顶面至屋架下弦底面之间的安全距离，应考虑到屋架的挠度、厂房可能不均匀沉陷等因素，最小尺寸为 220mm，湿陷黄土地区一般不小于 300mm。如果屋架下弦悬挂有管线等其他设施时，还需另加必要的尺寸。

根据 GBJ6—86《厂房建筑模数协调标准》的规定，柱顶标高 H 应为 300mm 的倍数。轨顶标高 H_1 常取 600mm 的倍数。

2. 多跨单层厂房高度的确定

在多跨厂房中，由于厂房高低不齐，在高低错落处需增设墙梁、女儿墙、泛水等（如图 16-22 所示），使构件种类增多，剖面形式、结构和构造复杂化，造成施工不便并增加造价。根据 GBJ6—86《厂房建筑模数协调标准》中规定：在采暖和不采暖的多跨厂房中，当高差值等于或小于 1.2m 时不宜设高度差；在不采暖的厂房中，当高跨一侧仅有一个低跨，且高差值等于或小于 1.8m 时，也不宜设高度差。所以，当生产上要求的厂房高度相差不大时，将低跨抬高与高跨齐平比设高低跨更经济合理，并有利于统一厂房结构，加快施工进度，为工艺灵活变动创造条件。

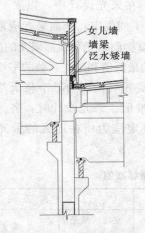
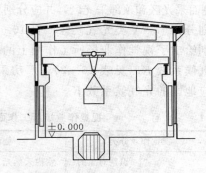

图 16-22　厂房高低跨处构造　　　图 16-23　设置地坑降低厂房高度

3. 剖面空间的利用

在确定厂房高度时，应在不影响生产使用的前提下，有效地利用和发掘厂房空间的潜力，降低厂房高度，节省建筑造价。当厂房内有个别高大设备或需高空间操作的工艺环节时，可采取以下措施避免提高整个厂房的高度：

（1）降低高大设备或需高空间操作位置局部地面标高（设置地坑），如图 16-23 所示。

（2）利用两榀屋架间的空间来布置个别特殊高大的设备。

（3）局部提高个别设备处厂房的净空高度。

（4）在确保生产和工人安全的情况下，利用车间内走道空间进行起重运输，则需跨越的设备高度 h_1 可不计入柱顶高度 H 之内，使厂房高度降低，剖面空间得到充分利用。

4. 室内地坪标高的确定

厂房室内地坪标高分为绝对标高和相对标高。绝对标高是在总平面设计时确定的，确定室内地坪标高就是确定相对标高（±0.000）相对于室外地面的高差，以防雨水侵入室内。同时，考虑到厂房生产所需的运输车辆出入方便，室内外相差不宜大，一般取 150～200mm，常在大门处设坡道连接。

当厂房建在地形较平坦的地段上时，一般室内取一个标高。当在山地建厂时，则应结合地形确定室内地坪标高，尽量减少土石方工程量，以利于加快施工进度，降低工程造价。在工艺允许的条件下，通常可将车间各跨分别顺着等高线布置在不同标高的台阶上，工艺流程则可由高跨处流向低跨处，利用物体自重进行运输，这样可以大量减少运输费和动力的消耗。

16.4.2　厂房的天然采光

厂房室内通过窗口获取天然光线称为天然采光。在厂房设计时应首先考虑天然采光。采光设计是根据室内生产对采光的要求确定窗口大小、形式、位置等，以保证室内光线的强弱及质量。

1. 天然采光标准

我国 GB/T50033—2001《建筑采光设计标准》规定：在采光设计中，以采光系数 C 作为采光设计的数量指标，采光系数标准值的选取，应符合下列规定：侧面采光应取采光系数的最低值 C_{min}；顶部采光应取采光系数的平均值 C_{av}；对兼有侧面采光和顶部采光的房间，可将其简化为侧面采光区和顶部采光区，并应分别取采光系数的最低值和采光系数的平均值。

我国划分为 Ⅰ～Ⅴ 类光气候区，表 16-1 中，以 Ⅲ 类光气候区为基准将天然采光分为五级，分别给出了视觉作业场所工作面上的采光系数标准值。采光设计时，各光气候区取不同的光气候系数 K（见表 16-2），厂房采光系数的确定应为所在地区的采光系数标准值乘以相应地区的光气候系数 K。

表 16-1   **视觉作业场所工作面上的采光系数标准值**

采光等级	视觉作业分类		侧面采光		顶部采光	
	作业精确度	识别对象的最小尺寸 (mm)	室内天然光临界照度 (lx)	采光系数 C_{min} (%)	室内天然光临界照度 (lx)	采光系数 C_{av} (%)
Ⅰ	特别精细	≤0.15	250	5	350	7
Ⅱ	很精细	0.15<d≤0.3	150	3	225	4.5
Ⅲ	精细	0.3<d≤1.0	100	2	150	3
Ⅳ	一般	1.0<d≤5.0	50	1	75	1.5
Ⅴ	粗糙	>5.0	25	0.5	35	0.7

表 16-2   **光气候系数 K**

光气候区	Ⅰ	Ⅱ	Ⅲ	Ⅳ	Ⅴ
K 值	0.85	0.90	1.00	1.10	1.20
室外天然光临界照度值 E_1 (lx)	6000	5500	5000	4500	4000

各类工业建筑采光等级可根据表 16-3 确定，并根据表 16-1 及表 16-2 选取计算采光系数。

表 16-3   **工业建筑采光等级举例**

采光等级	车 间 名 称
Ⅰ	特别精密机电产品加工、装配、检验；工艺品雕刻、刺绣、绘画
Ⅱ	很精密机电产品加工、装配、检验；通信、网络、视听设备的装配与调试；纺织品精纺、织造、印染；服装裁剪、缝纫及检验；精密理化实验室、计量室、主控制室；印刷品的排版、印刷；药品制剂
Ⅲ	机电产品加工、装配、检修；一般控制室；木工、电镀、油漆铸工理化实验室；造纸、石化产品后处理；冶金产品冷轧、热轧、拉丝、粗炼
Ⅳ	焊接、钣金、冲压剪切、锻工、热处理；食品、烟酒加工和包装；日用化工产品；炼铁、炼钢、金属冶炼；水泥加工与包装
Ⅴ	发电厂主厂房；煤的加工、运输、选煤；配料间、原料间；压缩机房、风机房、锅炉房、泵房、电石库、乙炔库、氧气瓶库、汽车库、大中件贮存库

厂房进行采光设计时，还应注意采光应均匀照亮，避免光对生产工作产生遮挡和眩光。可采取以下有效措施以减小窗产生的眩光影响：

（1）作业工作面应减少或避免直射阳光；

（2）作业人员应避免将窗口作为视觉背景；

（3）采用室内外遮阳设施，降低窗户亮度或减少天空视域；

（4）窗结构的内表面或窗周围的内墙面宜采用浅色饰面，以减小与窗口的视觉亮度对比。

2. 采光面积的确定

采光面积一般根据厂房的采光、通风、立面设计等综合因素确定。对于Ⅲ类光气候区的普通玻璃单层铝窗采光，其采光窗洞口面积可根据表 16-4 所列的窗地面积比估算。非Ⅲ类光气候区的窗地面积比应乘以表 16-2 的光气候系数 K。

表 16-4 采 光 窗 窗 地 面 积 比

采光等级	侧窗	矩形天窗	锯齿形天窗	平天窗
Ⅰ	1/2.5	1/3	1/4	1/6
Ⅱ	1/3	1/3.5	1/5	1/8
Ⅲ	1/4	1/4.5	1/7	1/10
Ⅳ	1/6	1/8	1/10	1/13
Ⅴ	1/10	1/11	1/15	1/23

3. 天然采光方式

根据采光口在外围护结构上的位置，天然采光可分为侧面采光（侧窗）、顶部采光（天窗）和混合采光（侧窗＋天窗）3 种方式，如图 16-24 所示。在实际厂房设计时大多采用侧窗采光和混合采光，很少单独采用天窗采光。

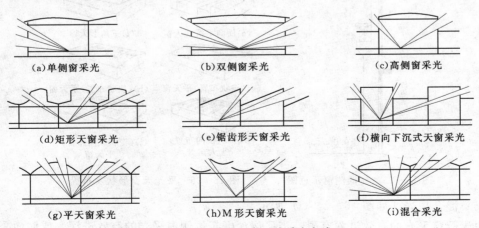

（a）单侧窗采光　　　　（b）双侧窗采光　　　　（c）高侧窗采光

（d）矩形天窗采光　　　（e）锯齿形天窗采光　　（f）横向下沉式天窗采光

（g）平天窗采光　　　　（h）M 形天窗采光　　　（i）混合采光

图 16-24　单层厂房天然采光方式

（1）侧面采光［如图 16-24（a）、（b）、（c）所示］。侧面采光是指利用开设在外墙上的侧窗进行采光。其特点是构造简单，施工方便、造价低廉、视野开阔、有利于消除疲劳。

侧面采光分单侧采光和双侧采光两种。当厂房进深不大于窗高的 1.5～2 倍时，宜采用单侧采光，但这种采光方式光线在深度方向衰减较大，光照不均匀。双侧采光是单跨厂房中常见的形式，它提高了厂房采光的均匀程度，可满足较大进深的厂房。

在有吊车梁的厂房，宜采用高低侧窗的采光方式（如图 16-25 所示）。为了不使吊车梁遮挡光线和方便检修，高侧窗的下沿距吊车梁顶面的距离一般取 600mm，低侧窗的下沿略高于工作面，通常取 900～1200mm，这样透过高侧窗的光线，提高了远离窗户处的采光效果，改善了厂房光线的均匀度。

侧窗之间的窗间墙宽度也影响光线的分布情况，窗间墙愈宽则光线愈明暗不均，所以窗间墙宽度不宜太宽，一般以小于等于窗宽为宜，取消窗间墙将侧窗做成带形窗能提高工作面上的光线均匀度。

（2）顶部采光［如图 16-24（d）、（e）、（f）、（g）、（h）所示］。顶部采光是指利用设置在屋顶上的天窗进行采光。当厂房为连续多跨，中间跨无法通过侧窗进行采光，或侧墙上由于某种原因不开设采光窗时，则在屋顶上开设采光天窗，采用顶部采光的方式解决厂房的天然采光问题。其特点是容易使室内获得较均匀的光线，采光效率较侧窗高，布置灵活，但构造复杂，造价较高。

采光天窗有多种形式，常见的有矩形、梯形、三角形、M 形、锯齿形以及横向天窗、平天窗等（如图 16-26 所示）。

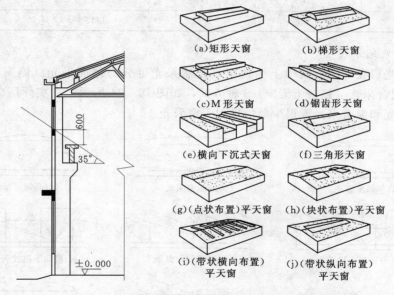

图 16-25　高低侧窗示意图　　　图 16-26　采光天窗形状及布置

（3）混合采光［如图 16-24（i）所示］

由于侧窗采光的有效进深有限，当厂房深度超过侧窗采光的有效进深、或侧面采光不能满足要求时．则在屋顶上开设天窗加以补充，采用混合采光的方式解决天然采光问题。

16.4.3　厂房的自然通风

自然通风是指有效地利用空气的热压和风压作用来实现厂房的通风换气。

1. 自然通风原理

(1) 热压作用。由于厂房内部各种热源排放出的大量热量提高了室内空气温度，使空气体积膨胀，密度变小而自然上升。室外空气温度相对较低，密度较大。室内外空气的压力差使冷空气由外围护结构下部的门窗洞口进入室内，而室内上升的热空气便从出气口排出，如此循环，达到通风的目的。这种利用室内外冷热空气产生的压力差进行通风的方式，称为热压通风。单层单跨厂房的矩形天窗利用热压通风的原理如图 16-27 所示。

(2) 风压作用。当风吹向建筑物时，建筑物迎风面的空气压力增加，迎风面区域为正压区，用符号"+"表示；当风越过建筑物迎风面时，使建筑物顶面、背面和侧面均形成负压区，用符号"-"表示，如图 16-28 所示。在厂房中，正压区的洞口为进风口，负压区的洞口为排风口。这样，就会使室内外空气进行交换，这种由于风而产生的空气压力差称为风压通风。

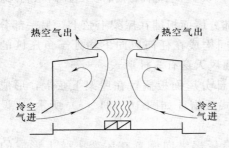

图 16-27 热压通风的原理示意图

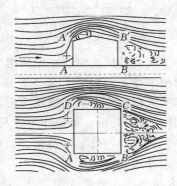

图 16-28 风绕厂房流动时示意图

在剖面设计中，应根据自然通风的热压原理和风压原理，正确布置进风口和排风口的位置。建筑设计应考虑各个风向都有进风口和排风口，合理组织气流，达到通风换气的目的。为了增大厂房内部的通风量，应考虑主导风向，尽量使厂房长轴垂直于当地的夏季主导风向。

2. 自然通风设计要点

为使厂房能够更好地达到自然通风，设计时应重点考虑以下方面：

(1) 限制厂房宽度，合理选择朝向。一般说来，南北朝向较为合理。

(2) 厂房的群体平面布局应利于自然通风。一般采用错列式和斜列式。

(3) 进出风口高度及面积应适宜。一般进风口宜低设，面积等于或小于出风口。

(4) 选用合理的挡风、导风构造。如挡风板、百叶板、中轴旋转窗扇等。

(5) 炎热地区的热加工厂房外墙可设计为开敞式。

3. 通风天窗的类型及选择

以通风为主的天窗称为通风天窗。无论是多跨或单跨车间，仅靠高低侧窗通风往往不能满足车间的生产要求，一般都在屋顶上设置天窗。通风天窗的类型主要有矩形通风天窗和下沉式通风天窗两种，应结合厂房的生产工艺及体型特征，选择排风量大、构造简单、施工方便、造价经济、防雨性好的天窗类型。

（1）矩形通风天窗。为防止风压和热压共同作用下的迎风面对室内排气口产生的不良影响，最有效的办法，是在矩形天窗的两侧距离排风口一定距离的地方设置挡风板，如图16-29所示，无论风从何处吹来，均可使排风口始终处于负压区。通常，挡风板至矩形天窗的距离 L 以等于排风口高度 h 的 $1.1\sim 1.5$ 倍为宜，即 $L=1.1h\sim 1.5h$。喉口宽度 b 与窗高 h 之间的关系为：当 $b<6m$ 时，$h=(0.4\sim 0.5)b$；当 $b>6m$ 时，$h=(0.3\sim 0.4)b$。

当平行等高跨两矩形天窗排风口的距离 $L\leqslant 5h$ 时，如图16-30所示，两天窗互起挡风板作用，可不设另设挡风板。

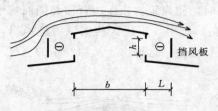 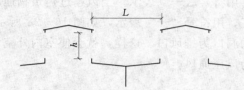

图16-29 矩形通风天窗　　　　图16-30 平行等高跨两矩形天窗间不设挡风板

（2）下沉式通风天窗。在屋顶结构中，一部分屋面板铺在屋架上弦上，另一部分屋面板铺在屋架下弦上。屋架上弦与下弦之间的空间构成在任何风向下均处于负压区的排风口，这样的天窗称为下沉式通风天窗。下沉式通风天窗有3种形式：

1）井式通风天窗。每隔一个或几个柱距将部分屋面板搁置在屋架下弦上，形成一个个的"井"式天窗，处于屋顶中部的称为中井式天窗［如图16-31（a）所示］，设在边部的称为边井式天窗。

2）纵向下沉式通风天窗。将部分屋面板沿厂房纵向搁置在屋架下弦上形成的天窗［如图16-31（b）所示］。它可布置在屋脊处或屋脊两侧。

（a）中井式天窗　　　（b）纵向下沉式通风天窗　　　（c）横向下沉式通风天窗

图16-31 下沉式通风天窗

3）横向下沉式通风天窗。沿厂房横向将一个柱距内的屋面板全部搁置在屋架下弦上所形成的天窗称为横向下沉式通风天窗［如图16-31（c）所示］。这种天窗采光均匀，排气路线短，适用于对采光、通风都有要求的加工热车间。在东西朝向的车间中，采用横向下沉式天窗可减少直射阳光对厂房的影响。

下沉式通风天窗与矩形通风天窗比较，有以下优点：降低厂房高度，造价低，抗震好，通风流畅，布置灵活。

16.4.4　厂房的屋面排水方式与屋顶形式

厂房屋面排水方式与民用建筑类似，可分成无组织排水和有组织排水。无组织排水构造简单，造价低，施工方便；有组织排水构造复杂，造价高，施工和维修复杂。厂房排水方式的选择应根据气候条件、生产方式、屋顶面积大小等因素综合考虑。如生产过程中散发大量粉尘的厂房屋面积灰多，下雨时被冲进天沟会造成排水管堵塞，应尽量采用无组织排水。但对于屋顶面积大的厂房或多跨厂房，有时不可避免地需选择有组织排水。有组织排水分为外排水和内排水。排水方式的不同会对厂房屋顶形式产生较大影响。

为了避免排水管堵塞、天沟积水、屋面易渗漏等问题，设计时可采用少沟无沟的缓长坡屋面（如图 16-32 所示）或双坡屋面的屋顶形式（如图 16-33 所示），它避免了天沟，减少了水落管及地下排水管网的数量，简化了构造，并能保证生产的正常运行。在国外，除大型热车间采用坡度较大的屋顶外，一般机械厂房都有向缓长坡屋顶发展的趋势，这样的屋顶形式使墙板类型大为减少，有利于建筑工业化，还能在屋顶布置一些小型辅助房间，扩大生产面积。有隔热要求时，还可利用屋顶种植花草，既改善了环境，又是隔热的有效措施。

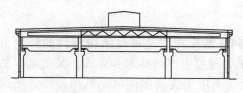

图 16-32　缓长坡屋面

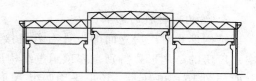

图 16-33　双坡屋面

16.5　单层厂房的立面设计

单层厂房的体形及其外部形象受到功能、结构、材料、施工技术条件等因素的严格限制，与生产工艺、平面形状、剖面形式、周围环境、气候条件和结构类型等有着密切的关系。单层厂房立面设计是在建筑体型组合的基础上进行的，必须符合我国的建设方针，根据建筑功能需求、技术水平、经济条件、运用建筑构图的基本原理和处理手法，使建筑具有简洁、朴素、大方、新颖的外观形象。

16.5.1　单层厂房立面设计的影响因素

单层厂房立面设计的影响因素主要有以下 3 个方面：

1. 使用功能的影响

生产工艺流程、生产状况、运输设备等不仅对厂房平面、剖面设计有影响，而且也影响着立面的处理。

某单层金工车间（如图 16-34 所示）内部空间较高，面积较大，屋顶设置锯齿形天窗，以满足车间天然采光的要求。竖向布置的预应力墙板，具有明显的垂直方向感，有规律相间布置的条形窗、条形墙和锯齿形屋顶，都富有节奏韵律感。垂直的墙面和侧窗形成明显的虚实对比，入口处理简洁，与整个建筑立面的风格协调一致，整个立面处理朴素、大方、新盈。

某洁净车间（如图 16-35 所示）内部面积较大，外墙采用玻璃幕墙，既能满足车间天然采光的要求，又能突出车间洁净的外墙特征。半隐框玻璃幕墙的横向框架凸显，再加上水平方向的白色线条及屋檐，使车间外立面更加舒展。玻璃幕墙上部的竖向构件及下部的柱，形成富有节奏的韵律感奏。整个车间外立面水平与垂直形成强烈的对比。入口雨棚的柱与立面其他柱协调一致，整个立面处理明快、轻盈。

图 16-34 某金工车间外立面

图 16-35 某洁净车间外立面

2. 结构、材料的影响

结构形式对厂房立面的设计有着直接影响，同样的生产工艺可以采用不同的结构方案。厂房的结构形式特别是屋顶承重结构形式在很大程度上影响体形和立面。某造纸厂的立面如图 16-36 所示。该厂采用两组 A 形钢筋混凝土塔架支承钢缆绳，悬吊屋顶，屋顶由 4 根纵向钢梁及斜交梁组成。钢缆通过塔架顶部把 4 根纵向钢梁悬挂起来。车间外墙不与屋顶相连，车间内部没有柱子，工艺布置灵活，使用方便。该厂房的外围护结构，采用大面积钢筋混凝土肋条镶嵌磨砂玻璃，给人以明快、活泼的感受。

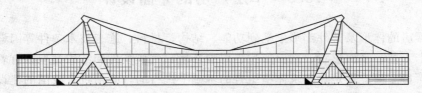
图 16-36 某造纸厂的立面

3. 环境、气候的影响

环境、气候条件主要指太阳辐射强度、室外空气温度、相对湿度等。气候条件直接影响厂房立面的设计。如北方气候寒冷，冬季厂房有保温要求，窗洞面积较小而墙体面积较大，给人以稳重厚实的感觉；南方炎热地区强调避风、散热，窗洞口面积较大，为减少太阳辐射热的影响，常采用遮阳板，建筑物的形象给人以开敞、明快的感觉，平面布局较灵活。北方和南方的陶瓷厂（如图 16-37 所示），因建于不同气候条件下，厂房的外立面及体型特征明显不同。

16.5.2　单层厂房立面设计的方法

厂房的立面设计是在已有的体型基础上利用柱子、勒脚、门窗、墙面、线脚、雨棚等部件，结合建筑构图的规律进行有机地结合与划分，使立面简洁大方，比例恰当，达到完整匀称、节奏自然、色调质感协调统一的效果。

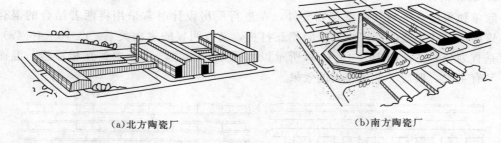

(a)北方陶瓷厂   (b)南方陶瓷厂

图 16-37　建于不同气候条件下的陶瓷厂

外墙是单层厂房外围护结构的主要组成部分,其所占的比例与厂房的性质、建筑采光等级、地区室外照度和地区气候条件有关,外墙的墙面大小与色彩,门窗的大小、比例、位置、组合形式等直接关系到厂房的立面效果。

以外墙面的立面设计为例,墙面划分方法有以下3种:

1. 水平划分

在外墙面水平方向设置带形窗,或利用通长的水平遮阳板、窗眉线、窗台线、勒脚线等,使窗洞口上下的窗间墙构成水平横线条(如图 16-38 所示);还可采用不同材料、不同色彩处理的窗间墙,使厂房立面显得平稳、明快、大方。

(a)   (b)

图 16-38　墙面水平划分

2. 垂直划分

根据砌块或板材的墙体结构特点,利用承重的柱子、壁柱、向外突出的窗间墙、竖向条形组合窗等构成竖向线条,使扁平的单层厂房立面显得挺拔、有力。门窗洞口和窗间墙在立面中重复使用,使整个墙面产生统一的韵律。如隔一定距离插入局部的变化,可避免立面单调而富有节奏感(如图 16-39 所示)。

(a)   (b)

图 16-39　墙面垂直划分

3. 混合划分

除单独采用水平划分或垂直划分外，在进行厂房设计时常采用将两者结合的混合划分。这种的设计手法使厂房立面既能相互衬托，又有明显的主次关系。图 16-40 (a) 所示以垂直划分为主，图 16-40 (b) 所示以水平划分为主，两者达到互相渗透，混而不乱，又有主次，形成了生动和谐的效果。

(a)垂直划分为主　　　　　　　　　　　　　(b)水平划分为主

图 16-40　墙面混合划分

❓ 习题与实训

1. 填空题

(1) 单层厂房的平面设计需考虑的影响因素有：＿＿＿＿＿、＿＿＿＿＿、＿＿＿＿＿、＿＿＿＿＿、＿＿＿＿＿。

(2) 按照生产工艺流程，常用的厂房平面组合方式有＿＿＿＿＿、＿＿＿＿＿、＿＿＿＿＿。

(3) 柱网的选择实际就是选择＿＿＿＿＿和＿＿＿＿＿。

(4) 装配式钢筋混凝土排架结构体系的单层工业厂房采用的基本柱距是＿＿＿＿＿。

(5) 装配式钢筋混凝土结构体系厂房的基本柱距是 6m，当中列柱柱距 12m 或 12m 以上时，在中列柱柱间设置＿＿＿＿＿，在梁中部承托屋架。

(6) 厂房的高度是指由＿＿＿＿＿到＿＿＿＿＿之间的垂直距离，在一般情况下，常用来衡量厂房的高度。

(7) 为了避免排水管堵塞、天沟积水、屋面易渗漏等问题，设计时可采用＿＿＿＿＿屋面形式。

(8) 为了增大厂房内部的通风量，应尽量使厂房长轴＿＿＿＿＿于当地的夏季主导风向。

(9) 温度伸缩缝和防震缝处应设两条横向定位轴线，并且两柱的中心线应从定位轴线向缝的两侧各移＿＿＿＿＿。

(10) 厂房外墙面的立面设计时，墙面划分方法有＿＿＿＿＿、＿＿＿＿＿、＿＿＿＿＿。

2. 选择题

(1) 根据 GBJ6—86《厂房建筑模数协调标准》规定，当排架结构单层厂房跨度不大于 18m 时，采用扩大模数（　　）的数列；当屋架跨度大于 18m 时，采用扩大模数（　　）的数列。

A、30M，30M　　　　B、30M，60M　　　　C、60M，30M　　　　D、60M，60M

（2）单层工业厂房非承重山墙端部柱的中心线应（　　　）。

A、与山墙内缘相重合

B、在山墙内，并距山墙内缘为半砖或半砖的倍数

C、从横向定位轴线内移 600mm

D、从山墙中心线内移 600mm

（3）在初步设计阶段，可根据（　　　）来估算厂房采光口面积。

A、建筑模数　　　　B、窗地面积比　　　　C、立面效果　　　　D、造型要求

（4）以下起重运输设备的起重量可达数百吨的是（　　　）。

A、悬臂吊车　　　　B、单轨悬挂吊车　　　　C、梁式吊车　　　　D、桥式吊车

（5）采光均匀度最差的采光方式是（　　　）。

A、单侧采光　　　　B、双侧采光　　　　C、天窗采光　　　　D、混合采光

（6）矩形通风天窗为防止迎风面对排气口的不良影响，应设置（　　　）。

A、固定窗　　　　B、挡风板　　　　C、挡雨板　　　　D、上旋窗

（7）我国 GB/T 50033—2001《建筑采光设计标准》中将工业生产的采光等级分为
（　　　）级。

A、Ⅲ　　　　B、Ⅳ　　　　C、Ⅴ　　　　D、Ⅵ

（8）通常，采光效率最高的是（　　　）天窗。

A、下沉式　　　　B、矩形　　　　C、平天窗　　　　D、锯齿形

（9）单层厂房立面设计的影响因素不包括（　　　）。

A、使用功能　　　　B、环境、气候　　　　C、地质条件　　　　D、结构、材料

（10）在有吊车的厂房设计中，吊车规格 L_K 与厂房跨度 L 的关系为（　　　）。

A、$L_K = L - e$　　　　B、$L_K = L + e$　　　　C、$L_K = L - 2e$　　　　D、$L_K = L + 2e$

3. 简答题

（1）生产车间，一般由哪些内部空间组成？

（2）厂房采用扩大柱网有哪些优点？

（3）如何确定有吊车厂房柱顶标高？

（4）厂房进行采光设计时，可采取哪些有效措施减小窗户产生的眩光影响？

4. 设计题

单层工业厂房设计任务书

（1）设计条件

某金工车间工艺平面如图 16-41 所示，其中：

1）10t，20t 吊车轨顶标高为 7.8m，由吊车规格表查得：吊钩至轨顶的最小距离 $h_5 = 323mm$，轨顶至吊车小车顶面的距离 $h_6 = 1749mm$；

20t 吊车轨顶标高为 7.8m，由吊车规格表查得：吊钩至轨顶的最小距离 $h_5 = 501mm$，轨顶至吊车小车顶面的距离 $h_6 = 2066mm$；

30t/5t 吊车轨顶标高为 10.2m，由吊车规格表查得：吊钩至轨顶的最小距离 $h_5 = 839mm$，轨顶至吊车小车顶面的距离 $h_6 = 2698mm$。

2）厂房内采用中型卡车作为水平运输设备，在每跨山墙中间各设一个大门，高宽各不小于3.6m。

3）厂房采光等级为Ⅲ级，气候条件结合本地区由指导教师给定。

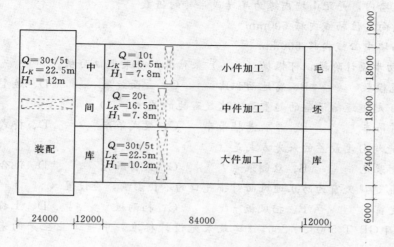

图16-41 某金工车间工艺平面

（2）设计要求。

完成平面图及剖面图各一张，比例自定。

1）平面图设计，绘制内容如下：

a. 进行柱网布置。

b. 划分定位轴线并编号。

c. 布置外墙、门窗，入口处布置坡道。

d. 绘制吊车轮廓线、吊车轨道中心线；标注吊车吨位 Q 值、吊车跨度 L_K 值、纵向定位轴线至吊车轨道中心线的距离 e 值。

e. 标注两道尺寸线（轴线尺寸、总尺寸）。

2）剖面图设计，绘制内容如下：

a. 确定厂房高度，标注两道尺寸线（轴线尺寸、总尺寸），绘出定位轴线并编号。

b. 绘出室内外地面、外墙、门窗、屋面、女儿墙，标注出室内外地面标高、门窗洞口标高、轨顶标高、柱顶标高。

第17章 单层厂房构造

本章要点

1. 熟悉单层厂房的结构类型。
2. 掌握单层厂房的主要承重构件。
3. 掌握单层厂房外墙、屋顶和天窗的构造。

17.1 概　　述

17.1.1　单层厂房中的荷载和结构类型

1. 单层厂房中的荷载

单层厂房中的荷载分为动荷载和静荷载两大类。

（1）动荷载主要是由吊车运行时的启动和制动力构成，此外还有地震荷载、风荷载等。

（2）静荷载一般包括建筑物的自重、吊车自重、雪荷载、积尘荷载等。

2. 单层厂房的结构形式

单层厂房的结构形式，主要有排架结构和刚架结构两种。

（1）排架结构。这是广泛采用的一种结构形式。排架结构是由柱子、基础、屋架（屋面梁）构成的一种骨架体系。它的基本特点是柱子、基础、屋架（屋面梁）均是独立构件。在连接方式上，屋架（屋面梁）与柱子的连接一般为铰接，柱子与基础的连接一般为刚接。排架与排架之间通过吊车梁、连系梁（墙梁与圈梁）、屋面板等构成支承系统，其作用是保证排架的横向稳定性。

（2）刚架结构。这种结构是屋架（屋面梁）与柱子合并为一个构件。柱子与屋架（屋面梁）连接处一般为一整体刚性节点，柱子与基础的连接节点一般为铰接节点。

17.1.2　单层厂房构件组成

单层厂房主要构件组成如图17-1所示。

1. 屋盖结构

单层厂房的屋盖结构包括屋面板、屋架（或屋面大梁）、天窗架、托架等。

（1）屋面板。屋面板通常在屋架或屋面梁的上方，直接承受屋面的荷载，并将其传递给屋架（或屋面大梁）。

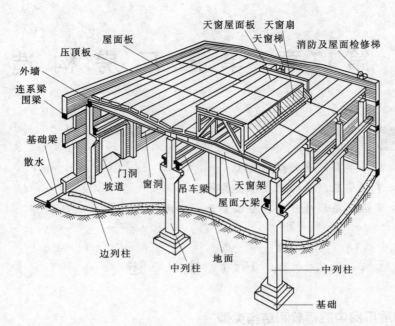

图 17-1　装配式钢筋混凝土结构的单层厂房构件组成图

（2）屋架（或屋面大梁）。它是屋盖结构中主要承重构件。屋面板上方的荷载、天窗荷载等由屋架（或屋面大梁）承担。屋架（或屋面大梁）一般搁置在柱子上。

2．吊车梁

吊车梁通常搁置在柱子的牛腿上。吊车梁的作用是承受吊车自重、吊车的起重量以及吊车启动、制动时产生的冲击力，并将这些荷载传递给柱子。

3．柱子

柱子是厂房中主要的竖向承重构件，它承受屋盖、吊车梁、墙体上的荷载，把这些荷载传递给基础。柱子也承受山墙传递过来的风荷载。

4．基础

基础的作用，主要是承担作用在柱子上的全部荷载及基础梁上部分墙体荷载，再由基础传给地基。基础通常采用柱下独立基础。

5．外墙围护系统

单层厂房外墙围护系统，包括外墙、抗风柱、墙梁、基础梁等。这些构件所承受的荷载主要是自重，也要承受作用在墙上的风荷载等。单层厂房的外围护结构还包括屋顶、地面、门窗、天窗等。

6．支撑系统

单层厂房的支撑系统，包括柱间支撑系统和屋盖支撑系统两大部分。其作用是加强厂房的空间刚度和稳定性。支撑系统主要用于传递水平风荷载及吊车产生的冲击力。

其他：如散水、地沟（明沟或暗沟）、坡道、吊车梯、内部隔墙、作业梯、检修梯、室外消防梯等。

17.2 单层厂房主要承重结构构件

17.2.1 屋盖体系

1.屋盖的两种体系

单层工业厂房的屋盖，兼有围护和承重两种作用。它包括承重构件（屋架、屋面梁托架等）和屋面板两大部分。

（1）无檩体系。目前，这种体系在工程实践中应用较为广泛，其做法是：将屋架或屋面梁放在柱子上，然后将大型屋面板直接放置在屋架或屋面梁上。这样的体系构件大，类型少，整体性好，有利于提高厂房的稳定性，也便于工业化施工，施工速度快，但是要求施工吊装能力较强，如图17-2（a）所示。

（2）有檩体系。有檩体系的施工方法是：先将檩条支承在屋架或屋面板上，然后将各种小型屋面板或瓦直接铺放在檩条上。檩条可以使用钢筋混凝土或型钢材料。有檩体系的构件小，重量轻，容易吊装，但是整体性较差，施工繁琐，适用于施工场地较小的工程。有檩体系示意图如图17-2（b）所示。

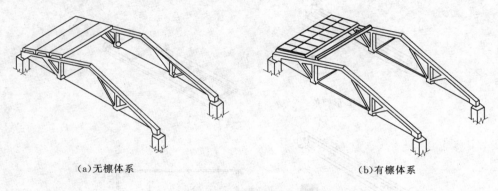

（a）无檩体系 （b）有檩体系

图17-2 屋盖结构类型图

2.屋面大梁

屋面大梁亦称薄腹梁，其断面多呈T形和工字形，可用于单坡或双坡屋面。

用于单坡屋面的跨度有6m、9m和12m三种，用于双坡屋面的跨度有9m、12m、15m和18m四种。

屋面大梁的坡度较平缓，通常统一定为1/12～1/10，适用于卷材防水屋面和非卷材防水屋面。屋面大梁可悬挂50kN以下的电动葫芦和梁式吊车。屋面大梁的特点是：形状简单，制作安装方便，稳定性好，无需额外的支撑，但是自重大。

3.屋架

屋架的种类较多，下面介绍几种常见的钢筋混凝土屋架。

（1）桁架式屋架。当厂房跨度较大时，采用桁架式屋架较经济。桁架式屋架外形通常有三角形组合式屋架、钢筋混凝土梯形屋架、预应力钢筋混凝土折线形屋架、拱形屋架等几种形式。

（2）两铰拱及三铰拱屋架。两铰拱屋架支座节点为铰接，顶节点为刚接；三铰拱屋架的支座节点和顶部节点均为铰接。这类屋架杆件较少，构造简单，上弦可采用钢筋混凝土或预应力混凝土杆件，下弦则多采用角钢或钢筋。这种屋架刚度较差，不宜用于振动较大和重型的厂房。

钢筋混凝土两铰拱屋架适用于屋架间距为 6m，跨度为 12m、15m，屋面坡度为 1/4 的非卷材防水屋面的工业厂房。屋架上可铺设预应力大型屋面板或预应力 F 形屋面板。这种屋架一般用于不大于 100kN 的中轻级桥式吊车的车间。

钢筋混凝土三角拱屋架的适用条件基本与两铰拱屋架相同，仅其顶部节点为铰接。

（3）屋架与柱子的连接。屋架与柱子的连接通常为焊接。其做法是：在柱头预埋钢板，在屋架下弦也埋设有钢板，通过焊接连接在一起。

屋架与柱子也可以通过栓接连接。其做法是：在柱头预埋螺栓，将屋架下弦的连接钢板打孔处理，吊装就位后，用螺母将两者接牢即可。

（4）屋面板。适用于单层厂房的屋面板类型较多，比如有预应力钢筋混凝土大型屋面板、预应力钢筋混凝土 F 形屋面板、预应力钢筋混凝土单肋板、钢丝网水泥单槽板、预应力钢筋混凝土 V 形折板等。例如图 17-3 所示的钢筋混凝土大型屋面板。

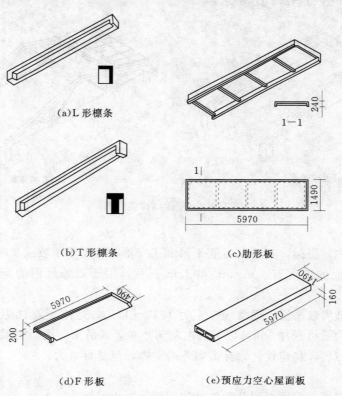

图 17-3　钢筋混凝土大型屋面板（单位：mm）

（5）托架。当柱距因工艺要求或设备安装的需要必须增加至 12m，而屋架或屋面梁的间距和屋面板的长度仍为 6m 时，通常采用加设托架的方法解决。托架的作用是承托屋架，并通过托架将屋架上的荷载传递给柱子。托架多采用钢筋混凝土制作，如图 17-4 所示。

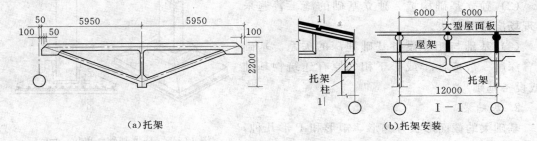

图 17-4　钢筋混凝土托架示意图

17.2.2　柱

在单层厂房中，柱子是竖向承重构件，用于承受垂直荷载和水平荷载，并与外墙连接。柱子的选型特别重要。

在单层厂房中柱子多采用钢筋混凝土柱。但在跨度大、振动较多的厂房也采用钢柱；在跨度小、起重轻的厂房也可以采用砖柱。

1. 柱的分类

从位置上分为：边列柱、中列柱、高低跨柱和抗风柱（非承重柱）。

从使用材料上分为：砖柱、钢筋混凝土柱和钢柱。

从截面形式上分为：矩形柱、工字形柱、双肢柱和钢筋混凝土管柱。

(1) 矩形柱。仅用于柱截面尺寸为 400mm×600mm 以内的柱。此外柱牛腿以上部分、轴心受压柱以及现浇柱常采用矩形截面柱。这样的柱构造简单，施工方便，但是消耗材料大，不是很经济。

(2) 工字形柱。当柱长边截面尺寸大于 600mm 时采用。这种截面形式的柱比较合理，整体性好，施工简单，相对矩形柱耗材减少 30%～40%，因而这种形式的柱在工程实践中被广泛采用。

(3) 双肢柱。当厂房高度很高或吊车起重量较大时，采用双肢柱较为经济合理。双肢柱由两根肢柱用腹杆连接组成，可分为平腹杆双肢柱和斜腹杆双肢柱，双肢柱的每个单肢主要承受轴向压力。

(4) 钢筋混凝土管柱。这种柱子的牛腿部分需浇筑混凝土，牛腿上下部均是单管，其直径多为 200～400mm，多采用高速离心法制作，如同预制桩状。

2. 柱的预埋件

钢筋混凝土柱应在施工时预埋好与屋架、吊车梁、柱间支撑连接的埋件，预设好与圈梁、墙体连接的拉筋。

17.2.3　基础与基础梁

1. 基础

(1) 基础类型。单层厂房柱基础，主要有独立基础和条形基础两类，前者应用较多。

独立基础，最常见的形式为杯口基础。另外还有薄壁的壳体基础、无筋倒圆台基础和板肋式基础等（图 17-5）。

（2）独立基础构造。独立基础的施工普遍采用现场浇捣的方法。

（3）基础与相邻设备基础埋深的关系。基础埋置深度一般应浅于或等于相邻原有建筑物基础（或设备基础）。

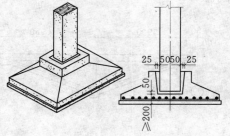

图 17-5 杯形基础（单位：mm）

2. 基础梁

基础梁的截面形状有梯形、矩形和 Γ 形几种，梯形基础梁为常用的形式。国家有统一编制的基础梁标准图集，可供选用和参考。选用时，应注意基础梁的适用条件及有关要求。

17.2.4 吊车梁

当单层工业厂房内需设桥式或梁式吊车时，需要在柱子上设置牛腿，然后在牛腿上设吊车梁。吊车梁直接承受吊车的自重和起吊物件的重量，并且要承担起吊和刹车时产生的冲击荷载。由于吊车梁安装在柱子之间，它亦起到传递纵向荷载，提高厂房的刚度和整体稳定性。

1. 吊车梁的类型

T 形、工字形等截面吊车梁。T 形吊车梁［图 17-6（a）］和工字形吊车梁［图 17-6（b）］，是较常见的形式。梁顶翼缘较宽，多为 400～500mm，以增加梁的受压面积，也便于固定吊车轨道。梁腹板较薄，常为 120～180mm，支座处加厚，以利抗剪。梁高有 600mm、900mm、1200mm 等几种规格。这种梁施工简单，制作方便，但自重较大，用材料多。

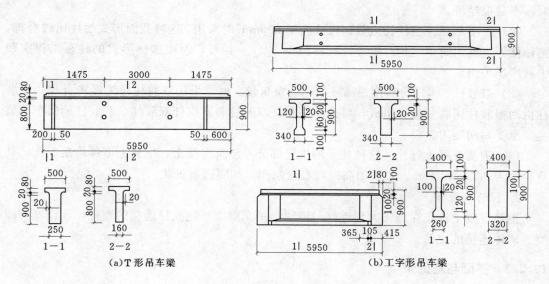

（a）T 形吊车梁　　　　　　　　　（b）工字形吊车梁

图 17-6　吊车梁（单位：mm）

2. 鱼腹式吊车梁

鱼腹式吊车梁的外形与梁的弯矩影响线包络图基本相似（图 17 - 7），受力合理，腹板较薄，节省材料，能充分发挥材料强度，可承受较大荷载。

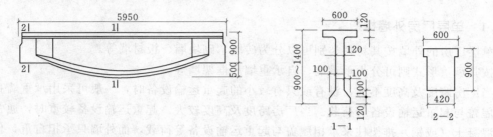

图 17 - 7　鱼腹式吊车梁

3. 吊车梁的连接构造

吊车梁与柱的连接，多采用焊接连接的方法。为承受吊车横向水平刹车力，在吊车梁上翼缘与柱间用钢板或角钢焊接；在端部支撑处，吊车梁底部预埋一块垫板称为支撑钢板，将梁安装在柱的牛腿上，并与牛腿顶面的预埋钢板焊牢。吊车梁的对头空隙、吊车梁与柱之间的空隙均需用 C20 混凝土填实。

17.2.5　连系梁与圈梁

连系梁是厂房纵向列柱的水平连系构件。连系梁的断面形式有矩形（用于一砖厚墙）及 L 形（用于一砖半厚墙）两种。通常做在窗口上皮，并代替门窗过梁。连系梁对增强厂房的整体纵向刚度、传递风荷载有很大的作用。当墙体高度超过 15m 时，必须设置连系梁，它支撑在牛腿上，与柱的连接采用螺栓连接或焊接的办法。

圈梁的作用是将墙体同厂房排架柱、抗风柱等箍在一起，以加强厂房的整体刚度和墙体的刚度及其稳定性。

17.2.6　支撑系统与抗风柱

单层厂房中，支撑系统的主要作用是提高厂房的承载能力、稳定性和刚度，并承受和传递一部分水平荷载。

1. 单层厂房支撑构件

支撑分屋盖支撑及柱间支撑两类。

（1）屋盖支撑。屋盖支撑包括水平支撑、垂直支撑及纵向水平系杆（或称加劲杆）等。

（2）柱间支撑。柱间支撑的主要作用是加强厂房的纵向刚度和稳定性。它分上部和下部两种。前者位于上柱间，用以承受作用在山墙上的风荷载，并保证厂房上部的纵向刚度；后者位于下柱间，承受上部支撑传来的力和吊车梁传来的吊车纵向刹车力，并传至基础。当柱间需要通行、放置设备或柱距较大而不宜或不能采用交叉式支撑时，可采用门架式支撑。

2. 抗风柱

抗风柱间距可根据厂房跨度大小取 6m 或 4.5m。

17.3 单层厂房外墙和门窗

17.3.1 单层厂房外墙构造

单层厂房的外墙按其材料类别可以分为砖墙、砌块墙、板材墙等。

按其承重形式则可分为承重墙、自承重墙和框架墙等。

当厂房跨度及高度不大，没有或只有较小的起重运输设备时，一般可采用承重墙直接承担屋盖与起重运输设备等荷载。当厂房跨度及高度较大，起重运输设备较重时，通常由钢筋混凝土（或钢）排架柱来承担屋盖与起重运输设备等荷载，而外墙只承担自重，仅起维护作用，这种墙称为自承重墙。某些高大厂房的上部墙体及厂房高低跨度交接处的墙体则用架空支承在排架柱上的墙梁（连系梁）来承托，这种墙称为框架墙。

单层厂房外墙构造与民用建筑外墙构造有许多相似之处，这里着重介绍其特殊的部分。

1. 承重砖墙与砌块墙

承重砌墙及砌块墙的高度一般不宜超过 11m。为了增加其刚度、稳定性和承载能力，通常平面上每隔 4～6m 间距设置壁柱。当地基较弱或有较大振动荷载等不利因素时，还根据结构需要在墙体中设置钢筋混凝土圈梁。一般情况下，当无吊车厂房的承重砖墙厚度小于 240m，檐口标高为 5～8m 时，要在墙顶设置一道圈梁，超过 8m 时应在墙中间部位增设一道；当车间有吊车时，还在吊车梁附近增设一道圈梁。

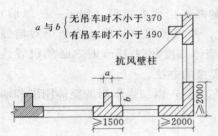

图 17-8 厂房外墙与柱的相对位置

承重山墙每隔 4～6m 左右设置抗风壁柱，屋面采用钢筋混凝土承重构件时，山墙上部沿屋面板应设置截面不小于 240mm×240mm（在壁柱处局部放大）的钢筋混凝土卧梁，并与屋面板可靠连接。承重砖墙与砌块墙的壁柱、转角墙及窗间墙均应经结构计算确定，并不宜小于图 17-8 所示的构造尺寸。墙身防潮层设置在相对标高为 -0.06m 处。

2. 自承重砖墙与砌块墙

自承重墙是单层厂房常用的外墙形式之一，可以由砖或其他砌块砌筑。

（1）墙和柱的相对位置及连接构造。

1）墙和柱的相对位置。厂房外墙和柱的相对位置的构造方案（图 17-9）通常如下：

①外墙设置在柱外侧。这种方案构造简单，施工简便，热工性能好，便于基础梁与连系梁等构配件的简便，热工性能好，便于基础梁与连系梁等构配件的定型化和统一化等优点，所以单层厂房外墙多用此种方案。

②柱嵌入外墙内。它与前方案比较稍节省建筑占地面积，并能增强柱列间的刚度，但要增加部分砌砖，施工较麻烦。同时基础梁与连系梁等构配件也随之而复杂化。

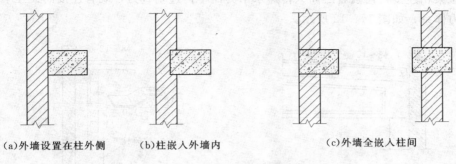

(a)外墙设置在柱外侧   (b)柱嵌入外墙内   (c)外墙全嵌入柱间

图 17-9 厂房外墙与柱的相对位置

③外墙全嵌入柱间。它更节约建筑占地面积，更能增加柱列间刚度，吊车吨位不大时厂房还可以不设柱间支撑，但构造较复杂，施工较麻烦，也不利于基础梁与连系梁等构配件统一化，且热工性能差，又因柱直接接触室外，保护条件差，但对较温暖地区和不要求保温隔热的厂房仍有利。

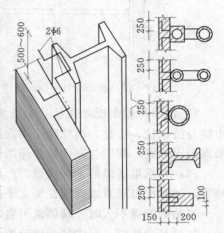

图 17-10 墙和柱的连接

2）墙和柱的连接构造。厂房外墙可用各种方式与柱子相连接，其中最简单常用的做法是采用钢筋拉结，如图 17-10 所示，这种连接方式属于柔性连接，它既保证了墙体不离开柱子，同时又使自承重墙的重量不传给柱子，从而维持墙与柱的相对整体关系。

3）女儿墙的拉结构造。女儿墙是外墙高出屋面部分，其厚度一般不小于 240mm（南方地区有的用 180mm），高度不仅要满足构造设计的需要，还要保护在屋面从事检修、清扫灰雪、擦洗天窗等人员的安全。因此非地震区当厂房较高或屋面坡度较陡时，一般要设置 1000mm 左右高的女儿墙，或在厂房的檐口上设置相应高度的护栏。受设备振动影响较大或地震区的厂房，其女儿墙的高度则不超过 500mm，并须用整浇的钢筋混凝土压顶板加固。

为保证女儿墙的稳定性，常要采取拉结措施，可在房面板横缝内设置 φ8～12，长度为 1000mm 钢筋一根，并将钢筋两端和屋面板纵向板缝内的 φ8～12（长度为 1000mm）钢筋拉结，形成工字形的钢筋，如图 17-11 所示，最后在板缝内用 C20 细石混凝土捣实以增加其刚性。

4）抗风柱的连接构造。厂房山墙比纵墙高，且墙面随跨度的增加而增长，故山墙承受的水平风荷载也较纵墙大。通常应设置钢筋混凝土抗风柱来保证自承重山墙的刚度和稳定性，在山墙上部沿屋面设置钢筋混凝土圈梁。抗风柱与山墙、屋面板与山墙之间也应采用钢筋拉结，如图 17-12 所示。

抗风柱的下端插入基础杯口形成下部的嵌固端，在柱的上端通过一个特别的"弹簧"

钢板与屋架相连接，使两者之间只传递水平力而不传递垂直力，既有连接而又互不改变各自的受力体系，如图 17-12 所示。

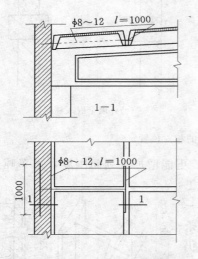

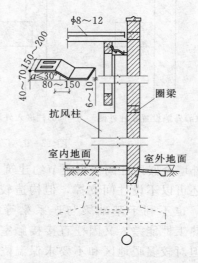

图 17-11　女儿墙与屋面的连接　　　　　图 17-12　山墙和抗风柱的连接

5）山墙与屋面板的连接。山墙面积比较高大，为保证其稳定性和抗风抗震的能力，山墙与抗风柱、边柱、端柱除用钢筋拉结外，一般在山墙三角形部分与屋面相接处设置钢筋混凝土圈梁，圈梁与屋面板之间用钢筋拉结，如图 17-12 所示。

（2）自承重砖墙的下部构造。厂房基础一般较深，自承重砌体墙采用带型基础常不够经济，通常把自承重墙砌筑在简支于柱子基础顶面的基础梁上。

当基础埋深不大时，基础梁可直接搁置在柱基础的杯口顶面上，如图 17-13（a）所示；如果基础较深，可将基础梁设置在柱基础杯口的混凝土垫块上，如图 17-13（b）所示；当埋深更大时，也可设置在排架柱底部的小牛腿上，如图 17-13（c）所示。

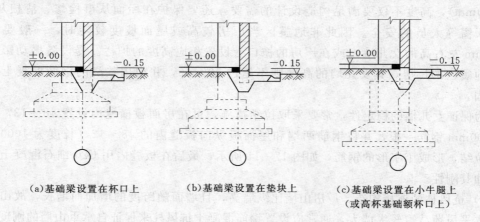

（a）基础梁设置在杯口上　　（b）基础梁设置在垫块上　　（c）基础梁设置在小牛腿上
　　　　　　　　　　　　　　　　　　　　　　　　　　　　（或高杯基础额杯口上）

图 17-13　自承重砖墙下部构造

不论哪种布置形式，常要求基础梁顶面的标高低于室内地面 50mm，并高于室外地面 100mm。这样车间的室内外地面高差一般为 150mm，以防止雨水流入车间。同时也便于在车间大门口设置坡道，并使基础梁上部受到保护。

由于基础梁上部高出室外地面且钢筋混凝土具有一定的防潮性能，一般可不做防潮层而直接在梁上砌墙。通常基础梁底下的回填土可虚铺，不必夯实，以利基础梁随柱基础一起沉降。在寒冷地区当基土为冻胀性土壤时，基础梁底部还应铺设厚度大于300mm的干砂或炉渣等松散材料，以防冬季土壤冻胀而把基础梁和墙体顶裂。厂房外墙与室外天然地面相接触的部位还设置勒脚和散水坡或排水明沟，其构造原理及做法同民用建筑。

（3）连系梁与圈梁的构造。单层厂房在高度范围内，设有楼板层相连接，一般靠设置连系梁与厂房的排架柱连系，连系梁多采用预制梁，支承在排架柱外伸的牛腿上，并通过螺栓或焊接与柱子相连接，如图17-14所示。梁的横截面形状一般为矩形和L形，连系梁的间距一般为4～6m。

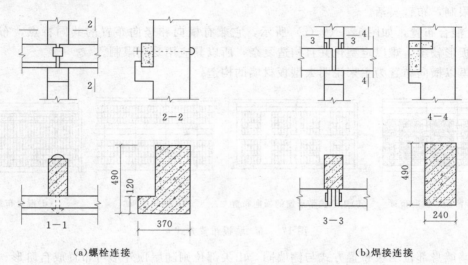

2—2　　　　　　　　　4—4

490　　120　　　　　　　　　490

1—1　　370　　　　　　3—3　　240

（a）螺栓连接　　　　　　　　　　（b）焊接连接

图17-14　连系梁的构造

自承重墙的圈梁设置要求与承重墙中的圈梁设置要求基本相同，可以现浇或预制。现浇圈梁一般是先在柱子上预留外伸的锚拉钢筋，当墙体砌至梁底标高时，支侧模、绑扎钢筋骨架并与锚筋连牢，然后浇灌混凝土，经养护后拆模即成，如图17-15所示。

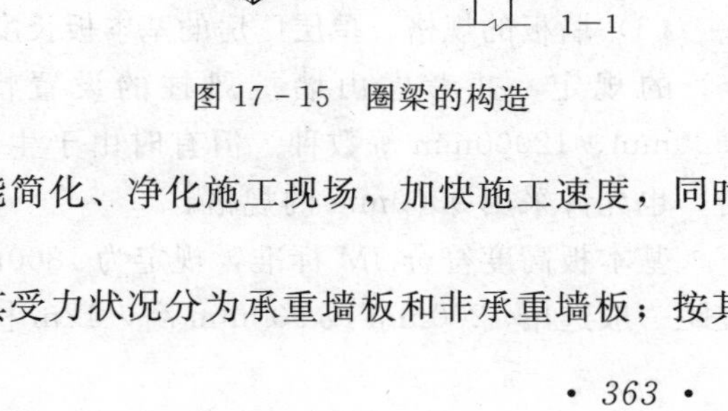

ϕ16锚拉钢筋

1—1

ϕ16锚拉钢筋

图17-15　圈梁的构造

3.板材墙面

板材墙能充分利用工业废料，不占用农田，它比砖墙重量轻，能促进建筑工业化，能简化、净化施工现场，加快施工速度，同时抗震性能优良。

（1）墙板的类型。墙板的类型很多，按其受力状况分为承重墙板和非承重墙板；按其保温性能分为保温墙板和非保温墙板；按所用材料分为钢筋混凝土、陶粒混凝土、加气混凝土、膨胀蛭石混凝土和矿渣混凝土等混凝土材料类墙板，以及用普通混凝土板、石棉水泥板及铝和不锈钢等金属薄板夹以矿棉毡、玻璃棉毡、泡沫塑料或各种蜂窝板等轻质保温材料构成的复合材料类墙板等。板材墙如按其所在墙面的位置不同，可分为檐口板、窗上板、窗框板、窗下板、一般板、山尖板、勒脚板、女儿墙板等。

（2）墙板的布置。墙板在墙面上的布置方式，最广泛采用的是横向布置，其次是混合布置，竖向布置较少采用，如图17－16所示。

1）横向布置，如图17－16（a）、（b）所示。图17－16（a）为带窗板的横向布置，带窗板预先安装好窗扇再吊装；图17－16（b）为用通长带形窗的横向布置，不带窗板，采光好，但是施工不便。

2）竖向布置，如图17－16（d）所示，构造复杂，需设墙梁固定墙板，但是也有不受柱距限制，布置灵活。

3）混合布置，如图17－16（c）所示，它兼有横向和竖向布置的共同特点，布置灵活，但板形较多，难以定型化并且构造复杂，所以其应用受到限制。

这里以横向布置为主来说明大型板材墙的构造。

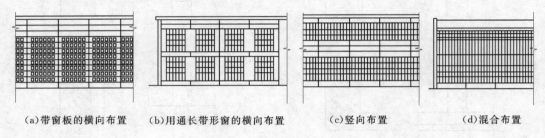

（a）带窗板的横向布置　（b）用通长带形窗的横向布置　（c）竖向布置　（d）混合布置

图17－16　墙板布置方式

山墙墙身部位墙板布置方式与侧墙同，山尖部位则随屋顶外形可布置成台阶形、人字形、折线形等，如图17－17所示。台阶形山尖异形墙板少，但连接用钢较多，人字形则相反，折线形介于两者之间。

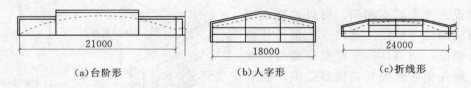

（a）台阶形　　　　　（b）人字形　　　　（c）折线形

图17－17　山墙山尖墙板布置（单位：mm）

（3）墙板的规格。单层厂房的基本板长度符合我国《厂房建筑模数协调标准》（GBJ6－86）的规定，并考虑山墙抗风柱的设置情况，一般把板长定为4500mm、6000mm、7500mm、12000mm等数种。但有时由于生产工艺的需要，并具有较好的技术经济效果时，也允许采用9000mm的规格。

基本板高度符合3M标准，规定为1800mm、1500mm、1200mm和900mm四种。6m柱距一般选用1200mm或900mm高，12m柱距选用1800mm或1500mm高。根据预制厂的生产情况，基本板的厚度符合 1/5M（20mm）。具体厚度按结构计算确定。

（4）墙板连接。

1）板柱连接。板柱连接应安全可靠，便于制作、安装和检修。

一般分柔性连接和刚性连接两类。

图 17－18（a）、（b）为柔性连接示例。柔性连接的特点是：墙板在垂直方向一般有钢支托支承，钢支托每 3～4 块板一个，水平方向有挂钩等连接。因此，墙板与厂房骨架以及板与板之间在一定范围内可相对独立位移，能较好地适应振动（包括地震）等引起的变形。设计抗震烈度大于 7 度的地震区宜用这种方法连接墙板。

图 17－18（a）为螺栓挂钩柔性连接。其特点是：安装时无焊接作业，换件维护容易，用钢量不大，但是零件多，应加强防腐措施。

图 17－18（b）为角钢挂钩柔性连接。其特点是：用钢量较螺栓连接少，少许的焊接，安装是保证预埋件的位置。

图 17－18（c）为刚性连接，就是将每块板材与柱子用型钢焊接在一起，无需另设钢支托。其突出优点是：连接用钢材少。

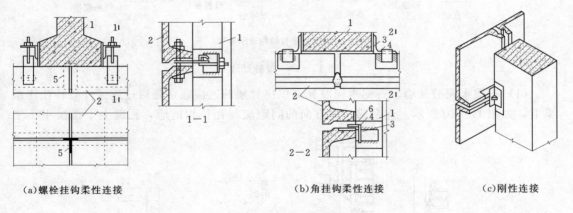

（a）螺栓挂钩柔性连接　　　　　　　　（b）角挂钩柔性连接　　　　　（c）刚性连接

图 17－18　墙板与柱连接示例

1—柱；2—墙板；3—柱侧预焊角钢；4—墙板上预焊角钢；5—钢托架；6—上下板连接筋（焊接）

2）板缝处理。通常板缝易优先选用"构造防水"，用砂浆勾缝。防水要求较高时可采用"构造防水"与"材料防水"相结合的方式。材料防水应合理选择嵌缝材料，如防水砂浆、油膏、胶泥、沥青麻丝等。

水平缝宜选用高低缝、滴水平缝和肋朝外的平缝。对防水要求不严或雨水很少的地方也可采用最简单的平缝，如图 17－19（a）所示。较常用的垂直缝有直缝、喇叭缝、单腔缝、双腔缝等，如图 17－19（b）所示。

4．轻质板材墙

单层厂房轻质板材墙常采用的材料，包括石棉水泥波瓦、镀锌铁皮波瓦、塑料墙板、铝合金板以及压型钢板等。轻质板墙一般只起围护作用，墙身自重也由厂房骨架承担。因此墙板除传递水平风荷载之外，不承受任何其他荷载。

它们的连接构造基本相同，现以石棉水泥波瓦墙和压型钢板墙为例简要分述如下：

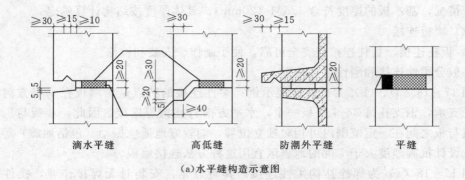

（a）水平缝构造示意图

（b）墙板垂直缝构造示意图

图 17-19　板缝处理

（1）石棉水泥波瓦墙。石棉水泥波瓦与厂房骨架的连接通常是通过连接件悬挂在连系梁上，如图 17-20 所示。连系梁垂直方向的间距应与瓦长相适应，瓦缝上下搭接不小于

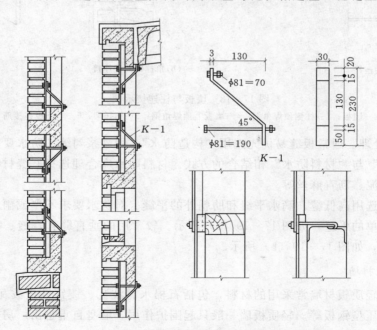

图 17-20　石棉水泥波瓦墙板连接构造

100mm，左右搭接为一个瓦拢，搭缝应与多雨季节主导风向相顺，勿使倒灌。为避免雨水冲蚀和碰撞损坏，墙的转角、大门洞口以及勒脚等部位可用砖或砌块砌筑。

在使用波形石棉瓦时，为防止损坏，并使连接方便，通常在墙角、门洞边及窗台下的勒脚部分，采用砖砌墙体来配合。

（2）压型钢板墙。压型钢板墙板是靠固定在柱上的水平墙梁固定的。墙梁与连系梁相似，但采用型钢（槽钢或角钢）制作。墙梁与柱的固结有预埋钢板焊接或螺栓连接两种，如图17-21所示。压型钢板与墙梁的连接是在压型钢板上钻6.5mm的孔洞，然后用钩头螺栓固定在墙梁上，也可采用木螺丝或拉铆钉固定，如图17-22所示。外墙转角和有伸缩缝处的细部构造如图17-23所示。

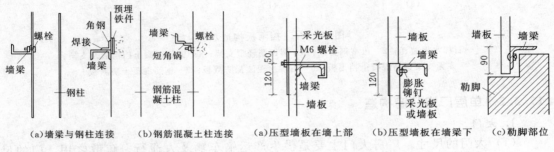

图17-21　墙梁与柱的连接　　　　　　图17-22　压型钢板上下的搭接

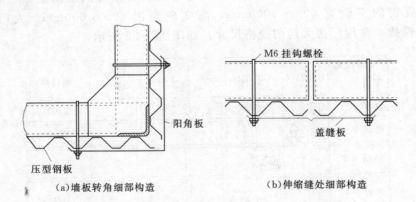

（a）墙板转角细部构造　　　　　　　（b）伸缩缝处细部构造

图17-23　压型钢板墙板转角和伸缩缝处的细部构造

5. 开敞式外墙

炎热地区一些热加工车间（如炼钢等）和某些化工车间常采用开敞或半开敞式外墙，既便于通风又能防雨，故其外墙构造主要就是挡雨板的构造，常用的有：

（1）石棉水泥波瓦挡雨板，如图17-24（a）所示。起重基本构件有：型钢支架（或圆钢筋轻型支架）、型钢檩条、中波石棉水泥波瓦挡雨板及防溅板。

（2）钢筋混凝土挡雨板，如图17-24（a）、（b）所示。图17-25（a）的基本构件有：支架、挡雨板、防溅板。图17-24（c）构件最少，但风大雨多时飘雨多。室外气温高，风沙大的干热带地区不宜采用开敞式外墙。

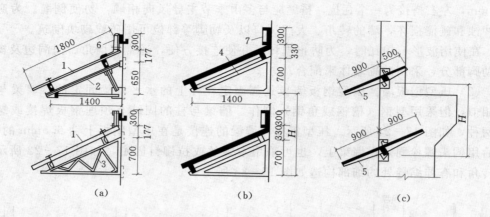

图 17-24 挡雨板构造示例

1—石棉水泥波瓦；2—压型钢支架；3—圆钢筋轻型支架；4—钢筋混凝土挡雨板及支架；

5无支架钢筋混凝土挡雨板；6—石棉水泥波瓦防溅板；7—钢筋混凝土防溅板

17.3.2 单层厂房门窗构造

1. 大门

（1）大门的尺寸。厂房大门主要是供生产运输车辆及人通行、疏散之用。门的尺寸应根据所需运输工具、运输货物的外形并考虑通行方便等因素而定。一般门的宽度应比满载货物的车辆宽 600～1000mm，高度应高出 400～600mm。大门的尺寸以 300mm 为模数，常用厂房大门的规格尺寸，如图 17-25 所示。

运输工具＼洞口宽	2100	2100	3000	3300	3600	3900	4200 4500	洞口高
3t 矿车	🚃							2100
电瓶车		 🚗						2400
轻型卡车			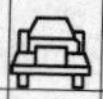 🚙					2700
中型卡车				 🚗				3000
重型卡车					 🚚			3900
汽车起重机						 🚛		4200
火车							 🚆	5100 5400

图 17-25 厂房大门尺寸

（2）大门的类型。按门的开启方式，有平开门、折叠门、上翻门、推拉门、升降门及卷帘门等（图17-26）。

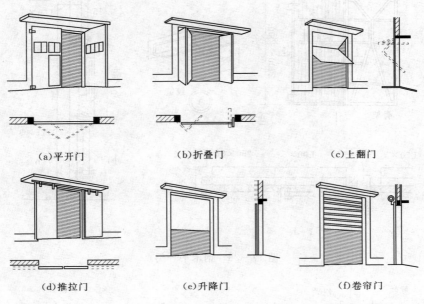

(a)平开门　　　　　　　　(b)折叠门　　　　　　　　(c)上翻门

(d)推拉门　　　　　　　　(e)升降门　　　　　　　　(f)卷帘门

图17-26　大门开启方式

（3）一般大门的构造。

1）平开门。平开门的洞口尺寸一般不宜大于 3.6m×3.6m，当门的面积大于 5m² 时，宜采用角钢骨架。

大门门框有钢筋混凝土和砖砌两种（图 17-27）。

门洞宽度大于 3m 时，采用钢筋混凝土门框，在安装铰链处预埋铁件。洞口较小时可采用砖砌门框，墙内砌入有预埋铁件的混凝土块，砌块的数量和位置应与门扇上铰链的位置相适应。一般每个门扇设两个铰链。

图17-28为钢木平开门示例。

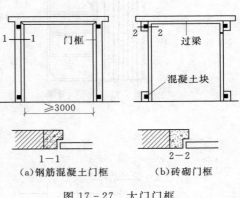

(a)钢筋混凝土门框　　　(b)砖砌门框

图17-27　大门门框

2）推拉门。推拉门由门扇、门轨、地槽、滑轮及门框组成。门扇可采用钢板门、钢木门、空腹薄壁钢门等。每个门扇的宽度不大于1.8m，根据门洞的大小，可做成单轨双扇、双轨双扇、多轨多扇等形式，常用单轨双扇。推拉门支承的方式有上挂式和下滑式两种，当门扇高度小于4m时，采用上挂式，即门扇通过滑轮挂在洞口上方的导轨上。当门扇高度大于4m时，多用下滑式，在门洞上下均设导轨，门扇沿上下导轨推拉，下面的导轨承受门扇的重量。推拉门位于墙外时，门上方需设雨棚。图17-29为上悬式钢木推拉门示例。

3）卷帘门。卷帘门主要由帘板、导轨及传动装置组成。门洞的上部安设传动装

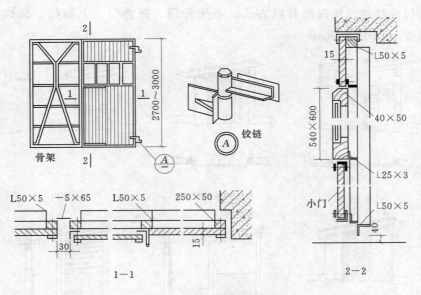

图 17-28　钢木平开门

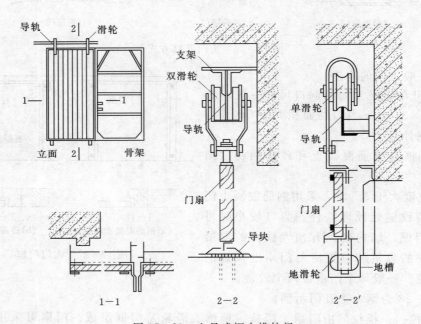

图 17-29　上悬式钢木推拉门

置，传动装置分为手动和电动两种。图 17-30 为手动式装置卷帘门示意图；图 17-31 为电动式卷帘门示意图。

4）特殊要求的门。

①防火门。防火门用于加工易燃品的车间或仓库。根据车间对防火门耐火等级的要求，门扇可以采用钢板、木板外贴石棉板再包以镀锌铁皮、木板外包镀锌铁皮等。考虑木材受高温会碳化放出大量气体，在门扇上设置泄气孔。

防火门常采用自重下滑关闭门,如图 17-32 所示。将门上导轨做成一定坡度,火灾时门扇自动落地,阻断火势。

②保温门和隔声门。保温门要求门扇具有较好的保温性能,且门缝密闭性好。如图 17-33 所示保温门、隔音门构造组成及图 17-34 保温门、隔声门门缝处理示意图。

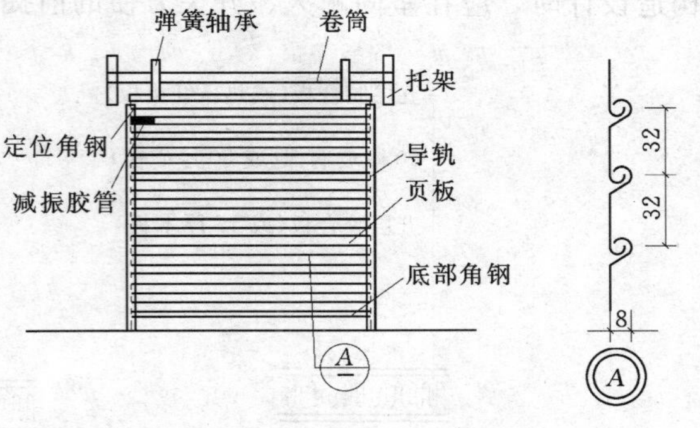

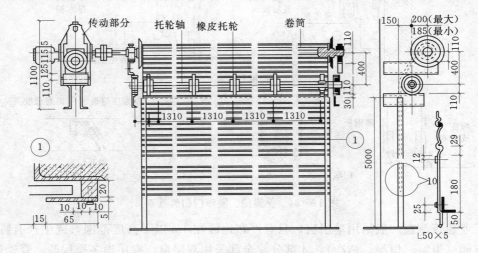

图 17-30　手动式卷帘门

2. 侧窗

(1) 侧窗的特点与类型。在工业厂房中,侧窗不仅要满足采光和通风的要求,还要根据生产工艺的需要,满足其他一些特殊要求。如有爆炸危险的车间,侧窗应便于泄压;要求恒温恒湿的车间,侧窗应有足够的保温隔热性能;洁净车间要求侧窗防尘和密闭等。由于工业建筑侧窗面积较大,在进行

图 17-31　电动式卷帘门

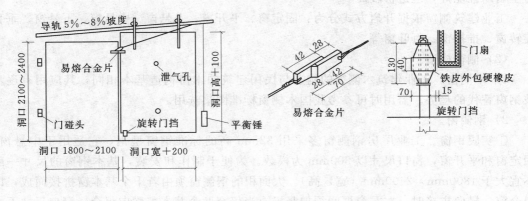

图 17-32　自重下滑防火门

构造设计时，应在坚固耐久、开关方便的前提下，节省材料，降低造价。

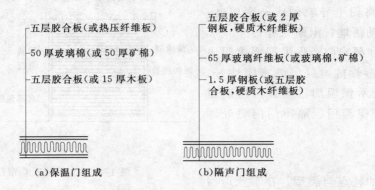

图 17-33　保温门、隔声门的组成

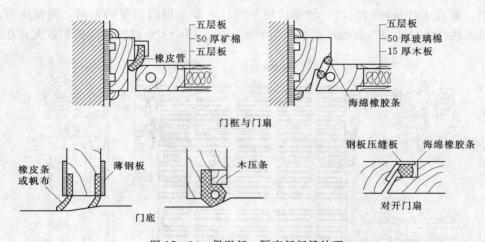

图 17-34　保温门、隔声门门缝处理

工业建筑侧窗一般采用单层窗，只有严寒地区在 4m 以下高度范围，或生产有特殊要求的车间（恒温、恒湿、洁净），才部分或全部采用双层窗。双层窗冬季保暖、夏季隔热、防尘密闭性能好，但造价较高。

工业建筑侧窗根据开启方式分为：固定窗、平开窗、上悬窗、中悬窗、下悬窗、垂直旋转窗、推拉窗、百叶窗等。

（2）侧窗构造。

1）木侧窗。工业建筑木侧窗的构造与民用建筑的木窗构造基本相同，其应用有逐步被钢窗替代的趋势。需用时可参考我国木侧窗标准图集选用。

2）钢侧窗。

①实腹钢窗。工业厂房钢侧窗多采用 32mm 高的标准钢窗型钢，它适用于中悬窗、固定窗和平开窗，窗口尺寸以 300mm 为模数。为便于制作和安装，基本钢窗的尺寸一般不宜大于 1800mm×2400mm（宽×高）。大面积的钢侧窗须由若干个基本窗拼接而成，即组合窗。横向拼接时，左右窗框间须加竖梃，当仅有两个基本窗横向组合，洞口尺寸不大于 2400mm×2400mm 时，可用 T 形钢作竖梃拼接。若有两个或两个以上基本窗横向组

合，以及组合高度大于2400mm时，可用圆钢管作竖梃。竖向拼接时，当跨度在1500mm内，可用披水板作横档，跨度大于1500mm时，为保证组合窗的整体刚度和稳定性，须用角钢或槽钢作横档，以支承上部钢窗重量。组合窗中所有竖梃和横档两端必须插入窗洞四周墙体的预留洞内，并用细石混凝土填实。

②空腹钢窗。空腹钢窗是用冷轧低碳带钢，经高频焊接轧制成型。它具有重量轻、刚度大等优点，与实腹钢窗相比可节约钢材40%～50%，但不宜用于有酸碱介质腐蚀的车间。

3）垂直旋转窗。垂直旋转窗又称立旋引风窗，可用钢材、木材、钢丝网水泥或细石混凝土制作。

4）固定式通风高侧窗。我国南方地区，气候湿热，结合这个特点，研制出多种形式的通风高侧窗，这种侧窗能采光、防雨，不需要设置开关器，构造简单，如图17-35所示为固定高侧窗构造。

5）百叶窗。百叶窗主要做通风用。可用金属、木材、钢筋混凝土等材料加工而成，有活动式和固定式两种。工业建筑中多采用固定式百叶窗，叶片做成45°或60°角以利通风、挡雨、遮阳。百叶窗常用1.5mm厚铜板冷弯成叶片，用铆钉固定在窗框上，如图17-36所示。

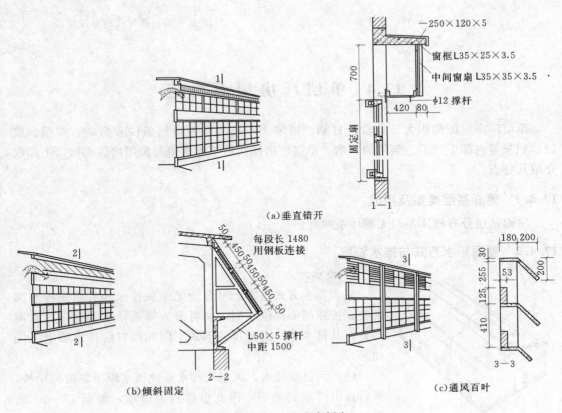

图17-35 固定高侧窗

6）侧窗开关器。工业厂房侧窗面积较大，上部侧窗一般用开关器进行开关。开关器分电动、气动和手动等几种，电动开关器使用方便，但制作复杂，要经常维护。图17-37为撑臂式简易开关器，他是利用杠杆推拉转臂来开关。还可以用链条、拉绳等柔性开关。

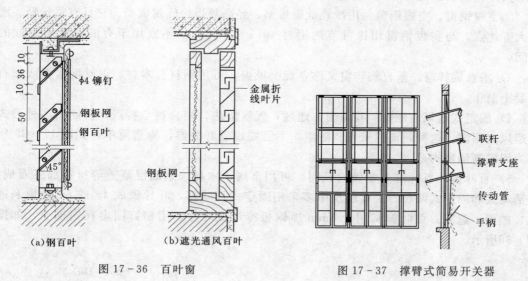

图17-36　百叶窗　　　　　　　　　　图17-37　撑臂式简易开关器

17.4　单层厂房屋面构造

单层厂房屋面面积大，经常受日晒、雨淋、冷热气候等自然条件和振动、高温、腐蚀、积灰等内部生产工艺条件的影响，单层厂房屋面的基本构造与民用房屋类似，下面仅介绍其特点。

17.4.1　屋面基层类型及组成

屋面基层分有檩体系与无檩体系两种。

17.4.2　屋面排水方式与排水坡度

1.排水方式

屋面排水方式基本上可分为无组织排水和有组织排水两大类。按照屋面部位不同，又可分为屋面排水和檐口排水两部分，其排水方式因屋顶的形式不同和檐口的排水要求不同而异。

（1）无组织排水。无组织排水是使雨水顺屋坡流向屋檐，然后自由泻落到地面，因此也称自由落水，如图17-38所示。无组织排水的特点是在屋面上不设天沟，厂房内部也不需设置雨水管及地下雨水管网。无组织排水屋面的檐口须设

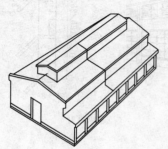

图17-38　无组织排水示意图

挑檐，挑檐长度一般不小于 500mm，辅助厂房或天窗的挑檐长度可减小到 300mm。

（2）有组织排水。有组织排水是通过屋面上的天沟、雨水斗、雨水管等有组织地将雨水疏导到散水坡、雨水明沟或雨水管网。

厂房屋面有组织排水可分为下列几种方式：

1）内落水，如图 17-39 所示。将屋面汇集的雨水引向中间跨天沟和边墙天沟处，在经雨水斗引入厂房内的雨水竖管及地下雨水管网。内落水的优点：屋面排水组织比较灵活，多用于多跨厂房。在严寒地区用内落水可防止因冻胀裂引起屋檐和外部雨水管的破坏。缺点是：材料消耗量大，室内需设雨水地沟，有碍工艺设备，造价高，构造也较复杂。

2）内落外排水。在多跨厂房内可用水平悬吊管将雨水斗连通到外墙的雨水竖管处，悬吊管穿过外墙，使雨水在墙外经竖管排入地下雨水管网或明沟内，如图 17-40 所示，也可将竖管设在墙内侧从墙角处穿出室外。水平悬吊管可沿屋架横向设置，亦可沿柱子纵向设置。

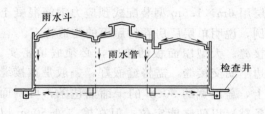

图 17-39　内落水排水示意图

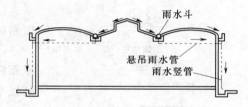

图 17-40　内落水排水示意图

3）檐沟外排水。当厂房较高，或降雨量较大，不宜作无组织排水时，可在厂房檐口处做檐沟外排水。即在檐口处设置檐沟板用来汇集雨水，并安装雨水斗连接雨水竖管，如图 17-41 所示。

檐沟外排水可弥补内落水的缺点，又可以免去自由落水的局限性，具有构造简单，施工方便的优点在南方地区较多采用。有特殊要求的生产厂房，不宜采

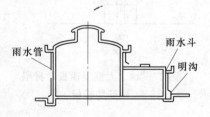

图 17-41　檐沟外排水示意图

用，如炼钢车间等，湿陷性黄土地区也不宜采用这种排水方式，宜采用有组织排水方式外排水。

4）长天沟外排水。长天沟外排水是沿厂房屋面的长度做贯通的天沟，并利用天沟的纵向坡度将雨水引向端部山墙外部的雨水竖管排出，如图 17-42 所示。长天沟板端部做溢流口，以防止在暴雨时因竖向雨水管来不及泄水而发生天沟漫水现象，如图 17-43 所示。

2. 排水坡度

单层厂房现在常用的屋面防水方式有沥青卷材防水、构件自防水和刚性防水等数种。构件自防水屋面中又有嵌缝式和搭盖式两种形式。不同防水方式对屋面坡度的要求也不同，一般情况下，沥青卷材屋面的坡度不宜过陡。采用非卷材防水屋面的构件类型较多，如大型屋面板（油膏嵌缝）及其他板材（搭盖缝）等，所用屋架形式繁多，屋面坡度各

异，但总的说来，构件自防水的屋面坡度不宜过小。

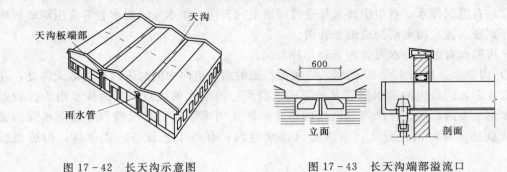

图 17-42　长天沟示意图　　　　　　图 17-43　长天沟端部溢流口

17.4.3　屋面防水

单层厂房屋面防水有卷材防水、刚性防水、构件自防水和瓦屋面防水等几种。

1. 卷材防水屋面

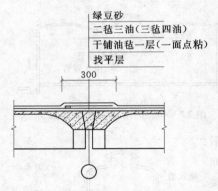

图 17-44　大型屋面板卷材屋
面端肋接缝

以基层用 $6m \times 1.5m$ 型装配式预应力钢筋混凝土屋面板为例，说明单层厂房卷材屋面的构造特点。

（1）接缝。大型屋面板的接缝，必须嵌填密实。屋面板长边主肋交接缝，需将缝嵌好，一般是在接缝处找平层上，盖以宽约 30cm 的干铺油毡条，可一面点粘（或条粘）以使之能定位，但在檐口处 50cm 以内则满铺玛蹄脂。其做法如图 17-44 所示。

（2）檐沟、天沟。在少雨地区，屋顶檐沟及中间天沟，可直接在屋面板上用垫坡形成，如图 17-45 所示。在多雨地区，为增加沟的汇水量，宜设断面为槽形的天沟及檐沟，其做法可参考图 17-46、图 17-47。

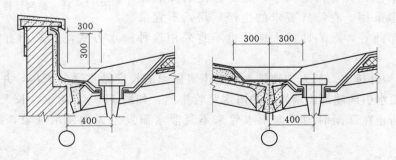

图 17-45　直接在屋面板上做天沟或檐沟

平行等高跨中间天沟用双沟式，沟与屋面板的接缝处是防水的薄弱部位，应做加强防水处理，如图 17-46 所示。等高跨中间天沟处如有变形缝，可按图 17-48 所示方式处理。

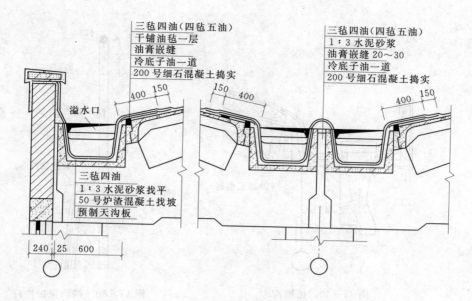

图 17-46 拱形屋架上设槽形天沟构造

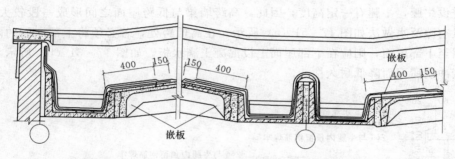

图 17-47 折线形屋架上或梯形屋架上设槽形天沟构造

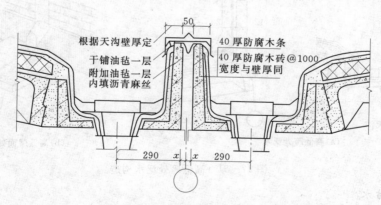

图 17-48 折线形屋架上或梯形屋架上中间天沟变形缝

檐沟亦可设置在屋架挑出的牛腿或挑梁上，如图 17-49 所示，此檐沟可兼作挑檐，挑檐沟可在沟外壁设铁栏杆，如图 17-50 所示。

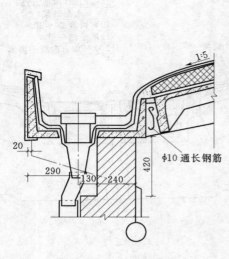

图 17-49　挑檐沟

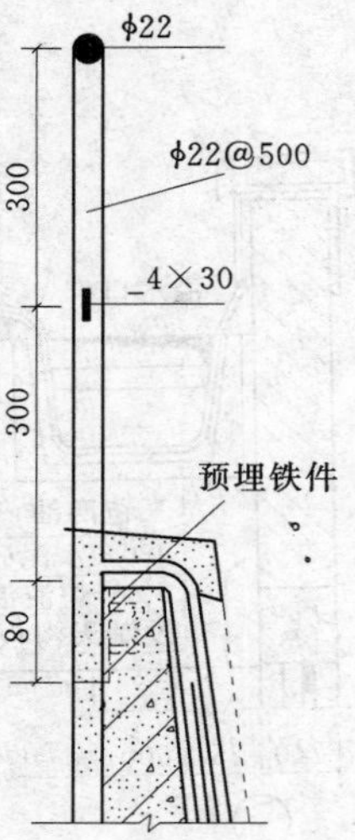

图 17-50　檐沟保护栏杆

（3）高低跨处泛水。在厂房平行高低跨处如无变形缝时，若用墙梁承受侧墙墙体，墙梁下需设牛腿，牛腿有一定高度，因此，高跨墙梁与低跨屋面之间形成一段较大的空隙，这一段空隙泛水做法如图 17-51（a）所示。在高低跨处，若必须将上部屋面的雨水用雨水管引至下部屋面，则应在下部屋面上设混凝土滴水板，如图 17-51（b）所示，以免雨水直接冲刷屋面而降低耐久性。

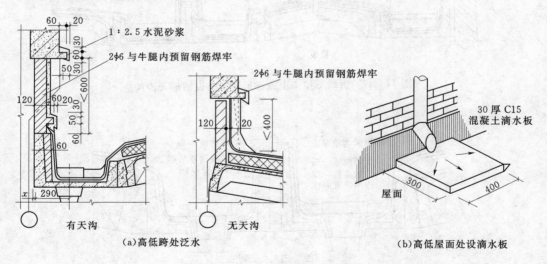

（a）高低跨处泛水　　　　　　　　　　　　　（b）高低屋面处设滴水板

图 17-51　高低跨处泛水构造

2. 刚性防水

在工业厂房中如做刚性防水屋面，其做法多在基层上加做如黄泥砂浆或废油料等隔离层，使承重结构变形不影响刚性防水层，并在刚性防水层中采用配筋方案抗裂。分仓缝间距一般不大于 6m，分仓缝一般带泛水，并作适应变形的嵌缝与盖缝，其基层大多为预应力或非预应力大型Ⅱ形板。

3. 构件自防水

构件自防水屋面,是利用屋面板本身的密实性和平整度(或者再加涂防水涂料),大坡度,再配合油膏嵌缝及油毡贴缝或者靠板与板相搭接来盖缝等措施,以达到防水的目的。不适宜于振动较大的厂房,但这种防水工序简单、节省材料、造价低。

构件自防水屋面,按照板缝的构造方式可分为嵌缝(脊带)式和搭盖式两种基本类型。

(1)嵌缝式、脊带式。采用油膏嵌缝的构件自防水屋面,是在改进油毡防水和刚性防水的基础上发展起来的。即将大型屋面板上部的找平层、防水层取消,直接在大型屋面板的板缝中嵌灌防水油膏,同时依靠板面本身的平整度和密实性进行防水(必要时加防水涂料),如图 17-52 所示。

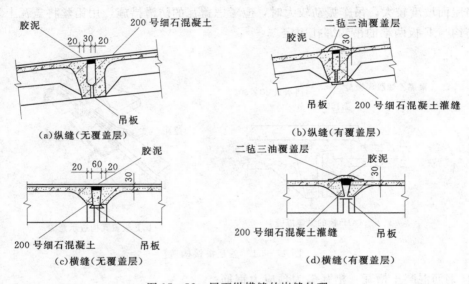

图 17-52 屋面纵横缝的嵌缝处理

为改进上述构造的板缝防水性能,在其上面再粘贴卷材防水层(一布二油或二毡三油),就构成了脊带式防水,如图 17-52 所示。

为增加屋面的整体刚度,不论板的纵缝、横缝和脊缝均应灌以水泥砂浆或细石混凝土,其表面应低于板面 20~30mm,以保证嵌灌油膏的深度。为增加油膏与混凝土的黏结力,在灌嵌膏之前须将槽口清扫干净,并满涂冷底子油一遍。

(2)搭盖式。搭盖式构件自防水,特点是利用屋面板的搭接构造解决板缝间的防水问题,它不需要在屋面上铺设油毡,构件在工程加工制作,现场吊装后,屋面的防水工作即告完成,大大改善施工条件,加快施工的进度。

搭盖式构件自防水,按屋盖的结构体系来分,可分为无檩式和有檩式两种。前者构件仍属大型的屋面板,如 F 板等;后者为轻型构件,如钢筋混凝土槽瓦等。

1)预应力混凝土 F 板。简称 F 板,其尺寸与大型屋面板一致(1.5m×6m),是大型的自防水构件。F 板因其自防水特点,在板型设计上必须满足构造防水的需要,妥善处理

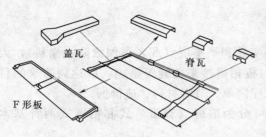

图 17-53 F板屋面的构件组成示意图

挑檐、挡水条、屋瓦等处的构造。F板屋面的构件组成如图17-53所示。挑檐：F板的纵向搭盖，是通过纵向挑檐来完成的，挑檐端部做滴水线，挑檐搭接长度不小于150mm，必要时，在板缝间做防水处理，如图17-54 (a) 所示。挡水条和盖瓦：板的横向缝是水平连接的，纵向缝是搭接的，为防止雨水漫流，除一边为挑檐外，板的其余三边（两端边及上纵边）设有不小于30mm×30mm的挡水条，与混凝土板一次浇捣成型。在纵横交叉处，将板端的挡水条处做成喇叭形，使下面一块盖瓦能插入喇叭口中，再用上层盖瓦盖住，如图17-54 (b) 所示。盖瓦是用来封盖F板横缝的配件，盖瓦的前端做封头滴水线。当屋面坡度较大，吊车振动较大时，应考虑盖瓦的防滑措施，用铅丝将盖瓦上端的预埋钢筋钩与F板两端的吊钩绑扎固定。

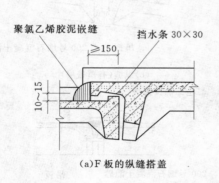

（a）F板的纵缝搭盖

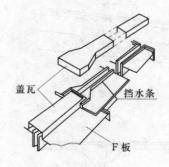

（b）F板盖瓦构造示意图

图 17-54 盖瓦搭接构造

2）钢筋混凝土槽瓦。槽瓦多为预应力钢筋混凝土轻型构件，用于有檩结构体系中，槽瓦上下叠搭，横缝和脊缝采用盖瓦封盖，如图17-55所示。

槽瓦用插铁、钢筋钩等与檩条固定，插铁或钢筋铁是插入槽瓦上端的预埋环中或预留的空洞内，如图17-56所示，在有振动的车间或地震区，应将插铁与檩条焊牢。槽瓦上下搭接长度应不小于150mm，瓦缝外的灰浆，不能铺

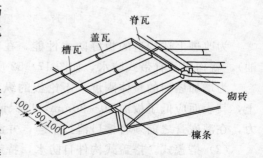

图 17-55 槽瓦屋面构件组合示意图

满，以避免由于水的吸附作用而使雨水顺板缝或灰浆裂缝处向内渗透。通常采用点状坐浆或压入石棉绳（侵沥青）。如用坐浆时应将砂浆从缝口退入100mm。

槽瓦的横向盖缝采用盖瓦，盖瓦间搭接长度不小于150mm，盖瓦间可用S形钩或钢筋钩固定，檐口处盖瓦亦必须用钢筋钩与檩条（或檐沟）固定，盖瓦间的搭接构造如图17-57所示。

4. 瓦屋面

在厂房中运用得最多的瓦屋面是波形石棉水泥瓦和压型钢板。

（1）波形石棉水泥瓦。波形石棉水泥瓦（以下简称石棉瓦）属于轻型瓦材，分大、中、小三种瓦形，在国内外被广泛应用，具有自重轻、施工简便等特点，但是有易脆裂变形等缺点。房屋的屋脊用脊瓦。

石棉瓦屋面的构造较简单，其构造要点概述如下：

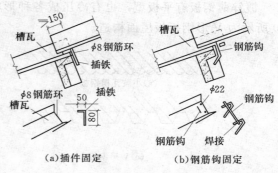

图 17-56　槽瓦与檩条连接

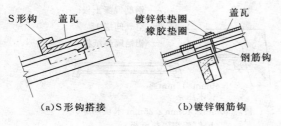
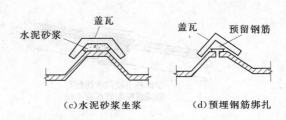

图 17-57　盖瓦间的搭接构造

1）石棉瓦铺设。石棉瓦瓦缝力求搭接严密。搭接时石棉瓦纵横缝相交处会出现四块边角重叠的情况，应随铺瓦方向的不同，事先将斜对角的瓦片割角，如图 17-58（a）所示。如将上下两排石棉瓦长边搭缝错开，则可免去四角相碰的缺点，但边缘石棉瓦仍有非标准尺寸出现，如图 17-58（b）所示。

2）石棉瓦的固定。如图 17-59 所示，石棉瓦与檩条通过钢筋钩或扁钢钩固定，钢筋钩上端带螺纹，钩的形状可根据檩条形式而变化，带钩螺栓的垫圈用沥青卷材、塑料、毛毡，橡胶等弹性材料制作。

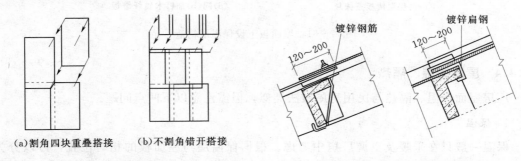

图 17-58　石棉瓦搭接方案　　　　图 17-59　石棉瓦与檩条固定

与波形石棉水泥瓦同类型的屋面构件还有很多，如沥青玻璃纤维瓦、波形塑料瓦、波形玻璃钢瓦等，其构造原理基本相同。

（2）压型钢板。压型钢板是用 0.6～1.6mm 厚的镀锌钢板或冷轧钢板经辊压或冷弯成各种不同形状的多棱形板材。

镀锌薄钢板有平板型，也有冷压成各种形状的，但以瓦楞板和压型板为主。图 17 -
60 所示为 V 形钢折板屋面构造。

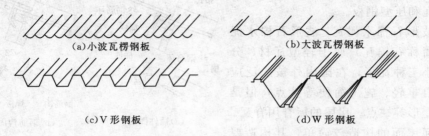

(a)小波瓦楞钢板　　　　　(b)大波瓦楞钢板

(c)V 形钢板　　　　　(d)W 形钢板

图 17 - 60　压型钢板板形示例

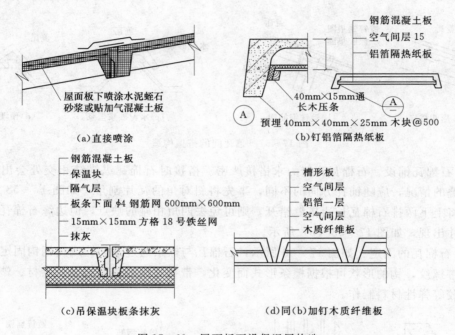

屋面板下喷涂水泥蛭石
砂浆或贴加气混凝土板

(a)直接喷涂

钢筋混凝土板
空气间层 15
铝箔隔热纸板

40mm×15mm通
长木压条
预埋 40mm×40mm×25mm 木块@500

(b)钉铝箔隔热纸板

钢筋混凝土板
保温块
隔气层
板条下面 φ4 钢筋网 600mm×600mm
15mm×15mm 方格 18 号铁丝网
抹灰

(c)吊保温块板条抹灰

槽形板
空气间层
铝箔一层
空气间层
木质纤维板

(d)同(b)加钉木质纤维板

图 17 - 61　屋面板下设保温层构造

17.4.4　屋面保温、隔热

厂房屋面保温、隔热与民用房屋做法类似，但需注意以下两点问题。

1. 保温

保温一般只在采暖及空调厂房中考虑。根据保温层与屋面板的相对位置，可以分为
"上保温"和"下保温"两种做法。"上保温"是保温层放在屋面板上部的做法；"下保温"
是保温层在屋面板下部的做法。

保温层大多数设在屋面板上。设在屋面板下的保温层构造如图 17 - 61 所示，主要用
于构件自防水，夹心板材如图 17 - 62 所示，厂房和民用房屋一样，也可以在屋面下设天
棚，在天棚内设保温层。

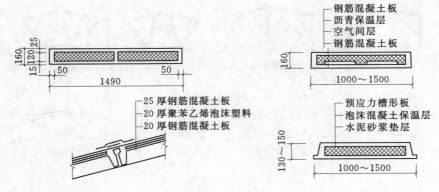

图 17-62　夹心保温板

2. 隔热

厂房屋面隔热，除有空调的厂房外，一般只是在炎热地区较低矮的厂房才作隔热处理。如厂房屋面高度大于9m，可不隔热，主要靠通风解决屋面散热问题；如厂房屋面高度不大于9m，但大于6m，且高度大于跨度的1/2时不需隔热；若高度不大于跨度的1/2时可隔热；如厂房屋面高度不大于6m，则需隔热。厂房屋面隔热原理与构造做法均同民用房屋。

17.5　单层厂房天窗

17.5.1　矩形天窗

矩形天窗主要由天窗架、天窗扇、天窗端壁、天窗屋面板及天窗侧板等构件组成，如图 17-63 所示。

1. 天窗架

天窗架是天窗的承重构件，它支承在屋架上弦上，天窗架常用钢筋混凝土或型钢制作。

钢筋混凝土天窗架与钢筋混凝土屋架配合使用，它的形成一般为 Π 形或 W 形，也可做成双 Y 形，如图 17-64（a）所示。

钢天窗架常用的形式有桁架式和多压杆式两种，如图 17-64（b）所示。

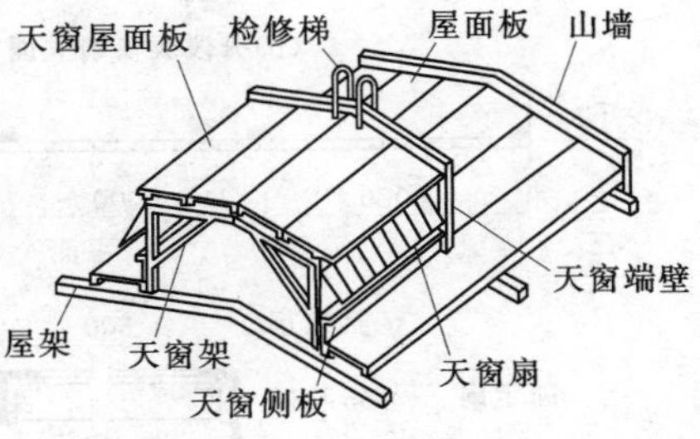

图 17-63　矩形天窗组成

2. 天窗扇

矩形天窗设置天窗扇的作用是采光、通风和挡雨，天窗扇用木材、钢材及塑料等材料制作。由于钢天窗具有坚固、耐久、耐高温，不易变形和关闭较严密等优点，故被广泛采用。

钢天窗扇的开启方式有两种：

上悬式——其特点是防雨性能较好，但窗扇上方开启角度不能大于45°，故通风

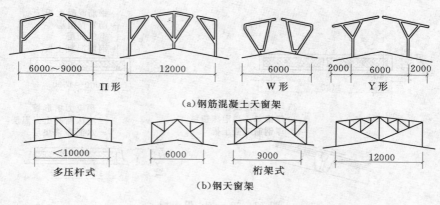

图 17-64 天窗架形式示例

（a）钢筋混凝土天窗架

6000~9000 Ⅱ形

12000

6000 W形

2000 6000 2000 Y形

（b）钢天窗架

<10000 多压杆式

6000

9000 桁架式

12000

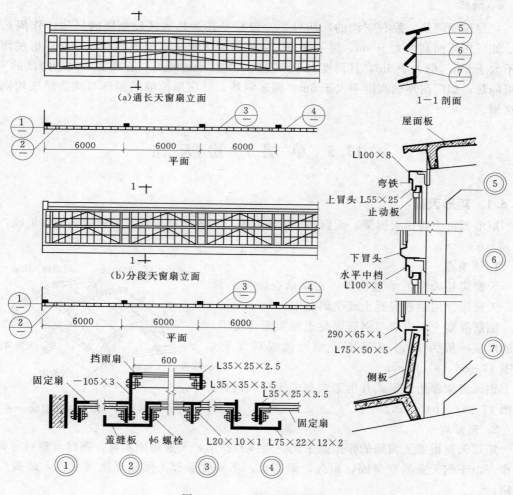

图 17-65 上悬式钢天窗扇

较差。

中悬式——其特点是窗扇开启角度可达 60°～80°，故通风流畅，但防御性能欠佳。

（1）上悬式钢天窗扇。我国 J815 定型上悬钢天窗扇的高度有三种：900mm、1200mm、1500mm（标志尺寸）。上悬钢天窗扇可布置成通长和分段两种。

1）通长天窗扇，如图 17-65（a）所示。它由两个端部固定窗扇和若干个中间开启窗扇连接而成。图 17-65 是由 3 个 6m 柱距组成，也可由 4 个、5 个、6 个等柱距组成，其组合长度应根据矩形天窗的长度和选用天窗扇开关器的启动能力来确定。

2）分段天窗扇，如图 17-65（b）所示。它是在每一个柱距内设置天窗扇，其特点是开启及关闭灵活（可用开关器），但窗扇用钢量较多。

上悬钢天窗扇的构造如图 17-65①～⑦大样图所示，它是由上冒头、下冒头、边延、窗芯、盖缝板及玻璃组成。在钢筋混凝土天窗架上部预埋铁板，用短角钢与预埋铁板焊接，再将通长角钢∟100×8 焊接在短角钢上，用螺栓将弯铁固定在通长角钢∟100×8 上，而上悬钢天窗扇的槽钢上冒头则悬挂在弯铁上，窗扇的下冒头为异形断面的型钢，天窗扇关闭时，下冒头位于横楼或侧板外缘以利排水。为控制天窗扇开启角度，在边延及窗芯的上方设止动扳。

（2）中悬式钢天窗扇。中悬钢天窗扇因受天窗架的阻挡和受转轴位置的影响，只能分段设置，在一个柱距内设一樘窗扇。定型产品的中悬钢天窗扇高度有三种：900mm、1200mm、1500mm，可以组合成一排、二排、三排等不同的中悬钢天窗扇。窗扇的上冒头、下冒头及边梃均为角钢，窗芯为 T 型钢，窗扇转轴固定在两侧的竖框上。

3. 天窗端壁

矩形天窗两端的承重围护构件称为天窗端壁。通常采用预制钢筋混凝土端壁板如图 17-66（a）所示，或钢天窗架石棉水泥瓦端壁如图 17-66（b）所示，前者用于钢筋混凝土屋架，后者用于钢屋架。

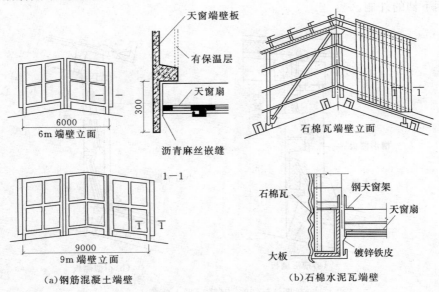

图 17-66　天窗端壁示意图

4. 天窗屋顶和檐口

天窗的屋顶构造一般与厂房屋顶构造相同。当采用钢筋混凝土天窗架，无檩体系的大型屋面板时，其檐口构造有两类：

（1）带挑檐的屋面板，如图 17-67（a）所示。

（2）设檐沟板，有组织排水可采用带檐沟屋面板，如图 17-67（b）所示；或者在钢筋混凝土天窗架端部预埋铁件焊接钢牛腿，支承天沟，如图 17-67（c）所示。

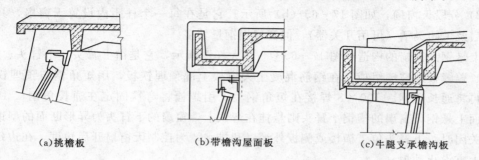

（a）挑檐板　　　　　　　　（b）带檐沟屋面板　　　　　　　（c）牛腿支承檐沟板

图 17-67　钢筋混凝土天窗檐口

5. 天窗侧板

在天窗扇下部需设置天窗侧板，侧板的形式应与屋面板构造相适应。当采用钢筋混凝土门字形天窗架、钢筋混凝土大型屋面板时，则侧板采用长度与天窗架间距相同的钢筋混凝土槽板，如图 17-68（a）所示，它与天窗架的连接方法是在天窗架下端相适应位置预埋铁件，然后用短角钢焊接，将槽板置于角钢上，再将槽板的预埋件与角钢焊接。图 17-68（a）表示车间需要保温，所以屋面及天窗屋面均设有保温层，侧板也应设保温层。图 17-68（b）是采用钢筋混凝土小型侧板，小型侧板一端支承在屋面上，另一端靠在天窗窗框角钢下档的外侧。

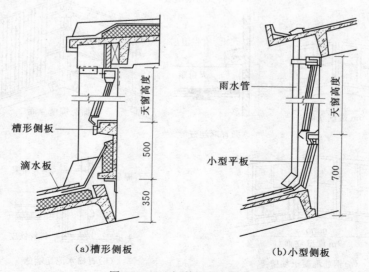

（a）槽形侧板　　　　　　　　　　（b）小型侧板

图 17-68　钢筋混凝土侧板

当屋面为有檩体系时，则侧板常采用石棉瓦、压钢板等轻质材料，如图 17-69 所示。

17.5.2 矩形通风天窗

矩形通风天窗由矩形天窗及其两侧的挡风板所构成。

1. **挡风板的形式及构造**

挡风板由面板和支架两部分组成。面板材料常采用石棉水泥瓦、玻璃钢瓦、压型钢板等轻质材料，支架的材料主要采用型钢及钢筋混凝土。

挡风板支架有两种支承方式：

（1）立柱式如图 17-70 所示，钢或钢筋混凝土立柱支承在大型屋面板纵肋处的柱墩上。

（2）悬挑式如图 17-71 所示，挡风板支架固定在天窗架上，屋面不承受天窗挡风板的荷载，挡风板与天窗之间的距离不受屋面板的限制，布置比较灵活。两种方式支承的挡风板都可垂直或倾斜布置。

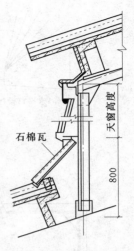

图 17-69　钢天窗轻质侧板

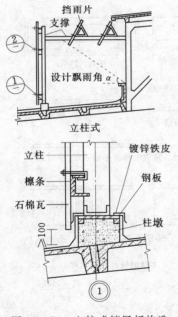

图 17-70　立柱式挡风板构造

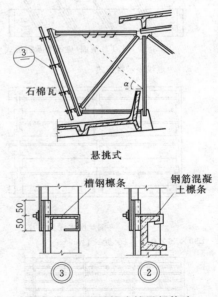

图 17-71　悬挑式挡风板构造

2. **挡雨设施**

（1）挡雨方式及挡雨片的布置。天窗的挡雨方式可分为水平口设挡雨片、垂直口设挡雨片和大挑檐挡雨三种，如图 17-72 所示。

（2）挡雨片构造。挡雨片所采用的材料有石棉钢波形瓦作挡雨片时，用钢筋钩将其固定在钢筋组合檩条或型钢檩条上，如图 17-73 所示。

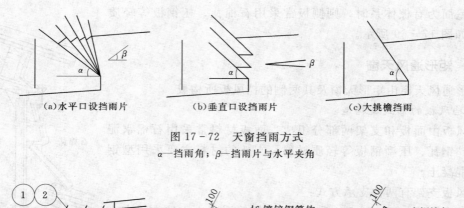

(a)水平口设挡雨片   (b)垂直口设挡雨片   (c)大挑檐挡雨

图 17-72　天窗挡雨方式

α—挡雨角；β—挡雨片与水平夹角

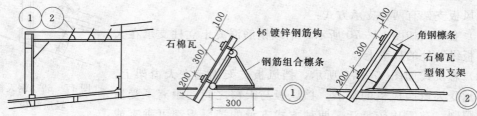

图 17-73　石棉水泥瓦挡雨片

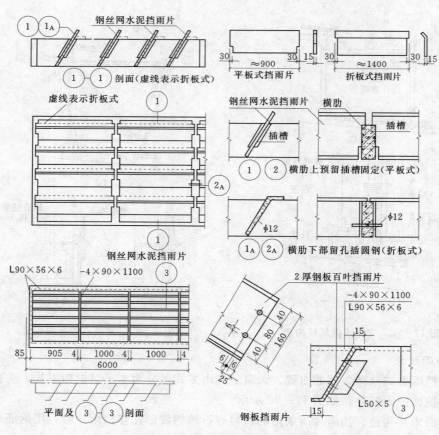

图 17-74　钢丝网水泥板挡雨片

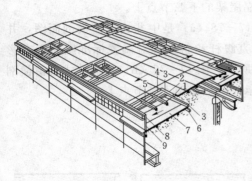

图 17-75 井式天窗
1—水平口；2—垂直口；3—泛水；4—挡雨板；5—空格板；6—檩条；7—井底板；8—天沟；9—挡风侧墙

若采用钢丝网水泥板、钢筋混凝土板、薄钢板、铅丝、铅丝玻璃、钢化玻璃等作挡雨片时，则嵌插在钢筋混凝土框架横肋的预留槽中或用螺栓与型钢框架横肋侧边的预设铁件固定，如图 17-74 所示。

17.5.3　井式天窗

井式天窗是下沉式天窗的一种类型。下沉式天窗是在拟设置天窗的部位，把屋面板下移铺在屋架的下弦上，从而利用屋架上下弦之间的空间构成天窗，可分为井式、纵式下沉和横向下沉三种类型。其中，井式天窗的构造更为复杂，更具有代表性，因此以它为例介绍下沉式天窗的构造特征。

井式天窗是将屋面拟设天窗位置的屋面板下沉铺在屋架下弦上，形成一个个凹嵌在屋架空间内的井式天窗，如图 17-75 所示。

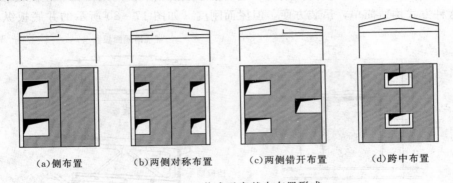

　　(a)侧布置　　(b)两侧对称布置　　(c)两侧错开布置　　(d)跨中布置

图 17-76　井式天窗基本布置形式

1. 布置形式

井式天窗的基本布置形式可分为：一侧布置、两侧对称布置、两侧错开布置和跨中布置等几种，如图 17-76 所示。前三种可称为边井式天窗，后一种可称为中井式天窗。由基本布置又可排列组合成各种连跨布置形式。

2. 井底板

井底板的布置方法有两种：横向布置和纵向布置。

（1）横向布置。井底板平行于屋架布置，图 17-77（a）是边井式天窗横剖面图，井底板一端支承在天沟板上，另一端支承在檩条上，檩条搁在两棚屋架的下弦节点上。图 17-77（b）是中井式天窗横剖面图，井

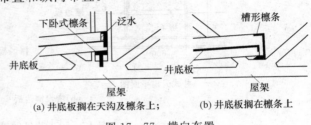

　　(a)井底板搁在天沟及檩条上；　　(b)井底板搁在檩条上

图 17-77　横向布置

底板支承在两端的檩条上，两根檩条均支承在两榀屋架的下弦节点上。

（2）纵向布置。井底板垂直于屋架布置。图17-78（a）是中井式天窗横剖面图，井底板两端支承在两榀屋架的下弦上，由于屋架的直腹杆和斜腹杆对搁置标准屋面板有影响，井底板设计成卡口板或出肋板，如图17-79所示。图17-78（b）是边井式天窗横剖面图，井底板为F形断面屋面板，F板的纵肋支承在两榀屋架下弦节点上。

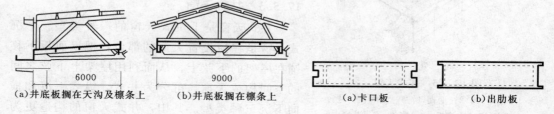

(a)井底板搁在天沟及檩条上　　(b)井底板搁在檩条上

图17-78　纵向布置

（a)卡口板　　　　（b)出肋板

图17-79　井底板纵向布置的两种形式

3. 井口板及挡雨设施

井式天窗的构造形式有以下三种：

（1）井口做挑檐。井口纵向多放一块屋面板形成挑檐，横向则由相邻屋面板加长挑出而成。这种方式构造简单，吊装方便，但屋面刚度（如图17-80所示的井底板纵向布置

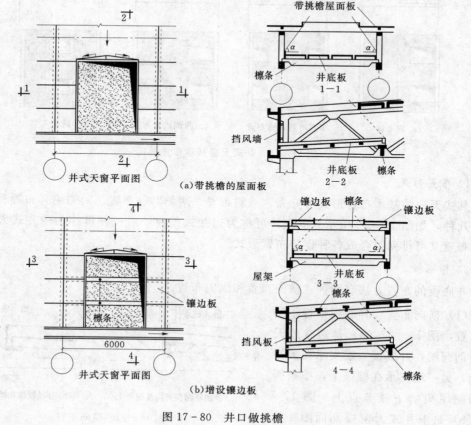

（a)带挑檐的屋面板

（b)增设镶边板

图17-80　井口做挑檐

的两种形式）较差，如图 17-80（a）所示。井口设檩条、镶边板放在檩条形成挑檐，这种方式用料较省，但构件的类型较多，如图 17-80（b）所示。井口做挑檐会占去过多的天窗水平口面积，影响通风，故此形式是以与 12m、9m 柱距连井的情况。

（2）井口设挡雨片。当水平井口不大，为了获得较多的通风面积，在井口设空格板，板上装置挡雨片，如图 17-81 所示。空格板是将大型屋面板的大部分板去掉，保留边肋和两端少量的板，将挡雨片固定在空格板的边肋上。挡雨片可采用石棉瓦、钢丝网水泥片、钢板、玻璃钢等，挡雨片固定的方法有插槽法和焊接法两种。

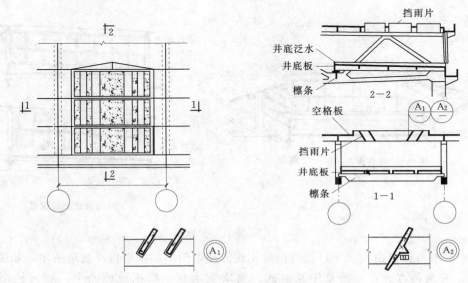

图 17-81 井口设挡雨片

（3）垂直口设挡雨板。在垂直口处安挡雨板，一般设一层或二层挡雨板，挡雨板的构造与开敞式厂房设置挡雨板相同，常用钢支架支承石棉瓦或钢丝网水泥瓦的挡雨板，在纵向垂直口也可设窗扇，如图 17-82 所示。

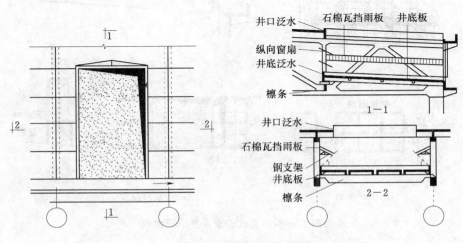

图 17-82 垂直口设挡雨片

4. 窗扇设置

有采暖要求的厂房，在井口处设窗扇。窗扇的布置有两种形式：垂直口设窗扇或水平口设窗扇。

（1）垂直口设窗扇。沿厂房纵向垂直口为矩形，可选用上悬式或中悬式窗扇。横向垂直口因有屋架腹杆的阻挡，只能选用上悬式窗扇。在中井式天窗里，横向垂直口的形式接近矩形，便于设置窗扇，如图 17-83（a）所示。在边井式天窗中，由于屋架坡度的影响，横向垂直口是倾斜的，窗扇设置较困难，有两种处理方式，如图 17-83（b）所示。

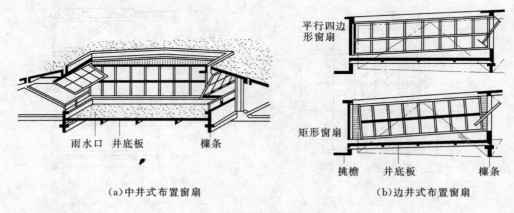

（a）中井式布置窗扇　　　　　　　　　（b）边井式布置窗扇

图 17-83　垂直口设窗扇

（2）水平口设窗扇。水平口设置窗扇比较方便，但不如垂直口设窗扇密闭，如图 17-84 所示。有两种方式：一种是中悬窗式，窗扇支承在空格板或檩条上，更具挡雨及保温要求调整窗扇角度；另一种是水平推拉式，井口设置推拉式的窗扇，窗扇两侧安装滑轮。

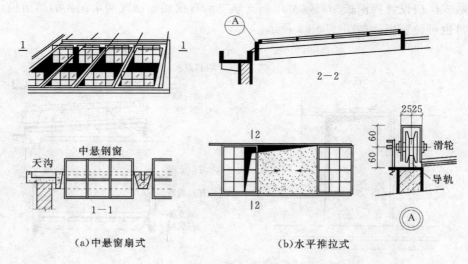

（a）中悬窗扇式　　　　　　　　　（b）水平推拉式

图 17-84　井式天窗水平口设窗扇

5. 排水设施

井式天窗因屋架上下弦分别铺有屋面板，排水处理较复杂，主要有以下几种：

（1）边井外排水。

1）无组织外排水。上层屋面及下层井底板的雨水分别自由落水，构造简单，施工方便，使用于降雨量较少的地区及厂房高度不大的情况，如图17-85（a）所示。

2）单层天沟外排水。有两种方式：一种是上层屋面设通长天沟作有组织排水，下层井底板作自由落水，如图17-85（b）所示；另一种是上层屋面雨水自由落至下层通长天沟内，下层天沟在屋面积灰较大的车间可兼作清灰走道，如图17-85（c）所示。

3）双层天沟外排水。上层屋面设通长或间断天沟，下层井底板外设排水兼清灰的通长天沟，如图17-85（d）所示。

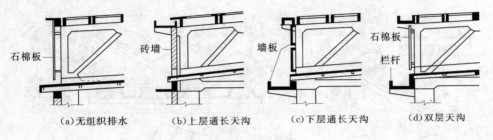

（a）无组织排水　　（b）上层通长天沟　　（c）下层通长天沟　　（d）双层天沟

图17-85　边井外排水

（2）连跨内排水。相邻两跨布置井式天窗时，出现内排水，处理的方式有以下几种：

1）下层屋面设间断式天沟。各天窗中井口处自设排水管与水斗，如图17-86（a）所示。

2）上下层屋面均设通长天沟。或下层为通长天沟，上层为间断天沟，如图17-86（b）所示。

3）屋面泛水。为防止上部屋面雨水流至井底板上，在井口周围做150～200mm高的泛水，如图17-87所示。

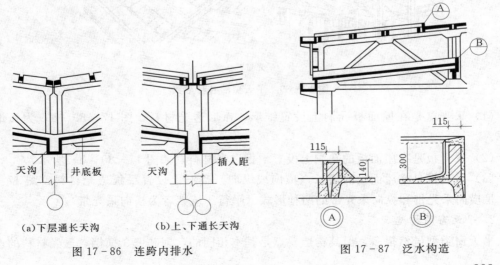

（a）下层通长天沟　　　（b）上、下通长天沟

图17-86　连跨内排水

图17-87　泛水构造

6. 其他设施

挡风侧墙：为了设在跨边的井式天窗有稳定的通风效果，井口外侧需做挡风侧墙如图17-88所示。侧墙的材料一般与厂房墙体材料一致，侧墙与井底板之间应留有100~150mm的缝隙，便于排除雨雪和清扫灰尘。

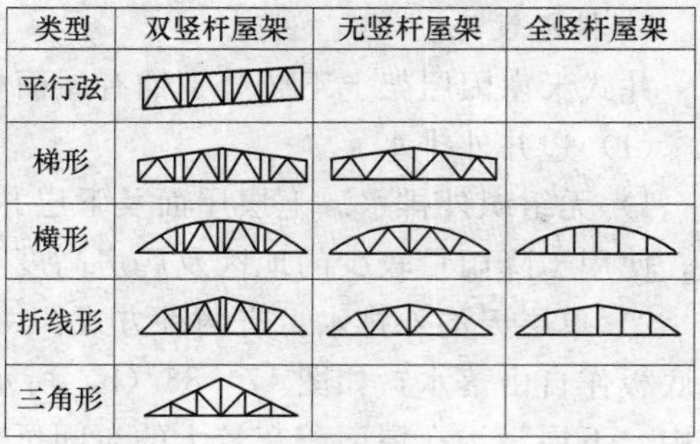

类型	双竖杆屋架	无竖杆屋架	全竖杆屋架
平行弦			
梯形			
横形			
折线形			
三角形			

图 17-88　用于井架式天窗的屋架形式

17.5.4 平天窗

1. 平天窗的类型

平天窗的类型有采光罩、采光板、采光带三种，如图17-89所示。

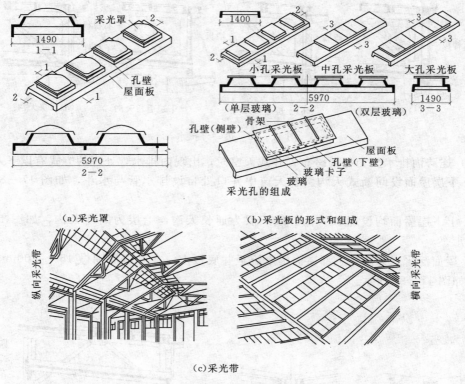

(a) 采光罩　　　　(b) 采光板的形式和组成

(c) 采光带

图 17-89　平天窗的各种形式

（1）采光罩是在屋面板孔洞上设置锥形、弧形透光材料，图17-89（a）为弧形采光罩。

（2）采光板是在屋面板的孔洞上设置平板透光材料，如图17-89（b）所示。

（3）采光带是在屋面板的通长（横向或纵向）空洞上设置平板透光材料，图17-89（c）是横向采光带和纵向采光带的两种形式（平行于屋架者为横向采光带）。

2. 平天窗的构造

平天窗类型虽然很多，但其构造要点是基本相同的，即井壁、横档、透光材料的选择及搭接、防眩光、安全保护、通风措施等。图 17-90 是平天窗（采光板）的构造。

（1）井壁构造。平天窗采光口的边框称为井壁。它的材料主要采用钢筋混凝土，一做法是将井壁与屋面板浇成整体，也可以将两者预制后，再现场焊接。井壁高度一般为 150～250mm。

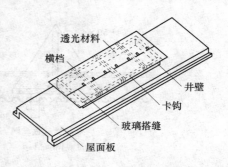

图 17-90　平天窗（采光板）
的构造组成

1）整浇井壁如图 17-91（a）所示。井壁与屋面板整体制作，若车间要求保温，则应采用双层透光材料，两层材料间所形成的封闭空气间层具有保温性能，透光材料与井壁均用油膏黏结。透光材料容易下滑，可将金属卡钩用木螺钉固定于井壁内的预埋木块上，使透光材料被卡钩卡住，非保温整体井壁只需设单层透光材料。

2）预制井壁，如图 17-91（b）所示。将预制屋面板与预制井壁的预埋铁件焊接成整体，透光材料与井壁用油膏黏结，金属卡钩固定于井壁的预埋木块上，再安设透光材料。

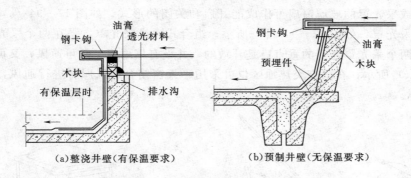

（a）整浇井壁（有保温要求）　　　　（b）预制井壁（无保温要求）

图 17-91　钢筋混凝土井壁构造

（2）玻璃搭接构造。平天窗的透光材料主要采用玻璃，当平天窗采用两块或两块以上玻璃时，玻璃之间必须搭接。其方法有：卡钩不封口搭接、水泥砂浆封口搭接、塑料管封口搭接和油膏或油灰封口搭接等四种，如图 17-92 所示。

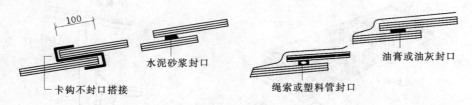

图 17-92　上下玻璃搭接构造

平天窗玻璃沿厂房纵向为两块或两块以上时，应设横档。横档起支承和固定玻璃的作用，用钢或钢筋混凝土制作。图 17-93（a）为钢横档，T 形断面，玻璃与横档用油膏黏结，玻璃上表面两端部用油灰填缝防水。图 17-93（b）为钢筋混凝土横档，玻璃与横档的结合及填缝均用油膏，采用双层玻璃以增大热阻。

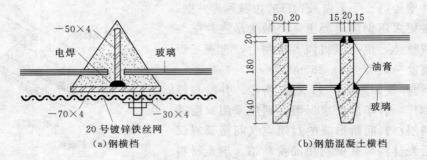

图 17-93　平天窗横档构造

（3）透光材料及安全措施。透光材料可采用玻璃、有机玻璃和玻璃钢等，主要是玻璃，如压花夹丝玻璃、钢化玻璃，此种玻璃破碎后，碎片不会坠落伤人；当采用磨砂玻璃、乳白玻璃、压花玻璃、吸热玻璃时，在其下设金属安全网，如图 17-94（a）所示。

（4）通风措施。平天窗的主要作用是采光，也可以兼作自然通风，有几种方式可采用：采光板或采光罩的玻璃窗扇可作成能开启和关闭的形式，如图 17-94（a）所示；带通风百叶的采光罩，如图 17-94（b）所示；组合式通风采光罩，是在两个采光罩之间设置挡风板，两个采光罩之间的垂直口是开敞的，并设有挡雨板，既可通风，又可防雨，如图 17-94（c）所示；在南方炎热地区也可采用平天窗结合通风屋脊进行通风，如图 17-94（d）所示。

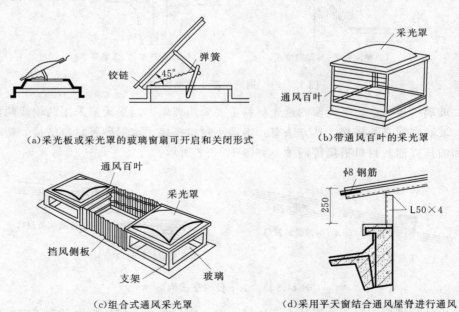

图 17-94　平天窗通风构造

1. 选择题

(1) 下面哪些部分不是单层厂房的组成部分_____。

A、生产工段　　　　　　B、辅助工段　　　　　　C、库房工段　　　　　　D、施工工段

(2) _____是屋架（屋面梁）与柱子合并为一个构件。柱子与屋架（屋面梁）连接处一般为一整体刚性节点，柱子与基础的连接节点一般为铰接节点。

A、钢架结构　　　　　　B、排架结构　　　　　　C、砖混结构　　　　　　D、剪力墙结构

(3) 在单层工业厂房中柱子多采用钢筋混凝土柱，但在跨度大、振动较多的厂房也采用_____。

A、木材柱　　　　　　　B、钢柱　　　　　　　　C、砖柱　　　　　　　　D、砌块柱

(4) 单层工业厂房的柱基础多采用_____。

A、杯口基础　　　　　　B、薄壁的壳体基础　　　C、无筋倒圆台基础　　　D、板肋式基础

(5) 吊车梁与柱的连接，多采用_____的方法。

A、焊接连接　　　　　　B、绑扎连接　　　　　　C、混凝土浇筑　　　　　D、螺栓连接

(6) 承重砌墙及砌块墙的高度一般不宜超过11m。为了增加其刚度、稳定性和承载能力，通常平面上每隔_____间距设置壁柱。

A、1～3m　　　　　　　B、3～4m　　　　　　　C、4～6m　　　　　　　D、8～10m

(7) 墙板在墙面上的布置方式，最广泛采用的是_____。

A、横向布置　　　　　　B、竖向布置　　　　　　C、混合布置　　　　　　D、其他布置

(8) 在工业厂房中，_____不仅要满足采光和通风的要求，还要根据生产工艺的需要，满足其他一些特殊要求。如有爆炸危险的车间，应便于泄压；要求恒温恒湿的车间，应有足够的保温隔热性能；洁净车间要求防尘和密闭等。由于工业建筑的面积较大，在进行构造设计时，应在坚固耐久、开关方便的前提下，节省材料，降低造价。

A、侧窗　　　　　　　　B、天窗　　　　　　　　C、墙间窗　　　　　　　D、墙下窗

(9) 抗风柱间距可根据厂房跨度大小取_____。

A、3m　　　　　　　　　B、4m　　　　　　　　　C、5m　　　　　　　　　D、6m

(10) 单层厂房井式天窗因屋架上下弦分别铺有屋面板，排水处理较复杂，下面哪种处理不可取_____。

A、连跨内排水　　　　　B、无组织外排水　　　　C、连跨外排水　　　　　D、边井外排水

2. 填空题

(1) 单层工业厂房中的荷载分为_____和_____两大类。

(2) 单层工业厂房的结构形式，主要有_____和_____两种。

(3) 单层厂房的外墙按其材料类别可以分为_____、_____、_____等。

(4) 板柱连接应安全可靠，便于制作、安装和检修，一般分_____连接和_____连接两类。

(5) 工业建筑侧窗按开启方式分为：固定窗、_____、上悬窗、中悬窗、下悬窗、_____、_____、百叶窗等。

(6) 屋面排水方式基本上可分为_____和_____两大类。

(7) 构件自防水屋面，按照板缝的构造方式可分为_____式和_____式两种基本类型。

(8) 保温一般只在采暖及空调厂房中考虑。根据保温层与屋面板的相对位置，可以分为"_____"和"_____"两种做法。

(9) 厂房屋面隔热，除有空调的厂房外，一般只是在炎热地区较低矮的厂房才作隔热处理。如厂房屋面高度大于_____ m，可不隔热，主要靠通风解决屋面散热问题；如厂房屋面高度不大于_____ m，但大于_____ m，且高度大于跨度的 1/2 时不需隔热；若高度不大于跨度的 1/2 时可隔热；如厂房屋面高度不大于_____ m，则需隔热。

(10) 单层厂房天窗井底板的布置方法有两种：_____和_____。

3. 简答题

(1) 单层厂房的结构组成，理解厂房结构主要荷载的传递路线。

(2) 单层工业厂房基础的类型，杯形基础的构造。

(3) 基础梁设置的位置、断面形式。

(4) 钢筋混凝土柱的形式及其适用范围。

(5) 抗风柱的作用及其与屋架的连接构造。

(6) 吊车梁与轨道、吊车梁与柱的连接构造。

(7) 圈梁、连系梁的作用及与柱的连接。

(8) 屋面板的种类、特点、适用范围及与屋架的连接要求。

(9) 卷材防水屋面的基本做法。

(10) 构件自防水屋面的构造要点。

(11) 厂房边天沟和中间天沟的构造。

(12) 屋面隔热的形式及特点。

(13) 矩形天窗的组成及构造要点。

(14) 平开大门及推拉大门的构造。

4. 设计题

设计：单层工业厂房平屋顶构造设计。

第18章 多层厂房设计

本章要点

1. 了解多层厂房的特点、使用范围及结构类型。
2. 熟悉多层厂房的平面、剖面和立面的设计方法。

18.1 概　述

建国初期，多层厂房在工业建筑中占的比例较小。但随着我国改革开放的深入，国家产业结构的调整，精密机械、精密仪表、电子工业、轻工业、国防工业、医药工业的迅速发展，工业自动化程度提高，工业用地日趋紧张，为节约用地，多层工业厂房在整个工业部门所占的比重将越来越大，多层厂房的发展必将更迅速。

18.1.1　多层厂房主要特点

（1）在不同标高的楼层上进行布置设备，结构构造设计复杂。多层厂房的最大特点是生产在不同的楼层上进行，每层之间有水平的联系，还有垂直方向的联系。因此，在厂房设计时，不仅要考虑同一楼层各工段间应有合理的联系，还必须解决好楼层与楼层间的垂直联系，并安排好垂直方向的交通。

（2）建筑物占地面积小，节约用地。多层厂房具有占地面积少、节约用地的特点。例如建筑面积为 1 万 m² 的单层厂房，他的占地面积就需要 1 万 m²，若改为 4 层厂房，其占地面积仅需要 2500m² 就够了，比单层厂房节约用地 3/4。

（3）节省基础建设费用，减少工程造价。

1）减少土建费用。由于多层厂房占地少，从而使地基的土石方工程量减少，屋面面积减少，相应地也减少了屋面天沟、雨水管及室外的排水工程等费用。

2）缩短厂区道路和管网。多层厂房占地少，厂区面积也相应减少，厂区内的铁路、公路运输线及水电等各种工艺管线的长度缩短，可节约部分投资。

（4）多层厂房立面效果处理得当，能美化环境，点缀城市，改变城市面貌。例如，哈尔滨哈药集团三精药业工业园区也成为特色的旅游园区。

18.1.2　多层厂房使用范围

多层厂房主要适用于较轻型的工业，在工业上利用工业流程有利的工业，或利用楼层能创设较合理的生产条件的工业等，结合我国目前情况，较轻型的工业采用多层厂房是首要的先决条件。如纺织、服装、针织、制鞋、食品、印刷、光学、无线电、半导体、轻型机械制造及各种轻工业等。

不少工业，为了满足生产工艺条件的特殊要求，往往设置多层厂房比单层厂房有利。如精密机械、精密仪表、无线电工业、半导体工业、光学工业等，为保证精密度需设置温度、湿度稳定的空调车间，为保证产品质量需设置高度洁净的车间。如空调车间采用单层厂房时，地面及屋面会大大增加冷负荷条件或热负荷条件，若改为多层厂房则可将有空调的车间放在中间屋，可减少冷热负荷；又如要求高度洁净条件的车间，在多层厂房中放在较上层次容易得到保证，而设在单层厂房中则难以得到保证。

18.1.3　多层厂房的结构形式

厂房结构形式的选择应该结合生产工艺及层数的要求进行设计，同时经过结构技术经济分析及价值工程合理选择，还应该考虑建筑材料的供应、当地的施工安装条件、构配件的生产能力以及基地的自然条件等。目前我国多层厂房承重结构按其所用材料的不同一般包括以下几种。

1. 混合结构

有砖墙承重和内框架承重两种形式。前者包括有横墙承重及纵墙承重的不同布置。但因砖墙占用面积较多，影响工艺布置，因而相比之下内框架承重的混合结构形式使用较多。

由于混合结构的取材和施工均较方便，费用又较经济，保温隔热性能较好，所以当楼板跨度在 4～6m，层数在 4～5 层，层高在 5.4～6.0m 左右，在楼面荷载不大又无振动的情况下，均可采用混合结构。但当地基条件差，容易不均匀下沉时，选用应慎重。此外在地震区不宜选用。

2. 钢筋混凝土结构

钢筋混凝土结构是我国目前采用最广泛的一种结构。它的构件截面较小，强度大，能适应层数较多、荷重较大、跨度较宽的需要。钢筋混凝土框架结构，一般可分为梁板式结构和无梁楼板结构两种。其中梁板式结构又可分为横向承重框架、纵向承重框架及纵横向承重框架三种。横向承重框架刚度较好，使用于室内要求分间比较固定的厂房，是目前经常采用的一种形式。纵向承重框架的横向刚度较差，需在横向设置抗风墙、剪力墙，但由于横向连系梁的高度较小，楼层净空较高，有利于管道的布置，一般适用于需要灵活分间的厂房。纵横向承重框架，采用纵横向均为刚接的框架，厂房整体刚度好，适用于地震区及各种类型的厂房。无梁楼板结构，系由板、柱帽、柱和基础组成。它的特点是没有梁，因此楼板地面平整、室内净空可有效利用。它适用于布置大统间及需灵活分间布置的厂房，一般应用于荷载较大（1000kg/m²）的多层厂房及冷库、仓库等类的建筑。

除上述的结构形式外，还可采用门式刚架组成的框架结构以及设置技术夹层而采用的无斜腹杆平行弦屋架的大跨度桁架式结构。

3. 钢结构

钢结构具有重量轻、强度高、施工方便等优点，是国外采用较多的一种结构形式。

目前，我国钢结构采用的较少，但从发展的趋势来看，钢结构和钢筋混凝土结构一样，将会被更多地应用。钢结构虽然造价较贵，但它施工速度快，能使工厂早日投产。因此，可以从提早投产来补偿损失。

18.2 多层厂房平面

多层厂房的平面设计首先应满足生产工艺的要求。其次，运输设备和生活辅助用房的布置、基地的形状、厂房方位等对平面设计有很大影响，必须全面、综合地加以考虑。

18.2.1 生产工艺流程和平面布置

生产工艺流程的布置是厂房平面设计的主要依据。各种不同生产流程的布置在很大程度上决定着多层厂房的平面形状和各层间的相互关系。

按生产工艺流向的不同，多层厂房的生产工艺流程布置可归纳为以下三种类型，如图18-1所示。

1. 自上而下式

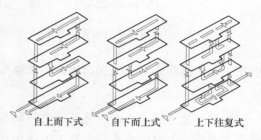

自上而下式　　自下而上式　　上下往复式

图18-1　三种类型的生产工艺流程

这种布置的特点是把原料送至最高层后，按照生产工艺流程的程序自上而下地逐步进行加工，最后的成品由底层运出。这时常可利用原料的自重，以减少垂直运输设备的设置。一些进行粒状或粉状材料加工的工厂常采用这种布置方式。面粉加工厂和电池干法密闭调粉楼的生产流程都属于这一类型。

2. 自下而上式

原料自底层按生产流程逐层向上加工，最后在顶层加工成成品。这种流程方式有两种情况：一是产品加工流程要求自下而上，如平板玻璃生产，底层布置熔化工段，靠垂直辊道由下而上运行，在运行中自然冷却形成平板玻璃；二是有些企业，原材料及一些设备较重，或需要有吊车运输等，同时，生产流程又允许或需要将这些工段布置在底层，其他工段依次布置在以上各层，这就形成了较为合理的自下而上的工艺流程，如轻工业类的手表厂、照相机厂或一些精密仪表厂的生产流程都属于这种形式。

3. 上下往复式

这是有上有下的一种混合布置方式。他能适应不同情况的要求，应用范围较广。由于生产流程是往复的，不可避免地会引起运输上的复杂化，但它的适应性较强，是一种经常采用的布置方式。例如印刷厂，由于铅印车间印刷机和纸库的荷载都比较重，因而常布置在底层，别的车间如排字车间一般布置在顶层，装订、包装一般布置在二层。为适应这种情况，印刷厂的生产工艺流程就采用了上下往复的布置方式。

在进行平面设计时，一般应注意：厂房平面形式应力求规整，以利于减少占地面积和围护结构面积，便于结构布置、计算和施工；按生产需要，可将一些技术要求相同或相似的工段布置在一起。如需要空调的工段和对防振、防尘、防爆要求高的工段可分别集中在一起，进行分区布置；按通风日照要去合理安排房间朝向。一般说，主要生产工段应争取南北朝向。对一些具有特殊要求的房间，如要求空调的工段为了减少空调设备的负荷，在炎热地区应注意避免太阳辐射热的影响；寒冷地区应注意减少室外低温及冷风的影响。

18.2.2 平面布置形式

由于各类多层厂房生产特点不同，要求各层平面房间的大小及组合形式也不相同，通常布置方式包括以下几种。

1. 内廊式

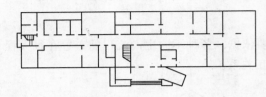

图 18-2 内廊式平面布置示意图

此种布置方式适用于各工部或房间在生产上要求有密切联系，又要求生产过程中不互相干扰的厂房，因此，各生产工段需要隔墙分隔成大小不同的房间，用内廊联系起来，这样对某些有特殊要求的工段或房间，如恒温、恒湿、防尘、防震等可分别集中，如图 18-2 所示某光学仪器车间，就是将恒温、恒湿房间集中在一起，这样既减少了保温墙体，又降低了建筑造价。

2. 统间式

此种布置适用于生产工艺相互之间联系紧密，彼此无干扰，不需设分隔墙，生产工艺要求大面积、大空间或考虑有较大的通用性、灵活性的厂房。这种布置对自动化流水线生产更为有利。生产过程中如有少数特殊工段及楼梯、电梯间需要单独布置时，可集中起来布置在车间的一端或一隅，如图 18-3（a）所示。当厂房宽度更大时，为了保证生产部分有一定的采光和通风条件，可将楼梯、电梯及生产辅助用房布置在厂房中部，如图 18-3（b）所示。

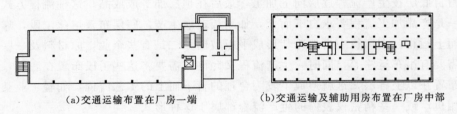

（a）交通运输布置在厂房一端　　　　（b）交通运输及辅助用房布置在厂房中部

图 18-3 统间式平面布置示意图

3. 混合式

这种布置是根据不同的生产特点和要求，将多种平面形式混合布置，组成一有机整体，使其能更好地满足生产工艺的要求，并具有较大的灵活性，但这种布置的缺点是易造成厂房平、立、剖面的复杂化，使结构类型增多，施工较复杂，且对防震不利。如图 18-4 所示为天津某无线电厂，是内廊式与统间式结合而成的混合式平面形式。

4. 套间式

通过一个房间进入另一个房间的布置形式为套间式。这是为了满足生产工艺的要求，或为保证高精度生产的正常进行（通过低精度房间进入

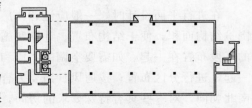

图 18-4 混合式平面布置示意图

高精度房间）而采用的组合形式。

18.2.3　多层厂房定位轴线的标定

多层厂房的定位轴线标定与单层工业厂房标定大致相同，详细标定方法请参见第 16 章单层厂房定位轴线的标定及《厂房建筑模数协调标准》（GBJ 6—86）。

18.2.4　柱网（跨度、柱距）的选择

多层厂房的柱网由于受楼层结构的限制，其尺寸一般较单层厂房小。柱网的选择是平面设计的主要内容之一，选择时首先满足生产工艺的需要，并应符合《建筑模数协调统一标准》（GBJ 2—86）和《厂房建筑模数协调标准》（GBJ 6—86）的要求。此外，还应考虑厂房的结构形式、采用的建筑材料、构造做法及在经济上是否合理等。根据《厂房建筑模数协调标准》（GBJ 6—86），多层厂房的跨度（进深）应采用扩大模数 15M 数列，宜采用 6.0、7.5、9.0、10.5 和 12.0m；厂房的柱距（开间）应采用扩大模数 6M 数列，宜采用 6.0、6.6 和 7.2m；内廊式厂房的跨度可采用扩大模数 6M 数列，宜采用 6.0、6.6 和 7.2m；走廊的跨度应采用扩大模数 3M 数列，宜采用 2.4、2.7 和 3.0m；厂房各层楼、地面上表面间的层高应采用扩大模数 3M 数列。

现结合工程实践，将多层厂房的柱网概括为以下几种类型。

1. 内廊式柱网

这种柱网在平面布置上，采用对称式较多，中间为走道的形式，如图 18－5（a）所示。在仪表、光学、电子、电器等工业厂房中采用较多，主要用于零件加工和装配车间。柱网常用尺寸有：（6＋2.4＋6）×6、（7.5＋3＋7.5）×6 等。

这种柱网布置的特点是用走道、隔墙将交通与生产区隔离，满足生产上的互不干扰，同时可将空调等管道集中设置在走道天棚的夹层中，既利用了空间，又隐蔽了管道。此种柱网还有利于车间的自然采光和通风。

2. 等跨式柱网

这种柱网在仓库、轻工、仪表、机械等工业厂房中采用较多，因为此类车间需要在较大面积的统间内进行生产。其特点是：除便于建筑工业化外，还便于生产流水线的更新，底层常布置机械加工、库房或总装配等。如果工艺需要，这种柱网可以是两跨以上连续等跨的形式。用轻质隔墙分隔后，亦可作内廊式的平面布置，如图 18－5（b）所示。

等跨式常采用的柱网尺寸有：（6＋6）×6、（7.5＋7.5）×6、（9＋9）×6 等。

3. 对称不等跨式柱网

这种柱网的特点及适用范围基本和等跨式柱网相同，从建筑工业化角度看，厂房构件种类比等跨式多些，不如前者优越，但能满足生产工艺，合理利用面积，如图 18－5（c）所示。

常用的此类柱网尺寸有：（4.8＋6＋4.8）×6、（6.5＋7＋6.5）×6、（5＋8＋5）×6 等。

4. 大跨度式柱网

这种柱网跨度一般不小于 9m，由于取消了中间柱子，为生产工艺的变革提供更大的

适应性。因为扩大了跨度，楼层常采用桁架结构。这样楼层结构的空间可作为技术层，用以布置各种管道及生活辅助用房。在需要人工照明与机械通风的厂房中，这种柱网较为合适，如图 18-5 (d) 所示。

除以上几种主要柱网类型外，还有其他一些不规则柱网类型，如(9+6)×6、(6-9+3+6-9)×6 等。

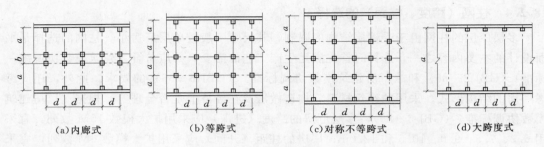

(a)内廊式　　　(b)等跨式　　　(c)对称不等跨式　　　(d)大跨度式

图 18-5　柱网布置类型

18.2.5　厂房宽度的确定

多层厂房的宽度一般是由数个跨度所组成。它的大小除应考虑基地的因素之外，还和生产特点、建筑造价、设备布置及厂房的采光、通风等有密切的关系。不同的生产工艺、设备排列和尺寸大小常常是决定厂房宽度的主要因素。

对于生产环境上有特殊要求的工业企业，如净化要求高的精密类企业，可以采用跨度较大的厂房平面，把洁净度高的布置在厂房中间地段。

宽度较大的厂房会造成采光不利，为满足视力要求，一般以 24～27m 为佳，同时应考虑工程造价，以求取得良好的技术经济效果。

18.2.6　楼梯、电梯布置及人流、货流组织方式

1. 楼梯、电梯布置

多层厂房的平面布置常将楼梯、电梯组合在一起，成为厂房垂直交通运输的枢纽。它对厂房的平面布置、立面处理均有一定影响。处理得好还可丰富立面造型。

楼梯在平面设计中，首先应使人货互不交叉或干扰，布置在行人易于发现的部位，从安全、疏散考虑在底层最好能直接与出入口相连接。

电梯在平面中的位置，主要应考虑方便货运，最好布置在原料进口或成品、半成品出口处。尽量减少水平运输距离，以提高电梯运输效率。为使货运畅通无阻，水平运输通道应有一定宽度，在电梯出入口前，需留出供货物临时堆放的缓冲地段。电梯间在底层平面最好应有直接对外出入口。电梯间附近宜设楼梯或辅助楼梯，以便在电梯发生故障或检修时能保证运输。

2. 人流、货流组织方式

结合楼梯、电梯布置，人流、货流有以下两种组织方式。

(1) 人流、货流同门进出。在同门进出中，可组合成楼梯、电梯相对布置；楼梯、电梯斜对布置；楼梯、电梯并排布置。不论选择哪种组合方式，均要达到人、货同门进出，

平行前进，互不交叉，直接通畅（图18-6）。

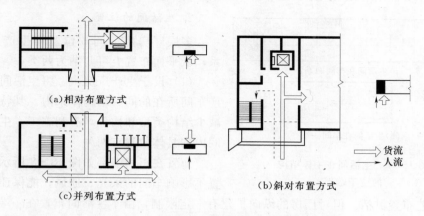

（a）相对布置方式

（c）并列布置方式

（b）斜对布置方式

⟹货流
→人流

图18-6 楼梯、电梯同门进出布置方式

（2）人流、货流分门进出。在设计厂房底层平面时，楼梯、电梯要分别设置人行和货运大门。这种布置的特点是：人流、货流线分工明确，互不交叉，互不干扰。对要求清洁的生产厂房尤其适用。其组合方式有：楼梯、电梯同侧进出；楼梯、电梯对侧进出；楼梯、电梯邻侧进出等（图18-7）。

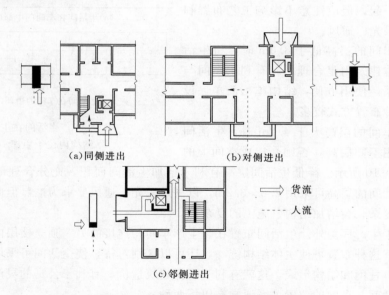

（a）同侧进出

（b）对侧进出

⟹货流
----人流

（c）邻侧进出

图18-7 楼梯、电梯分门进出布置方式

18.2.7 生活及辅助用房布置

1. 房间的组成

多层厂房的生活间按其用途，像单层厂房一样也可分为3类。

（1）生活卫生用房（如盥洗室、存衣室、卫生间、吸烟室、保健室等）。

（2）生产卫生用房（如换鞋室、存衣室、淋浴间、风淋室等）。

（3）行政管理用房（如办公室、会议室、检验室、计划调度室等）。

（a）生活间在车间两端

（b）生活间在车间一端

图18-8　生活间在主体结构
内位于端部

集中，工艺布置灵活。但对厂房的纵向扩建有一定限制，由于生活间布置在一端，当厂房较长时，生活间到车间的另一端距离就太远，造成使用上不方便。因此，在车间的两端都需要设置生活间。

2. 生活间的位置

多层厂房生活间的位置与生产厂房的关系，从平面布置上可归纳为两类。

（1）设于生产厂房内，将生活间布置在生产车间所在的同一结构体系内。其特点是可以减少结构类型和构件，有利施工。生活间在车间内的具体位置有两种。

布置在车间端部如图18-8所示，这种布置不影响车间的采光、通风，能保证生产面积

布置在车间中部如图18-9所示，这种布置可避免位于端部的缺点，与厂房两端距离都不太远，使用方便，还可将生活间与垂直交通枢纽组合在一起，但应注意不影响工艺布置和妨碍厂房的采光、通风。

当生产车间的层高低于3.6m时，将生活间布置在主体建筑内是合理的，有利于车间与生活间的联系，使用方便，结构施工简单，设计时采用这种布置方式较多。

在生产车间的层高大于4.2m时，生活间应与车间采用不同层高，否则会造成空间上的

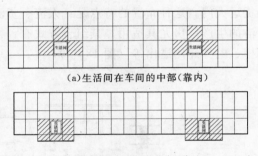

（a）生活间在车间的中部（靠内）

（b）生活间在车间的中部（靠边）

图18-9　生活间在主体
结构内位于中部

浪费如图18-10所示。降低生活间层高有利于增加生活间面积，充分合理地利用建筑空间。此时生活间的层高可采用2.8～3.2m，以满足采光、通风要求为准。但此种布置的缺点是剖面较复杂，会增加结构、施工的复杂性。

（2）设于生产厂房外。生活间布置在与生产车间相连接的另一独立楼层内，构成独立的生活单元。这种布置可使主体结构统一，还可以区别对待，使生活间可采用不同于生产车间的层高、柱网和结构形式，这就有利于降低建筑造价，有利于公寓的灵活布置与厂房的扩建。生活间与车间的位置关系通常有以下两种。

布置在车间的山墙外如图18-11所示，生活间紧靠车间的山墙一端，与生产车间并排布置，不影响车间的采光、通风，占地面积较省，但服务半径受到限制，车间的纵向发展要受到影响。

布置在车间的侧墙外如图18-12所示，将生活间布置在车间纵向外墙的一侧，这样，可将生活间布置在比较适中的位置，车间的纵向发展不受生活间的制约，但生活间与车间的连接处，会影响车间部分采光与通风，占地面积也较大。

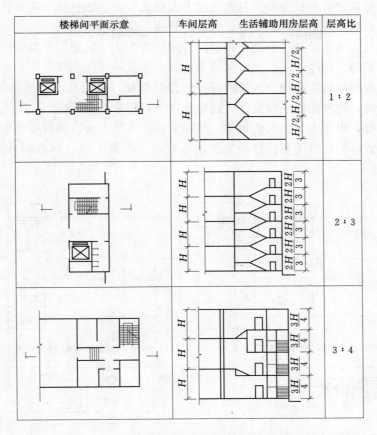

楼梯间平面示意	车间层高	生活辅助用房层高	层高比
			1:2
			2:3
			3:4

图 18-10　生活辅助用房与车间不同层高的布置

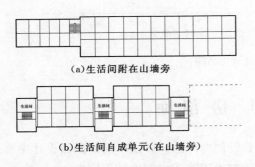

（a）生活间附在山墙旁

（b）生活间自成单元（在山墙旁）

图 18-11　生活间在主体结构外位于山墙面

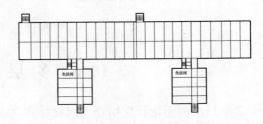

图 18-12　生活间在主体结构外位于侧墙面

3. 房间组合

生活间位置基本确定后，进一步的任务就是将所需房间进行合理组合。多层厂房的生活间，主要根据生产车间内部生产的清洁程度和上下班人流的管理情况，一般分两种组合方式：一种是非通过式，另一种是通过式。

非通过式是对人流活动不进行严格控制的房间组合方式。它适用于对生产环境清洁度要求不严的一般生产车间，如服装厂的缝制车间，玻璃器皿厂的磨花车间等。这类车间的生活房间位置关系没有严格要求，只要使用上方便就行了。如将更衣室布置在上、下班人流线上，将用水的房间集中，上下对位以节约管道，统一结构。

通过式是对人流活动要进行严格控制的房间组合方式。它适用于对生产环境清洁度要求严格的空调车间、超净车间、无菌车间等，如光学仪器厂的光学车间，电视机厂的显像管车间等。布置房间时，应使工人按照特定的路线活动，阻止将不清洁的东西带进车间。清洁度要求愈高，控制路线也应愈严，通常按以下程序布置生活房间：工人在通过式生活间的换鞋室换鞋，由于上下班人流集中，换鞋室面积不应太小。换鞋室是生活间脏、洁区的分解处，布置时要注意不要使已换上清洁拖鞋的工人再去经过踩脏的地面如图 18-13所示。

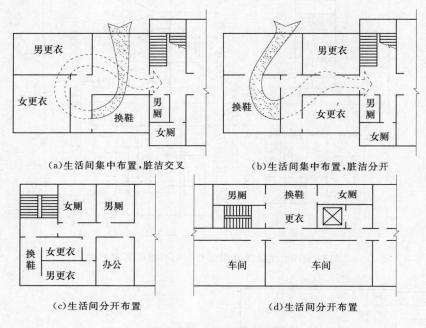

(a)生活间集中布置,脏洁交叉　　　　　　(b)生活间集中布置,脏洁分开

(c)生活间分开布置　　　　　　(d)生活间分开布置

图 18-13　通过式生活间

18.3　多层厂房剖面

多层厂房剖面设计应结合平面设计和立面设计同时考虑，多层厂房的剖面设计主要是研究确定厂房的层数和层高，之外还要考虑工程技术管线和内部设计等问题。

18.3.1　层数的确定

多层厂房的层数选择，主要是取决于生产工艺、城市规划和经济因素等三方面，其中生产工艺是起到主导作用的。

1. 生产工艺对层数的影响

厂房根据生产工艺流程进行竖向布置，在确定各工段的相对位置和面积时，厂房的层数也相应地确定了。如图 18-14 所示为面粉加工车间，结合工艺流程的布置，确定了厂房的层数为 6·层。

2. 城市规划及其他条件的影响

多层厂房布置在城市时，层数的确定要符合城市规划、城市建筑面貌、周围环境及工厂群体组合的要求。

此外厂房层数还要随着厂址的地质条件、结构形式、施工方法及是否位于地震区等而有所变化。

3. 经济因素的影响

多层厂房的经济问题，通常应从设计、结构、施工、材料等多方面进行综合分析。从我国目前情况看，根据资料所绘成的曲线，如图 18－15 所示，经济的层数为 3～5 层，有些由于生产工艺的特殊要求，或位于市区受城市用地限制，也有提高到 6～9 层的。在国外，多层厂房一般为 4～9 层，最高有达 25 层的。

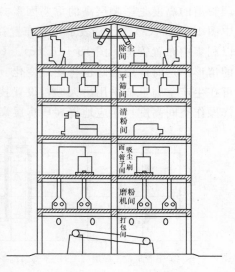

图 18－14　面粉加工厂剖面图

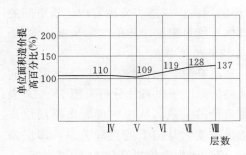

图 18－15　层数和单位造价关系

18.3.2　层高的确定

多层厂房的层高是指有地面（或楼面）至上一层楼面的高度。它主要取决于生产特性及生产设备、运输设备（有无吊车或悬挂传送装置）、管道的敷设所需要的空间；同时也与厂房的宽度、采光和通风要求有密切的关系。

1. 层高与生产、运输设备的关系

多层厂房的层高在满足生产工艺要求的同时，还要考虑起重运输设备对厂房层高的影响。一般只要在生产工艺许可的情况下，都应把一些质量大、体积大和运输量繁重的设备布置在底层，这样可相应地加大底层层高。有时在遇到特别高大的设备时，还可以把局部楼层抬高，处理成参数层高的剖面形式。

2. 层高与采光、通风的关系

为了保证多层厂房室内有必要的天然光线，一般采用双面侧窗天然采光居多。当厂房宽度过大时，就必须提高侧窗的高度，相应地需增加建筑层高才能满足采光要求。设计时可参考单层厂房天然采光面积的计算方法，根据我国《建筑采光设计标准》　（GB/T50033—2001）的规定进行计算。

在确定厂房层高时，采用自然通风的车间，还应按照《建筑采光设计标准》　（GB/T50033—2001）的规定，每名工人所占厂房体积不少于 $13m^3$，面积不少于 $4m^2$，以利提高工效，保证工人健康。

3. 层高与管道布置的关系

生产上所需要的各种管道对多层厂房层高的影响较大。在要求恒温、恒湿的厂房中空调管道的高度是影响层高的重要因素。如图 18-16 表示常用的几种管道的布置方式。其中图 18-16 (a)、(b) 表示干管布置在底层或顶层，这时就需要加大底层或顶层的层高，以利集中布置管道。图 18-16 (c)、(d) 则表示管道集中布置在各层走廊上部或吊顶层的情形。这时厂房层高也将随之变化。当需要的管道数量和种类较多，布置又复杂时，则可在生产空间上部采用吊天棚，设置技术夹层集中布置管道。这时就应根据管道高度，检修操作空间高度，相应地提高厂房层高。

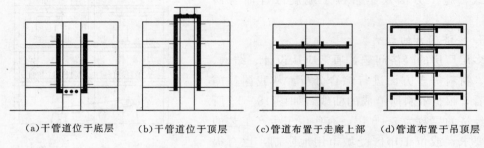

(a)干管道位于底层　(b)干管道位于顶层　(c)管道布置于走廊上部　(d)管道布置于吊顶层

图 18-16　多层厂房的几种管道布置

4. 层高与室内空间比例关系

在满足生产工艺要求和经济合理的前提下，厂房的层高还应适当考虑室内建筑空间的比例关系，具体尺度可根据工程的实际情况确定。

5. 层高与经济的关系

在确定厂房层高时，除需综合考虑上述几个问题外，还应从经济角度予以具体分析。图 18-17 表明不同层高与造价的关系。从图中可看出不同层高的单位面积造价的变化是向上的直线关系，即层高每增加 0.6m，单位面积造价提高约 8.3% 左右。

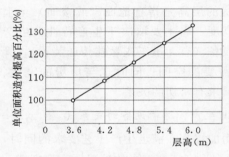

图 18-17　层高和单位工程造价的关系

目前，我国多层厂房常采用的层高有 4.2m、4.5m、4.8m、5.1m、5.4m、6.0m 等几种。

18.4　多层厂房立面

多层工业厂房由于受生产工艺的制约，受建筑、结构条件的影响，立面处理、墙面划分与单层厂房立面处理有相似之处，而楼层及楼梯对立面造型的影响，又类似于多层民用建筑的处理。因此，进行多层厂房立面处理时，可借鉴这两个方面，使厂房的外观形象和生产使用功能、物质技术应用达到有机的统一，给人以简洁、朴素、明朗、大方又富有变化的感觉。

18.4.1　体型组合

多层厂房的体型，一般由三个部分的体量组成：其一为主要生产部分；其二为生活、办公、辅助用房部分；其三是交通运输部分，它包括门厅、楼梯、电梯和廊道等（图 18-

18）。生产部分体量最大，造型上起着主导作用。因此，生产部分体量处理，对多层厂房立面起着举足轻重的作用。

一般情况下，辅助部分体量都小于生产部分，它可组合在生产体量之内，又可突出生产部分之外，这两种体量配合得当，可起到丰富厂房造型的作用，如图 18-19 所示。

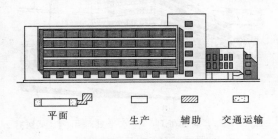

图 18-18 多层厂房体型的组成及突出
生产部分体量示例

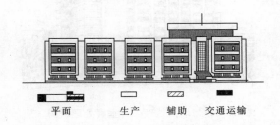

图 18-19 生产体量辅助体量互相配合
的多层厂房示例

多层厂房交通运输部分常将楼梯、电梯或提升设备组合在一起，由于顶部为电梯机房，故在立面上往往都高于主要生产部分，在构图上与主要生产部分形成强烈的横竖对比，从而改善了墙面冗长的单调感，使整个厂房产生高大、挺拔、富有变化的效果。如图 18-20 所示。

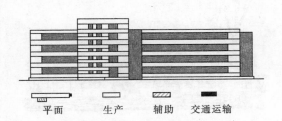

图 18-20 利用辅助及交通运输体量使多层
厂房立面取得变化示例

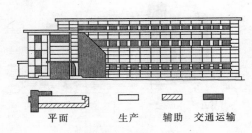

图 18-21 某电影制片厂彩印车间立面

18.4.2 墙面处理

多层厂房的墙面处理是立面造型设计中的一个主要部分，应根据厂房的采光、通风、结构、施工等各方面的要求，处理好门、窗与墙面的关系。如天然采光要求高的厂房，墙面上可开大片玻璃窗，显得外观通透玲珑。为了防热，还可采用镀膜反射玻璃，既能满足使用要求，又能将周围环境映射在大片玻璃面上，产生变幻莫测的彩色图案。

有的厂房因空气调节的需要，为了减少冷、热负荷，需要多做实墙面，只需开少数用作打扫清洁的通风窗和对外界的观察窗，如图 18-21 所示。多层厂房的墙面处理方法与单层厂房有类似之处，即是将窗和墙面的某种组合作为基本单元，有规律的重复地布置在整个墙面上，从而获得整齐、匀称的艺术效果。一般常见的处理方法包括以下几种。

1. 垂直划分

这种处理给人以高耸、庄重、挺拔向上的感受，如图 18-22 所示。

2. 水平划分

这种处理使厂房外形简洁明朗，横向感强，如图 18－23 所示。

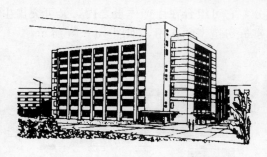

图 18－22 墙面处理——垂直处理示例（某灯泡厂电影电源大楼效果图）

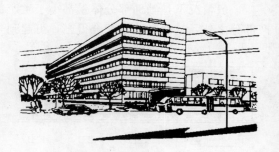

图 18－23 墙面处理——水平处理示例（某医疗器械研究所实验楼效果图）

3. 混合划分

这种划分是上述两种划分的混合形式。要注意处理好两者的关系，从厂房整体造型出发，划分可以有主有次，相互衬托而又协调，从而取得生动、和谐的艺术效果，如图 18－24、图 18－25 所示。

图 18－24 墙面处理——混合处理示例（某电视机厂装配大楼透视图）

图 18－25 墙面处理——混合处理示例（某手表厂装配大楼透视图）

18.4.3 交通枢纽与出入口处理

多层厂房的人流入口在立面设计时应作适当的处理。因为使出口重点突出，不仅在使用中易于发现而且它对丰富整个厂房立面造型会起到画龙点睛的作用。

突出入口最常用的处理方法是，根据平面布置，结合门厅、门廊及厂房体量大小，采用门斗、雨棚、花格、花台等来丰富主要出入口，也可把垂直交通枢纽和主要出入口组合在一起，在立面作竖向处理，使之与水平划分的厂房立面形成鲜明对比，以达到突出主要入口，使整体立面获得生动、活泼又富于变化的目的。

18.4.4 色彩处理

厂房的色彩处理是多层厂房设计的一个重要内容。精心适宜的色彩设计能使建筑生辉，改善生产环境，创造优美宜人境地，也能改善城市面貌。例如前面提到的哈尔滨哈药集团三精工业园区厂区也变成了旅游观光地，其表面以蓝色点缀，与蓝天相对，给人以美的感受，看上去赏心悦目。

 习题与实训

1. 选择题（不定项选择）

（1）多层厂房平面设计的主要依据是_____。

    A、生产工艺流程的布置   B、日照   C、通风   D、抗震

（2）多层厂房的平面布置形式有_____。

    A、内廊式   B、统间式   C、混合式   D、套间式

（3）多层厂房柱网的类型有_____。

    A、内廊式柱网   B、等跨式柱网

    C、对称不等跨式柱网   D、大跨度式柱网

（4）多层厂房剖面设计的内容主要是确定_____。

    A、层高   B、层数   C、色彩   D、划分

2. 填空题

（1）多层厂房的结构形式有_____、_____、_____。

（2）多层厂房层数的确定主要取决于_____、_____、_____。

（3）多层厂房的墙面处理方法有、_____、_____、_____。

（4）楼梯、电梯的组合方式有两种：_____、_____。

（5）多层厂房立面设计包括_____、_____、_____三方面的内容。

3. 简答题

（1）多层厂房通常采用的房间组合形式有哪几种？决定层数、层高的主要因素是什么？结合实例说明。

（2）多层厂房生活间的布置应注意哪些问题，怎样选择。

（3）多层厂房常见楼梯、电梯组合方式有哪两种，你见到过哪些实例。

（4）冷加工车间自然通风的设计要点是什么。

参 考 文 献

[1] 李必瑜主编 . 房屋建筑学 . 武汉：武汉工业大学出版社，2000.
[2] 舒秋华主编 . 房屋建筑学 . 武汉：武汉理工大学出版社，2006.
[3] 金虹 . 房屋建筑学 . 北京：科学出版社，2002.
[4] 裴刚，沈粤，扈媛 . 房屋建筑学 . 广州：华南理工大学出版社，2006.
[5] 王志军，袁雪峰 . 房屋建筑学 . 北京：科学出版社，2003.
[6] 袁雪峰，王志军 . 房屋建筑学实训指导 . 北京：科学出版社，2003.
[7] 王万江，金少蓉，周振伦 . 房屋建筑学 . 重庆：重庆出版社，2003.
[8] 聂洪达，郄恩田 . 房屋建筑学 . 北京：北京大学出版社，2007.
[9] 赵研 . 房屋建筑学 . 北京：高等教育出版社，2002.
[10] 丁春静 . 建筑识图与房屋构造 . 重庆：重庆大学出版社，2003.
[11] 王文仲 . 建筑识图与构造 . 北京：高等教育出版社，2003.
[12] 袁雪峰，张海梅 . 房屋建筑学 . 北京：科学出版社，2005.
[13] 张根凤 . 房屋建筑学 . 武汉：华中科技大学出版社，2006.
[14] 姬慧 . 房屋建筑学 . 北京：中国电力出版社，2007.
[15] 苏炜 . 建筑构造 . 郑州：郑州大学出版社，2006.
[16] 赵研 . 房屋建筑学 . 北京：高等教育出版社，2002.
[17] 同济大学，西安建筑科技大学，东南大学，重庆建筑大学 . 房屋建筑学 . 北京：中国建筑工业出版社，2005.
[18] 杨维菊，建筑构造设计（上册）. 北京：中国建筑工业出版社，2005.
[19] 杨维菊，建筑构造设计（下册）. 北京：中国建筑工业出版社，2005.
[20] 建筑设计资料集编写组 . 建筑设计资料集 . 北京：中国建筑工业出版社，1996.
[21] 王崇杰 . 房屋建筑学 . 北京：中国建筑工业出版社，2005.
[22] 程大锦 . 刘丛红译 . 建筑：形式、空间和秩序 . 天津：天津大学出版社，2005.
[23] 董黎主编 . 房屋建筑学 . 北京：高等教育出版社，2006.
[24] 李少瑜主编 . 建筑构造（上册）. 北京：中国建筑工业出版社，1996.